Fundamentos de Cálculo I

Análisis Univariable con Python

por

Bluminds LLC

AF800392

Jheser Guzman

Senior Software Development Engineer Amazon-AWS, ex-JPMorgan & Chase, ex Google in USA. Liverpool John Moore's University, University of Chile University of León.

Jhohan Guzman Dr. (c)

Senior Data Scientist, ex-UNDP, Columbia University, UNINI University, Universidad Europea del Atlántico, Universitat Politécnica de Catalunya, AIU University and Economist.

Fundamentos de Cálculo I
Por *Jheser Guzman & Jhohanser Guzman*

Impreso en Estados Unidos de América

Publicado por Bluminds Books, parte de Bluminds LLC.
Domicilio: 20 S Charles St Ste 403 #878, Baltimore, MD 21201 - USA

Los libros de Bluminds Books pueden comprarse para uso educativo, empresarial y comercial. Tambien hay ediciones en línea disponibles en *www.bluminds.com*. Para más información, contacte con nuestro departamento de ventas corporativas: *info@bluminds.com*

ISBN: 978-1-967406-07-4
Editora y Revisora: Raphaella Dariana Illanes Bequer
Editor de producción: Jheser Guzman & Jhohanser Guzman

Primera edición, Marzo, 2026

Historial de revisiones de la primera edición: *2024-2025*

Diseñador de portada: Jhohanser Guzman
Diseñador de interiores: Jheser Guzman & Jhohanser Guzman

Chequeo de Plagio y Originalidad realizado en Dupli Checker y Plagiarism Detector.net

Consulte con *info@bluminds.com* para mas detalles sobre el lanzamiento de este libro.

"Domina Cálculo I paso a paso mientras aprendes a pensar como un programador: visualiza, resuelve y comprende las matemáticas con el poder de Python y la lógica del código"

Agradecimientos

Queremos expresar nuestro más sincero y profundo agradecimiento a Bluminds LLC, en especial al equipo que colaboró en la edición y revisión técnica de este libro. Su dedicación, experiencia y compromiso fueron fundamentales para garantizar la calidad y precisión del contenido. A nuestros colegas y colaboradores, cuyos valiosos comentarios y sugerencias mejoraron significativamente esta obra, y a nuestros estudiantes, cuya curiosidad y pasión por aprender nos motivaron a profundizar en estos temas para hacerlos accesibles y comprensibles para todos. A nuestras familias, por su apoyo incondicional, paciencia y aliento a lo largo de este proyecto; sin ellos, este trabajo no habría sido posible.

También queremos agradecer de manera especial a la comunidad de código abierto, cuyos esfuerzos incansables y colaborativos han permitido el crecimiento y la accesibilidad de herramientas como Python y los ecosistemas de ciencia de datos. El espíritu de colaboración y contribución que define a la comunidad open source ha sido una fuente de inspiración constante y un pilar útil en la creación de este libro.

Con profunda gratitud, queremos expresar nuestro sincero agradecimiento a Raphaella Illanes Bequer, cuya dedicación y aguda percepción han sido útil en la revisión de este libro. Su capacidad para captar los matices y aportar comentarios enriquecedores ha elevado significativamente la calidad del texto, asegurando que cada idea sea transmitida de manera clara y precisa. Su compromiso con la excelencia y su profesionalismo se reflejan en cada página, convirtiéndose en un pilar esencial para la realización de este proyecto.

Agradecemos a todos los profesionales de la ciencia de datos que, con su innovación continua, han hecho posible que este campo avance a pasos agigantados, beneficiando a personas y organizaciones en todo el mundo.

Acerca de los Autores

Jheser Guzmán, es científico en computación con más de 20 años de experiencia en Machine Learning, Procesamiento de Lenguaje Natural (NLP) e Ingeniería de Software. Realizó sus estudios doctorales en Ciencias de la Computación de la Universidad de Chile, y ha obtenido cuatro maestrías en el Reino Unido, España y Bolivia, además de contar con certificaciones en Cisco CCNA, AWS Architect/Developer Associate y Oracle Certified Associate (OCA). A trabajado en destacadas empresas tecnológicas como *Amazon AWS*, *Google – YouTube*, *Yahoo Research* y *JPMorgan Chase*, donde ha contribuido al desarrollo de sistemas de backend y arquitecturas de Microservicios. Su especialización en Python para Ciencia de Datos, Machine Learning y NLP, junto con su experiencia en la industria, ha impulsado avances significativos en el rendimiento algorítmico y el desarrollo de software. Como educador, ha impartido clases en universidades de Bolivia, Chile y Estados Unidos, guiando a estudiantes y profesionales. Su pasión por la enseñanza y por compartir su conocimiento ha inspirado a numerosos estudiantes a seguir carreras en ciencias de la computación y ciencia de datos.

Jhohanser Guzman, es economista de profesión, ambientalista y científico de datos con 14 años de experiencia en las industrias financiera, legal y de programación. Obtuvo su Licenciatura en Economía en la Universidad Católica y ha complementado su formación con múltiples maestrías, incluyendo una en Ciencias de Datos, una en Machine Learning de la AIU, una en Derecho y otra en Estudios Jurídicos Avanzados, además de un Certificado Profesional en Machine Learning Applied de la Universidad de Columbia en Nueva York. Actualmente cursa un Doctorado en Ciencias de la Salud Pública con énfasis en análisis de datos en la Universidad Internacional Iberoamericana. Ha desempeñado roles clave en organizaciones internacionales como el Programa de las Naciones Unidas para el Desarrollo (PNUD) en Bolivia y Bee Grids Social Intelligence en Chile, donde realizó análisis geoespacial, evaluaciones estadísticas de redes sociales y estudios sobre comportamiento social ante desastres naturales.

Acerca de Bluminds

Bluminds LLC, es un startup EdTech dedicada a desarrollar soluciones tecnológicas de vanguardia para la democratización de la educación y el aprendizaje. Especializada en plataformas de aprendizaje digital y generación de contenido académico, Bluminds LLC está comprometida con crear herramientas innovadoras que permitan a instituciones educativas y empresas ofrecer experiencias de aprendizaje interactivas, escalables y accesibles.

El equipo de Bluminds LLC combina la experiencia de sus profesionales en ingeniería de software, ciencia de datos, economía y tecnologías educativas, trabajando con profesionales de la industria, universidades y entidades gubernamentales. Además, Bluminds LLC ofrece servicios de consultoría y capacitación técnica personalizada para la implementación de soluciones de aprendizaje digital, tanto en formato presencial como remoto.

Bluminds LLC también ha desarrollado libros y recursos educativos para apoyar a las comunidades tecnológicas y educativas, cubriendo temas clave como ciencia de datos, Python, desarrollo de software, y más.

Para contactar a Bluminds LLC y sus autores, o para solicitar una propuesta de capacitación técnica en sitio o en línea, escriba a: *info@bluminds.com*

Para más información sobre los servicios de capacitación y soluciones educativas de Bluminds LLC, material de trabajo y diapositivas, visite: *http://www.bluminds.com*

Individuos o instituciones que deseen adquirir recursos educativos de Bluminds LLC pueden hacerlo en: *https://www.amazon.com*

Pedidos en grandes volúmenes por parte de corporaciones, el gobierno o instituciones educativas deben realizarse directamente a través de Bluminds LLC. Para más información, visite: *info@bluminds.com*

Índice general

Prefacio

En el amplio conocimiento matemático desarrollado durante la historia de la humanidad, el cálculo se erige como una piedra angular dada su inmensa cantidad de aplicaciones, siendo una disciplina que no solo desentraña los misterios de las funciones y las ecuaciones, sino que también abre la puerta a la comprensión profunda de los fenómenos naturales y las complejidades del mundo que nos rodea, especialmente para las ciencias.

Este libro, está diseñado para explorar las maravillas del cálculo, no solo aspirando a desmitificar sus conceptos aparentemente abstracto y complejos, sino también a presentar una herramienta útil y versátil que es el lenguaje de programación Python.

El cálculo, a menudo es considerado como la joya de la corona en las disciplinas matemáticas por sus aplicaciones en análisis, que tanto nos gusta a los científicos, y los estudiosos de las ciencias exactas, siendo mucho más que una colección de fórmulas y derivadas. Es un lenguaje universal, una forma de comunicarse con el universo a través de la abstracción y la lógica, representándolo mediante simbología, variables y fórmulas. Desde el pequeño acto de lanzar una pelota hasta la descripción de las leyes fundamentales del movimiento planetario, el cálculo se muestra como el medio por excelencia para comprender los procesos de cambio y las relaciones fundamentales en la naturaleza.

Aquí se explora las maravillas del cálculo, pero lo llamaremos *Cálculo I*, debido a que existirá un volumen II que se llamará *Cálculo II,* que continuará con los conceptos faltantes de este libro en varias variables, donde se busca mostrar en ambos volúmenes sus fundamentos básicos hasta sus aplicaciones más avanzadas, donde Python es sirve para que cualquier profesional pueda hacer uso y pueda manipularlo.

En ambos libros, comenzaremos con los conceptos básicos de funciones, de límites y de continuidad, explorando cómo estas ideas aparentemente simples dan lugar a herramientas poderosas como las derivadas e integrales, y así pasar a conceptos más complejos como las derivadas parciales e integrales múltiples. Sin embargo, los conceptos más complejos como ecuaciones diferenciales quedaran fuera de este libro. Así, a medida que avanzamos, desentrañaremos la teoría detrás de las series infinitas, las ecuaciones diferenciales y los conceptos más avanzados que definen el paisaje del cálculo moderno.

Todo esto se debe a que Python es un lenguaje de programación amigable para los diversos estudiantes y profesionales, que están relacionados con informática y ciencias de la computación, es decir, que no se necesita ser programador o experto para comprenderlo, se aprende de manera muy simple por cualquier estudiante y cualquier profesional.[7]

En lugar de limitarnos al lápiz y al papel, Python nos brinda la capacidad de traducir conceptos matemáticos abstractos en código ejecutable, con el objetivo de que cada estudiante y profesionales, de cualquier ámbito, pueda hacerse sus propios cálculos y sus propios programas simples. Así, poder hacer pequeños y complejos programas desde la implementación de algoritmos de cálculo hasta la visualización de resultados.

Python se convierte en una herramienta indispensable; y en este libro se adentra, también, en Python, guiando al lector a través de ejemplos prácticos y proyectos que ilustran cómo esta herramienta puede potenciar el aprendizaje del cálculo.

Además, este libro contiene un conjunto de Jupyters Notebooks, por cada uno de los capítulos relacionados a Cálculo, donde el lector, el estudiante y el profesional, podrán comprobar los resultados y además podrán crear nuevos scripts para programación en cálculo.

A medida que nos sumergimos en las páginas de este libro, invitamos al lector a colocarse en un viaje diferente en el mundo del cálculo y con el uso de Python. Descubriremos la elegancia de las ecuaciones, la belleza de las derivadas, la riqueza de las integrales y, lo que es más importante, la aplicación práctica de estos conceptos en la era digital.

En general, este libro está diseñado para ser más que solo un manual académico, sino también ser un manual práctico y concreto sobre conceptos de cálculo I con la programación.

Bienvenido a cálculo I con Python.

El Lenguaje Python

El lenguaje de programación Python se ha convertido en uno de los lenguajes más populares en las últimas décadas, especialmente por su facilidad de uso y su amplia gama de aplicaciones. Python es el lenguaje líder en el campo de la ciencia de datos y es la herramienta principal que utiliza un científico de datos. Su simplicidad en la manipulación de datos, corta curva de aprendizaje, versatilidad de aplicación y gran diversidad de bibliotecas (módulos) lo han convertido en el lenguaje preferido en Ingeniería de Datos, Ingeniería de Software, Ciencias de la Computación y Ciencia de Datos. Por este motivo, Python es el lenguaje preferido en el ámbito académico y en universidades de todo el mundo.

Python cuenta con una gran cantidad de módulos de uso específico y especializado, que se utilizan desde la construcción de bases de datos, procesamiento de datos, creación de modelos de Machine Learning y visualización de datos, como:

NumPy, SciPy, Pandas, Seaborn, TensorFlow, Keras y Scikit-learn. Las bibliotecas y frameworks para Python también proporcionan funcionalidades para el procesamiento de datos no estructurados, ya sean texto, audio, imágenes o videos.

La facilidad de uso de Python lo ha convertido en una opción popular tanto entre programadores como entre no programadores, para desarrollar aplicaciones web, aplicaciones predictivas y servicios diversos, que a menudo se utilizan para proporcionar resultados de ciencia de datos a otros usuarios o sistemas.

A quien va dirigido el libro

Este libro está diseñado para estudiantes, profesionales y entusiastas que deseen adentrarse en el mundo de las matemáticas utilizando Python, pero para el uso en Matemáticas y en especial la rama de cálculo I. No es necesario tener un amplio conocimiento previo en programación o estadística, aunque contar con nociones básicas es beneficioso. El objetivo es guiar al lector desde los fundamentos hasta conceptos más avanzados, proporcionando las herramientas necesarias para desarrollarse como un científico de datos competente.

Aquellos que aspiren a una carrera en Ciencia de Datos, matemáticas o áreas afines encontrarán en este libro una base sólida. También es útil para profesionales de otras disciplinas que buscan aplicar técnicas de ciencia de datos en sus respectivos campos, como negocios, finanzas, salud, marketing, entre otros.

Este libro es apropiado para cursos de pregrado y posgrado en matemáticas y disciplinas relacionadas que desean complementar sus conocimientos con Python, siguiendo las recomendaciones curriculares de la ACM/IEEE para programas de computación.[1] Además, es una excelente opción para cursos en instituciones de educación superior, incluyendo universidades y colegios de dos años, que buscan preparar a los estudiantes para programas avanzados en ciencia de datos.

Asimismo, es relevante para estudiantes de secundaria interesados en aprender cálculo de una manera interactiva y con el uso de la programación. Cada vez más escuelas secundarias están incorporando cursos usando herramientas computacionales y de programación en sus planes de estudio, reconociendo la importancia de estas habilidades en el mundo actualy para su futuro.[2] Según expertos, enseñar ciencia de datos en niveles educativos tempranos prepara a los estudiantes para las carreras del futuro y refleja hacia dónde se dirige la tecnología y el mercado laboral.

[1] Association for Computing Machinery (ACM). "Curricula Recommendations". Recuperado de *https://www.acm.org/education/curricula-recommendations*.

[2] DataScience.LA. Ïntroduction to Data Science for High School Students". Recuperado de *http://datascience.la/introduction-to-data-science-for-high-school-students/*

Organización del libro

El presente libro, consta de una recopilación detallada y práctica en Python para el análisis en Cálculo I, donde tenemos:

Capítulo 1: Introducción al Cálculo

El primer capítulo presenta una introducción al estudio del cálculo, explorando su historia, importancia y aplicaciones en diversas áreas del conocimiento. Se abordan los conceptos básicos que servirán de base para los siguientes capítulos, incluyendo nociones fundamentales como conjuntos numéricos, propiedades algebraicas y conceptos previos necesarios para el desarrollo del análisis matemático. Además, de algunos ejercicios para que el alumno tenga los primeros conocimientos de Python.

Capítulo 2: Geometría analítica

El segundo capítulo se enfoca en el estudio de la geometría analítica, proporcionando herramientas para la representación y análisis de figuras geométricas en el plano cartesiano. Se exploran los conceptos de vectores, escalares, rectas, círculos, elipses, parábolas e hipérbolas, con implementaciones en Python para su visualización y análisis.

Capítulo 3: Funciones de una variable

En este capítulo, el lector aprenderá sobre la definición y clasificación de funciones de una variable real, incluyendo funciones algebraicas, trascendentes, trigonométricas, exponenciales y logarítmicas, etc. Se estudian sus propiedades y gráficos, junto con implementaciones en Python para su representación.

Capítulo 4: Límites para funciones de una variable

Este capítulo se centra en el concepto de límite de una función, una idea fundamental en cálculo del cual nacen otros conceptos como las derivadas y las integrales, y del cual se complementan otras ramas conexas como las transformaciones y las series. Se abordan los límites laterales, límites infinitos y continuidad de funciones, con ejemplos ilustrativos y código en Python para su cálculo y visualización.

Capítulo 5: Derivadas sobre funciones de una variable

El quinto capítulo sirve como introducción al concepto de derivada, abordando su definición, interpretación geométrica y aplicaciones. Se estudian reglas de derivación, derivadas de funciones elementales y técnicas de diferenciación, con implementaciones en Python para facilitar el aprendizaje y la aplicación en problemas reales.

Capítulo 6: Integrales sobre funciones de una variable

El sexto capítulo se centra en el concepto de integral, abordando la integral definida e indefinida, sus propiedades y aplicaciones. Se exploran métodos de integración y su relación con áreas bajo curvas, con ejemplos prácticos y código en Python para la resolución de integrales.

Cada capítulo aporta conocimientos básicos y avanzados, juntamente con conceptos prácticos que son esenciales para aprender conceptos más generales que se verán en cálculo II y para la vida profesional, abarcando desde los aspectos teóricos y matemáticos hasta las aplicaciones prácticas con Python y su ecosistema de librerías.

Software utilizado en el libro

Todo el software que necesitará para este libro está disponible para Windows, macOS y Linux y es gratuito para descargar desde Internet. Escribimos los ejemplos del libro utilizando la distribución gratuita de Python Anaconda. Incluye la mayoría de las bibliotecas de Python, visualización y ciencia de datos que necesitará, así como Python, el intérprete IPython, Jupyter Notebooks y Spyder, considerado uno de los mejores entornos de desarrollo integrado (IDE) para ciencia de datos en Python—en el libro usamos solo IPython y Jupyter Notebooks para el desarrollo de programas. La sección **"Antes de Comenzar"** discute la instalación de Anaconda y otros elementos que necesitará para trabajar con nuestros ejemplos.

Documentación de Python y Recursos de Ciencia de Datos

Encontrará la siguiente documentación especialmente útil mientras avanza en el libro:

- **La biblioteca estándar de Python:**
  https://docs.python.org/3/library/index.html
- **La referencia del lenguaje Python:**
  https://docs.python.org/3/reference/index.html
- **Lista de documentación de Python:**
  https://docs.python.org/3/

Además, los siguientes recursos y documentación son especialmente relevantes para la ciencia de datos:

- **Documentación de NumPy** (computación numérica con Python):
  https://numpy.org/doc/

- **Documentación de Pandas** (análisis y manipulación de datos): *https://pandas.pydata.org/docs/*
- **Documentación de Matplotlib** (visualización de datos en 2D): *https://matplotlib.org/stable/contents.html*
- **Documentación de SciPy** (algoritmos y herramientas matemáticas): *https://docs.scipy.org/doc/scipy/reference/*
- **Documentación de Scikit-learn** (aprendizaje automático en Python): *https://scikit-learn.org/stable/user_guide.html*
- **Documentación de Seaborn** (visualización estadística de datos): *https://seaborn.pydata.org/*
- **Documentación de Plotly** (visualización interactiva de datos): *https://plotly.com/python/*

Estos recursos le proporcionarán información detallada y ejemplos sobre las bibliotecas y herramientas más utilizadas en ciencia de datos con Python.

Cómo contactarnos

Por favor, dirija sus comentarios y preguntas sobre este libro al editor:

Bluminds LLC 20 S Charles St Ste 403 #878
Baltimore, MD 21201 - USA

Tenemos una página web para este libro, donde listamos erratas, ejemplos y cualquier información adicional. Puede acceder a esta página en *https://books.bluminds.com*

Para comentar o hacer preguntas técnicas sobre este libro, envíe un correo electrónico a *info@bluminds.com*

Para más información sobre nuestros libros, cursos, conferencias y noticias, visite nuestro sitio web en *https://www.bluminds.com* .

- Síganos en Twitter (x.com): *https://x.com/blumindsllc*
- Vea nuestros videos en YouTube: *https://www.youtube.com/@bluminds*
- Vea GitHub: *https://github.com/Bluminds/Book-Calc1-v1-CodeExamples*

Antes de Comenzar

Con la aparición de mayores y mejores conceptos y aplicaciones de Inteligencia Artificial, los profesionales se están quedando fuera del mercado laboral si es que no conocen sobre de la programación y los lenguajes de programación,[3] y Python es el lenguaje más simple y potente para que un profesional amplie y mejore sus habilidades.

¡Aquí asumimos el gran desafío de seguir desarrollando habilidades matemáticas integradas con programación con Python!

No es necesario saber programar para usar este libro de cálculo, pero si es necesario conocer el entorno de Jupyter Notebooks en Anaconda, ya que ahí se han de desarrollar los scripts para programar con Python y obtener los resultados que se buscan. Aquí, se muestran los pasos principales que se deben saber antes de empezar con la lectura del libro, donde el lector debe procurar llegar al final de este apartado y poder realizar los ejercicios que aquí se muestra antes de empezar con el capítulo 1. En la parte final de este libro se podrán ver algunos conceptos de Programación Python, que el lector debe ver para aprender más sobre los conceptos de Python, pero conceptos genéricos; existe un apartado llamado "*Apéndice A: Introducción a Python*".

Así, empecemos con la instalación de Python.

Instalación de Anaconda y Python

La instalación de Anaconda y Python sirven para aquellos que buscan sumergirse en el mundo estudiantil, profesional y de la programación científica, o como en este caso, para el aprendizaje de matemáticas.

Anaconda, una distribución de Python, simplifica significativamente la configuración del entorno de desarrollo al proporcionar una colección completa de herramientas y bibliotecas esenciales que son fáciles de utilizar. Aquí se explorará detalladamente el proceso de instalación de Anaconda y sus beneficios, asegurando una experiencia de desarrollo coherente y eficiente. Anaconda incluye Jupyter, una aplicación web que permite crear documentos interactivos que combinan código, texto y visualizaciones. Esto es útil para el análisis de datos y la presentación de resultados. La aplicación de Anaconda está disponible para diversos sistemas operativos como Windows, MacOS y Linux, lo que garantiza una experiencia de desarrollo consistente sin importar la plataforma utilizada.

---

[3] Deitel, P & Deitel, H. (2015). "Java: How to Program". New Jersey, United States of America. Pearson Education Inc.

¿Qué es Anaconda?

Anaconda es una distribución del lenguaje Python, que incluye el lenguaje de programación en sí, y también un conjunto de herramientas y bibliotecas específicamente diseñadas para el análisis de datos y la programación científica. Desarrollada por Anaconda Inc., esta distribución tiene como objetivo simplificar la gestión de paquetes y entornos virtuales, haciendo que el proceso de desarrollo sea más accesible para usuarios de todos los niveles.

Pasos para la instalación:

La instalación de Anaconda y Python es un proceso sencillo que se puede realizar en pocos pasos, pero dependiendo de la computadora, esta puede tardar menos o más. Aquí, supondremos que su computador no tiene instalado Anaconda, por lo que le proporcionaremos una guía, paso a paso junto con referencias, para una instalación exitosa.

Descargar Anaconda:

Visita el sitio web oficial de Anaconda para descargar la versión más reciente:

(*https://www.anaconda.com/products/distribution*)

Selecciona (*DOWNLOAD*) la versión adecuada para tu sistema operativo (Windows, macOS o Linux) y no olvides que tu computador debe cumplir ciertos requisitos mínimos. De todas maneras, existen varias versiones que, si tu computador no cumple algunos, otra versión puede cumplirlas. Aquí los requisitos mínimos son:

DEL COMPUTADOR

- Se recomienda un procesador moderno de 1 GHz para un rendimiento optimo.
- Se recomienda tener 2 GB de RAM, pero con mayor memoria, se mejora la velocidad de las ejecuciones.
- Se recomienda tener un mínimo de 3 GB de espacio libre en el disco duro, más espacio para procesos de ejecución donde se preste memoria el disco.

DEL WINDOWS

- Anaconda es compatible con Windows 7 o superiores.
- Se recomienda espacio libre de al menos 10 GB en el disco para las instalaciones y las creaciones de entornos virtuales.

DEL MACOS

- Anaconda es compatible con macOS 10.9 o superiores.
- Se recomienda espacio libre de al menos 10 GB en el disco para instalaciones y creaciones de entornos virtuales.

DEL LINUX

- Anaconda es compatible con varias distribuciones de Linux, Ubuntu, Fedora y otros.
- Se recomienda espacio libre de al menos 10 GB en el disco para instalaciones, pero puede variar según la distribución.

Instalación de Anaconda:

- Ejecuta el instalador de Anaconda, descargado en tu PC.
- Seguir todas las instrucciones del instalador, además de la aceptando de los términos y condiciones de uso.
- Puedes optar por agregar Anaconda al PATH durante la instalación, lo que facilitará la ejecución de comandos desde la línea de comandos.

Una vez completada la instalación, se debe verificar que Anaconda y Python se hayan instalado correctamente. Es posible realizarlo abriendo una terminal, o mediante líneas de comandos, y después ejecutar el siguiente comando:

```
conda --version
```

Este comando muestra la versión de Anaconda, que es el administrador de paquetes incluido en Anaconda.

Iniciar la aplicación:

Hacer doble clic en la aplicación.

Figura 1: Icono de Anaconda

Y esperar hasta que se inicie el programa.

Manejo de Anaconda y Python

Una vez iniciado se tendría un entorno de Anaconda, que es similar al que se muestra en la siguiente figura.

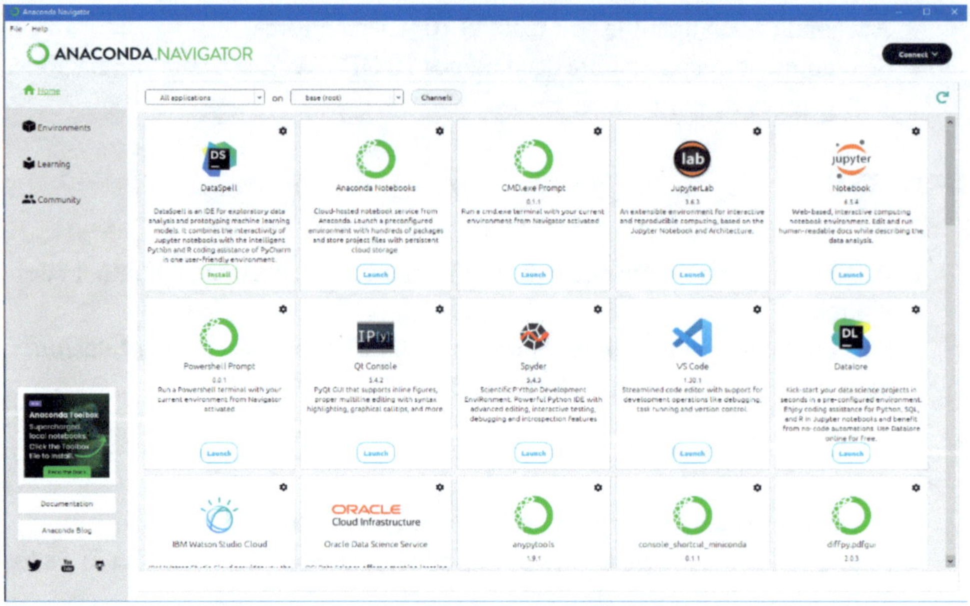

Figura 2: Ventana de Anaconda Navigator

Una vez que se tiene esta imagen, se ejecuta la aplicación que dice Jupyter, que en la figura está en la parte superior derecha, mediante "*Launch*".

Aquí, es el administrador de paquetes de la aplicación Anaconda, donde simplifica la instalación, la actualización y la gestión de librerías y sus dependencias, haciendo que sea mucho más fácil tener el lenguaje en óptimas condiciones para su uso. Además, permite la creación de entornos virtuales para proyectos específicos, asegurando la consistencia en el desarrollo. Anaconda incluye una variedad de bibliotecas esenciales para el análisis de datos, para la programación, y para el aprendizaje de otras ciencias, o como en este caso, para aprender más sobre Python.[4]

Configuración del Entorno de Trabajo

Para asegurar la compatibilidad y el funcionamiento óptimo de todas las bibliotecas y códigos utilizados en este libro, es recomendable crear un entorno virtual específico denominado `bluminds` con Python 3.12. Los entornos virtuales permiten mantener las dependencias del proyecto aisladas y evitar conflictos entre diferentes versiones de bibliotecas.

La creación de este entorno se realiza desde la línea de comandos o terminal. Para acceder a la terminal en Windows, se puede usar el Anaconda Prompt, mientras que en macOS y Linux se utiliza la terminal del sistema. Una vez abierta la terminal, se ejecutan los siguientes comandos:

[4] Venero B. (1999). "Análisis Matemático 2". Lima, Perú. Ediciones Gemar.

Crear el entorno bluminds:

Para crear el entorno virtual con Python 3.12, ejecute el siguiente comando:

```
conda create --name bluminds python=3.12
```

Este comando creará un nuevo entorno virtual llamado `bluminds` con Python 3.12 instalado. Durante el proceso, el sistema solicitará confirmación para proceder con la instalación.

Activar el entorno:

Una vez creado el entorno, debe activarse antes de instalar las bibliotecas o ejecutar código Python. Para activar el entorno, use:

```
conda activate bluminds
```

Cuando el entorno esté activo, notará que el nombre `(bluminds)` aparece al inicio del prompt de la terminal, indicando que está trabajando dentro del entorno virtual.

Verificar la instalación:

Para verificar que Python 3.12 se instaló correctamente en el entorno, ejecute:

```
python --version
```

Este comando debe mostrar una versión de Python 3.12.x.

Instalar Jupyter en el entorno:

Para poder usar Jupyter Notebooks dentro del entorno `bluminds`, es necesario instalar Jupyter:

```
conda install jupyter
```

Registrar el entorno como kernel de Jupyter:

Para que el entorno `bluminds` aparezca como opción al crear nuevos notebooks, debe registrarse como kernel:

```
python -m ipykernel install --user --name bluminds
    --display-name "Python 3.12 (bluminds)"
```

Una vez completados estos pasos, el entorno `bluminds` estará disponible en Jupyter Notebook, y podrá seleccionarse al crear un nuevo notebook, asegurando que todos los ejercicios y códigos del libro funcionen correctamente con las versiones específicas de las bibliotecas.

Desactivar el entorno:

Cuando termine de trabajar, puede desactivar el entorno ejecutando:

```
conda deactivate
```

Creación de un Jupyter Notebook

Una vez que se haya presionado “*Launch*”, se ha de desplegar una imagen, que es similar a la que se muestra en la siguiente figura.

Figura 3: Inicio de Jupyter Notebook

Ahora, en la parte derecha de la pantalla de la aplicación, buscamos la palabra “*NEW*” y escogemos la opción que dice “Python 3 (ipykernel)”, presionándolo para que despliegue un primer entorno de Jupyter Notebooks. Se espera unos segundos y se tiene un entorno inicial de Jupyter Notebooks.

Jupyter Notebooks

El primer entorno de Jupyter Notebooks es similar al que se muestra en la siguiente figura.

Figura 4: Ventana Práctica de Jupyter Notebook

Ahora está listo para realizar sus primeros programas, no se preocupe por los demás botones y opciones, eso lo ira aprendiendo en el transcurso de la lectura de este libro, o en libros más especializados, donde desea conocer más sobre el entorno de Jupyter Notebooks, para lo cual le recomendamos el libro de nuestra colección de Programación Python.

Cinco ejercicios de aritmética y álgebra con Jupyter Notebooks

Ahora hemos de realizar las siguientes operaciones matemáticas simples, con el objetivo de ver y comprobar que Python está ejecutando el código correctamente. No olvide colocar los datos correctamente, respetando los espacios, los signos y símbolos, así:

Ejercicio 1:

Haremos un primer ejercicio de sumas y restas de números complejos, colocando los siguientes scripts en la celda de color gris claro, y una vez que se haya terminado, se presiona **RUN**.

In [1]:

```
# Ejercicio 1
# Suma y Resta de Números Complejos
num1 = 3 + 4j
num2 = 1 - 2j

# Suma
suma = num1 + num2

# Resta
resta = num1 - num2

suma, resta
```

Out [1]:

```
((4+2j), (2+6j))
```

Ejercicio 2:

Haremos un segundo ejercicio de resolución de ecuaciones lineales, colocando los siguientes scripts en la celda gris claro y una vez terminado, se presiona **RUN**.

In [2]:

```
# Ejercicio 2
# Resolución de Ecuaciones Lineales
import numpy as np
import warnings

warnings.filterwarnings("ignore")

coeficientes = np.array([[3, 2], [4, -1]])
constantes = np.array([9, 5])

solucion = np.linalg.solve(coeficientes, constantes)
solucion
```

Out [2]:

```
array([1.72727273, 1.90909091])
```

Ejercicio 3:

Haremos un tercer ejercicio de polinomios cuadráticos, colocando los siguientes scripts en la celda gris claro y una vez terminado, se vuelve a presionar **RUN**.

In [3]:

```
# Ejercicio 3
# Factorización de Polinomios Cuadráticos
from sympy import symbols, factor

x = symbols("x")
polinomio = x**2 - 5 * x + 6

factorizado = factor(polinomio)
factorizado
```

Out [3]:

```
(x - 3)*(x - 2)
```

Ejercicio 4:

Haremos un cuarto ejercicio de operaciones con matrices, colocando los siguientes scripts en la celda gris claro y una vez terminado, se vuelve a presionar **RUN**.

In [4]:

```
# Ejercicio 4
# Operaciones con Matrices
matriz_a = np.array([[1, 2], [3, 4]])
matriz_b = np.array([[5, 6], [7, 8]])

# Multiplicación de Matrices
multiplicación = np.dot(matriz_a, matriz_b)

# Transposición de Matrices
transpuesta_a = matriz_a.T

multiplicación, transpuesta_a
```

Out [4]:

```
(array([[19, 22],
        [43, 50]]),
 array([[1, 3],
        [2, 4]]))
```

Ejercicio 5:

Haremos un quinto ejercicio de despejar variables en ecuaciones, colocando los siguientes scripts en la celda gris claro y una vez terminado, se vuelve a presionar **RUN**.

In [5]:

```
# Ejercicio 5
# Despejar Variables en Ecuaciones
from sympy import symbols, solve

x, y = symbols("x y")
ecuacion = 2 * x + 3 * y - 12

# Despejar y
solucion_y = solve(ecuacion, "y")
solucion_y
```

Out [5]:

```
[4 - 2*x/3]
```

Una vez que realizados los anteriores pasos correctamente, se encuentra listo para empezar a usar Python con este libro, caso opuesto vuelva a realizar las operaciones hasta lograr los mismos resultados.

Como actualizar Anaconda, Python y sus librerías

Actualizar Anaconda, Python y sus librerías desde un Jupyter Notebook, se realiza utilizando las celdas y poniendo scripts en ella, por lo que, para actualizar Anaconda se coloca en una de las celdas, lo siguiente:

```
!conda update --all
```

Para actualizar Python se coloca:

```
!conda install python=3.12 --update-deps
```

Y para actualizar una biblioteca especifica se coloca

```
!pip install -- upgrade <MODULO>
```

Librerías que deben Instalarse en Python

Las librerías utilizadas en el presente libro, deben estar instaladas en Jupyter Notebook, a continuacion se listan los comandos para su instalación desde una celda en Jupyter Notebook.

```
!pip install numpy
!pip install sympy
!pip install scipy
!pip install pandas
!pip install matplotlib
!pip install numdifftools

!pip install openpyxl
!pip install sqlalchemy

!pip install statsmodels
!pip install scikit-learn
!pip install tensorflow
!pip install keras
!pip install torch
!pip install mlxtend
!pip install xgboost
!pip install lightgbm
!pip install opencv-python

!pip install seaborn
```

```
!pip install bokeh
!pip install plotly
!pip install dash
!pip install dash-core-components
!pip install dash-html-components

!pip install cartopy
!pip install folium
!pip install networks
!pip install basemap
!pip install geopandas==0.14.4

!pip install hmmlearn
!pip install filterpy
!pip install squarify
```

```
... aqui se procede a la instalacion de cada una de las
    librerias con pip
```

Buena Práctica

Las versiones de las librerías de Python cambian en el tiempo, y algunas funciones pueden quedar obsoletas (deprecadas) debido a mejoras en rendimiento, seguridad, o inclusión de nuevas funcionalidades. Es una buena practica mantener las dependencias (librerías o módulos) actualizados en el sistema.

Otras buenas prácticas respecto al manejo de dependencias y actualizaciones se tienen:

- **Instalar versiones específicas:** Cuando sea necesario usar una versión particular de una librería (como `geopandas==0.14.4`), especifique la versión exacta para garantizar compatibilidad.
- **Verificar versiones instaladas:** Use `pip list` o `conda list` para ver todas las librerías instaladas y sus versiones actuales en su entorno.
- **Consultar versiones disponibles:** Visite *https://pypi.org* para verificar las versiones más recientes de cualquier librería de Python y revisar el historial de cambios.
- **Manejo de deprecaciones:** Si encuentra advertencias sobre funciones deprecadas, consulte la documentación oficial de la librería para encontrar las alternativas recomendadas.
- **Actualización gradual:** Actualice las librerías una por una y pruebe su código después de cada actualización para identificar posibles incompatibilidades.
- **Entornos virtuales:** Use entornos virtuales separados, para diferentes proyectos y evitar conflictos entre versiones entre librerías.

Resumen y Preguntas

Cada uno de los capítulos de este libro, contienen un apartado llamado "*Resumen*", para que el lector pueda verificar de manera resumida los avances del capítulo, y además contiene otros apartados de ejercicios que están resueltos (ver el final del libro), y otro de ejercicios no resueltos, para que el lector pueda practicar.

Este libro contiene "Cálculo I con Python", por lo que es útil tener conocimientos de programación en Python para un mejor aprendizaje.

Capítulo 1 Introducción al Cálculo

Objetivos

- Comprender la definición, ramas y fundamentos del cálculo como base del estudio del cambio y la acumulación.
- Identificar la relevancia del cálculo en diversas disciplinas científicas, tecnológicas y sociales.
- Reconocer las notaciones y símbolos esenciales utilizados en el cálculo para interpretar expresiones matemáticas.
- Aplicar herramientas del lenguaje Python y sus librerías principales en la resolución de problemas de cálculo básico.
- Analizar los antecedentes históricos y la evolución del cálculo desde sus orígenes hasta su formalización moderna.

Buena Práctica

¿Por qué estudiar fundamentos del Cálculo I con Python? Estudiar Fundamentos del Cálculo I con Python permite visualizar funciones, explorar límites y derivadas, comprobar conceptos con simulaciones y automatizar cálculos. Reduce errores y fortalece habilidades clave para ingeniería, ciencia y modelado, utilizando programación para resolver problemas matemáticos complejos.

El cálculo constituye una disciplina matemática trascendental que desentraña los mecanismos subyacentes del movimiento, el análisis, el cambio y la acumulación, proporcionando un marco teórico robusto para la comprensión de fenómenos dinámicos en diversas disciplinas científicas. Este capítulo introductorio constituye el punto de acceso conceptual a los fundamentos matemáticos necesarios para abordar los principios analíticos del cálculo diferencial e integral. Procederemos a examinar la definición del cálculo, así como las herramientas y notaciones que facilitan la comprensión y resolución de problemas complejos. En este contexto, implementaremos el lenguaje de programación Python para ilustrar aplicaciones iniciales que demuestren su relevancia en ciencias, ingenierías y aplicaciones cotidianas.[13]

Definición del cálculo y sus ramas

El cálculo constituye el estudio sistemático del cambio continuo y se estructura en dos disciplinas complementarias:

1) El cálculo diferencial, y
2) El cálculo integral.

El cálculo diferencial se enfoca en el análisis de las tasas de cambio instantáneas mediante la aplicación de derivadas, mientras que el cálculo integral aborda la cuantificación de la acumulación de magnitudes. Ambas ramas resultan esenciales para la comprensión del comportamiento funcional y la modelización de fenómenos dinámicos en tiempo real.

Importancia en ciencias y tecnología

El cálculo constituye una herramienta metodológica central en la resolución de problemas científicos y tecnológicos, proporcionando instrumentos analíticos que permiten obtener resultados desde niveles básicos hasta complejos análisis multidimensionales. En física, por ejemplo, se emplea para describir la cinemática y dinámica de objetos en el espacio-tiempo, así como para analizar la propagación ondulatoria y la evolución de sistemas dinámicos, incluyendo fenómenos atmosféricos y acústicos.[2]

En el ámbito de la ingeniería, el cálculo encuentra aplicación en el diseño estructural, particularmente en la construcción de infraestructuras civiles y públicas, además de resultar esencial en la optimización de procesos industriales y la simulación de sistemas complejos. En las ciencias económicas, se implementa para modelar patrones de crecimiento, caracterizar las configuraciones de curvas de oferta y demanda, y facilitar el análisis de decisiones financieras tanto en el sector empresarial como en la formulación de políticas públicas estatales. En biología, el cálculo se aplica en la modelización de dinámicas poblacionales, análisis genéticos y el estudio de procesos biológicos que involucran variaciones temporales.

En consecuencia, el cálculo se ha establecido como una herramienta omnipresente en el ecosistema científico, la investigación y el desarrollo tecnológico en múltiples disciplinas.

Notaciones esenciales en cálculo

El cálculo emplea un sistema específico de notaciones y simbologías que facilitan la descripción precisa y la resolución sistemática de problemas analíticos. Entre estos elementos se incluyen las construcciones geométricas, las funciones, los límites, las derivadas e integrales, conceptos centrales que poseen conjuntos específicos de notaciones para su representación rigurosa. A modo de ilustración, la derivada de una función describe su tasa de cambio instantánea, mientras que la integral representa la acumulación de magnitudes a lo largo de un intervalo determinado. A lo largo del presente texto, se examinarán estas notaciones progresivamente, desde las construcciones elementales hasta las más complejas. En esta sección introductoria se presentarán las simbologías más relevantes para familiarizar al lector con el lenguaje analítico del cálculo:

$a,\ b,\ c,\ d =$ Coeficientes o constantes.

$w,\ x,\ y,\ z =$ Variables.

$m =$ Pendiente.

$A =$ Área.

$P =$ Perímetro.

$V =$ Volumen.

$V^H =$ Hiper-volumen.

$y = m \cdot x + b$ Ecuación de dos variables, *y* es la dependiente y *x* es la independiente.

$z = m \cdot x + a \cdot y + b$ Ecuación de tres variables, *z* dependiente y *x, y* independientes.

$f(x) = m \cdot x + b$ Función de una sola variable *x*.

$f(x, y) = m \cdot x + a \cdot y + b$ Función de dos variables *x, y*.

$f(w),\ f(x),\ f(y),\ f(z) =$ Funciones evaluadas en *w, x, y,* o en *z*.

$f'(w),\ f'(x),\ f'(y),\ f'(z) =$ Primeras derivadas de *f* respecto de *w, x, y,* o *z*.

$f''(w),\ f''(x),\ f''(y),\ f''(z) =$ Segundas derivadas de *f* sobre de *w, x, y,* o *z*.

$\lim\limits_{w \to \cdot} \cdot,\ \lim\limits_{x \to \cdot} \cdot,\ \lim\limits_{y \to \cdot} \cdot,\ \lim\limits_{z \to \cdot} \cdot =$ Los límites de *w, x, y,* o *z,* que tiende a ...

$\lim\limits_{\substack{w \to \cdot \\ x \to \cdot}} \cdot,\ \lim\limits_{\substack{x \to \cdot \\ y \to \cdot}} \cdot,\ \lim\limits_{\substack{y \to \cdot \\ z \to \cdot}} \cdot,\ \lim\limits_{\substack{z \to \cdot \\ w \to \cdot}} \cdot =$ Los límites de dos variables *w, x, y,* o *z,* que tiende a ...

$\dfrac{d\cdot}{d\cdot} =$ Símbolo de la derivada de ...

$\dfrac{df}{dw}, \dfrac{df}{dx}, \dfrac{df}{dy}, \dfrac{df}{dz} =$ Primeras derivadas de *f* respecto de *w, x, y,* o *z*.

$\dfrac{d^2f}{dw^2}, \dfrac{d^2f}{dx^2}, \dfrac{d^2f}{dy^2}, \dfrac{d^2f}{dz^2} =$ Segundas derivadas de *f* respecto de *w, x, y,* o *z*.

$\int \cdot d\cdot =$ Símbolo de integral.

$\int_{\cdot}^{\cdot} \cdot d\cdot =$ Símbolo de integral con recorrido.

$\int_{\cdot}^{\cdot} \int_{\cdot}^{\cdot} \cdot d\cdot d\cdot =$ Símbolos de integrales dobles con dos recorridos.

$$\int_b^a f(x)\,dx, \int_b^a f(y)\,dy = \text{Integrales definidas, función } f(x), \text{ o } f(y) \text{ en el intervalo } [b,a].$$

$$\int_b^a \int_d^c f(x,y)\,dy\,dx = \text{Integrales dobles definidas, función } f(x,y), \text{ en el intervalo } [b,a] \text{ y } [d,c].$$

Entre otras notaciones complementarias.

Estas constituyen las simbologías y notaciones más frecuentemente empleadas en el análisis matemático. A medida que progresemos en el desarrollo del texto, se introducirán construcciones notacionales adicionales.

Librerías esenciales para el análisis computacional

En adelante, la herramienta metodológica más relevante para el análisis matemático, además de las calculadoras tradicionales, consistirá en la implementación del lenguaje de programación Python aplicado al cálculo. Este entorno computacional, con sus capacidades matemáticas y bibliotecas especializadas, proporciona un marco ideal para la exploración y aplicación de conceptos analíticos. Las herramientas principales comprenden:

1) **Jupyter Notebooks:** Constituye una herramienta computacional que funciona como entorno interactivo, facilitando la integración de código, texto y visualizaciones multimedia en documentos unificados.
2) **NumPy:** Constituye una biblioteca central empleada en Python para la ejecución de operaciones numéricas avanzadas, tanto para el manejo de arreglos multidimensionales como para la implementación de funciones matemáticas y operaciones de álgebra lineal.
3) **Math:** Constituye una biblioteca estándar de Python que proporciona funciones y operaciones aritméticas especializadas, resultando particularmente útil en aplicaciones de cálculo diferencial e integral.
4) **SymPy:** Constituye un módulo de Python especializado en matemáticas simbólicas, ampliamente empleado en cálculo diferencial e integral para la construcción de ejercicios analíticos y la representación simbólica de funciones matemáticas.
5) **SciPy:** Constituye una biblioteca especializada de Python que proporciona funcionalidades avanzadas para optimización, diferenciación, integración, álgebra lineal, análisis estadístico y múltiples aplicaciones adicionales empleadas en cálculo científico.

6) **Matplotlib:** Constituye una biblioteca de Python que proporciona herramientas especializadas para visualización científica, permitiendo la creación de gráficos unidimensionales, bidimensionales y tridimensionales, con capacidades extensibles hacia representaciones multidimensionales de alta calidad.

Fundamentos del cálculo

El cálculo, como disciplina matemática sofisticada, proporciona las herramientas analíticas esenciales para la comprensión y modelización del cambio continuo en los sistemas naturales y artificiales, permitiendo la representación matemática rigurosa de fenómenos dinámicos.

Las funciones matemáticas constituyen el lenguaje formal del cálculo, proporcionando el marco conceptual para comprender las relaciones entre variables y sus patrones de variación mutua. Esta exploración conceptual conduce desde los fundamentos funcionales hasta su implementación práctica en diversos campos disciplinarios, destacando la versatilidad y omnipresencia de estos constructos en la matemática aplicada.

Los límites constituyen el fundamento teórico sobre el cual se erige la estructura del cálculo diferencial e integral. En su esencia conceptual, un límite describe el comportamiento asintótico de una función cuando la variable independiente se aproxima a un valor específico. Este concepto permite abordar situaciones que involucran cambios continuos y procesos que se extienden hacia el infinito. Consideremos, por ejemplo, una función que describe la cinemática de un objeto: la determinación de su velocidad instantánea en un momento específico requiere la aplicación del concepto límite, dado que al tender el intervalo temporal hacia cero, se puede conceptualizar la velocidad en un instante particular, capturando así la noción de derivada. Python facilitará la visualización y descripción de estos patrones de cambio.[1]

Las derivadas constituyen el núcleo conceptual del cálculo diferencial. Una derivada representa la tasa de cambio instantánea de una función en un punto específico o a lo largo de un intervalo determinado. Este constructo matemático cuantifica la rapidez con que una magnitud varía respecto a otra, estableciéndose como concepto central en la modelización de fenómenos dinámicos que abarcan desde la física hasta la economía, y desde las ciencias sociales hasta las ciencias naturales. Para el cálculo de derivadas, se emplean reglas establecidas como la regla del producto y la regla de la cadena, fundamentadas en principios, axiomas y teoremas del análisis matemático. Estas reglas metodológicas permiten descomponer funciones complejas y analizar sus patrones de variación mediante el examen de sus componentes constitutivos. Adicionalmente, la derivada se relaciona con la pendiente de la recta tangente a una curva en un punto dado, proporcionando una interpretación geométrica enriquecedora. Python facilita la ejecución de estos análisis diferenciales de manera interactiva, optimizando la comprensión conceptual.[7]

El teorema fundamental del cálculo constituye el vínculo conceptual entre derivadas e integrales. Este teorema establece que la operación inversa de la diferenciación corresponde a la integración. En consecuencia, las derivadas y las integrales se encuentran intrínsecamente relacionadas y se complementan mutuamente en el análisis matemático.

Las integrales, por su parte, introducen el dominio de las acumulaciones, la contabilización matemática y la totalización de magnitudes. Una integral representa el área bajo una curva, aunque su significado trasciende las aplicaciones puramente geométricas. Este concepto puede conceptualizarse como la suma de cantidades infinitesimales, permitiendo la captura de información acumulativa con precisión analítica. La integral definida proporciona la capacidad de cuantificar la acumulación de una magnitud específica a lo largo de un intervalo determinado. En términos aplicados, esto se materializa en la determinación de áreas, volúmenes y la resolución de problemas de acumulación continua. Análogamente a las derivadas, las integrales poseen aplicaciones extensas en campos disciplinarios como la física teórica y aplicada, así como en las ciencias económicas.

Es pertinente destacar que Python y el cálculo constituyen una alianza metodológica natural, dado que el análisis matemático se beneficia considerablemente de la implementación computacional y la programación matemática. Mediante bibliotecas especializadas como NumPy y SciPy, Python facilita la ejecución de cálculos numéricos y simbólicos con eficiencia notable. Los Jupyter Notebooks proporcionan un entorno interactivo que optimiza la experimentación y visualización de conceptos analíticos. La convergencia entre Python y el cálculo genera una sinergia que no solamente simplifica la resolución de problemas matemáticos complejos, sino que también facilita la comprensión conceptual y la exploración activa de constructos teóricos.

El cálculo, mediante su capacidad para modelar patrones de cambio, mantiene su posición como pilar conceptual en la comprensión de los fenómenos dinámicos que caracterizan nuestro entorno natural y tecnológico.[3]

1.1 Conceptos básicos de matemáticas para el cálculo

1.1.1 Números y operaciones fundamentales

La comprensión del cálculo requiere una base sólida en conceptos matemáticos elementales. En esta sección introductoria se presentan los sistemas numéricos y las operaciones básicas que constituyen el fundamento esencial para el estudio analítico. Se implementará Python como herramienta ilustrativa de estos conceptos, aprovechando su capacidad para ejecutar operaciones matemáticas de manera eficiente y clara. En matemáticas, se distinguen diversos tipos de números, cada uno con propiedades específicas y aplicaciones diferenciadas.[4] Los tipos numéricos más relevantes para el presente estudio comprenden:

- **El número cero:** Concepto y símbolo matemático que representa la ausencia de magnitud o la cantidad nula. Constituye el elemento neutro en la escala numérica y se emplea como base para múltiples operaciones aritméticas.
- **Los números naturales:** Se emplean para la enumeración de elementos en conjuntos finitos. Los números naturales se extienden desde la unidad hasta el infinito positivo. Ejemplos representativos son 1, 2, 3, 4, etc.
- **Los números enteros:** Además de incluir los números naturales, este conjunto incorpora los números negativos y el cero. Los enteros se utilizan para representar magnitudes que pueden expresar excesos o déficits. Ejemplos característicos son -2, -1, 0, 1, 2, etc.
- **Los números racionales:** Aquellos que pueden expresarse como una fracción, donde numerador y denominador son enteros, con la restricción de que el denominador sea distinto de cero. Ejemplos ilustrativos son $\frac{1}{2}$, $\frac{1}{3}$, $\frac{1}{4}$, $\frac{2}{3}$, $\frac{3}{4}$, entre otros.
- **Los números irracionales:** Números cuyas representaciones decimales son infinitas y no periódicas. Ejemplos paradigmáticos incluyen π y $\sqrt{2}$.
- **Los números reales:** Comprenden la totalidad de los números enteros, racionales e irracionales. Representan el continuum numérico en la recta real, la cual se extiende infinitamente en ambas direcciones.

Los números complejos quedan fuera del alcance del presente texto, por lo que el análisis se circunscribirá a los números reales y variables reales. Habiendo establecido una comprensión básica de los sistemas numéricos, se procede a examinar las operaciones esenciales que se ejecutan con estos elementos. Las operaciones aritméticas elementales comprenden:

- **La suma:** Operación que combina dos o más números para generar un resultado denominado suma total. Por ejemplo, $2 + 3 = 5$.
- **La resta:** Operación inversa de la suma. Se sustrae un número de otro para obtener la diferencia resultante. Por ejemplo, $6 - 3 = 3$.
- **La multiplicación:** Operación que combina dos o más números para producir un resultado denominado producto. Por ejemplo, $2 \times 3 = 6$.
- **La división:** Operación inversa de la multiplicación. Se divide un número entre otro para obtener el cociente correspondiente. Por ejemplo, $6 \div 2 = 3$.
- **La potenciación:** Operación que consiste en elevar un número (denominado base) a una potencia específica (denominada exponente). Por ejemplo, $2^3 = 2 \times 2 \times 2 = 8$.

- **Los radicales:** Operaciones inversas de las potencias que permiten calcular raíces cuadradas, cúbicas u otras raíces de un número dado. Por ejemplo, $\sqrt{9} = 3$.

Estas operaciones constituyen el fundamento de todas las construcciones matemáticas más complejas y resultan esenciales para el análisis diferencial e integral. Si bien estos conceptos corresponden al nivel de educación primaria en los sistemas educativos mundiales, su revisión se justifica en función de su implementación mediante Python, el cual ofrece capacidades extensas para la ejecución de operaciones matemáticas.[1] Esta implementación se facilita mediante bibliotecas especializadas como NumPy y SymPy. A continuación se presentan ejemplos ilustrativos de operaciones elementales ejecutadas en Python.

Ejemplo: Suma de números enteros.

In [1]:

```
# Ejercicio 1
import warnings
warnings.filterwarnings("ignore")

# Definir dos números enteros
num1 = 15
num2 = -31

# Realizar la suma
suma = num1 + num2

# Mostrar el resultado
print("La suma de", num1, "y", num2, "es:", suma)
```

Out [1]:

```
La suma de 15 y -31 es: -16
```

Ejemplo: Producto de números racionales.

In [2]:

```
# Ejercicio 2
import sympy as sp
from IPython.display import display

# Definir dos números racionales
```

[1] Bowers, N. Jr. Gerber, H. Hickman, J. Jones, D. & Nesbitt, C. (1997). "Actuarial Mathematics". United States of America. The Society of Actuaries.

```
num1 = sp.Rational(1, 5)
num2 = sp.Rational(3, 4)

# Calcular el producto
producto = num1 * num2

# Mostrar el resultado
print("El producto de - ")
display(num1)

print("y -")
display(num2)

print("es:")
display(producto)
```

Out [2]:

```
El producto de -
```

```
1/5
```

```
y -
```

```
3/4
```

```
es:
```

```
3/20
```

1.1.2 Álgebra elemental para cálculo

El álgebra constituye una disciplina matemática que examina las relaciones y operaciones entre magnitudes desconocidas representadas mediante variables (expresadas simbólicamente mediante letras). En el contexto del análisis matemático, el álgebra desempeña un rol trascendental al proporcionar herramientas metodológicas para modelar y resolver problemas que involucran procesos de cambio y acumulación. El álgebra facilita la manipulación de expresiones algebraicas y la resolución de ecuaciones, aspectos esenciales en el análisis matemático riguroso. Estas competencias resultan indispensables para la comprensión y aplicación de conceptos avanzados en cálculo diferencial e integral, tales como límites, derivadas e integrales.

Una de las aplicaciones más significativas del álgebra en el cálculo consiste en la resolución sistemática de ecuaciones. Las ecuaciones algebraicas se emplean para modelar situaciones del mundo real y para determinar soluciones a problemáticas matemáticas complejas. La resolución de ecuaciones resulta esencial en el análisis matemático para identificar puntos críticos, determinar raíces de funciones y establecer intersecciones con los ejes coordenados. Python, mediante su sintaxis especializada y bibliotecas matemáticas como SymPy, se constituye en una herramienta metodológica eficaz para ilustrar y aplicar conceptos algebraicos elementales. SymPy facilita la ejecución de cálculos simbólicos, permitiendo el trabajo con expresiones algebraicas en lugar de valores numéricos específicos. Esta característica resulta particularmente relevante en el contexto del cálculo diferencial e integral, donde frecuentemente se opera con variables y funciones abstractas en lugar de magnitudes numéricas concretas.

Un ejemplo paradigmático de la aplicación algebraica en el cálculo es la resolución de ecuaciones lineales mediante el concepto de “FUNCIONES”. Una ecuación lineal adopta la forma canónica $ax + b = 0$, donde a y b representan constantes y x constituye la variable incógnita. La solución de una ecuación lineal corresponde al valor de x que satisface la igualdad establecida.

Mediante Python, es posible emplear SymPy para resolver ecuaciones lineales de manera eficiente y sistemática. Consideremos, por ejemplo, la ecuación $20x+3 = 7$. Aunque esta ecuación puede resolverse analíticamente, el propósito consiste en demostrar la funcionalidad computacional de Python para determinar el valor de x, implementación que se presenta a continuación:

In [3]:

```
# Ejercicio 3
import sympy as sp

# Definir la variable simbólica
x = sp.symbols('x')

# Definir la ecuación lineal: 20x + 3 = 7
ecuacion = sp.Eq(20*x + 3, 7)

# Resolver la ecuación para x
solucion = sp.solve(ecuacion, x)

# Mostrar la solución
print(f"Solución de la ecuación: x = {solucion[0]}")
```

Out [3]:

```
Solucion de la ecuacion: x = 1/5
```

Esta metodología se extiende igualmente al análisis de polinomios cuadráticos.

In [4]:

```
# Ejercicio 4
import sympy as sp

# Definir la variable simbólica
x = sp.symbols('x')

# Definir la ecuación lineal: x^2 + 20x + 3 = 7
ecuacion = sp.Eq(x**2 + 20*x + 3, 7)

# Resolver la ecuación para x
solucion = sp.solve(ecuacion, x)

# Mostrar la solución
print(f"Solución de la ecuación: x = {solucion[0]}")
{display(solucion[0])};
```

Out [4]:

```
Solucion de la ecuacion: x = -10 + 2*sqrt(26)
```

Además de la resolución de ecuaciones lineales, Python y SymPy pueden utilizarse para trabajar con expresiones algebraicas más complejas.

Factorización y simplificación

SymPy proporciona funcionalidades especializadas para la factorización y simplificación de expresiones algebraicas. Estas capacidades resultan eficaces para simplificar construcciones matemáticas complejas y determinar representaciones más manejables analíticamente. Examinemos la expresión $x^3 + 8$, la cual puede factorizarse y simplificarse mediante el siguiente procedimiento:

In [5]:

```
# Ejercicio 5
import sympy as sp

# Definir la variable simbólica
x = sp.symbols('x')

# Definir la expresión: x^3 + 8
expresion = x**3 + 8

# Factorizar la expresión
factorizada = sp.factor(expresion)

```

```
# Simplificar la expresión
simplificada = sp.simplify(expresion)

# Mostrar resultados
print("Expresión Original:")
display(expresion)

print("Expresión Factorizada:")
display(factorizada)

print("Expresión Simplificada:")
display(simplificada)
```

Out [5]:

```
Expresion Original:
```

```
$$ x^{3} + 8 $$
```

```
Expresion Factorizada:
```

```
$$ \left(x + 2\right) \left(x^{2} - 2 x + 4\right) $$
```

```
Expresion Simplificada:
```

```
$$ x^{3} + 8 $$
```

Este código emplea SymPy para factorizar y simplificar la expresión $x^3 + 8$. El resultado del programa exhibe la expresión original, la expresión factorizada y la expresión simplificada. Cabe señalar que, en este caso particular, la expresión original y la simplificada coinciden, aunque esta correspondencia no se verifica universalmente y depende de las características específicas de cada ecuación.[2]

El álgebra elemental resulta esencial para el estudio del cálculo diferencial e integral, dado que proporciona las herramientas metodológicas necesarias para la manipulación de expresiones matemáticas y la resolución sistemática de ecuaciones. Python, mediante su capacidad para ejecutar cálculos simbólicos a través de bibliotecas especializadas como SymPy, se constituye en una herramienta eficaz para ilustrar y aplicar conceptos algebraicos en el contexto analítico. El dominio del álgebra elemental capacita a los estudiantes para comprender y abordar problemáticas avanzadas en cálculo, incluyendo límites, derivadas e integrales. Python optimiza este proceso al proporcionar una sintaxis clara y un amplio espectro de funciones matemáticas que facilitan el trabajo con expresiones simbólicas y la ejecución de cálculos precisos. En consecuencia, el álgebra elemental y su implementación mediante Python constituyen elementos esenciales para el estudio del cálculo, proporcionando una base sólida para el desarrollo de competencias matemáticas avanzadas.

1.2 Definición del cálculo e historia

1.2.1 Orígenes y evolución del cálculo

El cálculo, en sus orígenes históricos, emerge de la necesidad intelectual de comprender y cuantificar las tasas de cambio y los patrones de movimiento en magnitudes variables. En este contexto aparecen dos figuras paradigmáticas en la historia del análisis matemático: Sir Isaac Newton y Gottfried Wilhelm Leibniz, quienes desarrollaron independientemente los fundamentos del cálculo durante el siglo XVII. Estos matemáticos introdujeron constructos conceptuales esenciales como límites, derivadas e integrales.[13]

Figura 1.1: Representación Dramática de Gottfried Wilhelm Leibniz (izq.) y Sir Isaac Newton (der.)

Newton, mediante su enfoque en la mecánica y la física, desarrolló el cálculo diferencial para abordar problemáticas relacionadas con el cambio instantáneo. Leibniz, por su parte, se concentró en el cálculo integral para comprender los procesos de acumulación de magnitudes y las relaciones entre variables. A lo largo del tiempo, el cálculo ha experimentado una evolución considerable, particularmente mediante el desarrollo de nuevas disciplinas como el cálculo vectorial, el cálculo fraccional y el cálculo variacional. Subsecuentemente, ambos matemáticos se vieron involucrados en una controversia académica sobre la autoría del cálculo, disputa que demostró que ambos habían desarrollado independientemente estos conceptos mediante aproximaciones metodológicas distintas. En la actualidad, se emplea predominantemente la notación leibniziana, aunque se conservan los fundamentos analíticos newtonianos.[12]

Se establece entonces que el cálculo constituye: "*Una disciplina matemática esencial que proporciona un marco teórico y un conjunto de técnicas analíticas para la comprensión y modelización de fenómenos que involucran conceptos relacionados con cambios, movimientos y variaciones en magnitudes, las cuales pueden representarse mediante funciones*". Una ilustración del comportamiento de ecuaciones se presenta a continuación:

In [6]:

```
# Ejercicio 6
import numpy as np
import sympy as sp
import matplotlib.pyplot as plt

# Definir la variable simbólica x
x = sp.Symbol('x')

# Definir el rango de valores de x
x_vals = np.linspace(0, 2, 400) # Rango de 0 a 2 con 400 puntos

# Definir las funciones
f_1 = sp.lambdify(x, x**2 + 3*x - 2)
f_2 = sp.lambdify(x, 1/(x + 1))
f_3 = sp.lambdify(x, sp.exp(-x))

# Calcular los valores de y para cada función
y_vals_1 = f_1(x_vals)
y_vals_2 = f_2(x_vals)
y_vals_3 = f_3(x_vals)

# Graficar las funciones en un mismo gráfico
plt.figure(figsize=(10, 8))

# Función 1: f(x) = x^2 + 3x - 2
plt.plot(x_vals, y_vals_1, label='$f(x) = x^2 + 3x - 2$', color='red')

# Función 2: g(x) = 1/(x + 1)
plt.plot(x_vals, y_vals_2, label='$g(x) = \\frac{1}{x+1}$', color='
    green')

# Función 3: h(x) = e^(-x)
plt.plot(x_vals, y_vals_3, label='$h(x) = e^{-x}$', color='blue')

# Configuración del gráfico
plt.title('Gráficas de $f(x)$, $g(x)$ y $h(x)$ en el intervalo [0, 2]'
    )
plt.xlabel('x')
```

```
plt.ylabel('y')
plt.xlim(0, 2) # Establecer límites en el eje x
plt.axhline(y=0, color='black', linewidth=0.5) # Línea horizontal y=0
plt.axvline(x=0, color='black', linewidth=0.5) # Línea vertical x=0
plt.grid(True)
plt.legend()
plt.show()
```

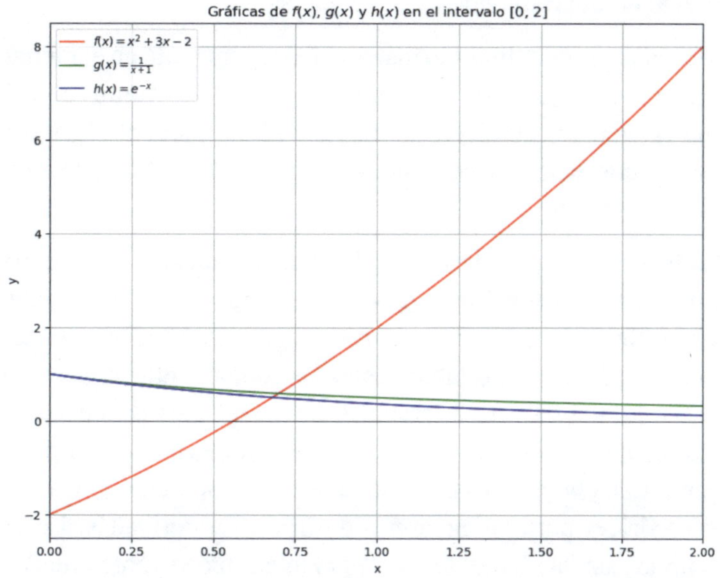

Este ejemplo ilustra la implementación de Python como herramienta interactiva para la exploración de conceptos iniciales del cálculo diferencial e integral, particularmente límites, proporcionando resultados analíticos precisos y representaciones visuales.

La trayectoria histórica del cálculo se extiende desde sus orígenes ancestrales hasta su desarrollo durante el Renacimiento. Se examinarán los conceptos precursores que facilitaron el surgimiento del análisis matemático y se explorará la riqueza conceptual de la geometría analítica. Se implementará Python como herramienta metodológica para ejemplificar y resolver problemáticas, destacando ejemplos resueltos y proporcionando ejercicios que fortalezcan el aprendizaje. La relevancia de este capítulo se fundamenta en la geometría analítica, dado que resulta esencial comprender estos conceptos para establecer la formación de funciones y el sustento teórico de los conceptos específicos implementados en Python.[11]

Los orígenes del cálculo empiezan en los siglos XVII y XVIII, con contribuciones de Isaac Newton y Gottfried Wilhelm Leibniz. Estos pioneros desarrollaron conceptos fundamentales y notaciones que forman la base del cálculo moderno. El cálculo ha evolucionado desde entonces, integrando ideas de diversos campos y encontrando aplicaciones en áreas tan diferentes como la física, la ingeniería, la economía y la biología. Pero la historia del cálculo se remonta a civilizaciones antiguas, por ejemplo, los babilonios, egipcios y griegos hicieron contribuciones significativas a la matemática, sentando las bases para el cálculo posterior. Sin embargo, el verdadero impulso hacia el cálculo, como lo conocemos hoy, provino de los trabajos de matemáticos como Arquímedes y Eudoxo de Cnido en la antigua Grecia. Arquímedes, por ejemplo, desarrolló métodos para calcular áreas y volúmenes mediante la subdivisión de figuras en partes infinitesimales. Y Eudoxo realizó cálculos respecto al comportamiento de los planetas.[2]

En la edad media, el conocimiento matemático se expandió en el mundo islámico. Matemáticos como Al-Khwarizmi (conocido como Algorithmi) contribuyeron a la solución de ecuaciones cuadráticas, un paso clave hacia el álgebra y la manipulación de estos conceptos, para posteriormente poder solucionar integrales y derivadas que no son fáciles.

En la edad moderna, particularmente durante el Renacimiento, se produjo el resurgimiento del interés sistemático en las matemáticas y las ciencias naturales. Matemáticos como Kepler y Galileo realizaron avances significativos en la descripción del movimiento planetario, estableciendo los fundamentos conceptuales para el posterior desarrollo del cálculo diferencial e integral. Los conceptos de números reales e irracionales —aquellos que no pueden expresarse como fracciones— constituyeron un hito en la comprensión de la continuidad matemática, proporcionando las bases teóricas para las nociones de límites y derivadas. La existencia de números como la raíz cuadrada de 2 ($\sqrt{2}$) planteó interrogantes fundamentales sobre la naturaleza numérica y condujo al desarrollo de la noción de continuidad funcional. Paralelamente, el álgebra y la geometría analítica constituyeron avances conceptuales que facilitaron el desarrollo del cálculo diferencial e integral. René Descartes, mediante su introducción de coordenadas cartesianas, integró álgebra y geometría de manera revolucionaria, permitiendo la representación geométrica de ecuaciones algebraicas y expandiendo las posibilidades analíticas para el estudio de funciones y curvas.

Las coordenadas cartesianas transformaron la geometría al establecer un sistema de referencia fundamentado en ejes perpendiculares. En lugar de describir puntos mediante longitudes y direcciones, este sistema permite su representación mediante pares ordenados $(x,\ y)$, simplificando considerablemente la representación gráfica de funciones y ecuaciones. Los vectores, conceptos matemáticos caracterizados por poseer magnitud y dirección, fueron introducidos inicialmente por Gibbs y Heaviside, proporcionando un marco elegante para representar cantidades físicas y ejecutar operaciones matemáticas complejas. En Python, el trabajo con vectores y conceptos relacionados se facilita mediante bibliotecas especializadas

[2] Chávez Reyes, Carmen & León Quintanar. (2007). "La Biblia de las Matemáticas". México D.F., México. Editorial Letrarte S.A.

como NumPy. Las representaciones vectoriales constituyen expresiones matemáticas de objetos geométricos empleando ecuaciones vectoriales, donde es posible implementar funciones que calculen áreas triangulares dadas sus bases y alturas, desarrollar programas que visualicen circunferencias con centros en el origen y radios específicos mediante Matplotlib, además de emplear bibliotecas adicionales para resolver sistemas de ecuaciones lineales utilizando matrices y el método de eliminación gaussiana.[6]

1.2.2 Desarrollo histórico del cálculo

1.2.2.1 Contribuciones de matemáticos antiguos

Es pertinente examinar las contribuciones teóricas y prácticas de Arquímedes al desarrollo del pensamiento matemático. Arquímedes nació en la ciudad de Siracusa, en Sicilia, aproximadamente en el 287 a.C., durante un período en el cual la cultura griega se caracterizaba por su elevado enfoque en la ciencia, la filosofía y las matemáticas. Siracusa constituía un nexo cultural y científico relevante que facilitaba el intercambio intelectual entre Grecia, África y el Medio Oriente.

Más allá de sus múltiples ocupaciones intelectuales, Arquímedes se distinguió como ingeniero y físico destacado, reconocido por invenciones paradigmáticas como la palanca y el tornillo que lleva su nombre. Sus contribuciones a las matemáticas resultan invaluables para el desarrollo posterior del análisis. Se le atribuye la formulación de principios matemáticos que anticipan el cálculo integral y diferencial, mientras que sus investigaciones sobre volúmenes y áreas de figuras geométricas establecieron los fundamentos de la geometría integral.

1.2.2.2 Método de Arquímedes para aproximar π

El método de Arquímedes constituyó una técnica revolucionaria para el cálculo del valor de π, basada en la inscripción y circunscripción de polígonos regulares alrededor de una circunferencia. Iniciando con un hexágono regular, incrementó progresivamente el número de lados de los polígonos, mejorando sistemáticamente la precisión de sus aproximaciones. Los pasos metodológicos (algoritmos) comprendieron:

- Comenzaba inscribiendo un polígono simple, como un hexágono, dentro de un círculo.
- Calculaba el perímetro del polígono inscrito, que proporcionaba una aproximación inferior para la circunferencia del círculo.
- Circunscribía un polígono alrededor del círculo y calculaba su perímetro para obtener una aproximación superior.
- Duplicaba el número de lados del polígono para aumentar la precisión de sus cálculos, acercándose más y mucho más al valor real de π.

El impacto matemático de esta metodología se extiende igualmente hacia la aproximación de funciones. El método de Arquímedes no solamente constituyó una de las estimaciones más precisas de π durante la antigüedad, sino que también evidenció una comprensión temprana de lo que posteriormente se formalizaría como el concepto de límite en cálculo diferencial e integral. Su trabajo anticipaba el análisis matemático moderno, y sus técnicas continúan siendo objeto de estudio contemporáneo por su ingenio metodológico y precisión analítica. Los tratados de Arquímedes fueron estudiados intensamente por matemáticos de la antigüedad y del Renacimiento. Sus textos no solo transmitieron conocimientos geométricos y matemáticos, sino que también establecieron métodos de prueba que influirían en figuras posteriores como Newton y Leibniz. La precisión y profundidad de los métodos de Arquímedes le aseguraron un lugar prominente entre los grandes matemáticos de la historia. Su legado se perpetúa en la pedagogía matemática contemporánea y en la cultura popular, destacando su célebre expresión "¡Dadme un punto de apoyo y moveré el mundo!". Así, él estableció un legado perdurable que ha definido los fundamentos del pensamiento matemático y científico. Esta sección podría ser seguida por un análisis detallado de los avances matemáticos en el mundo islámico, otro componente en la historia del desarrollo del cálculo, continuando así con la narrativa en un formato coherente y exhaustivo.

1.2.2.3 La revolución del cálculo en el Renacimiento

Durante el Renacimiento, un renovado interés por las ciencias y la matemática clásica, impulsado por el redescubrimiento de textos antiguos y el desarrollo de nuevas técnicas de impresión, preparó el escenario para avances significativos en matemáticas. Matemáticos como Johannes Kepler, René Descartes y Blaise Pascal desarrollaron herramientas y conceptos que serían innovadores para el desarrollo del cálculo. Descartes, por ejemplo, introdujo el sistema de coordenadas cartesianas, que es esencial para el cálculo moderno y la geometría analítica. La invención de herramientas como el compás de proporción permitió a los matemáticos del Renacimiento, realizar cálculos más complejos, lo cual fue vital para el avance de la matemática aplicada y teórica.

1.2.2.4 Preludio del cálculo

Las aportaciones de Pierre de Fermat, con su método de tangentes, se acercó al concepto de diferenciación, mostrando cómo encontrar tangentes a curvas y, por lo tanto, aproximándose al cálculo diferencial. Isaac Barrow, mentor de Isaac Newton, desarrolló métodos que implicaban la inversión de tangentes, adelantándose a la integración, y proporcionó un marco teórico que más tarde sería formalizado por su estudiante. En este contexto emerge el concepto de cálculos infinitesimales, el cual, aunque aún carente de formalización rigurosa, comenzó a estructurarse conceptualmente. Los matemáticos iniciaron la consideración de cantidades infinitamente pequeñas como elementos constructivos para la definición de áreas bajo curvas y pendientes de funciones.

1.2.3 El desafío infinitesimal

La implementación de infinitesimales generó debates intensos respecto a su validez y consistencia matemática. Los matemáticos se enfrentaron al desafío de emplear estos conceptos sin contar con un sistema numérico rigurosamente formalizado que los respaldara, circunstancia que condujo a paradojas y confusiones conceptuales. Estas problemáticas fueron resueltas progresivamente mediante la formulación de teoremas, axiomas y estructuras algebraicas más sofisticadas que proporcionaron un fundamento robusto a lo que posteriormente se denominaría cálculo diferencial e integral.

En última instancia, Isaac Newton y Gottfried Wilhelm Leibniz desarrollaron independientemente sistemas coherentes de cálculo diferencial e integral. Aunque sus aproximaciones metodológicas y notaciones diferían sustancialmente, ambos matemáticos formalizaron el empleo de infinitesimales y establecieron los fundamentos del análisis matemático moderno. Mediante sus contribuciones, Newton y Leibniz lograron resolver múltiples paradojas asociadas con los infinitesimales, proporcionando un marco matemático riguroso y expandiendo considerablemente las aplicaciones del cálculo en la física teórica y la ingeniería aplicada. Esta narrativa histórica ilustra cómo, desde los métodos geométricos de Arquímedes hasta la formalización analítica de Newton y Leibniz, el desarrollo del cálculo ha constituido un proceso evolutivo impulsado por desafíos matemáticos y epistemológicos, transformando no solamente la matemática pura sino también la comprensión científica del mundo natural.

1.3 Importancia del cálculo en las ciencias y la tecnología

El cálculo desempeña un rol importante en diversas disciplinas científicas y tecnológicas. Desde las más exactas como la física hasta la ingeniería y la informática, porque el cálculo proporciona las herramientas necesarias para modelar y resolver problemas.

En física: Modelización del mundo natural

En el ámbito de la física teórica y aplicada, el cálculo constituye una herramienta metodológica esencial para modelar y comprender fenómenos naturales complejos. Desde la descripción cinemática del movimiento de partículas hasta la predicción de comportamientos atómicos y subatómicos, las ecuaciones diferenciales y el cálculo integral se establecen como pilares conceptuales del análisis físico-matemático.

En ingeniería: Optimización y diseño de sistemas

En las disciplinas de ingeniería, el cálculo resulta esencial para la optimización de procesos industriales y el diseño eficiente de sistemas complejos. Destacan particularmente los problemas de optimización, donde se busca maximizar o minimizar variables específicas sujetas a restricciones operativas. Python puede implementarse para determinar el mínimo de una función, aplicación frecuente en problemáticas de ingeniería orientadas a optimizar el rendimiento sistémico.

En informática: Algoritmos numéricos y aprendizaje automático

En informática y, más específicamente, en ciencias de la computación, el cálculo se implementa en algoritmos numéricos y constituye el núcleo conceptual de múltiples técnicas de aprendizaje automático (Machine Learning). Python puede emplearse para desarrollar algoritmos de diferenciación automática, componente esencial en numerosas aplicaciones de inteligencia artificial y aprendizaje automático.

En economía: Modelado de comportamientos y toma de decisiones

En la economía, el cálculo se usa para modelar el comportamiento de variables económicas y facilitar la toma de decisiones informada. El cálculo diferencial se aplica para analizar funciones que describen variables como la oferta y la demanda, permitiendo comprender mejor cómo cambian estas variables en respuesta a diferentes estímulos. Además, las integrales pueden utilizarse para calcular áreas bajo curvas, lo que resulta valioso en la determinación de medidas económicas clave, o medidas de desigualdad o medidas de producción, como el ingreso total o el excedente del consumidor.

En administración: Análisis de costos y eficiencia

En el ámbito de la administración, el cálculo proporciona herramientas para el análisis de costos y la mejora de la eficiencia operativa. Las derivadas son utilizadas para examinar cómo cambian los costos en función de la producción, permitiendo a los administradores tomar decisiones fundamentadas sobre la optimización de recursos. La optimización de procesos y la asignación eficiente de recursos son ejemplos prácticos donde el cálculo encuentra aplicación en el ámbito de la administración.

En ingeniería industrial: Mejora de procesos y eficiencia de producción

En la ingeniería industrial, el cálculo es útil para la mejora de procesos y la eficiencia de la producción. La optimización de la cadena de suministro, la planificación de la producción y la gestión de inventarios son áreas donde el cálculo se utiliza para maximizar la eficiencia y minimizar los costos. Modelar matemáticamente estos procesos y aplicar técnicas de cálculo permite a los ingenieros industriales encontrar soluciones óptimas en un entorno de producción complejo.[1]

En finanzas: Valoración de activos y gestión de riesgos

En el ámbito financiero, el cálculo diferencial e integral resulta esencial para la valoración de activos y la gestión sistemática de riesgos. Las derivadas se emplean para cuantificar la sensibilidad de instrumentos financieros, tales como opciones y derivados, ante variaciones en diferentes variables del mercado. Esta aplicación facilita la comprensión y mitigación de riesgos financieros sistémicos. Adicionalmente, las integrales se implementan en la determinación de medidas de rendimiento financiero temporal, incluyendo el cálculo del valor presente neto y métricas de rentabilidad ajustada.

En astronomía: Modelización orbital y predicciones celestiales

En astronomía teórica y observacional, el cálculo resulta esencial para la modelización de órbitas planetarias, predicciones celestiales y la comprensión de eventos astronómicos complejos. Las leyes del movimiento de Kepler y las ecuaciones diferenciales que describen la dinámica de cuerpos celestes incorporan conceptos analíticos avanzados, permitiendo a los astrónomos predecir con elevada precisión fenómenos como eclipses, tránsitos planetarios y perturbaciones gravitacionales.

En electrónica: Diseño de circuitos y análisis de señales

En el ámbito de la electrónica, el cálculo se aplica al diseño de circuitos y al análisis de señales. Las ecuaciones diferenciales, en particular, son fundamentales para comprender el comportamiento dinámico de circuitos eléctricos y electrónicos. Esto es útil para el diseño de dispositivos electrónicos eficientes y para el análisis de señales en sistemas de comunicación.[10]

En medicina: Modelización de procesos biológicos y farmacocinética

En las ciencias médicas, el cálculo se emplea para modelar procesos biológicos complejos, analizar el flujo de fluidos corporales y determinar dosificaciones farmacológicas óptimas. La implementación de ecuaciones diferenciales y métodos analíticos facilita a los profesionales sanitarios la comprensión de la dinámica de sistemas biológicos, permitiendo la toma de decisiones fundamentadas respecto a tratamientos terapéuticos y protocolos clínicos. Resulta evidente que el cálculo se manifiesta como una herramienta metodológica versátil en múltiples disciplinas, proporcionando los fundamentos matemáticos para la toma de decisiones fundamentadas, la optimización de procesos y la comprensión profunda de fenómenos complejos en campos tan diversos como la ingeniería, las ciencias económicas, la medicina y otras disciplinas científicas. En consecuencia, el cálculo desempeña un rol trascendental en las ciencias y la tecnología, suministrando las herramientas analíticas necesarias para modelar y resolver problemas complejos.[3]

Antes de abordar formalmente el cálculo diferencial e integral —que comprende el estudio de funciones, límites, derivadas e integrales (o más propiamente, antiderivadas)— procederemos a fortalecer los conceptos de geometría analítica, con el fin de comprender los fundamentos sobre los cuales se sustenta la teoría del cálculo, aspectos que se desarrollarán en el siguiente capítulo.

[3]Edwards, C.H. Jr & Penney David. (1994). "Cálculo con Geometría Analítica". México DF, México. Prentice Hall Hispanoamericana S.A.

1.4 Resumen

En resumen, se tienen los siguientes puntos relevantes del capítulo:

1.1 Introducción al cálculo.

El cálculo es una parte de las matemáticas que se ocupa del estudio del cambio y la variación. Aquí está el cálculo diferencial y el cálculo integral. El cálculo diferencial se enfoca en las tasas de cambio y utiliza derivadas para analizar cómo varían las funciones en relación con sus variables. Es esencial para entender fenómenos que involucran velocidades y aceleraciones, como el movimiento de los planetas o el flujo de electricidad.

Por otro lado, el cálculo integral trata sobre la acumulación de cantidades y se utiliza para calcular áreas bajo curvas, volúmenes de sólidos y más. Este tipo de cálculo es fundamental para proyectos de ingeniería, como el diseño de estructuras o el análisis de grandes conjuntos de datos en campos como la economía y la biología. El libro muestra una explicación de ambos conceptos de manera práctica y aplicativa en Python.

El cálculo tiene aplicaciones prácticas en casi todos los aspectos de la vida moderna, desde la tecnología y la ciencia hasta la economía y las ciencias sociales. Permite a los científicos y a los ingenieros crear modelos precisos del mundo natural y humano, proporcionando las herramientas para mejorar nuestra comprensión del universo y para innovar en diversas industrias.

1.2 Herramientas y notaciones en cálculo.

El estudio del cálculo utiliza un conjunto específico de herramientas y notaciones que son esenciales para describir y resolver problemas matemáticos relacionados con el cambio y la acumulación. Entre estas herramientas de cálculo, se encuentran las funciones, límites, derivadas, e integrales, cada una con su propio conjunto de notaciones y aplicaciones.

Funciones: Son representaciones matemáticas de relaciones entre conjuntos de números. En cálculo, las funciones permiten modelar fenómenos físicos, económicos y sociales, describiendo cómo una cantidad depende de otra.

Límites: Son útiles para definir derivadas e integrales. El concepto de límite ayuda a entender el comportamiento de funciones cuando las entradas se acercan a un valor específico, incluso a valores infinitos o infinitesimales.

Derivadas: Representan la tasa de cambio instantánea de una función. Se utilizan ampliamente en la física y la ingeniería para modelar cambios y movimientos.

Integrales: Se usan para calcular la acumulación total, como el área bajo una curva. Esto es útil en muchos campos, desde la probabilidad hasta la economía y la ingeniería.

Además, el uso de software como Python y herramientas computacionales como Jupyter Notebooks, NumPy, y Matplotlib, ha revolucionado la manera en que se enseña y se aplica el cálculo. Estas tecnologías permiten a los estudiantes y profesionales visualizar complejas funciones matemáticas y realizar cálculos complejos de manera más intuitiva y eficaz.

1.3 Aplicación del cálculo en tecnología y ciencias.

El cálculo se usa en numerosas disciplinas científicas y tecnológicas, proporcionando las herramientas necesarias para resolver una amplia variedad de problemas prácticos. En la física, por ejemplo, el cálculo permite modelar el movimiento de los cuerpos celestes y las interacciones de las partículas subatómicas. En la ingeniería, se utiliza para diseñar todo, desde puentes hasta circuitos electrónicos, optimizando cada aspecto para mejorar su eficiencia y seguridad.[4]

En economía, el cálculo ayuda a modelar el crecimiento económico, las fluctuaciones del mercado, y a tomar decisiones informadas sobre políticas públicas y estrategias empresariales. En biología, se usa para modelar procesos como la difusión de enfermedades, la dinámica de poblaciones, y la genética de organismos.

La integración del cálculo con la computación ha llevado a avances significativos en áreas como el aprendizaje automático y la inteligencia artificial, donde se utilizan algoritmos basados en cálculo para entrenar y optimizar modelos que pueden reconocer patrones, o tomar decisiones autónomas.

[4] Haaser, N. La Salle, J. & Sullivan, J. (2000). "Análisis Matemático: Curso de Introducción Volumen 1". México DF., México. Octavo Edición.

1.5 Problemas y sus Soluciones

Se tienen los siguientes problemas y soluciones:

1. ¿Qué estudia el cálculo?

A) Historia de la matemática.
B) Literatura de las investigaciones
C) El cambio.
D) La geografía.
E) La biología.
F) El arte en las demostraciones matemáticas.

2. ¿Cuáles son las dos ramas principales del cálculo?

A) Álgebra y geometría.
B) Cálculo diferencial y cálculo integral.
C) Física y química.
D) Biología y medicina.
E) Economía y administración.
F) Informática y tecnología.

3. ¿Qué representa una derivada en el contexto del cálculo?

A) Una suma.
B) Una multiplicación.
C) Una división.
D) Una tasa de cambio.
E) Un exponente.
F) Una raíz.

4. ¿En qué campo, NO se menciona que el cálculo sea esencial según el documento?

A) Ingeniería.
B) Economía.
C) Medicina.
D) Física.
E) Literatura.
F) Biología.

5. ¿Qué herramienta computacional es ampliamente utilizada en el análisis de datos para cálculo?

A) Microsoft Excel.
B) Adobe Photoshop.
C) Jupyter Notebooks.
D) AutoCAD.
E) Google Earth.
F) Eviews.

6. ¿Cuáles son las librerías de Python utilizadas para operaciones numéricas avanzadas?

A) Maths y Skit-learn.
B) Jupyter y Pandas.
C) Numpy y Sympy.
D) Microsoft y Scipy.
E) SymPy y Statsmodels.
F) Matplotlib y Google.

7. ¿Qué simboliza la integral en cálculo?

A) Diferencia.
B) Tasa de cambio.
C) Suma.
D) Acumulación.
E) Resta.
F) División.

8. ¿Cuál es un ejemplo de número natural según el documento?

A) -1.
B) 0.
C) $1/2$.
D) π.
E) 3.
F) $\sqrt{2}$.

9. ¿Qué representa la $'\mathrm{x}'$ en la ecuación $\mathrm{y} = \mathrm{mx} + \mathrm{b}$?

A) Coeficiente.
B) Constante.

C) Variable dependiente.
D) Pendiente.
E) Variable independiente.
F) Área.

10. ¿Cuál operación matemática es la inversa de la potenciación?

A) Suma.
B) Resta.
C) Multiplicación.
D) División.
E) Radicales.
F) Logaritmo.

11. ¿Cuál es el propósito de las integrales definidas?

A) Describir el movimiento.
B) Calcular acumulaciones de áreas y volúmenes.
C) Estudiar tasas de cambio.
D) Resolver ecuaciones polinómicas.
E) Medir perímetros.
F) Determinar derivadas.

12. ¿Qué herramienta se menciona como útil para visualizaciones en Python?

A) NumPy.
B) Jupyter Notebooks.
C) SciPy.
D) Math.
E) Matplotlib.
F) Excel.

13. ¿Qué tipo de número es π según el capítulo?

A) Natural.
B) Entero.
C) Racional.
D) Irracional.
E) Complejo.
F) Imaginario.

14. ¿Qué herramienta de Python se menciona para realizar cálculos simbólicos?

A) NumPy.
B) Pandas.
C) SymPy.
D) TensorFlow.
E) PyTorch.
F) Scikit-learn.

15. ¿Qué ley física se modela usando cálculo, según el capítulo?

A) Los conjuntos de números.
B) Principio de incertidumbre de Heisenberg.
C) Leyes de Kepler sobre el movimiento planetario.
D) La constante de Boltzmann.
E) El triángulo de Pitágoras.
F) Principio de Arquímedes.

16. ¿Qué tipo de problemas se menciona que el cálculo ayuda a optimizar en ingeniería?

A) Literarios.
B) Filosóficos.
C) Estéticos.
D) Médicos.
E) Políticos.
F) De diseño.

17. ¿Cómo se aplica el cálculo en la economía, según el texto?

A) Para escribir legislación.
B) Para diseñar estrategias de marketing.
C) Para modelar comportamientos teóricos y prácticos.
D) Para entender movimientos literarios.
E) Para crear música.
F) Para estudiar psicología.

1.6 Problemas

Se tienen los siguientes problemas:

1. ¿Cuál es un módulo de Python mencionado para visualizaciones gráficas?

A) Excel.
B) PowerPoint.
C) Matplotlib.
D) Adobe Illustrator.
E) Corel Draw.
F) Paint.

2. ¿Qué representa la derivada de una función?

A) Una integral.
B) Una suma acumulativa.
C) Un límite general.
D) Tasa de cambio de la función.
E) Una multiplicación constante.
F) Una resta continua.

3. ¿Qué campo de estudio NO se menciona que utilice cálculo?

A) Medicina.
B) Ingeniería.
C) Economía.
D) Física.
E) Lingüística.
F) Biología.

4. ¿Qué tipo de conjunto de números es descrito como infinito y no periódico?

A) Natural.
B) Complejo.
C) Racional.
D) Irracional.
E) Entero.
F) Imaginario.

5. ¿Cuál es un ejemplo de aplicación de cálculo en la biología?

A) Análisis literario.
B) Composición musical.
C) Diseño gráfico.
D) Estrategias políticas.
E) Derecho constitucional.
F) Modelización de poblaciones.

6. ¿Cuál es el símbolo utilizado para representar integrales en cálculo?

A) +.
B) -.
C) /.
D) x.
E) $\int$.
F) $\neq$.

7. ¿Qué concepto de cálculo muestra el comportamiento de funciones al acercarse a un valor específico?

A) Función.
B) Derivada.
C) Integral.
D) Límite.
E) Suma.
F) Multiplicación.

8. ¿Qué figura histórica es mencionada como pionera en el desarrollo de cálculo diferencial?

A) Isaac Newton.
B) Marie Curie.
C) Charles Darwin.
D) Thomas Edison.
E) Leonardo da Vinci.
F) Nikola Tesla.

9. ¿Qué herramienta de Python se usa para cálculos numéricos avanzados, especialmente matrices?

A) Pandas.
B) Jupyter Notebooks.
C) Statsmodels.

D) Numpy.
E) Adobe Acrobat.
F) Maths.

10. ¿Cómo se aplica el cálculo en la astronomía?

A) Composición de obras.
B) Diseño de moda.
C) Modelado de órbitas planetarias.
D) Análisis de textos literarios.
E) Creación de cuerpos celestes.
F) Desarrollo de planetas.

11. ¿Qué concepto matemático básico es esencial para el estudio del cálculo?

A) Multiplicación.
B) Integrales.
C) Números y operaciones fundamentales.
D) Fracciones.
E) Porcentajes.
F) Índices.

12. ¿Qué tipo de conjuntos de números incluye ceros y negativos según el documento?

A) Naturales.
B) Reales.
C) Complejos.
D) Enteros.
E) Racionales.
F) Irracionales.

Capítulo 2 Geometría Analítica

Objetivos

- ❑ Comprender los fundamentos de la geometría analítica como base esencial para el estudio del cálculo.
- ❑ Identificar la relación entre el álgebra y la geometría en la representación de figuras y ecuaciones en el plano.
- ❑ Aplicar el sistema de coordenadas cartesianas para ubicar puntos, líneas y curvas en el espacio.
- ❑ Analizar las propiedades geométricas de rectas, planos y curvas mediante ecuaciones algebraicas.
- ❑ Utilizar conceptos de vectores, proyecciones y ortogonalidad en la interpretación geométrica del cálculo.
- ❑ Desarrollar la capacidad de representar y visualizar objetos geométricos en dos y tres dimensiones usando herramientas matemáticas y computacionales.

Buena Práctica

¿Por qué estudiar geometría analítica con Python? Estudiar Geometría Analítica con Python permite visualizar rectas, planos y superficies, analizar relaciones espaciales, experimentar con vectores y ecuaciones, y comprender mejor el espacio geométrico mediante gráficos y simulaciones computacionales.

2.1 Geometría analítica y bases fundamentales para el cálculo

La geometría analítica constituye una disciplina matemática que integra la geometría euclidiana con métodos algebraicos, proporcionando un marco analítico para la resolución sistemática de problemáticas espaciales. La terminología "geometría analítica" deriva de dos raíces etimológicas griegas, las cuales comprenden:

- **Geometría:** Proviene del vocablo griego "γεωμετρία", cuyo significado corresponde a "*medida de la tierra*". En el contexto matemático, la geometría se ha especializado en el estudio de las propiedades y relaciones entre puntos, líneas, superficies, sólidos y demás entidades geométricas que existen en espacios euclidianos y no euclidianos.
- **Analítica:** Deriva del término griego "ανάλυση", que denota "resolución" o "descomposición". Durante el Renacimiento, el concepto de "análisis" se consolidó como metodología sistemática para la resolución de problemáticas complejas. En el contexto matemático contemporáneo, el análisis se refiere

al método de descomposición y examen riguroso de estructuras y entidades matemáticas. El componente "analítico" de la geometría analítica se fundamenta en la aplicación de métodos algebraicos para el estudio sistemático de la geometría.

En consecuencia, la geometría analítica se define como la aplicación sistematizada del álgebra abstracta y las técnicas de visualización matemática para el estudio de propiedades geométricas y relaciones entre puntos, líneas y figuras geométricas en espacios multidimensionales.[13] Esta disciplina fue desarrollada primordialmente por René Descartes durante el siglo XVII, constituyéndose en una herramienta metodológica esencial para la resolución de problemáticas geométricas mediante coordenadas y ecuaciones algebraicas. La geometría analítica resulta indispensable para el cálculo diferencial e integral, dado que desempeña un rol trascendental en la comprensión y resolución de problemas matemáticos complejos. Específicamente, el cálculo requiere de la geometría analítica para:

- **Las representaciones gráficas de funciones:** La geometría analítica facilita la representación gráfica de funciones matemáticas mediante sistemas coordenados (cartesianos, polares o paramétricos). Esta capacidad resulta esencial en el análisis matemático, dado que las representaciones gráficas proporcionan interpretaciones visuales del comportamiento funcional, optimizando la comprensión de conceptos analíticos como límites, derivadas e integrales.
- **Interpretación geométrica de derivadas e integrales:** Los procesos de limitación, diferenciación e integración poseen interpretaciones geométricas específicas, tanto para la construcción teórica como para la determinación de soluciones analíticas. La derivada de una función en un punto específico representa la pendiente de la recta tangente a la curva en dicho punto, mientras que la integral definida de una función corresponde al área comprendida bajo la curva en un intervalo dado. La geometría analítica suministra las herramientas metodológicas necesarias para visualizar y conceptualizar estas interpretaciones geométricas.[1]
- **Coordenadas y transformaciones:** Los sistemas de coordenadas cartesianas constituyen elementos esenciales tanto en geometría analítica como en cálculo diferencial e integral, facilitando la descripción precisa de posiciones y movimientos en espacios multidimensionales. Las transformaciones geométricas, incluyendo traslaciones, rotaciones y proyecciones, pueden expresarse mediante formulaciones algebraicas empleando los principios de la geometría analítica.
- **Sistemas de ecuaciones y lugares geométricos:** En el análisis matemático resulta frecuente abordar sistemas de ecuaciones que describen relaciones

[1] Grossman, S. (1996). "Álgebra lineal". México DF, México. McGraw Hill Interamericana de México. Quinta Edición.

complejas entre variables. La geometría analítica proporciona metodologías sistemáticas para representar estos sistemas y determinar los lugares geométricos asociados con las soluciones correspondientes.

- **Estudio de entidades geométricas multidimensionales:** La geometría analítica facilita el examen riguroso de puntos, rectas, curvas y superficies en espacios tridimensionales y superiores. Esta aplicación incluye la parametrización de curvas, el cálculo de longitudes de arco, la determinación de áreas superficiales y la visualización de entidades curvas en el espacio, aspectos particularmente relevantes en cálculo para el análisis de patrones de variación en contextos multidimensionales.

El propósito de esta sección consiste en establecer la geometría euclidiana plana como fundamento teórico para el análisis matemático y sus extensiones hacia modalidades analíticas más sofisticadas. Siguiendo el modelo euclidiano, se emplean puntos como elementos constructivos para la definición de objetos geométricos, dado que tanto puntos como rectas constituyen entidades rigurosamente definidas mediante números reales. En el presente texto, estas construcciones se circunscriben exclusivamente al dominio de los números reales $\mathbb{R}$.[2]

2.1.1 Coordenadas cartesianas (René Descartes)

En el presente análisis se examina la geometría analítica y su relación conceptual con el cálculo diferencial e integral, centrándose específicamente en las coordenadas cartesianas como herramienta metodológica que transforma la geometría en un dominio algebraico. La geometría analítica, desarrollada por René Descartes, revolucionó la conceptualización del espacio geométrico. Descartes estableció que la introducción de coordenadas cartesianas permitía la representación algebraica de puntos en el plano, estableciendo un vínculo sistemático entre geometría y álgebra. En el sistema de coordenadas cartesianas, cada punto en el plano se describe mediante un par ordenado (x, y) en espacios bidimensionales, extendiéndose estas conceptualizaciones hacia ternas ordenadas (x, y, z) en espacios tridimensionales y n-tuplas $(x, y, z, \ldots)$ en espacios multidimensionales. Las coordenadas cartesianas transforman problemáticas geométricas en desafíos algebraicos sistemáticos.[2] Las relaciones entre puntos, líneas y curvas se expresan mediante ecuaciones algebraicas, facilitando la aplicación de métodos algebraicos en la resolución de problemas geométricos y viceversa.

En consecuencia, el objetivo consiste en construir un modelo matemático riguroso de un plano euclidiano, fundamentado en el sistema de números reales, constituyendo el modelo coordenado la innovación metodológica esencial para el análisis matemático. Los diagramas desempeñan una función ilustrativa de las conceptua-

[2] Baldor J.A. (1998). "Geometría Plana del Espacio: Con una Introducción a la Trigonometría". México DF, México. Publicaciones Cultural. Decima Quinta Reimpresión.

lizaciones geométricas subyacentes al modelo matemático analítico; no obstante, las demostraciones formales no pueden depender exclusivamente de representaciones gráficas. La verificación rigurosa y matemáticamente completa constituye el elemento determinante de la robustez analítica, dado que las demostraciones deben constituir deducciones sistemáticas fundamentadas en principios, postulados, conjeturas y axiomas establecidos.

Se establece un plano euclidiano en el cual se posicionan dos rectas mutuamente perpendiculares, constituyendo los ejes coordenados denominados "eje x" en orientación horizontal y "eje Y" en orientación vertical. En el contexto funcional, estos ejes se designan como "eje X" en la horizontal y "eje f(x)" en la vertical. Resulta conveniente que ambas rectas se intersecten en la coordenada $(0, 0)$, denominada origen del sistema. En el eje horizontal, los valores ubicados a la derecha de la coordenada $(0, 0)$ representan números reales positivos de la variable X, mientras que los valores a la izquierda corresponden a números reales negativos de X. Análogamente, en el eje vertical, los valores situados por encima de la coordenada $(0, 0)$ representan valores reales positivos de Y, y los valores por debajo corresponden a números reales negativos de Y. Se incorporan las variables x_1 y y_1 como números reales arbitrarios.[1] La estructura resultante se define mediante:

O = Coordenada $(0, 0)$ u origen.

X = Variable de números reales representado por *X*.

Y = Variable de números reales representado por *Y*.

$\mathbf{x_1}$ = Número real de la variable *X*.

$\mathbf{y_1}$ = Número real de la variable *Y*.

Su script de Python es:

In [1]:

```
# Ejercicio 1
import matplotlib.pyplot as plt
import warnings
warnings.filterwarnings("ignore")

# Generar puntos aleatorios
x1, y1 = 1, 1

# Configurar el gráfico
plt.figure(figsize = (8, 8))

# Configurar ejes y etiquetas
plt.axhline(0, color = 'black', linewidth = 2) # Cambiado a color
    negro y grosor 2
```

```
plt.axvline(0, color = 'black', linewidth = 2) # Cambiado a color negro y grosor 2
plt.grid(color = 'gray', linestyle = '--', linewidth = 0.5)
plt.xlabel('Eje X', fontsize = 14, fontweight = 'bold')
plt.ylabel('Eje Y', fontsize = 14, fontweight = 'bold')
plt.title('Gráfico de Coordenadas', fontsize = 16, fontweight = 'bold')

# Ajustar límites de los ejes para que la gráfica sea visible desde -1 y hasta 2
plt.xlim(-1, 2)
plt.ylim(-1, 2)

# Configurar el gráfico después de ajustar los límites
plt.scatter(0, 0, color = 'red', marker = 'o', label = 'Punto O (0,0)')
plt.scatter(x1, y1, color = 'blue', marker = 'x', label = f'x1 ({x1}, {y1})')
plt.legend(loc = 'upper right')
plt.show( )
```

Out [1]:

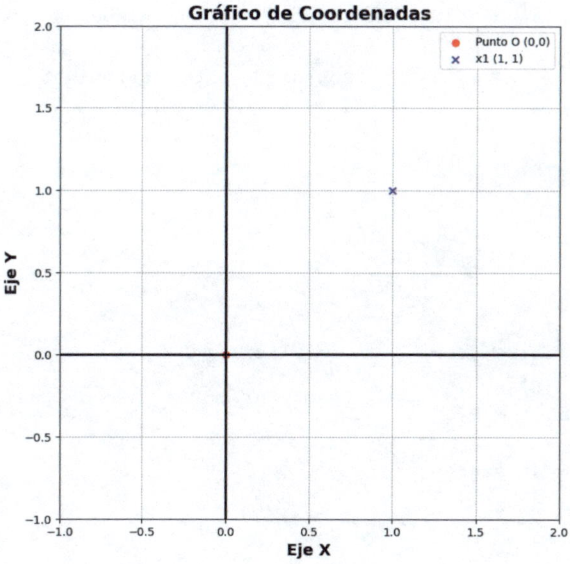

Donde estos scripts muestran el punto $(1,\ 1)$ y otros puntos implícitos se pueden ver en la anterior figura, que muestra este gráfico de coordenadas. De esta manera, es evidente darse cuenta que cada coordenada y punto sobre este plano que sea $(x,\ y)$, tiene uno y solamente un punto del cual esté asignado. Así, puede usarse este concepto para 3D, y extender el plano cartesiano a un eje de coordenadas de tres dimensiones como en la siguiente figura.[3] Ahora en código:

In [2]:

```
# Ejercicio 2
import matplotlib.pyplot as plt

# Generar puntos aleatorios
x1, y1, z1 = 1, 1, 1

# Configurar el gráfico en 3D
fig = plt.figure(figsize = (5, 5))
ax = fig.add_subplot(111, projection = '3d')

# Configurar ejes y etiquetas
ax.plot([0, 0], [0, 0], [0, 2], color = 'black', linewidth = 2) # Línea vertical para el eje Z
ax.plot([0, 0], [0, 2], [0, 0], color = 'black', linewidth = 2) # Línea vertical para el eje Y
ax.plot([0, 2], [0, 0], [0, 0], color = 'black', linewidth = 2) # Línea horizontal para el eje X
ax.grid(color = 'gray', linestyle = '--', linewidth = 0.5)
ax.set_xlabel('Eje X', fontsize = 10, fontweight = 'bold', labelpad = 5)
ax.set_ylabel('Eje Y', fontsize = 10, fontweight = 'bold', labelpad = 5)
ax.set_zlabel('Eje Z', fontsize = 10, fontweight = 'bold', labelpad = 5)
ax.set_title('Gráfico de Coordenadas 3D', fontsize = 16, fontweight = 'bold')

# Ajustar límites de los ejes para que la gráfica sea visible desde 0 y hasta 2
ax.set_xlim(0, 2)
ax.set_ylim(0, 2)
ax.set_zlim(0, 2)

# Configurar el gráfico después de ajustar los límites
ax.scatter(0, 0, 0, color = 'red',
           marker = 'o', label = 'Punto O (0,0,0)')
ax.scatter(x1, y1, z1, color = 'blue',
           marker = 'x', label = f'x1 ({x1}, {y1}, {z1})')

# Añadir leyenda en la parte superior derecha
ax.legend(loc = 'upper right')

# Ajustar la vista para mover hacia abajo el gráfico
ax.view_init(elev = 20, azim = 5)
```

[3] Edwards, C.H. Jr & Penney David. (1994). "Cálculo con Geometría Analítica". México DF, México. Prentice Hall Hispanoamericana S.A.

```
37 plt.show()
```

Out [2]:

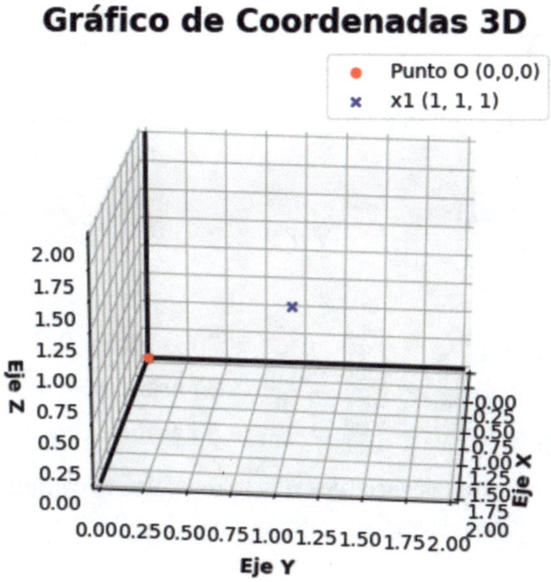

Resulta evidente que cada coordenada y punto en el espacio tridimensional $(x,\ y,\ z)$ posee una única asignación espacial. Surge entonces la interrogante: ¿Es posible extender esta representación hacia dimensiones superiores? La respuesta presenta aspectos tanto afirmativos como restrictivos, dado que aunque no resulta factible graficar más de tres dimensiones en una representación gráfica única, sí es posible generar múltiples representaciones gráficas que faciliten la comprensión del comportamiento de objetos multidimensionales. Esta necesidad conduce al concepto de hiperespacios e hiper-objetos, entendiendo que cada representación debe circunscribirse dentro de un sistema de coordenadas tridimensionales.[5] Consideremos un punto caracterizado por cuatro coordenadas, por ejemplo, el punto $(x,\ y,\ z,\ w) = (1,\ 1,\ 1,\ 1)$. ¿Cómo se realizaría su representación gráfica y cuántas representaciones resultan necesarias? Se establece que:

- Para cuatro variables X, Y, Z, W, debemos agruparlos de a tres, y tendríamos:
  Gráfico 1 => variables X, Y, Z.
  Gráfico 2 => variables X, Y, W.
  Gráfico 3 => variables Y, Z, W.
  Gráfico 4 => variables X, Z, W.
- Para cinco variables X, Y, Z, W, V, debemos agruparlos de a tres, y tendríamos:
  Gráfico 1 => variables X, Y, Z.
  Gráfico 2 => variables X, Y, W.
  Gráfico 3 => variables X, Y, V.
  Gráfico 4 => variables X, Z, W.

Gráfico 5 => variables X, Z, V.
Gráfico 6 => variables X, W, V.
Gráfico 7 => variables Y, Z, W.
Gráfico 8 => variables Y, Z, V.
Gráfico 9 => variables Y, W, V.
Gráfico 10 => variables Z,W,V.

- Y así sucesivamente utilizando la siguiente fórmula para saber la cantidad de gráficos necesarios.

$$^{n}C_3 = \frac{n!}{3! \cdot (n-3)!} \qquad \forall\, n \geq 3$$

Por ejemplo:
Variables (n) = 6 => $\frac{6!}{3! \cdot (6-3)!} = \frac{6!}{3! \cdot 3!} = \frac{6 \cdot 5 \cdot 4}{3 \cdot 2 \cdot 1} = \frac{120}{6} = 20$ gráficos.
Variables (n) = 7 => $\frac{7!}{3! \cdot (7-3)!} = \frac{7!}{4! \cdot 3!} = \frac{7 \cdot 6 \cdot 5}{3 \cdot 2 \cdot 1} = \frac{210}{6} = 35$ gráficos.
Variables (n) = 8 => $\frac{8!}{3! \cdot (8-3)!} = \frac{8!}{5! \cdot 3!} = \frac{8 \cdot 7 \cdot 6}{3 \cdot 2 \cdot 1} = \frac{336}{6} = 56$ gráficos.

El siguiente script en Python, muestra las variables n, y te devuelve la cantidad necesaria de gráficos y las combinaciones de variables agrupadas de a 3.

In [3]:

```python
# Ejercicio 3
from itertools import combinations

def factorial(n):
    """Calcula el factorial de un número."""
    if n == 0 or n == 1:
        return 1
    else:
        return n * factorial(n - 1)
def combinacion(n, k):
    """Calcula el número combinatorio C(n, k)."""
    if n < k:
        return 0
    return factorial(n) // (factorial(k) * factorial(n - k))

# Solicitar al usuario la cantidad de variables
n = int(input("Ingrese la cantidad total de variables (n): "))

# Crear una lista de variables
variables = list(range(1, n + 1))

# Mostrar todas las combinaciones posibles de agrupaciones de a tres
todas_combinaciones_posibles = list(combinations(variables, 3))
print(f"Todas las variables son {variables}, las combinaciones de
    agrupaciones de a tres son: {todas_combinaciones_posibles}")

```

```
# Solicitar al usuario la cantidad de agrupaciones
k = 3

# Calcular el número combinatorio
resultado = combinacion(n, k)
print(f"El número combinatorio C( {n}, {k} ) o total de gráficos
    necesarios es: {resultado}")
```

Out [3]:

```
Ingrese la cantidad total de variables (n): 7
Todas las variables son [1, 2, 3, 4, 5, 6, 7], las
    combinaciones de agrupaciones de a tres son: [(1, 2, 3),
    (1, 2, 4), (1, 2, 5), (1, 2, 6), (1, 2, 7), (1, 3, 4), (1,
    3, 5), (1, 3, 6), (1, 3, 7), (1, 4, 5), (1, 4, 6), (1, 4,
    7), (1, 5, 6), (1, 5, 7), (1, 6, 7), (2, 3, 4), (2, 3, 5),
    (2, 3, 6), (2, 3, 7), (2, 4, 5), (2, 4, 6), (2, 4, 7), (2,
    5, 6), (2, 5, 7), (2, 6, 7), (3, 4, 5), (3, 4, 6), (3, 4,
    7), (3, 5, 6), (3, 5, 7), (3, 6, 7), (4, 5, 6), (4, 5, 7),
    (4, 6, 7), (5, 6, 7)]
El numero combinatorio C( 7, 3 ) o total de graficos
    necesarios es: 35
```

En consecuencia, resulta posible determinar el número de representaciones gráficas requeridas cuando las variables exceden tres dimensiones. Se presenta la representación gráfica de un punto tetradimensional, el cual requiere cuatro gráficos distintos, como se ilustra para el punto con valores $P(x, y, z, w) = (0{,}5,\ 1,\ 1{,}5,\ 2)$. Cabe destacar que los gráficos pueden representarse mediante metodologías alternativas, incluyendo la representación integrada en un gráfico tridimensional donde las variables adicionales se incorporan mediante movimientos y desplazamientos de la representación gráfica original.[7] La implementación en Python para la representación gráfica de un punto tetradimensional, más propiamente denominado hiper-punto, se presenta a continuación:

In [4]:

```
# Ejercicio 4
import matplotlib.pyplot as plt

# Generar puntos aleatorios para cada conjunto de variables
x1, y1, z1, w1 = 0.5, 1, 1.5, 2

# Imprime el punto que está en más de tres dimensiones
print("EL PUNTO ES: (", x1, ",", y1, ",", z1, ",", w1, ")")

# Configurar los gráficos en 3D
```

```
fig1 = plt.figure(figsize = (12, 12))
ax1 = fig1.add_subplot(221, projection = '3d')
fig2 = plt.figure(figsize = (12, 12))
ax2 = fig2.add_subplot(222, projection = '3d')
fig3 = plt.figure(figsize = (12, 12))
ax3 = fig3.add_subplot(223, projection = '3d')
fig4 = plt.figure(figsize = (12, 12))
ax4 = fig4.add_subplot(224, projection = '3d')

# Lista de combinaciones de variables para cada gráfico
combinaciones = [(x1, y1, z1), (x1, y1, w1), (y1, z1, w1), (x1, z1, w1
    )]

# Configurar ejes y etiquetas para el primer gráfico (X, Y, Z)
ax1.grid(color = 'gray', linestyle = '--', linewidth = 0.5)
ax1.set_xlabel('Eje X', fontsize = 10, fontweight = 'bold', labelpad =
     5)
ax1.set_ylabel('Eje Y', fontsize = 10, fontweight = 'bold', labelpad =
     5)
ax1.set_zlabel('Eje Z', fontsize = 10, fontweight = 'bold', labelpad =
     5)
ax1.set_title('Gráfico de Coordenadas 3D (X, Y, Z)', fontsize = 16,
    fontweight = 'bold')

# Ajustar límites de los ejes para que la gráfica sea visible desde 0
    y hasta 2
ax1.set_xlim(0, 2)
ax1.set_ylim(0, 2)
ax1.set_zlim(0, 2)

# Configurar el gráfico después de ajustar los límites para el primer
    conjunto de variables
ax1.scatter(0, 0, 0, color = 'red', marker = 'o', label = 'Punto O
    (0,0,0)')
ax1.scatter(x1, y1, z1, color = 'blue', marker = 'x', label = f'Punto
    ({x1}, {y1}, {z1})')

# Añadir leyenda en la parte superior derecha para el primer gráfico
ax1.legend(loc = 'upper right')

# Ajustar la vista para mover hacia abajo el primer gráfico
ax1.view_init(elev = 20, azim = 5)

# Configurar ejes y etiquetas para el segundo gráfico (X, Y, W)
ax2.grid(color = 'gray', linestyle = '--', linewidth = 0.5)
ax2.set_xlabel('Eje X', fontsize = 10, fontweight = 'bold', labelpad =
     5)
ax2.set_ylabel('Eje Y', fontsize = 10, fontweight = 'bold', labelpad =
     5)
ax2.set_zlabel('Eje W', fontsize = 10, fontweight = 'bold', labelpad =
     5)
```

```
ax2.set_title('Gráfico de Coordenadas 3D (X, Y, W)', fontsize = 16, fontweight = 'bold')

# Ajustar límites de los ejes para que la gráfica sea visible desde 0 y hasta 2
ax2.set_xlim(0, 2)
ax2.set_ylim(0, 2)
ax2.set_zlim(0, 2)

# Configurar el gráfico después de ajustar los límites para el segundo conjunto de variables
ax2.scatter(0, 0, 0, color = 'red', marker = 'o', label = 'Punto O (0,0,0)')
ax2.scatter(x1, y1, w1, color = 'blue', marker = 'x', label = f'Punto ({x1}, {y1}, {w1})')

# Añadir leyenda en la parte superior derecha para el segundo gráfico
ax2.legend(loc = 'upper right')

# Ajustar la vista para mover hacia abajo el segundo gráfico
ax2.view_init(elev = 20, azim = 5)

# Configurar ejes y etiquetas para el tercer gráfico (Y, Z, W)
ax3.grid(color = 'gray', linestyle = '--', linewidth = 0.5)
ax3.set_xlabel('Eje Y', fontsize = 10, fontweight = 'bold', labelpad = 5)
ax3.set_ylabel('Eje Z', fontsize = 10, fontweight = 'bold', labelpad = 5)
ax3.set_zlabel('Eje W', fontsize = 10, fontweight = 'bold', labelpad = 5)
ax3.set_title('Gráfico de Coordenadas 3D (Y, Z, W)', fontsize = 16, fontweight = 'bold')

# Ajustar límites de los ejes para que la gráfica sea visible desde 0 y hasta 2
ax3.set_xlim(0, 2)
ax3.set_ylim(0, 2)
ax3.set_zlim(0, 2)

# Configurar el gráfico después de ajustar los límites para el tercer conjunto de variables
ax3.scatter(0, 0, 0, color = 'red', marker = 'o', label = 'Punto O (0,0,0)')
ax3.scatter(y1, z1, w1, color = 'blue', marker = 'x', label = f'Punto ({y1}, {z1}, {w1})')

# Añadir leyenda en la parte superior derecha para el tercer gráfico
ax3.legend(loc = 'upper right')

# Ajustar la vista para mover hacia abajo el tercer gráfico
ax3.view_init(elev = 20, azim = 5)
```

```

# Configurar ejes y etiquetas para el cuarto gráfico (X, Z, W)
ax4.grid(color = 'gray', linestyle = '--', linewidth = 0.5)
ax4.set_xlabel('Eje X', fontsize = 10, fontweight = 'bold', labelpad = 5)
ax4.set_ylabel('Eje Z', fontsize = 10, fontweight = 'bold', labelpad = 5)
ax4.set_zlabel('Eje W', fontsize = 10, fontweight = 'bold', labelpad = 5)
ax4.set_title('Gráfico de Coordenadas 3D (X, Z, W)', fontsize = 16, fontweight = 'bold')

# Ajustar límites de los ejes para que la gráfica sea visible desde 0 y hasta 2
ax4.set_xlim(0, 2)
ax4.set_ylim(0, 2)
ax4.set_zlim(0, 2)

# Configurar el gráfico después de ajustar los límites para el cuarto conjunto de variables
ax4.scatter(0, 0, 0, color = 'red', marker = 'o', label = 'Punto O (0,0,0)')
ax4.scatter(x1, z1, w1, color = 'blue', marker = 'x', label = f'Punto ({x1}, {z1}, {w1})')

# Añadir leyenda en la parte superior derecha para el cuarto gráfico
ax4.legend(loc = 'upper right')

# Ajustar la vista para mover hacia abajo el cuarto gráfico
ax4.view_init(elev = 20, azim = 5)
plt.show()
```

Out [4]:

```
EL PUNTO ES: ( 0.5 , 1 , 1.5 , 2 )
```

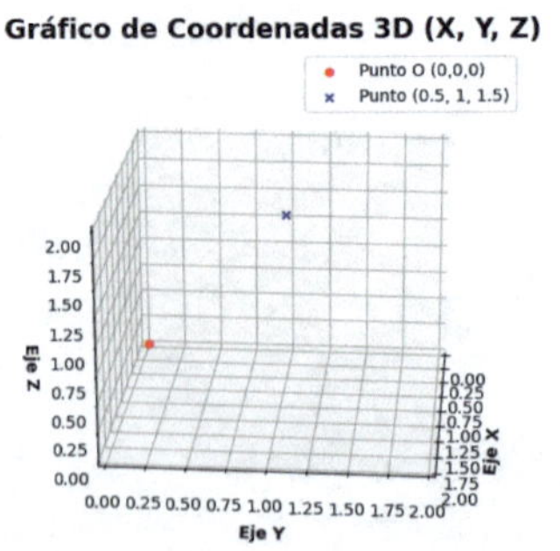

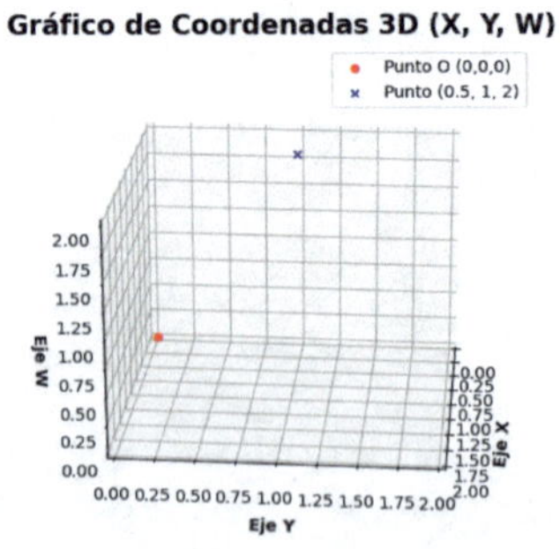

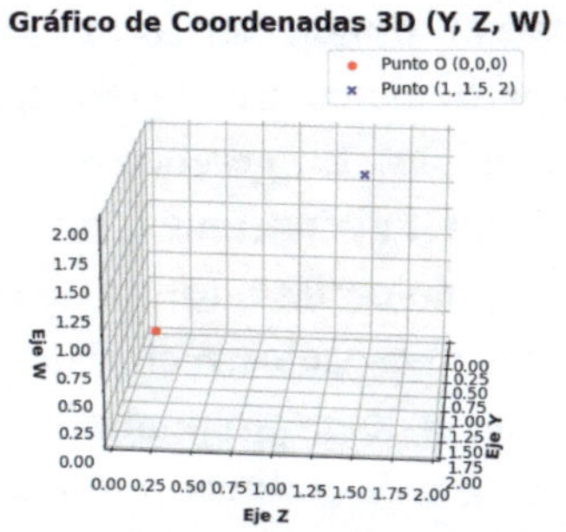

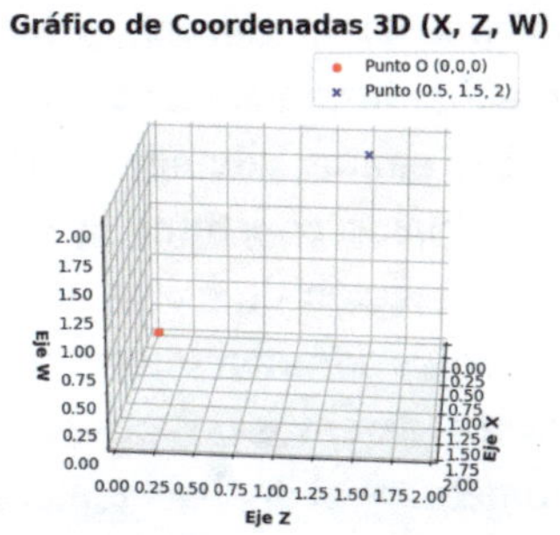

Habiendo establecido los principios de las coordenadas cartesianas, procederemos al análisis de los objetos que pueden manifestarse en el espacio multidimensional.

2.2 El punto

El punto constituye un concepto axiomático en matemáticas cuya aplicación se extiende a múltiples disciplinas, incluyendo la geometría, el análisis matemático, el álgebra y el cálculo. Si bien su definición puede presentar variaciones según el contexto específico de aplicación, generalmente se concibe como una entidad carente de dimensiones, esto es, desprovista de longitud, anchura y altura. Los puntos constituyen la base para describir la posición de objetos en el espacio. Dos puntos distintos en el espacio determinan una recta única al establecerse la conexión entre ellos. La distancia entre dos puntos se calcula mediante la fórmula de la distancia euclidiana, derivada del teorema de Pitágoras.[1] En términos matemáticos, un punto en el plano cartesiano se representa mediante un par ordenado $(x,\ y)$, donde x denota la coordenada horizontal (abscisa) y y la coordenada vertical (ordenada). La conceptualización del punto se extiende naturalmente a espacios de mayor dimensión; en el espacio tridimensional, por ejemplo, un punto se caracteriza mediante una terna de coordenadas *(x, y, z)*. Esta metodología se generaliza a dimensiones superiores, si bien la representación visual se torna progresivamente más compleja conforme aumenta la dimensionalidad del espacio. Por consiguiente:

Definición: Se define como punto una n-tupla ordenada $P(x,\ y,\ z,\ w,\ \ldots)$ *de números reales que pertenece a un espacio n-dimensional específico. Constituyendo la entidad geométrica más elemental, carente de extensión y magnitud, se denota convencionalmente mediante una letra mayúscula tal como A, B o C, aunque preferentemente se emplea la notación P.*

En el análisis matemático, el concepto de punto se vincula intrínsecamente con la teoría de límites. Al examinar el límite de una función conforme la variable independiente se aproxima a un valor determinado, se analiza el comportamiento funcional en la vecindad de puntos específicos. El cálculo diferencial e integral fundamenta su estructura en el concepto puntual, estableciendo el estudio de la variación instantánea de funciones en puntos particulares. En el contexto algebraico, los puntos adquieren significaciones específicas. En geometría analítica, un punto puede constituir la solución de un sistema de ecuaciones, manifestándose la intersección de rectas como un punto en el plano cartesiano. En álgebra lineal, los puntos admiten interpretación como vectores en espacios vectoriales (concepto que abordaremos posteriormente). La aplicación del concepto puntual trasciende la geometría y el análisis matemático, extendiéndose a disciplinas como la topología, donde los puntos definen espacios topológicos y las funciones continuas se estudian mediante la continuidad en puntos específicos. En física, los puntos describen posiciones de partículas en el espacio, siendo el concepto de masa puntual elementar en la formulación de leyes físicas. El concepto de punto ha expandido su alcance hacia disciplinas como la informática, donde puede representar ubicaciones en espacios de datos o posiciones en imágenes digitales. Los gráficos computacionales se construyen mediante la manipulación de puntos en espacios tridimensionales para representar objetos y escenas de manera visual.

En síntesis, el punto constituye un concepto axiomático en matemáticas con aplicación transversal en múltiples ramas de esta disciplina. Desde la geometría euclidiana hasta el análisis matemático, el álgebra y el cálculo, el punto funciona como la entidad primitiva para caracterizar ubicación, posición y comportamiento de objetos en el espacio. Su versatilidad y aplicabilidad en contextos diversos lo establecen como concepto indispensable para el estudio y comprensión de estructuras matemáticas y sus aplicaciones en diferentes dominios del conocimiento.[4] Ejemplo: Consideremos la representación gráfica de tres puntos en espacios bidimensional y tridimensional. En el plano bidimensional representaremos los puntos $P_1(2,\ 3)$, $P_2(4,\ 0)$ y $P_3(1,\ 5)$; mientras que en el espacio tridimensional visualizaremos $P_1(2,\ 3,1)$, $P_2(4,\ 0,2)$ y $P_3(1,\ 5,3)$. La implementación computacional se presenta a continuación:

In [5]:

```
# Ejercicio 5
import matplotlib.pyplot as plt
import numpy as np

def dibujar_puntos(puntos):
    """
    Dibuja puntos en el plano 2D con etiquetas y leyenda.
    """
    colores = ['r', 'g', 'b']
    for i, punto in enumerate(puntos):
```

[4]Chávez Reyes, Carmen & León Quintanar. (2007). "La Biblia de las Matemáticas". México D.F., México. Editorial Letrarte S.A.

```
            plt.scatter(*punto, color = colores[i], label = f'P{i+1}')
        plt.xlim(-1, max(puntos[0][0], puntos[1][0], puntos[2][0]) + 1)
        plt.ylim(-1, max(puntos[0][1], puntos[1][1], puntos[2][1]) + 1)
        plt.xlabel('Eje X')
        plt.ylabel('Eje Y')
        plt.legend()
        plt.grid(True)
        plt.show()

    # Ejemplo de uso con tres puntos:
    punto1 = np.array([2, 3])
    punto2 = np.array([4, 0])
    punto3 = np.array([1, 5])
    dibujar_puntos([punto1, punto2, punto3])
```

Out [5]:

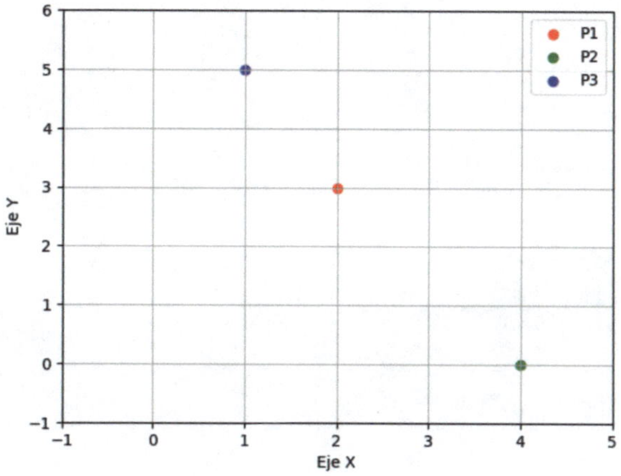

Como se evidencia, el sistema de coordenadas en espacios multidimensionales constituye una generalización natural del sistema de coordenadas planar bidimensional. Se presenta la implementación para la representación tridimensional.

In [6]:

```
# Ejercicio 6
import matplotlib.pyplot as plt
import numpy as np

def dibujar_puntos3D(puntos):
    """
    Dibuja puntos en el espacio 3D con etiquetas y líneas desde el
        origen.
    """
    colores = ['r', 'g', 'b']
    fig = plt.figure()
    ax = fig.add_subplot(111, projection = '3d')
    for i, punto in enumerate(puntos):
```

```
        ax.scatter(*punto, color = colores[i], label = f'P{i + 1}')

    # Dibujar líneas de los ejes desde el origen
    ax.plot([0, 0], [0, 0], [0, max(puntos[0][2], puntos[1][2], puntos[2][2]) + 1], color = 'black') # Eje Z
    ax.plot([0, 0], [0, max(puntos[0][1], puntos[1][1], puntos[2][1]) + 1], [0, 0], color = 'black') # Eje Y
    ax.plot([0, max(puntos[0][0], puntos[1][0], puntos[2][0]) + 1], [0, 0], [0, 0], color = 'black') # Eje X
    ax.set_xlim([0, max(puntos[0][0], puntos[1][0], puntos[2][0]) + 1])
    ax.set_ylim([0, max(puntos[0][1], puntos[1][1], puntos[2][1]) + 1])
    ax.set_zlim([0, max(puntos[0][2], puntos[1][2], puntos[2][2]) + 1])
    ax.set_xlabel('Eje X')
    ax.set_ylabel('Eje Y')
    ax.set_zlabel('Eje Z')
    ax.legend()

    # Ajustar la vista para mover hacia abajo el cuarto gráfico
    ax.view_init(elev = 20, azim = 5)
    plt.show()

# Ejemplo de uso con tres puntos en 3D:
punto1 = np.array([2, 3, 1])
punto2 = np.array([4, 0, 2])
punto3 = np.array([1, 5, 3])
dibujar_puntos3D([punto1, punto2, punto3])
```

Out [6]:

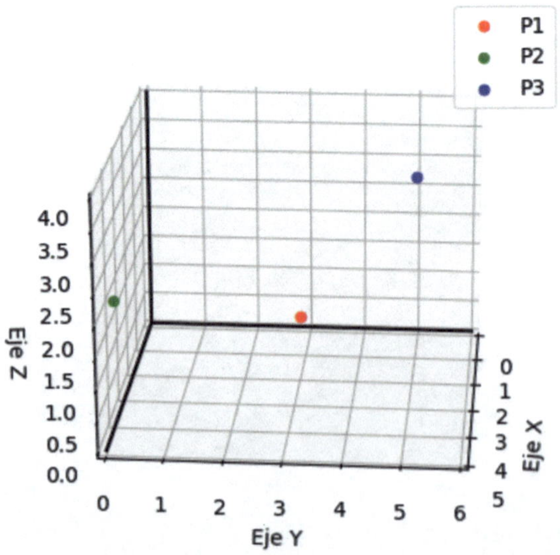

2.3 La recta

Una recta se define matemáticamente como un conjunto infinito de puntos colineales que se extienden indefinidamente en ambas direcciones. Más rigurosamente, constituye un conjunto colinealmente perfecto de puntos que forman una alineación recta, manifestándose tanto en el plano bidimensional como en espacios multidimensionales. Representa uno de los conceptos fundamentales en geometría, junto con el punto y el plano.

Definición: Geométricamente, una recta carece de grosor y curvatura, extendiéndose infinitamente. *Se caracteriza por la propiedad de que dos puntos distintos determinan únicamente una recta, cuya representación algebraica se expresa mediante ecuaciones lineales en diversas formas. La forma pendiente-ordenada se denota por* $y = mx + b$ *donde* m *representa la pendiente y* b *la ordenada al origen; las variables* x *e* y*, como par ordenado* $(x,\ y)$ *, constituyen las infinitas coordenadas que definen los puntos de la recta.*

En el plano cartesiano, una recta se representa mediante una ecuación lineal que relaciona las coordenadas x e y de cada punto perteneciente a la recta. Alternativamente, puede describirse mediante las formas paramétrica o simétrica, particularmente útiles en contextos de geometría analítica y álgebra lineal. La forma general se expresa como:

$$Ax + By + C = 0$$

Su representación paramétrica equivalente se formula como: $x = x_0 + at$, $y = y_0 + bt$, donde (x_0, y_0) constituye un punto de referencia y (a, b) representa el vector director.

En cálculo, las rectas constituyen herramientas de aproximación para el comportamiento funcional en la vecindad de puntos específicos, donde la derivada determina la pendiente de la recta tangente a la función en dicho punto. Esta propiedad resulta indispensable en el análisis de tasas de cambio y problemas de optimización. En álgebra lineal, una recta puede interpretarse como un espacio vectorial unidimensional o como subespacio de un espacio vectorial de mayor dimensión. Las transformaciones lineales preservan la estructura rectilínea, y la intersección y combinación de rectas constituyen conceptos centrales en la resolución de sistemas de ecuaciones lineales. La geometría analítica emplea el concepto de recta para resolver problemas concernientes a la posición relativa de puntos, rectas y planos. La determinación de distancias entre puntos y rectas, el cálculo de ángulos entre rectas, y la identificación de relaciones de paralelismo o perpendicularidad constituyen aplicaciones características. La presencia de tres puntos no colineales conduce a la consideración de otros entes geométricos, tales como semirrectas, rayos o rectas opuestas.

Análogamente al tratamiento del punto, el análisis exhaustivo de la recta corresponde al dominio específico de la geometría pura. No obstante, el conocimiento de rectas y otros objetos geométricos resulta esencial para la comprensión del funcionamiento del cálculo. La implementación computacional se presenta a continuación:

In [7]:

```
# Ejercicio 7
import matplotlib.pyplot as plt
import numpy as np

# Función para dibujar puntos en el plano 2D
def dibujar_puntos(puntos):
    """
    Dibuja puntos en el plano 2D con etiquetas y leyenda.
    """
    colores = ['r', 'g', 'b']
    for i, punto in enumerate(puntos):
        plt.scatter(*punto, color=colores[i], label=f'P{i+1}')
    plt.xlabel('Eje X')
    plt.ylabel('Eje Y')
    plt.legend()
    plt.grid(True)
    plt.show()

#  Función para dibujar puntos en el espacio 3D
def dibujar_puntos3D(puntos):
    """
    Dibuja puntos en el espacio 3D con etiquetas y líneas desde el
        origen.
    """
    colores = ['r', 'g', 'b']
    fig = plt.figure()
    ax = fig.add_subplot(111, projection='3d')
    for i, punto in enumerate(puntos):
        ax.scatter(*punto, color=colores[i], label=f'P{i + 1}')

    # Dibujar líneas de los ejes desde el origen
    ax.plot([0, 0], [0, 0], [0, max(puntos[0][2], puntos[1][2], puntos
        [2][2]) + 1], color='black') # Eje Z
    ax.plot([0, 0], [0, max(puntos[0][1], puntos[1][1], puntos[2][1])
        + 1], [0, 0], color='black') # Eje Y
    ax.plot([0, max(puntos[0][0], puntos[1][0], puntos[2][0]) + 1],
        [0, 0], [0, 0], color='black') # Eje X
    ax.set_xlim([0, max(puntos[0][0], puntos[1][0], puntos[2][0]) +
        1])
    ax.set_ylim([0, max(puntos[0][1], puntos[1][1], puntos[2][1]) +
```

```
        1])
    ax.set_zlim([0, max(puntos[0][2], puntos[1][2], puntos[2][2]) +
        1])
    ax.set_xlabel('Eje X')
    ax.set_ylabel('Eje Y')
    ax.set_zlabel('Eje Z')
    ax.legend()
    plt.show()

# Función para dibujar una recta en el plano 2D
def dibujar_recta(p1, p2):
    """
    Dibuja una recta en el plano 2D.
    """
    plt.plot([p1[0], p2[0]], [p1[1], p2[1]], color='black', linestyle=
        '-', linewidth=2)
    plt.scatter(*p1, color='r', label='P1')
    plt.scatter(*p2, color='b', label='P2')
    plt.xlabel('Eje X')
    plt.ylabel('Eje Y')
    plt.legend()
    plt.grid(True)
    plt.show()

# Función para dibujar una recta en el espacio 3D
def dibujar_recta3D(p1, p2):
    """
    Dibuja una recta en el espacio 3D.
    """
    fig = plt.figure()
    ax = fig.add_subplot(111, projection='3d')
    ax.plot([p1[0], p2[0]], [p1[1], p2[1]], [p1[2], p2[2]], color='
        black', linestyle='-', linewidth=2)
    ax.scatter(*p1, color='r', label='P1')
    ax.scatter(*p2, color='b', label='P2')
    ax.set_xlabel('Eje X')
    ax.set_ylabel('Eje Y')
    ax.set_zlabel('Eje Z')
    ax.legend()
    plt.show()

# Ejemplo de uso con puntos y una recta en 2D
punto1 = np.array([2, 3])
punto2 = np.array([4, 0])
punto3 = np.array([1, 5])
puntos = [punto1, punto2, punto3]
dibujar_puntos(puntos)
dibujar_recta(punto1, punto2)

# Ejemplo de uso con puntos y una recta en 3D
punto1_3d = np.array([2, 3, 1])
```

```
punto2_3d = np.array([4, 0, 2])
punto3_3d = np.array([1, 5, 3])
puntos_3d = [punto1_3d, punto2_3d, punto3_3d]
dibujar_puntos3D(puntos_3d)
dibujar_recta3D(punto1_3d, punto2_3d)
```

Out [7]:

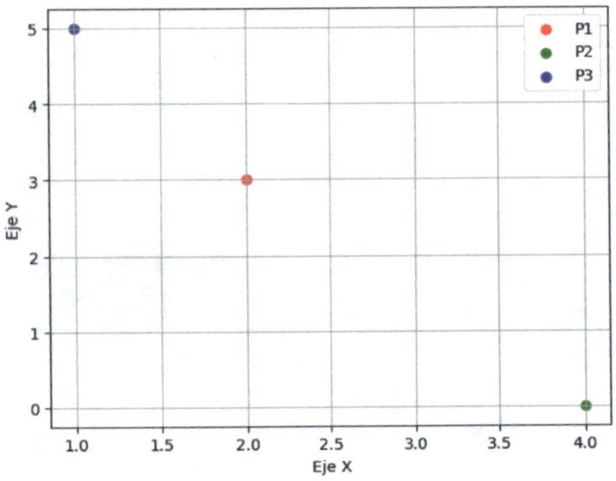

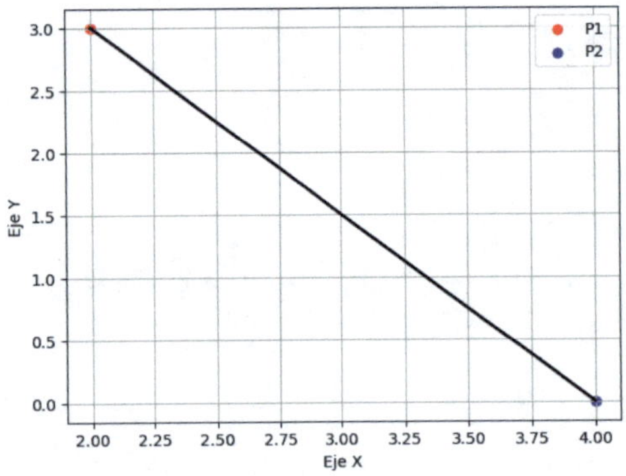

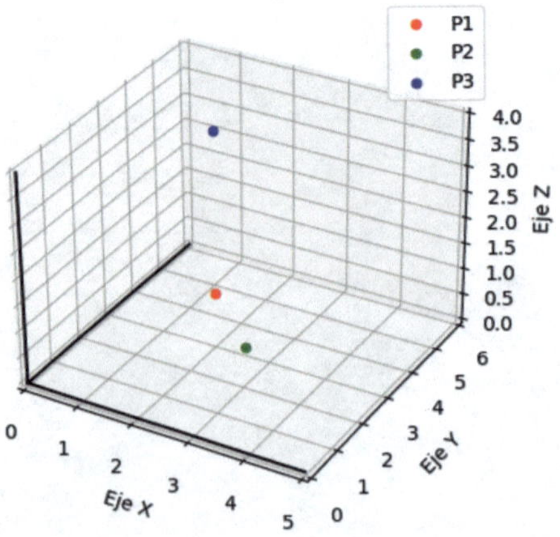

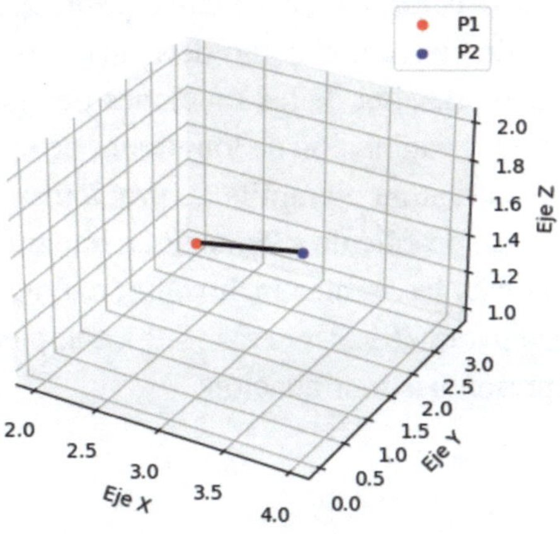

2.4 La curva

La curva se define matemáticamente como un objeto geométrico representable mediante una trayectoria continua en el espacio, cuyos puntos no mantienen colinealidad perfecta sino que exhiben un comportamiento continuo determinado por una función. A diferencia de las rectas, que se extienden infinitamente en ambas direcciones sin desviación, las curvas experimentan variaciones direccionales y morfológicas de manera continua y diferenciable. Las curvas constituyen elementos geométricos que proporcionan configuraciones no rectilíneas a los objetos, desarrollándose en múltiples ramas matemáticas como la geometría y la topología, con aplicaciones extensas en disciplinas científicas e ingenieriles.

Definición: Una curva se conceptualiza como *la imagen de una función continua definida en un intervalo, denotada formalmente como* $f : [a, b] \to \mathbb{R}^n$. *Las curvas pueden residir en espacios de cualquier dimensión, aunque predominan las representaciones planares y espaciales. Admiten tres formas de descripción:*

> *Forma paramétrica: Las curvas se representan frecuentemente mediante ecuaciones paramétricas* $x = f(t)$, $y = g(t)$, *y eventualmente* $z = h(t)$ *para curvas espaciales tridimensionales. Las funciones* f, g *y* h *especifican la variación de cada coordenada respecto al parámetro* t.
>
> *Forma implícita: Determinadas curvas se definen mediante ecuaciones que relacionan las variables sin parámetro explícito, expresándose como* $F(x, y) = 0$.
>
> *Forma explícita: En ciertos casos, las curvas se describen directamente mediante funciones* $y = f(x)$, *estableciendo una relación funcional directa entre las variables, donde* $f(x)$ *genera una trayectoria no rectilínea.*

Las curvas constituyen elementos centrales en cálculo, particularmente en cálculo diferencial, donde el estudio de conceptos como derivación e integración en contextos geométricos requiere comprensión de las funciones que generan trayectorias curvilíneas en el espacio. La determinación de longitudes de curvas, áreas delimitadas por curvas y medidas de curvatura ejemplifican problemas característicos que se resuelven mediante técnicas de cálculo diferencial e integral. Las configuraciones geométricas curvilíneas más frecuentes incluyen: círculos, parábolas, elipses, hipérbolas, espirales y líneas paramétricas curvas.[13] La implementación computacional correspondiente se presenta a continuación:

In [8]:

```
# Ejercicio 8
import matplotlib.pyplot as plt
import numpy as np

def dibujar_curva2D():
    t = np.linspace(0, 2 * np.pi, 100)
    x = np.sin(t)
    y = np.cos(t)
    plt.figure(figsize=(8, 6))
    plt.plot(x, y, label='Curva paramétrica: x = sin(t), y = cos(t)')
    plt.title('Curva en 2D')
    plt.xlabel('x')
    plt.ylabel('y')
    plt.legend()
    plt.grid(True)
    plt.axis('equal') # Asegura que las escalas en x e y sean iguales
    plt.show()
def dibujar_curva3D():
    fig = plt.figure(figsize=(8, 6))
    ax = fig.add_subplot(111, projection='3d')
    t = np.linspace(0, 4 * np.pi, 100)
    x = np.sin(t)
    y = np.cos(t)
    z = t
    ax.plot(x, y, z, label='Curva paramétrica 3D: x = sin(t), y = cos(
        t), z = t')
    ax.set_title('Curva en 3D')
    ax.set_xlabel('x')
    ax.set_ylabel('y')
    ax.set_zlabel('z')
    ax.legend()
    plt.show()
def dibujar_parabola():
    x = np.linspace(-10, 10, 400)
    y = x**2
    plt.figure(figsize=(8, 6))
    plt.plot(x, y, label='Parábola: y = x^2')
```

```
    plt.title('Parábola en 2D')
    plt.xlabel('x')
    plt.ylabel('y')
    plt.legend()
    plt.grid(True)
    plt.axis('equal')
    plt.show()

# Dibujar las curvas
dibujar_curva2D()
dibujar_curva3D()
dibujar_parabola()
```

Out [8]:

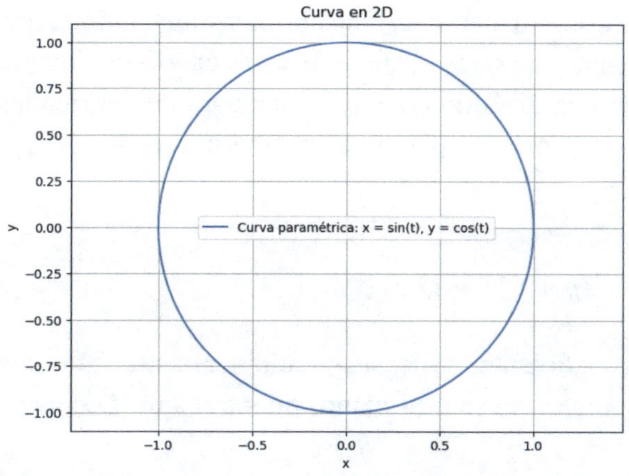

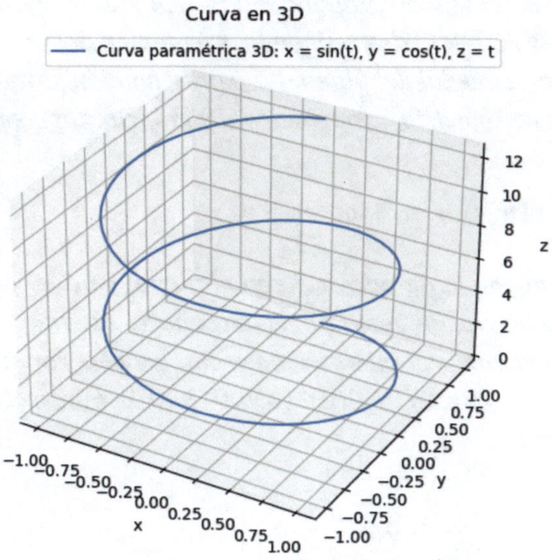

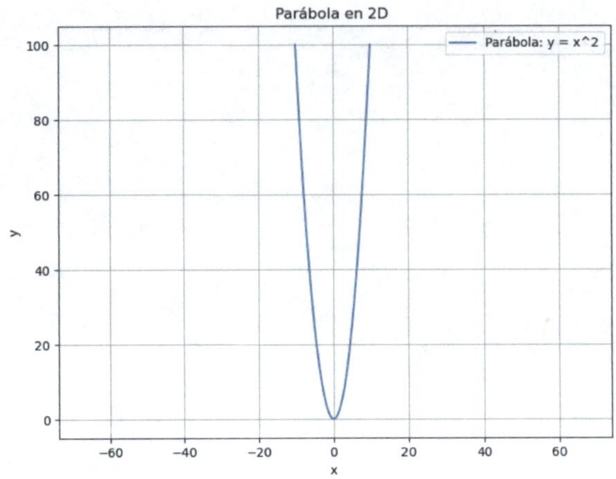

2.5 El plano

Un plano se define matemáticamente como una superficie bidimensional infinita que se extiende indefinidamente en dos direcciones. Carece de espesor y particiona el espacio circundante, estableciendo una división clara entre las regiones espaciales adyacentes. En el espacio tridimensional, un plano se caracteriza mediante una ecuación lineal de la forma:

$$Ax + By + Cz + D = 0$$

Donde A, B y C constituyen coeficientes reales no simultáneamente nulos que representan los componentes del vector normal al plano, mientras que D corresponde al término independiente.

Definición: *La forma normal del plano proporciona interpretación geométrica directa, donde los coeficientes A, B y C determinan la orientación del vector normal, especificando la orientación espacial del plano. La representación paramétrica resulta particularmente útil en geometría computacional y gráficos por computadora:*

$$r(u, v) = r_0 + u \cdot v_1 + v \cdot v_2$$

Donde r_0 constituye un punto de referencia en el plano, y v_1, v_2 representan vectores no colineales que funcionan como direcciones base. Alternativamente, el plano puede expresarse mediante sus intersecciones con los ejes coordenados. Si el plano intercepta los ejes x, y y z en $(a, 0, 0)$, $(0, b, 0)$ y $(0, 0, c)$ respectivamente, su ecuación adopta la forma:

$$\frac{x}{a} + \frac{y}{b} + \frac{z}{c} = 1$$

Los planos constituyen elementos fundamentales en el estudio de espacios vectoriales, transformaciones lineales y resolución de sistemas de ecuaciones. El análisis de intersecciones planares y la determinación de relaciones de paralelismo o perpendicularidad destacan en estos dominios. En cálculo, los planos definen superficies tangentes a configuraciones más complejas y establecen límites para integración triple, donde la integración se efectúa sobre regiones delimitadas por superficies planares. En topología, los planos se analizan como espacios topológicos autónomos y como componentes de estructuras espaciales más complejas, empleándose para caracterizar curvas y superficies en contextos topológicos extensos. La implementación computacional se presenta a continuación.

In [9]:

```
# Ejercicio 9
import numpy as np
import matplotlib.pyplot as plt

# Función para graficar un plano dado por la ecuación general Ax + By
    + Cz + D = 0
def graficar_plano(A, B, C, D):
    fig = plt.figure()
    ax = fig.add_subplot(111, projection='3d')
    x = np.linspace(-10, 10, 100)
    y = np.linspace(-10, 10, 100)
    X, Y = np.meshgrid(x, y)
    Z = (-D - A * X - B * Y) / C
    ax.plot_surface(X, Y, Z, alpha=0.5, rstride=100, cstride=100,
        color='b')
    ax.set_xlabel('X')
    ax.set_ylabel('Y')
    ax.set_zlabel('Z')
    plt.title('Visualización de un Plano')
    plt.show()

# Ejemplo de uso
graficar_plano(1, -2, 1, 2)
```

Out [9]:

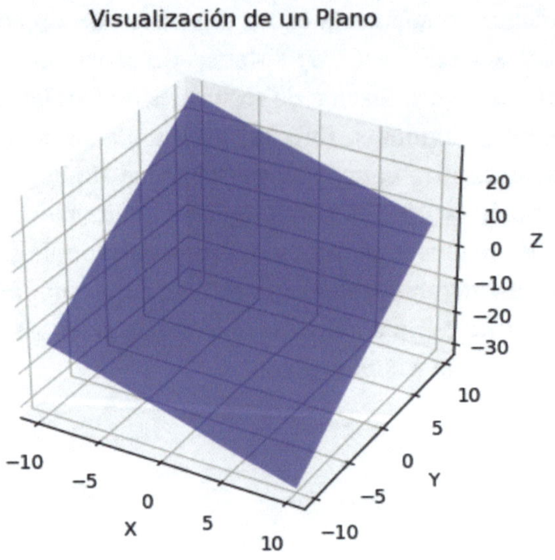

2.6 El círculo

Definición: Se conceptualiza como *el lugar geométrico de todos los puntos en un plano que mantienen distancia constante respecto a un punto fijo denominado centro. Esta distancia constante constituye el radio, mientras que el diámetro corresponde al segmento que atraviesa el centro con longitud doble al radio. Las cuerdas representan segmentos cuyos extremos pertenecen a la circunferencia sin necesariamente transitar por el centro, y los arcos constituyen porciones de la circunferencia.*[10] La representación canónica en el plano cartesiano se expresa mediante:

$$(x-h)^2+(y-k)^2=r^2$$

Donde (h,k) representan las coordenadas del centro y r constituye el radio. Esta ecuación permite el análisis y manipulación algebraica de círculos, facilitando el estudio geométrico mediante metodologías analíticas. Una representación alternativa, especialmente útil en problemas concernientes a tangentes y normales, corresponde a la forma paramétrica: $x = h + r \cdot \cos(t)$ y $y = k + r \cdot \sin(t)$, con $t \in [0, 2\pi]$. Esta formulación descompone la posición puntual en componentes cartesianas en función del ángulo t, resultando particularmente eficaz en aplicaciones computacionales y animación.[5] El círculo exhibe propiedades matemáticas y teoremas fundamentales en geometría pura y aplicada:

[5] Baldor J.A. (1998). "Geometría Plana del Espacio: Con una Introducción a la Trigonometría". México DF, México. Publicaciones Cultural. Decima Quinta Reimpresión.

Ángulo inscrito: Todo ángulo inscrito que subtende un arco específico mide exactamente la mitad del ángulo central que subtende el mismo arco.

Teorema del ángulo central: El ángulo central equivale al ángulo subtendido por el arco correspondiente en la circunferencia.

Teorema de cuerdas congruentes: En cualquier círculo, cuerdas de igual longitud mantienen equidistancia respecto al centro.

La implementación computacional corresponde a:

In [10]:

```
# Ejercicio 10
import numpy as np
import matplotlib.pyplot as plt

class Circle:
    def __init__(self, center, radius):
        self.center = center
        self.radius = radius
    def area(self):
        """Calcula el área del círculo."""
        return np.pi * self.radius ** 2
    def circumference(self):
        """Calcula la circunferencia del círculo."""
        return 2 * np.pi * self.radius
    def plot(self):
        """Dibuja el círculo usando matplotlib."""
        fig, ax = plt.subplots()
        theta = np.linspace(0, 2*np.pi, 100)
        x = self.center[0] + self.radius * np.cos(theta)
        y = self.center[1] + self.radius * np.sin(theta)
        ax.plot(x, y, 'b') # Dibuja el círculo
        ax.plot(self.center[0], self.center[1], 'ro') # Marca el centro
        ax.set_aspect('equal', adjustable='datalim')
        plt.grid(True)
        plt.show()

def main():
    center = (0, 0)
    radius = 1
    my_circle = Circle(center, radius)
    print("Área del círculo: {:.2f}".format(my_circle.area()))
    print("Circunferencia del círculo: {:.2f}".format(my_circle.
        circumference()))
    my_circle.plot()

if __name__ == "__main__":
```

```
36        main()
```

Out [10]:

```
Area del circulo: 3.14
Circunferencia del circulo: 6.28
```

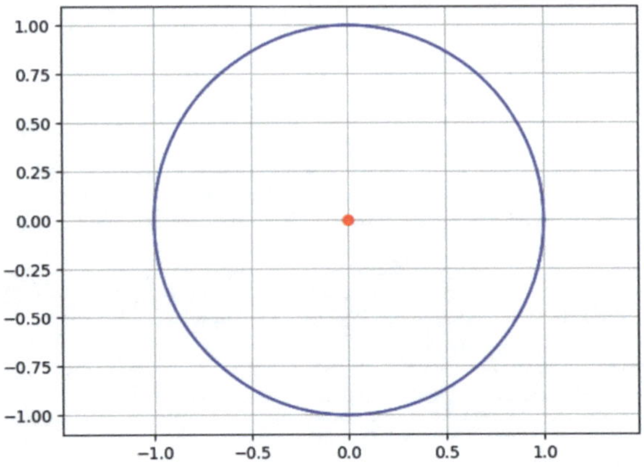

2.7 La elipse

La elipse constituye una sección cónica fundamental, obtenida mediante la intersección de un cono con un plano que no atraviesa su base, cuyo ángulo respecto al eje cónico excede el ángulo de la generatriz. Esta configuración produce una curva cerrada característica.[2]

Definición: Geométricamente, *la elipse se representa mediante la ecuación canónica cuando se centra en el origen y se orienta según los ejes coordenados principales:*

$$\frac{x^2}{a^2} + \frac{y^2}{b^2} = 1$$

Donde (x, y) *representan las coordenadas de cualquier punto elíptico,* a *constituye la longitud del semieje mayor y* b *la del semieje menor. Los puntos* $(\pm a, 0)$ *y* $(0, \pm b)$ *corresponden a los vértices elípticos sobre los ejes mayor y menor, respectivamente.* La representación paramétrica, útil en aplicaciones computacionales y generación gráfica, emplea el parámetro t para describir las coordenadas de puntos elípticos:

$$x = a \cdot \cos(t), \quad y = b \cdot \sin(t), \quad t \in [0, 2\pi]$$

La elipse se construye mediante dos puntos fijos denominados focos, donde cualquier punto elíptico mantiene suma constante de distancias a ambos focos. Esta suma excede la distancia interfocal pero resulta inferior al doble de la distancia desde el centro al vértice más alejado.

Centro: Punto medio del segmento que conecta los focos.

Vértices: Intersecciones del eje mayor con la elipse.

Co-vértices: Intersecciones del eje menor con la elipse.

La elipse, con su estructura elegante y propiedades características, trasciende su condición de curva geométrica simple. Su análisis revela profundidades matemáticas y aplicaciones prácticas que abarcan desde fenómenos cósmicos hasta tecnologías contemporáneas. La implementación computacional se presenta a continuación:

In [11]:

```
# Ejercicio 11
import numpy as np
import matplotlib.pyplot as plt

class Ellipse:
    def __init__(self, a, b):
        """
        Inicializa una nueva Elipse.
        :param a: Semieje mayor
        :param b: Semieje menor
        """
        self.a = a
        self.b = b
    def area(self):
        """
        Calcula el área de la elipse.
        :return: Área de la elipse.
        """
        return np.pi * self.a * self.b
    def circumference(self):
        """
        Aproxima la circunferencia de la elipse usando la fórmula de
            Ramanujan.
        :return: Circunferencia aproximada de la elipse.
        """
        h = ((self.a - self.b)**2) / ((self.a + self.b)**2)
        perimeter = np.pi * (self.a + self.b) * (1 + (3*h) / (10 + np.
            sqrt(4 - 3*h)))
        return perimeter
    def plot(self):
        """
```

```python
        Grafica la elipse utilizando matplotlib.
        """
        theta = np.linspace(0, 2*np.pi, 100)
        x = self.a * np.cos(theta)
        y = self.b * np.sin(theta)
        plt.figure(figsize=(8, 6))
        plt.plot(x, y, label=f'Elipse con a={self.a}, b={self.b}')
        plt.scatter([0], [0], color='red') # Centro de la elipse
        plt.title('Gráfico de la Elipse')
        plt.xlabel('Eje X')
        plt.ylabel('Eje Y')
        plt.axis('equal')
        plt.grid(True)
        plt.legend()
        plt.show()

# Ejemplo de uso
def main():
    a = 5 # longitud del semieje mayor
    b = 3 # longitud del semieje menor
    my_ellipse = Ellipse(a, b)
    print(f"Área de la elipse: {my_ellipse.area():.2f}")
    print(f"Perímetro de la elipse (aprox.): {my_ellipse.circumference():.2f}")
    my_ellipse.plot()

if __name__ == "__main__":
    main()
```

Out [11]:

```
Area de la elipse: 47.12
Perimetro de la elipse (aprox.): 25.53
```

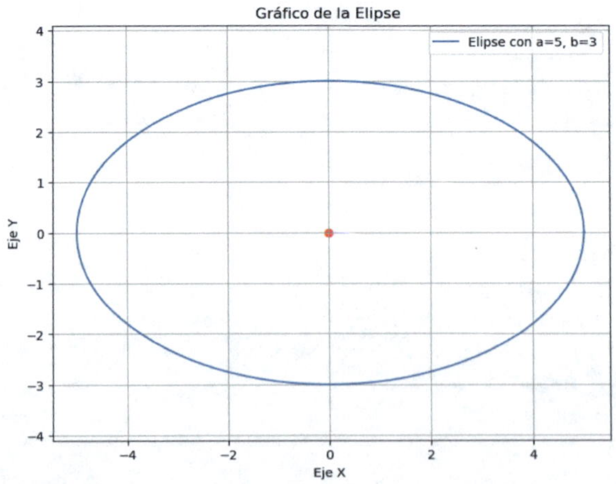

2.8 El cuadrado

Definición: Un cuadrado se define como *un polígono regular tetralateral con lados congruentes conectados mediante ángulos rectos. Constituye un caso particular de rectángulo y rombo, satisfaciendo las propiedades de ambas figuras. La caracterización cuadrática implica su naturaleza de paralelogramo con lados perpendiculares y diagonales que se bisecan mutuamente en ángulos rectos. En geometría analítica, la ecuación cuadrática depende de su orientación y posición en el plano cartesiano. Un cuadrado centrado en el origen con lados de longitud $2a$ presenta vértices en* $(-a,-a)$, $(-a,a)$, $(a,-a)$ *y* (a,a).[6] Una representación más general adaptable a cualquier orientación emplea rotaciones y traslaciones para ajustar la posición planar. La descripción paramétrica cuadrática se formula como:

$$x(t) = a \cdot \cos(t) + b \cdot \sin(t)$$

$$y(t) = a \cdot \sin(t) - b \cdot \cos(t)$$

Donde $t \in [0, 2\pi]$ y los parámetros a, b ajustan la escala axial. Las propiedades cuadráticas incluyen:

Simetría: Presenta cuatro ejes de simetría (bisectrices angulares y medianas de lados opuestos) y simetría rotacional de 90°.

Área y perímetro: El área A con lado s equivale a s^2, mientras que el perímetro P corresponde a $4s$.

Diagonales: Las diagonales son congruentes e intersectan perpendicularmente en el centro, con longitud $\sqrt{2} \cdot s$.

Ahora en código seria:

In [12]:

```
# Ejercicio 12
import numpy as np
import matplotlib.pyplot as plt
import matplotlib.patches as patches

class Cuadrado:
    def __init__(self, longitud_lado, centro=(0, 0)):
        """
```

[6] Edwards, C.H. Jr & Penney David. (1994). "Cálculo con Geometría Analítica". México DF, México. Prentice Hall Hispanoamericana S.A.

```
        Inicializa un cuadrado con una longitud de lado dada y una posición central.
        :param longitud_lado: Longitud de los lados del cuadrado.
        :param centro: Una tupla (x, y) que representa el centro del cuadrado.
        """
        self.longitud_lado = longitud_lado
        self.centro = centro
    def area(self):
        """
        Calcula el área del cuadrado.
        :return: El área del cuadrado.
        """
        return self.longitud_lado ** 2
    def perimetro(self):
        """
        Calcula el perímetro del cuadrado.
        :return: El perímetro del cuadrado.
        """
        return 4 * self.longitud_lado
    def graficar(self):
        """
        Grafica el cuadrado usando matplotlib.
        """
        fig, ax = plt.subplots()
        esquina_inferior_izquierda = (self.centro[0] - self.longitud_lado / 2,
                                      self.centro[1] - self.longitud_lado / 2)

        # Crea un parche rectangular
        cuadrado = patches.Rectangle(esquina_inferior_izquierda, self.longitud_lado, self.longitud_lado, edgecolor='blue', facecolor='lightblue')
        ax.add_patch(cuadrado)

        # Establece límites para los ejes x e y
        ax.set_xlim(self.centro[0] - self.longitud_lado, self.centro[0] + self.longitud_lado)
        ax.set_ylim(self.centro[1] - self.longitud_lado, self.centro[1] + self.longitud_lado)

        # Establece que el aspecto de la gráfica sea igual
        ax.set_aspect('equal')

        # Añade cuadrícula, título y muestra
        ax.grid(True)
        plt.title('Gráfico del Cuadrado')
        plt.xlabel('Coordenada X')
        plt.ylabel('Coordenada Y')
        plt.show()
```

```

# Uso de ejemplo
def main():
    cuadrado = Cuadrado(2, centro=(0, 0))
    print("Área del cuadrado:", cuadrado.area())
    print("Perímetro del cuadrado:", cuadrado.perimetro())
    cuadrado.graficar()

if __name__ == "__main__":
    main()
```

Out [12]:

```
Area del cuadrado: 4
Perimetro del cuadrado: 8
```

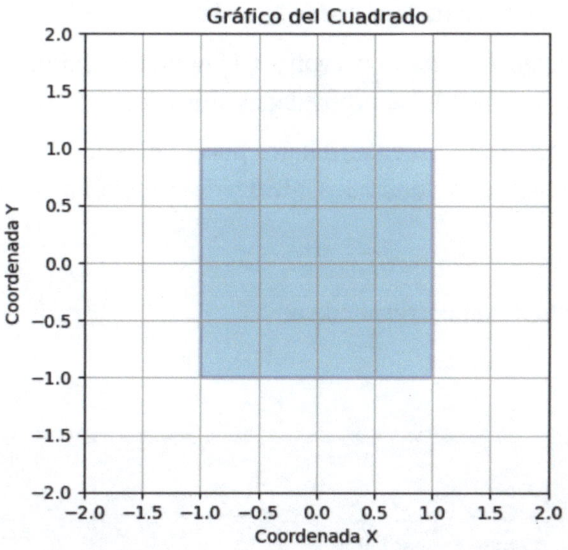

2.9 El cuadrilátero

Definición: Se conceptualiza como una *figura geométrica planar constituida por cuatro lados que confluyen en cuatro vértices. Esta caracterización aparentemente simple encubre la diversidad morfológica cuadrilateral, abarcando desde rectángulos elementales hasta configuraciones complejas como trapecios y paralelogramos. La suma angular interna permanece invariablemente en 360°, propiedad derivada de su estructura tetralateral. La representación en geometría analítica varía según la tipología, describiéndose mediante coordenadas vertices. Un cuadrilátero con vértices en* (x_1, y_1), (x_2, y_2), (x_3, y_3) *y* (x_4, y_4) *se modela mediante segmentos consecutivos que forman una figura cerrada.*[13]

La taxonomía cuadrilateral se fundamenta en longitudes laterales, configuraciones angulares y propiedades simétricas. Las categorías principales comprenden:

Paralelogramos: Cuadriláteros con ambos pares de lados opuestos paralelos. Incluyen rectángulos, rombos y cuadrados, cada uno con propiedades específicas respecto a ángulos y dimensiones laterales.

Trapecios: Figuras con al menos un par de lados opuestos paralelos. Se subdividen en trapecios isósceles y escalenos según la congruencia de lados no paralelos.

Las propiedades cuadrilaterales incluyen:

Área y perímetro: El cálculo areal admite diversas metodologías, destacando la fórmula de Brahmagupta para cuadriláteros cíclicos. El perímetro equivale a la suma de longitudes laterales.

Diagonales: Segmentan la figura en cuatro triángulos y facilitan el cálculo areal y la determinación de propiedades simétricas.

Propiedades simétricas: Ciertos cuadriláteros poseen ejes de simetría, particularmente rectángulos y cuadrados, afectando características estructurales y estéticas.

La implementación computacional corresponde a:

In [13]:

```
# Ejercicio 13
import numpy as np
import matplotlib.pyplot as plt
import matplotlib.patches as patches

class Cuadrilatero:
    def __init__(self, vertices):
        """
        Inicializa un cuadrilátero con una lista de vértices.
        :param vertices: Lista de tuplas, donde cada tupla contiene las
             coordenadas (x, y) de un vértice.
        """
        self.vertices = np.array(vertices)
        self.lados = self.calcular_longitudes_lados()
    def calcular_longitudes_lados(self):
        """
        Calcula las longitudes de los lados del cuadrilátero basándose
            en los vértices.
        :return: Lista de longitudes de los lados.
```

```python
        """
        lados = []
        num_vertices = len(self.vertices)
        for i in range(num_vertices):
            punto_inicio = self.vertices[i]
            punto_final = self.vertices[(i + 1) % num_vertices]
            longitud = np.linalg.norm(punto_inicio - punto_final)
            lados.append(longitud)
        return lados
    def area(self):
        """
        Calcula el área del cuadrilátero usando la fórmula de la coordenada del área.
        :return: Área del cuadrilátero.
        """
        x = self.vertices[:, 0]
        y = self.vertices[:, 1]
        return 0.5 * np.abs(np.dot(x, np.roll(y, 1)) - np.dot(y, np.roll(x, 1)))
    def perimetro(self):
        """
        Calcula el perímetro del cuadrilátero sumando las longitudes de los lados.
        :return: Perímetro del cuadrilátero.
        """
        return sum(self.lados)
    def graficar(self):
        """
        Grafica el cuadrilátero utilizando matplotlib.
        """
        fig, ax = plt.subplots()
        patch = patches.Polygon(self.vertices, closed=True, fill=None, edgecolor='r')
        ax.add_patch(patch)
        ax.set_xlim(min(self.vertices[:, 0]) - 1, max(self.vertices[:, 0]) + 1)
        ax.set_ylim(min(self.vertices[:, 1]) - 1, max(self.vertices[:, 1]) + 1)
        ax.set_aspect('equal')
        plt.grid(True)
        plt.show()

# Ejemplo de uso
def main():
    vertices = [(1, 2), (4, 3), (5, 7), (2, 6)]
    cuadrilatero = Cuadrilatero(vertices)
    print("Área del cuadrilátero:", cuadrilatero.area())
    print("Perímetro del cuadrilátero:", cuadrilatero.perimetro())
    cuadrilatero.graficar()

if __name__ == "__main__":
```

```
main()
```

Out [13]:

```
Area del cuadrilatero: 11.0
Perimetro del cuadrilatero: 14.57076657157208
```

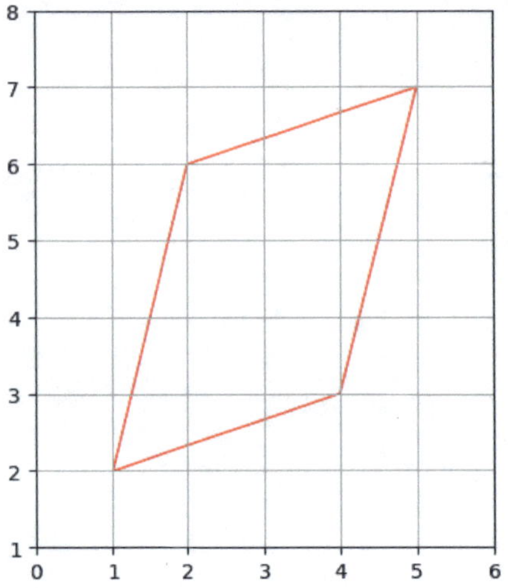

2.10 El triángulo

Definición: Se define como un polígono trilateral. *Constituye una figura planar compuesta por tres segmentos rectilíneos que confluyen en tres puntos no colineales denominados vértices. La suma angular interna permanece invariablemente en 180°, postulado fundamental que subyace a numerosas propiedades y teoremas asociados. La representación en geometría analítica se fundamenta en las coordenadas vertices. Dados tres puntos cartesianos* $A(x_1, y_1)$, $B(x_2, y_2)$ *y* $C(x_3, y_3)$, *se formulan ecuaciones lineales para cada lado mediante la ecuación punto-pendiente.*[1]

La clasificación triangular se fundamenta en dimensiones laterales y configuraciones angulares:

Equilátero: Tres lados congruentes.

Isósceles: Dos lados congruentes.

Escaleno: Lados de dimensiones distintas.

Alternativamente, según configuraciones angulares:

Acutángulo: Todos los ángulos resultan menores a 90°.

Rectángulo: Presenta exactamente un ángulo de 90°.

Obtusángulo: Contiene un ángulo superior a 90°.

Las propiedades métricas triangulares comprenden:

Área: Se determina mediante la fórmula del determinante (algoritmo de Shoelace):

$$Area = \frac{1}{2} \mid x_1(y_2 - y_3) + x_2(y_3 - y_1) + x_3(y_1 - y_2) \mid$$

Perímetro: Corresponde a la suma de longitudes laterales:

$$P = AB + BC + CA$$

Donde AB, BC y CA representan las magnitudes de los lados triangulares. Los teoremas fundamentales derivados incluyen:

Teorema de Pitágoras: En triángulos rectángulos, el cuadrado de la hipotenusa equivale a la suma de los cuadrados de los catetos.[6]

Ley de senos: Establece proporcionalidad constante entre longitudes laterales y senos de ángulos opuestos.

Ley de cosenos: Generaliza el teorema pitagórico para triángulos arbitrarios.

La implementación computacional correspondiente a:

In [14]:

```
# Ejercicio 14
import numpy as np
import matplotlib.pyplot as plt
import matplotlib.patches as patches

class Triangulo:
    def __init__(self, vertices):
        """
        Inicializa un triángulo con una lista de vértices.
        :param vertices: Lista de tuplas, donde cada tupla contiene las
            coordenadas (x, y) de un vértice.
        """
        self.vertices = np.array(vertices)
        self.lados = self.calcular_longitudes_lados()
    def calcular_longitudes_lados(self):
        """
        Calcula las longitudes de los lados del triángulo basándose en
          los vértices.
```

```python
        :return: Lista de longitudes de los lados.
        """
        lados = []
        num_vertices = len(self.vertices)
        for i in range(num_vertices):
            punto_inicio = self.vertices[i]
            punto_final = self.vertices[(i + 1) % num_vertices]
            longitud = np.linalg.norm(punto_inicio - punto_final)
            lados.append(longitud)
        return lados
    def area(self):
        """
        Calcula el área del triángulo usando la fórmula del determinante (Shoelace).
        :return: Área del triángulo.
        """
        x = self.vertices[:, 0]
        y = self.vertices[:, 1]
        return 0.5 * np.abs(np.dot(x, np.roll(y, 1)) - np.dot(y, np.roll(x, 1)))
    def perimetro(self):
        """
        Calcula el perímetro del triángulo sumando las longitudes de los lados.
        :return: Perímetro del triángulo.
        """
        return sum(self.lados)
    def graficar(self):
        """
        Grafica el triángulo utilizando matplotlib.
        """
        fig, ax = plt.subplots()
        patch = patches.Polygon(self.vertices, closed=True, fill=None, edgecolor='r')
        ax.add_patch(patch)
        ax.set_xlim(min(self.vertices[:, 0]) - 1, max(self.vertices[:, 0]) + 1)
        ax.set_ylim(min(self.vertices[:, 1]) - 1, max(self.vertices[:, 1]) + 1)
        ax.set_aspect('equal')
        plt.grid(True)
        plt.show()

# Ejemplo de uso
def main():
    vertices = [(1, 2), (4, 3), (2, 7)]
    triangulo = Triangulo(vertices)
    print("Área del triángulo:", triangulo.area())
    print("Perímetro del triángulo:", triangulo.perimetro())
    triangulo.graficar()

```

```
if __name__ == "__main__":
    main()
```

Out [14]:

```
Area del triangulo: 7.0
Perimetro del triangulo: 12.733433128760744
```

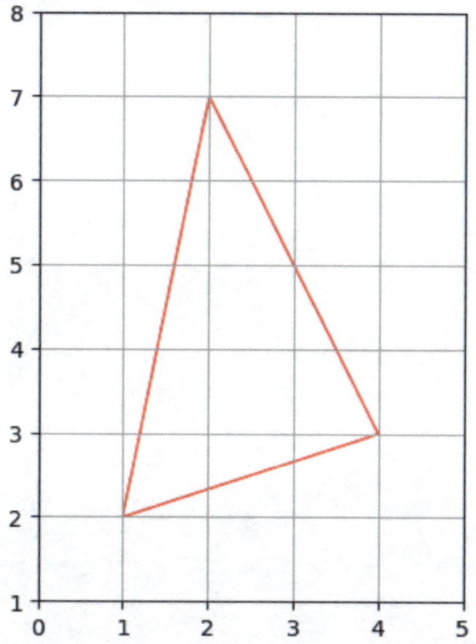

2.11 Vectores y escalares

2.11.1 Conceptos generales de vectores y escalares

Un vector constituye una entidad matemática caracterizada por magnitud y dirección, mientras que un escalar representa únicamente una cantidad numérica sin dirección asociada. Los vectores se denotan convencionalmente mediante letras mayúsculas con notación de flecha superior ($\overrightarrow{V}$), y sus componentes se representan con letras minúsculas y subíndices posicionales (v_i). Un vector bidimensional se caracteriza como un par ordenado $\overrightarrow{V} = \langle v_1, v_2 \rangle$ donde $\overrightarrow{V} \in \mathbb{R}^2$. Análogamente, un vector tridimensional se expresa como $\overrightarrow{V} = \langle v_1, v_2, v_3 \rangle$ con $\overrightarrow{V} \in \mathbb{R}^3$. Generalizando:

Definición: Un vector n-dimensional comprende una n-tupla ordenada de números reales $\overrightarrow{V} \in \mathbb{R}^n$, *expresada como* $\overrightarrow{V} = \langle v_1, v_2, v_3, \ldots, v_n \rangle$ *donde* $v_1, v_2, v_3, \ldots, v_n$ *constituyen las componentes vectoriales dentro del espacio vectorial correspondiente.*

Definición: Se denomina ESPACIO VECTORIAL al conjunto de todos los vectores dotado de operaciones fundamentales definidas sobre un cuerpo de números reales.

Para claridad conceptual, un vector se representa mediante $\overrightarrow{V} = \langle v_1, v_2, v_3, \ldots, v_n \rangle$ mientras que un punto se denota como $P = (x_1, x_2, x_3, \ldots, x_n)$. La distinción notacional emplea paréntesis angulares para vectores y paréntesis convencionales para puntos. El punto O constituye el origen vectorial, mientras que P representa el extremo o destino del vector. La longitud vectorial, determinada por el segmento OP, se denomina módulo o magnitud.

In [15]:

```
# Ejercicio 15
import matplotlib.pyplot as plt
import numpy as np

def dibujar_vector(v, label):
    """
    Dibuja un vector en el plano 2D con etiquetas y leyenda.
    """
    origen = [0, 0]
    plt.quiver(*origen, *v, scale = 1, scale_units = 'xy', angles = '
        xy', color = 'r', label = label)
    plt.text(*origen, 'O', ha = 'right', va = 'top', fontsize = 12,
        fontweight = 'bold')
    plt.text(*v + 0.1, 'P', ha = 'right', va = 'top', fontsize = 12,
        fontweight = 'bold')
    plt.xlim(-1, max(1, v[0]+1))
    plt.ylim(-1, max(1, v[1]+1))
    plt.xlabel('Eje X')
    plt.ylabel('Eje Y')
    plt.legend()
    plt.grid(True)
    plt.show()

# Ejemplo de uso:
vector_ejemplo = np.array([2, 3])
etiqueta_vector = 'V1'
dibujar_vector(vector_ejemplo, etiqueta_vector)
```

Out [15]:

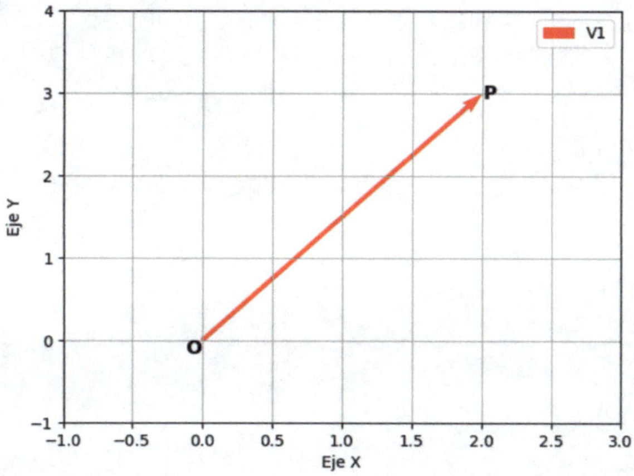

Todo vector comprende cinco elementos constituyentes: origen, extremo, módulo, dirección y sentido. La ilustración gráfica siguiente clarifica estos conceptos mediante comparación vectorial. La representación visual subsecuente elucida los conceptos de dirección, origen, extremo, módulo y sentido vectoriales.

Out [15]:

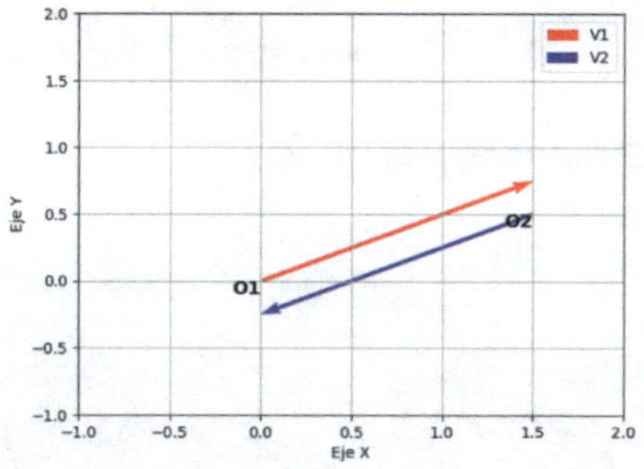

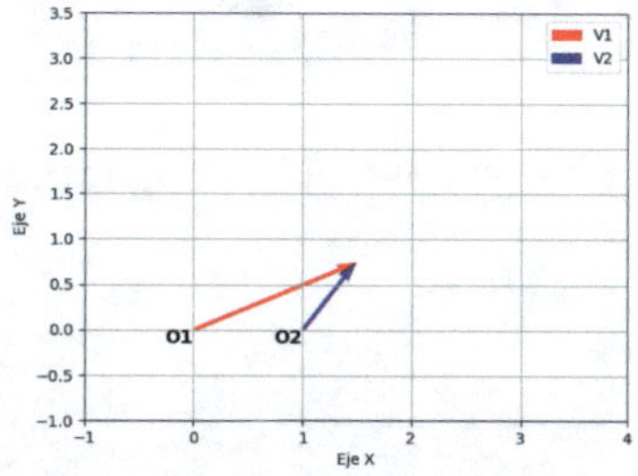

La figura izquierda presenta dos vectores con orígenes y extremos distintos, sentidos diferentes, pero módulo y dirección idénticos. La figura derecha ilustra vectores con orígenes, módulos y direcciones diferentes, compartiendo únicamente el extremo. En esta configuración, la comparación de sentidos resulta inviable. La implementación computacional de estas representaciones vectoriales se presenta a continuación.

In [16]:

```
# Ejercicio 16
import matplotlib.pyplot as plt
import numpy as np

def dibujar_vectores(v1, v2, label1, label2):
    """
    Dibuja dos vectores en el plano 2D con etiquetas y leyenda.
    """
    origen1 = [0, 0]
    origen2 = [1.5, 0.5]
    plt.quiver(*origen1, *v1, scale = 1, scale_units = 'xy', angles =
```

```
        'xy', color = 'r', label = label1)
    plt.quiver(*origen2, *v2, scale = 1, scale_units = 'xy', angles =
        'xy', color = 'b', label = label2)
    plt.text(*origen1, 'O1', ha = 'right', va = 'top', fontsize = 12,
        fontweight = 'bold')
    plt.text(*origen2, 'O2', ha = 'right', va = 'top', fontsize = 12,
        fontweight = 'bold')
    plt.xlim(-1, max(1, v1[0] + v2[0] + 2))
    plt.ylim(-1, max(1, v1[1] + v2[1] + 2))
    plt.xlabel('Eje X')
    plt.ylabel('Eje Y')
    plt.legend()
    plt.grid(True)
    plt.show()

# Ejemplo de uso:
vector_ejemplo1 = np.array([1.5, 0.75])
vector_ejemplo2 = np.array([-1.5, -0.75])
etiqueta_vector1 = 'V1'
etiqueta_vector2 = 'V2'
dibujar_vectores(vector_ejemplo1, vector_ejemplo2, etiqueta_vector1,
     etiqueta_vector2)
```

La implementación de la representación derecha corresponde a:

In [17]:

```
# Ejercicio 17
import matplotlib.pyplot as plt
import numpy as np

def dibujar_vectores(v1, v2, label1, label2):
    """
    Dibuja dos vectores en el plano 2D con etiquetas y leyenda.
    """
    origen1 = [0, 0]
    origen2 = [1, 0]
    plt.quiver(*origen1, *v1, scale = 1, scale_units = 'xy', angles =
        'xy', color = 'r', label = label1)
    plt.quiver(*origen2, *v2, scale = 1, scale_units = 'xy', angles =
        'xy', color = 'b', label = label2)
    plt.text(*origen1, 'O1', ha = 'right', va = 'top', fontsize = 12,
        fontweight = 'bold')
    plt.text(*origen2, 'O2', ha = 'right', va = 'top', fontsize = 12,
        fontweight = 'bold')
    plt.xlim(-1, max(1, v1[0] + v2[0] + 2))
    plt.ylim(-1, max(1, v1[1] + v2[1] + 2))
    plt.xlabel('Eje X')
    plt.ylabel('Eje Y')
    plt.legend()
    plt.grid(True)
```

```
    plt.show()

# Ejemplo de uso:
vector_ejemplo1 = np.array([1.5, 0.75])
vector_ejemplo2 = np.array([0.5, 0.75])
etiqueta_vector1 = 'V1'
etiqueta_vector2 = 'V2'
dibujar_vectores(vector_ejemplo1, vector_ejemplo2, etiqueta_vector1,
    etiqueta_vector2)
```

2.11.2 Operaciones vectoriales

El producto punto cuantifica el grado de alineación entre vectores. Un resultado nulo indica ortogonalidad (perpendicularidad), mientras que valores positivos o negativos revelan la naturaleza angular (agudo u obtuso, respectivamente). El producto punto, denominado producto escalar, constituye una operación fundamental en geometría analítica y álgebra lineal, facilitando la comprensión de conceptos como ángulos y proyecciones en espacios multidimensionales.[2] El producto punto entre vectores equivale al producto de sus magnitudes por el coseno del ángulo incluido. Para vectores a y b en espacio euclidiano, se expresa como:

$$a \cdot b = \mid a \mid\mid b \mid cos(\theta)$$

Donde $\mid a \mid$ y $\mid b \mid$ representan las magnitudes vectoriales y θ el ángulo incluido. Formalmente, para vectores $a = (a_1, a_2, \ldots, a_n)$ y $b = (b_1, b_2, \ldots, b_n)$ en $\mathbb{R}^n$, el producto punto se calcula mediante:

$$a \cdot b = a_1 \cdot b_1 + a_2 \cdot b_2 + \cdots + a_n \cdot b_n$$

Esta formulación facilita el cálculo en dimensiones arbitrarias y resulta fundamental en implementaciones algorítmicas computacionales. Las propiedades principales del producto punto comprenden:

Conmutatividad: $a \cdot b = b \cdot a$

Distributividad respecto a la adición: $a \cdot (b + c) = a \cdot b + a \cdot c$

Homogeneidad escalar: $(c \cdot a) \cdot b = c \cdot (a \cdot b)$ donde c representa un escalar.

La implementación computacional correspondiente a:

In [18]:

```python
# Ejercicio 18
import numpy as np
import matplotlib.pyplot as plt

def producto_punto(vector1, vector2):
    return np.dot(vector1, vector2)
def calcular_angulo(vector1, vector2):
    producto = producto_punto(vector1, vector2)
    magnitudes = np.linalg.norm(vector1) * np.linalg.norm(vector2)
    return np.arccos(producto / magnitudes)
def proyeccion_vector(vector1, vector2):
    producto = producto_punto(vector1, vector2)
    magnitud2_cuadrado = np.dot(vector2, vector2)
    return (producto / magnitud2_cuadrado) * vector2
def graficar_vectores(vector1, vector2, proyeccion):
    fig = plt.figure(figsize=(8, 8))
    ax = fig.add_subplot(111, projection='3d')

    # Vectores y proyección
    ax.quiver(0, 0, 0, *vector1, color='r', label='Vector 1',
        arrow_length_ratio=0.1)
    ax.quiver(0, 0, 0, *vector2, color='b', label='Vector 2',
        arrow_length_ratio=0.1)
    ax.quiver(0, 0, 0, *proyeccion, color='g', linestyle='dashed',
        label='Proyección de Vector 1 sobre Vector 2',
        arrow_length_ratio=0.1)

    # Configuración de los límites del gráfico
    all_vectors = np.array([vector1, vector2, proyeccion])
    max_length = np.max(np.abs(all_vectors)) * 1.1 # Un poco más
        grande para asegurar visibilidad
    ax.set_xlim([-max_length, max_length])
    ax.set_ylim([-max_length, max_length])
    ax.set_zlim([-max_length, max_length])

    # Mejoras estéticas
    ax.set_xlabel('X')
    ax.set_ylabel('Y')
    ax.set_zlabel('Z')
    plt.title('Visualización de Producto Punto y Proyección Vectorial'
        )
    plt.legend()
    plt.grid(True)
    plt.show()

# Ejemplo de uso
def main():
    vector_a = np.array([2, 7, 5])
    vector_b = np.array([1, 1, 1])
    proyeccion_ab = proyeccion_vector(vector_a, vector_b)
    print("Producto punto:", producto_punto(vector_a, vector_b))
```

```
    angulo = calcular_angulo(vector_a, vector_b)
    print("Ángulo entre los vectores (radianes):", angulo)
    print("Proyección del vector A sobre B:", proyeccion_ab)
    graficar_vectores(vector_a, vector_b, proyeccion_ab)

if __name__ == "__main__":
    main()
```

Out [18]:

```
Producto punto: 14
Angulo entre los vectores (radianes): 0.4147709909380617
Proyeccion del vector A sobre B: [4.66666667 4.66666667
    4.66666667]
```

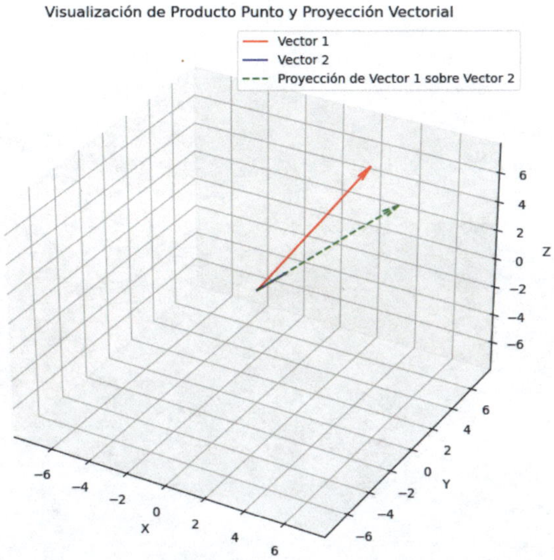

2.11.3 El paralelismo

Geométricamente, dos rectas planares se consideran paralelas si jamás se intersectan, independientemente de su extensión infinita. Esta conceptualización se extiende a geometría analítica, abarcando planos y vectores en espacios multidimensionales. Matemáticamente, el paralelismo se caracteriza mediante pendientes en espacios bidimensionales y mediante vectores y productos escalares en dimensiones superiores. En el plano cartesiano, la condición de paralelismo entre rectas se expresa mediante sus pendientes. Para rectas L_1 y L_2 con ecuaciones $y = m_1x + b_1$ y $y = m_2x + b_2$ respectivamente, el paralelismo se establece si y solo si $m_1 = m_2$.

El paralelismo planar se fundamenta en la orientación espacial. Para planos con ecuaciones $a_1x + b_1y + c_1z + d_1 = 0$ y $a_2x + b_2y + c_2z + d_2 = 0$, el paralelismo se establece cuando (a_1, b_1, c_1) constituye un múltiplo escalar de (a_2, b_2, c_2). Vectorialmente, dos vectores resultan paralelos cuando uno es múltiplo escalar del otro. Para vectores $v_1 = (x_1, y_1, z_1)$ y $v_2 = (x_2, y_2, z_2)$, el paralelismo se verifica si existe un escalar k tal que $v_1 = k \cdot v_2$. Entre las propiedades más básicas que existen sobre el paralelismo, están:

Transitividad: Si $L_1 \parallel L_2$ y $L_2 \parallel L_3$, entonces $L_1 \parallel L_3$.

Consistencia angular: Entidades paralelas mantienen orientación idéntica sin convergencia ni divergencia, implicando ángulo nulo entre ellas.

Independencia métrica: El paralelismo resulta independiente de la separación espacial entre entidades.

La implementación computacional correspondiente a:

In [19]:

```
# Ejercicio 19
import numpy as np
import matplotlib.pyplot as plt

def son_paralelas_2d(linea1, linea2):
    """
    Determina si dos líneas en 2D son paralelas y las grafica.
    Las líneas están representadas por sus coeficientes (a, b, c) en
        la forma ax + by + c = 0.
    :param linea1: Coeficientes (a, b, c) de la primera línea.
    :param linea2: Coeficientes (a, b, c) de la segunda línea.
    :return: True si son paralelas, False de lo contrario.
    """
    a1, b1, c1 = linea1
    a2, b2, c2 = linea2
    paralelas = np.isclose(a1 * b2, a2 * b1)

    # Graficar líneas para visualizar
    graficar_lineas(linea1, linea2)
    return paralelas

def graficar_lineas(linea1, linea2):
    """
    Grafica dos líneas en un plano 2D para visualizar su relación.
    :param linea1: Coeficientes (a, b, c) de la primera línea.
    :param linea2: Coeficientes (a, b, c) de la segunda línea.
    """
    x = np.linspace(-10, 10, 400)
    y1 = (-linea1[0] * x - linea1[2]) / linea1[1] if linea1[1] != 0
        else (linea1[2] / linea1[0])
    y2 = (-linea2[0] * x - linea2[2]) / linea2[1] if linea2[1] != 0
        else (linea2[2] / linea2[0])
```

```
    plt.figure(figsize=(8, 6))
    plt.plot(x, y1, label=f'Línea 1: {linea1[0]}x + {linea1[1]}y + {
        linea1[2]} = 0')
    plt.plot(x, y2, label=f'Línea 2: {linea2[0]}x + {linea2[1]}y + {
        linea2[2]} = 0', linestyle='--')
    plt.xlim([-10, 10])
    plt.ylim([-10, 10])
    plt.axhline(0, color='grey', lw=0.5)
    plt.axvline(0, color='grey', lw=0.5)
    plt.xlabel('X')
    plt.ylabel('Y')
    plt.title('Visualización de Líneas Paralelas con Diferentes
        Constantes')
    plt.legend()
    plt.grid(True)
    plt.show()

# Ejemplo de uso
def main():
    linea1 = (2, 3, -1)
    linea2 = (2, 3, -5) # Misma pendiente, diferente constante
    paralelas = son_paralelas_2d(linea1, linea2)
    print("Las líneas son paralelas?:", paralelas)

if __name__ == "__main__":
    main()
```

Out [19]:

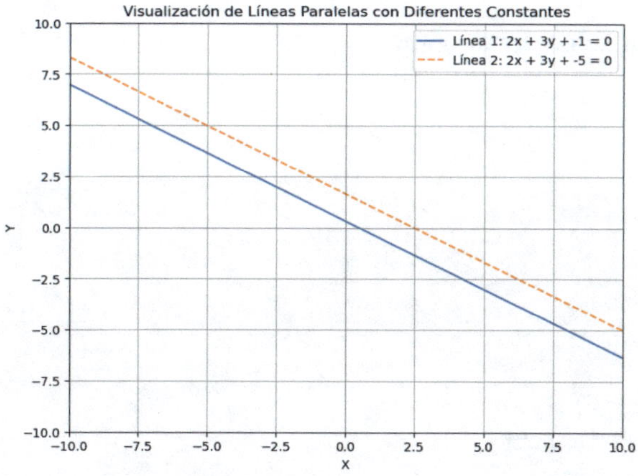


```
Las lineas son paralelas?: True
```

2.11.4 La ortogonalidad

Geométricamente, dos elementos se consideran ortogonales cuando forman un ángulo recto. Esta caracterización se aplica tradicionalmente a rectas, segmentos, rayos y planos. En álgebra lineal, la ortogonalidad se extiende a vectores, donde la condición se establece mediante la anulación del producto escalar. Esta definición proporciona cuantificación de perpendicularidad en espacios de dimensión arbitraria.[6] El producto escalar de vectores a y b, denotado como $a \cdot b$, resulta fundamental para caracterizar la ortogonalidad en matemáticas avanzadas. Se expresa mediante:

$$\mathbf{a} \cdot \mathbf{b} = a_1 \cdot b_1 + a_2 \cdot b_2 + a_3 \cdot b_3 + \ldots + a_n \cdot b_n$$

Dos vectores resultan ortogonales cuando su producto escalar se anula:

$$\mathbf{a} \cdot \mathbf{b} = 0$$

Esta condición implica ausencia de proyección mutua, caracterizando la independencia direccional. Las propiedades fundamentales comprenden:

Conservación métrica: Las transformaciones ortogonales preservan longitudes vectoriales y ángulos incluidos.

Independencia lineal: Los vectores ortogonales son invariablemente linealmente independientes, proporcionando bases para sistemas ortogonales en espacios vectoriales.

Descomposición única: En espacios con producto interno, todo vector admite descomposición única mediante componentes ortogonales.

La implementación computacional se presenta como:

In [20]:

```
# Ejercicio 20
import numpy as np
import matplotlib.pyplot as plt

def verificar_ortogonalidad(v1, v2):
    """Verifica si dos vectores son ortogonales."""
    producto_punto = np.dot(v1, v2)
    return np.isclose(producto_punto, 0)
def es_matriz_ortogonal(matriz):
    """Verifica si una matriz es ortogonal."""
    Identidad = np.eye(matriz.shape[0]) # Matriz identidad del tamaño
        adecuado
    producto = np.dot(matriz.T, matriz)
    return np.allclose(producto, Identidad)
def graficar_vectores(vectores, titulo='Vectores en el espacio'):
    """Grafica una lista de vectores en 3D para visualizar la
        ortogonalidad."""
    fig = plt.figure()
```

```
    ax = fig.add_subplot(111, projection='3d')
    origen = np.zeros(3)
    for vector in vectores:
        ax.quiver(*origen, *vector, arrow_length_ratio=0.1)
    max_val = np.max(np.abs(vectores))
    ax.set_xlim([-max_val, max_val])
    ax.set_ylim([-max_val, max_val])
    ax.set_zlim([-max_val, max_val])
    ax.set_xlabel('X')
    ax.set_ylabel('Y')
    ax.set_zlabel('Z')
    plt.title(titulo)
    plt.grid(True)
    plt.show()

# Ejemplo de uso
def main():
    v1 = np.array([1, 0, 0])
    v2 = np.array([0, 1, 0])
    v3 = np.array([0, 0, 1])
    print("v1 y v2 son ortogonales:", verificar_ortogonalidad(v1, v2))
    print("v2 y v3 son ortogonales:", verificar_ortogonalidad(v2, v3))
    print("v1 y v3 son ortogonales:", verificar_ortogonalidad(v1, v3))

    # Matriz ortogonal (ejemplo simple es la matriz identidad)
    matriz_identidad = np.eye(3)
    print("La matriz identidad es ortogonal:", es_matriz_ortogonal(
        matriz_identidad))

    # Graficar vectores
    graficar_vectores([v1, v2, v3], 'Vectores ortogonales básicos')

if __name__ == "__main__":
    main()
```

Out [20]:

```
v1 y v2 son ortogonales: True
v2 y v3 son ortogonales: True
v1 y v3 son ortogonales: True
La matriz identidad es ortogonal: True
```

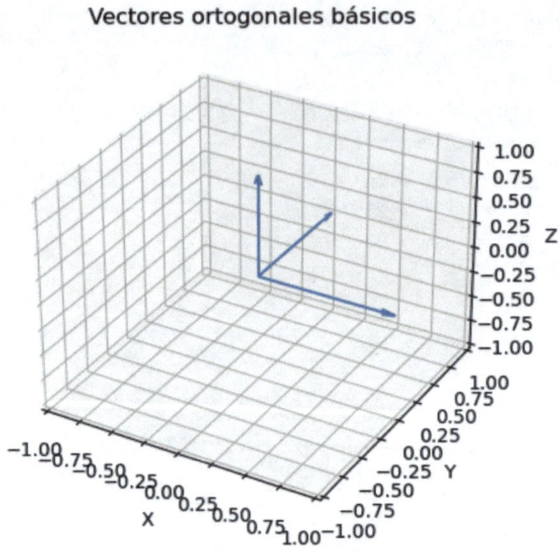

2.12 Las proyecciones

Una proyección constituye una transformación que mapea objetos desde espacios de mayor dimensión hacia espacios de menor dimensión mediante operaciones que "proyectan" puntos sobre subespacios específicos. Conceptualmente, la proyección reduce un punto espacial a su representación en una superficie o plano, preservando ciertas propiedades mientras omite otras. El cálculo emplea dos tipos principales de proyecciones:[8]

> **Proyecciones ortogonales:** Constituyen la modalidad más frecuente, donde los puntos se proyectan sobre planos o rectas mediante direcciones perpendiculares. Matemáticamente, para vectores $\mathbf{v}$ y $\mathbf{u}$, la proyección ortogonal $proj_u v$. Donde $\mathbf{v} \cdot \mathbf{u}$ representa el producto punto entre los vectores y se calcula como:
>
> $$proj_{\mathbf{u}}\mathbf{v} = \frac{\mathbf{v} \cdot \mathbf{u}}{\mathbf{u} \cdot \mathbf{u}} \cdot \mathbf{u}$$
>
> **Proyecciones paralelas:** Empleadas en representación técnica y diseño gráfico, caracterizadas por líneas de proyección paralelas en lugar de convergentes. Las propiedades destacadas comprenden:
>
> > **Linealidad:** Las proyecciones ortogonales constituyen operadores lineales en subespacios. La proyección de sumas vectoriales equivale a la suma de proyecciones individuales.

Idempotencia: Una proyección P es idempotente si $P^2 = P$, significando que aplicaciones repetidas no alteran el resultado posterior a la primera iteración.

In [21]:

```
# Ejercicio 21
import numpy as np
import matplotlib.pyplot as plt

def proyeccion_ortogonal(v, u):
    """
    Calcula la proyección ortogonal del vector v sobre el vector u.
    :param v: Vector a proyectar.
    :param u: Vector sobre el cual se proyecta.
    :return: Proyección ortogonal de v sobre u.
    """
    u_dot_v = np.dot(u, v)
    u_dot_u = np.dot(u, u)
    return (u_dot_v / u_dot_u) * u
def proyeccion_paralela(v, d):
    """
    Calcula la proyección paralela del vector v a lo largo de la dirección d.
    :param v: Vector a proyectar.
    :param d: Dirección de la proyección (vector unitario).
    :return: Proyección paralela de v a lo largo de d.
    """
    return np.dot(v, d) * d
def graficar_vectores(vectores, colores, titulo):
    """
    Grafica vectores en 2D para visualizar relaciones entre ellos.
    :param vectores: Lista de vectores a graficar.
    :param colores: Colores para cada vector.
    :param titulo: Título del gráfico.
    """
    plt.figure()
    for vector, color in zip(vectores, colores):
        plt.quiver(0, 0, vector[0], vector[1], angles='xy', scale_units='xy', scale=1, color=color)
    plt.xlim(-2, 10)
    plt.ylim(-2, 10)
    plt.axhline(0, color='black',linewidth=0.5)
    plt.axvline(0, color='black',linewidth=0.5)
    plt.grid(True)
    plt.title(titulo)
    plt.show()

# Proyección Ortogonal
v = np.array([8, 4])
```

```
u = np.array([2, 2])
proj_ortogonal = proyeccion_ortogonal(v, u)
print("Proyección Ortogonal:", proj_ortogonal)
graficar_vectores([v, u, proj_ortogonal], ['blue', 'green', 'red'], '
    Proyección Ortogonal')

# Proyección Paralela
d = np.array([1, 0]) # Dirección unitaria para la proyección paralela
proj_paralela = proyeccion_paralela(v, d)
print("Proyección Paralela:", proj_paralela)
graficar_vectores([v, d, proj_paralela], ['blue', 'green', 'red'], '
    Proyección Paralela')
```

Out [21]:

```
Proyeccion Ortogonal: [6. 6.]
```

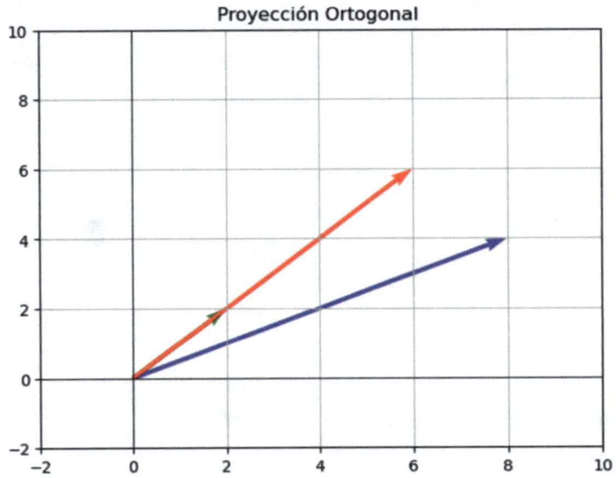


```
Proyeccion Paralela: [8 0]
```

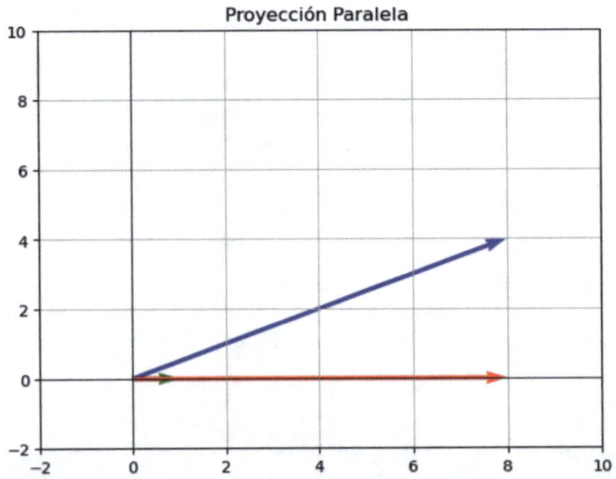

2.13 Formas vectoriales en cálculo

En cálculo y geometría analítica, una forma vectorial comprende cualquier expresión que involucre vectores. Incluye campos vectoriales, que asignan vectores a puntos espaciales, o funciones vectoriales, que asocian vectores con valores escalares en dominios específicos.[7] Las formas vectoriales proporcionan descripciones concisas de fenómenos complejos, facilitando el análisis de movimientos y fuerzas en espacios multidimensionales. Esencialmente, vectores y escalares constituyen los elementos fundamentales para la formulación de ecuaciones y funciones.

Campos vectoriales

Un campo vectorial constituye una función que asigna vectores a puntos de una región espacial. Matemáticamente, un campo vectorial en $\mathbb{R}^n$ se expresa como:

$$F(x, y, z, \ldots) = P(x, y, z, \ldots)i + Q(x, y, z, \ldots)j + R(x, y, z, \ldots)k$$

Donde P, Q y R representan funciones escalares espaciales, mientras que i, j y k constituyen vectores unitarios en direcciones x, y y z respectivamente.

Funciones vectoriales

Una función vectorial constituye una función univariable que genera vectores como salidas. Las curvas espaciales tridimensionales se describen mediante funciones vectoriales:

$$r(t) = x(t)i + y(t)j + z(t)k$$

Donde $x(t)$, $y(t)$ y $z(t)$ representan funciones escalares que expresan las coordenadas vectoriales en función del parámetro t.[7] Ahora en código, seria:

In [22]:

```python
# Ejercicio 22
import numpy as np
import matplotlib.pyplot as plt

def funcion_vectorial(t):
    """Define la función vectorial para una curva en 3D."""
    x = np.sin(t)
    y = np.sin(t)
    z = t
```

[7] Edwards, C.H. Jr & Penney David. (1994). "Cálculo con Geometría Analítica". México DF, México. Prentice Hall Hispanoamericana S.A.

```
    return np.array([x, y, z])
def graficar_funcion_vectorial():
    t = np.linspace(0, 10, 1000)
    vectores = funcion_vectorial(t)
    fig = plt.figure()
    ax = fig.add_subplot(111, projection='3d')
    ax.plot(vectores[0], vectores[1], vectores[2], label='r(t) = sin(t
        )i + sin(t)j + tk')
    ax.legend()
    ax.set_xlabel('X')
    ax.set_ylabel('Y')
    ax.set_zlabel('Z')
    plt.title('Función Vectorial para una Curva en 3D')
    plt.show()

graficar_funcion_vectorial()
```

Out [22]:

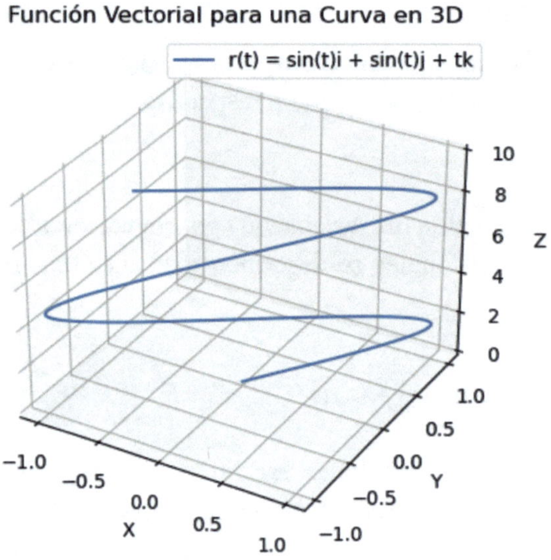

Pero a esto, en un campo vectorial una representación en 2D, seria:

In [23]:

```
# Ejercicio 23
def campo_vectorial(x, y):
    """Define un campo vectorial en 2D."""
    u = -y
    v = x
    return u, v
def graficar_campo_vectorial():
    x, y = np.meshgrid(np.linspace(-5, 5, 20), np.linspace(-5, 5, 20))
    u, v = campo_vectorial(x, y)
```

```
    plt.figure()
    plt.quiver(x, y, u, v, color='r')
    plt.xlabel('X')
    plt.ylabel('Y')
    plt.title('Campo Vectorial en 2D')
    plt.axis('equal')
    plt.grid(True)
    plt.show()

graficar_campo_vectorial()
```

Out [23]:

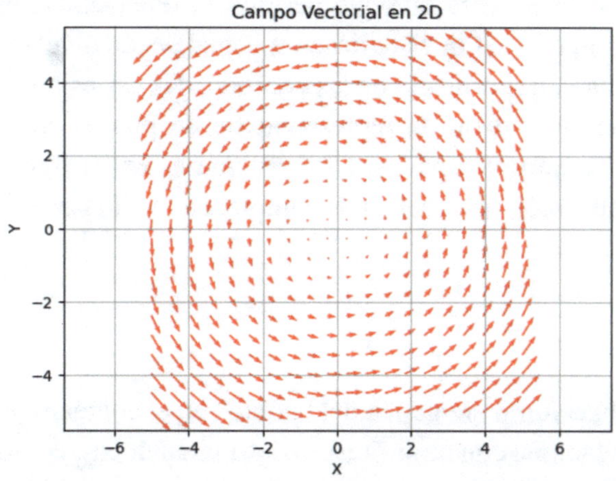

La geometría analítica, mediante su capacidad para resolver problemas espaciales a través de ecuaciones algebraicas, fundamenta el desarrollo y aplicación del cálculo. Esta disciplina matemática, que integra técnicas algebraicas con principios geométricos, permite a matemáticos y científicos modelar y explorar fenómenos físicos diversos y conceptos abstractos complejos.

La geometría analítica proporciona marcos conceptuales para comprender derivadas no únicamente como tasas de cambio, sino también como tangentes curvilíneas, resultando útil en problemas de optimización y cinemática. El cálculo integral se enriquece mediante la capacidad geométrica analítica para caracterizar áreas y volúmenes bajo curvas y alrededor de superficies. Las integrales definidas calculan estas magnitudes aplicando límites establecidos desde intersecciones curvilíneas o extremos regionales. La geometría analítica fundamenta el cálculo multivariable, donde campos vectoriales y superficies se analizan para comprender flujos y variaciones en sistemas dinámicos. Operaciones como divergencia, rotacional y gradiente poseen definiciones geométricas e interpretaciones directas.

En consecuencia, procederemos al capítulo concerniente al cálculo propiamente dicho: el estudio de funciones univariables, estableciendo los fundamentos antes de abordar el cálculo multivariable correspondiente al segundo volumen.

2.14 Resumen

En resumen, se tienen los siguientes puntos relevantes del capítulo:

2.1. Geometría analítica y bases fundamentales para el cálculo.

El apartado proporciona una introducción detallada a la geometría analítica, un campo matemático que integra técnicas en el estudio de la geometría. La geometría analítica, desarrollada principalmente por René Descartes en el siglo XVII, se basa en la utilización de coordenadas y ecuaciones para describir asociaciones geométricas y resolver problemas geométricos. Este enfoque permite la representación gráfica de funciones y curvas, facilitando así la visualización y análisis de diversas propiedades geométricas. Se detalla la importancia de las coordenadas cartesianas, nombradas así por Descartes, que simplifican la representación de puntos en el plano mediante pares ordenados de números reales. Este sistema es extensible a más dimensiones, aunque la visualización se vuelve más compleja a medida que se aumenta la dimensionalidad.

2.2. El punto.

El apartado muestra la conceptualización matemática del "punto" en el contexto de la geometría analítica y cómo se relaciona con otras áreas de las matemáticas, como el cálculo y el álgebra. En la geometría, un punto se considera como una entidad sin dimensiones, que sirve fundamentalmente para definir posiciones en el espacio. Este concepto establece la ubicación de objetos geométricos y es la unidad básica de estudio en muchos problemas matemáticos. En la geometría analítica, los puntos se representan a menudo mediante pares ordenados o tríos de números en sistemas de coordenadas, como las cartesianas, que permiten una representación algebraica y numérica de su posición en un plano o espacio tridimensional. Este sistema fue desarrollado por René Descartes, y su aplicación ha revolucionado la forma en que se entienden y representan las relaciones geométricas. En el cálculo, el concepto de punto es esencial para la comprensión de límites y derivadas.

2.3. La recta.

Una recta se define como un grupo infinito de puntos que se extienden en ambas direcciones sin curvatura ni grosor, lo que representa uno de los fundamentos básicos de la geometría junto con el punto y el plano. En términos de geometría analítica, una recta puede ser representada mediante una ecuación lineal en varias formas. La forma más común es la ecuación pendiente-intersección, $y = mx + b$, donde m es la pendiente de la recta y b es el punto donde la recta intercepta el eje y. Esta representación facilita la descripción de la recta en un plano cartesiano y permite el análisis de sus características y relaciones con otros objetos geométricos.[15]

2.4. La curva.

Una curva se define como un conjunto de puntos que forma una trayectoria continua y puede cambiar de dirección y forma de manera suave y continua, a diferencia de las rectas que se extienden infinitamente en dos direcciones sin curvar. En la geometría analítica, las curvas se pueden describir de varias maneras, destacando tres formas principales de representación: Las curvas son esenciales en el cálculo, especialmente en el cálculo diferencial, donde se utilizan para estudiar conceptos como la derivación e integración en contextos geométricos. Problemas típicos relacionados con curvas incluyen el cálculo de la longitud de una curva, las áreas encerradas por curvas, y la curvatura, que describe cómo la dirección de la curva cambia en un punto.

2.5. El plano.

Un plano se define como una superficie bidimensional extendida infinitamente en todas las direcciones, representada comúnmente en el espacio tridimensional. Es fundamental en la descripción de campos como la física, la ingeniería y, por supuesto, la matemática, donde proporciona un marco para explorar líneas y puntos, así como para resolver sistemas de ecuaciones. En geometría analítica, un plano se puede describir mediante una ecuación lineal de la forma $Ax + By + Cz + D = 0$, donde $A,\ B,\ C$, y D son constantes que definen las propiedades del plano, tales como su orientación en el espacio tridimensional.

2.6. El círculo.

El círculo se caracteriza por todos los puntos en un plano que están a una distancia igual de un punto central. La ecuación estándar y la paramétrica del círculo permiten analizar su geometría. Propiedades clave incluyen el ángulo inscrito, el teorema del ángulo central y el teorema de la cuerda.

2.7. La elipse.

Es una sección cónica que se forma cuando un plano corta un cono en un ángulo específico. Se caracteriza por sus dos ejes y puede describirse mediante ecuaciones canónicas o paramétricas. Las elipses tienen aplicaciones desde la astronomía hasta la tecnología.

2.8. El cuadrado.

Es un polígono con cuatro lados iguales y ángulos de 90°. Su área y perímetro son fáciles de calcular, y las propiedades de sus diagonales son bien conocidas. El cuadrado tiene una simetría significativa y es un caso especial de varios otros polígonos como el rectángulo y el rombo.

2.9. El cuadrilátero.

Son figuras de cuatro lados que incluyen muchas formas como rectángulos, rombos y trapecios. Las propiedades incluyen cálculos de área y perímetro, y la relación entre las diagonales y la simetría de la figura.

2.10. El triángulo.

El triángulo, un polígono de tres lados, tiene propiedades fundamentales en geometría como la suma de ángulos internos siempre igual a 180 grados y diversas formas de calcular el área y el perímetro. Los teoremas incluyen el de Pitágoras y las leyes de senos y cosenos.

2.11. Vectores y escalares.

Los vectores son entidades matemáticas con magnitud y dirección, mientras que los escalares son simplemente magnitudes sin dirección. El paralelismo en geometría se refiere a líneas o planos que nunca se intersectan, mientras que la ortogonalidad implica ángulos rectos. Estos conceptos son fundamentales en el álgebra lineal y tienen muchas aplicaciones en la física y la ingeniería.[19]

2.12. Las proyecciones.

Las proyecciones son transformaciones de puntos en un espacio de mayor dimensión a un espacio de menor dimensión, conservando ciertas propiedades mientras omiten otras. Las proyecciones ortogonales son un caso especial en matemáticas y computación gráfica.

2.13. Las formas vectoriales en cálculo.

En cálculo y geometría analítica, las formas vectoriales están en campos vectoriales y funciones vectoriales, que son herramientas poderosas para describir y analizar fenómenos en múltiples dimensiones. Un campo vectorial asigna un vector a cada punto de una región del espacio, ofreciendo una forma de representar. Una función vectorial de una variable asocia vectores con valores escalares a lo largo de un dominio, usualmente representando curvas en el espacio.

2.15 Problemas y sus Soluciones

Se tienen los siguientes problemas y soluciones:

1. ¿Qué matemático es conocido por desarrollar la base de la Geometría Analítica en el siglo XVII?

A) Isaac Newton.
B) Albert Einstein.
C) René Descartes.
D) Euclides.
E) Carl Friedrich Gauss.
F) Leonardo da Vinci.

2. ¿Qué representa el punto $(0, 0)$ en un sistema de coordenadas cartesianas?

A) Un vector.
B) El origen.
C) Una pendiente.
D) Una integral.
E) Una derivada.
F) Un plano.

3. ¿Qué término describe el método de usar ecuaciones algebraicas para estudiar propiedades geométricas?

A) Cálculo diferencial.
B) Análisis matemático.
C) Álgebra lineal.
D) Geometría analítica.
E) Topología.
F) Estadística.

4. ¿Cuál es una aplicación importante de la geometría analítica en cálculo?

A) Escritura de pruebas.
B) Creación de diagramas.
C) Interpretación geométrica de límites, derivadas e integrales.
D) Recopilación de datos.
E) Programación de computadoras.
F) Construcción de teoremas.

5. ¿Qué sistema utiliza el par ordenado (x, y) para describir la posición de puntos en un plano?

A) Coordenadas polares.
B) Coordenadas cilíndricas.
C) Coordenadas cartesianas.
D) Coordenadas esféricas.
E) Sistema métrico.
F) Coordenadas GPS.

6. ¿Qué figura geométrica se define como un conjunto de puntos que se extiende infinitamente en dos direcciones?

A) Segmento de línea.
B) Rayo.
C) Curva.
D) Recta.
E) Círculo.
F) Elipse.

7. ¿Cuál es una de las interpretaciones de una derivada en términos geométricos?

A) Área bajo una curva.
B) Volumen de un sólido.
C) Pendiente de la tangente a la curva.
D) Longitud de una curva.
E) Radio de una esfera.
F) Altura de un objeto.

8. ¿Qué término describe la representación gráfica de funciones matemáticas usando un sistema de coordenadas?

A) Traslación.
B) Rotación.
C) Escalado.
D) Reflexión.
E) Representaciones gráficas.
F) Transformación lineal.

9. ¿Cuál de las siguientes es una propiedad fundamental estudiada en geometría analítica?

A) Isomorfismo.
B) Continuidad.
C) Homeomorfismo.
D) Lugares geométricos.
E) Normalización.
F) Simetría axial.

10. Cuál es la distancia entre dos puntos en el plano: Dados los puntos $P_1(1,2)$ y $P_2(4,6)$, calculemos la distancia entre ellos.

11. Calcular la pendiente de una línea entre dos puntos: Dados $P_1(2,3)$ y $P_2(5,\ 11)$, calculemos la pendiente.

12. Cuál es la ecuación de la recta dados dos puntos: Para los puntos $P_1(1,3)$ y $P_2(5,\ 12)$, encuentra la ecuación de la recta.

13. Obtén la mitad del punto de un segmento de línea: Con $P_1(0,0)$ y $P_2(8,\ 6)$, encuentra el punto medio.

14. Determinar si tres puntos son colineales: Con puntos $A(1,2)$, $B(2,4)$, y $C(4,6)$, verifica si son colineales.

15. Encontrar la intersección de dos líneas: Para las líneas $y = 2x + 3$ y $y = -x + 6$, halla su punto de intersección.

16. Calcular la longitud de un vector: Para el vector $\tilde{v} = (3,4)$, calcula su longitud.

17. Rotar un punto alrededor del origen: Rota el punto $(3,4)$, 90 grados en sentido antihorario.

18. Obtén la ecuación del círculo dado su centro y un punto en la circunferencia: Con centro $C(2,2)$ y punto en la circunferencia

$P(5,5)$.

19. Encontrar la ecuación de la elipse dados sus focos y la suma de las distancias

a los focos: Focos $\mathbf{F_1(1,1)}$ y $\mathbf{F_2(4,1)}$, suma de distancias 10.

20. Encuentra si dos vectores son perpendiculares: Vectores $\tilde{u} = (1, 2$ y $\tilde{v} = (-4, 2)$.

21. Calcular la ecuación del plano que pasa por tres puntos: Puntos $\mathbf{P_1(1,1,1)}$, $\mathbf{P_2(2,3,4)}$, y $\mathbf{P_3(0,-1,2)}$.

2.16 Problemas

Se tienen los siguientes problemas:

1. ¿Qué objeto geométrico es el resultado de la rotación de una recta alrededor de un eje en el espacio tridimensional?

A) Cilindro.
B) Cono.
C) Esfera.
D) Cubo.
E) Tetraedro.
F) Paralelepípedo.

2. ¿Qué representan las coordenadas polares en la geometría analítica?

A) Una serie de puntos en un plano complejo.
B) Una transformación lineal.
C) Una división de un círculo en grados o radianes.
D) La posición de un punto en relación a un ángulo y una distancia desde el origen.
E) Una matriz de transformación.
F) La topología de un objeto.

3. ¿Cómo se llama la técnica utilizada para encontrar el área bajo una curva?

A) Diferenciación.
B) Integración.
C) Limitación.
D) Optimización.
E) Normalización.
F) Interpolación.

4. ¿Qué estructura matemática se utiliza para representar espacios y formas en más de tres dimensiones?

A) Gráficos de dispersión.
B) Espacios vectoriales.
C) Campos tensoriales.
D) Matrices de transformación.
E) Algoritmos de clasificación.
F) Diagramas de Venn.

5. ¿Cuál es el propósito de las transformaciones geométricas como traslaciones y rotaciones?

A) Calcular derivadas.
B) Resolver ecuaciones diferenciales.
C) Cambiar la ubicación u orientación de figuras sin alterar su forma o tamaño.
D) Convertir coordenadas cartesianas a polares.
E) Simplificar ecuaciones algebraicas.
F) Incrementar el tamaño de los objetos geométricos.

6. ¿Qué es un lugar geométrico en el contexto de la geometría analítica?

A) Un conjunto de todas las posiciones que cumple una propiedad específica.
B) Un área definida por un conjunto de puntos.
C) Una línea recta en un espacio tridimensional.
D) Un método para calcular áreas.
E) Una curva definida por una ecuación polinómica.
F) Una herramienta para medir distancias.

7. ¿Qué se obtiene al calcular la derivada de la función de posición respecto al tiempo?

A) Aceleración.
B) Velocidad.
C) Fuerza.
D) Impulso.
E) Energía.
F) Potencia.

8. ¿Cuál de las siguientes es una ecuación general de una parábola en el plano

xy?

A) $y = ax^2 + bx + c$.
B) $y = mx + b$.
C) $ax^2 + by^2 + c = 0$.
D) $x^2 + y^2 = r$.
E) $y = ax + b$.
F) $x^2 = 4py$.

9. ¿Qué representa el vector normal en la ecuación de un plano?

A) La dirección de menor inclinación del plano.
B) La pendiente de la recta tangente al plano.
C) Un vector perpendicular a todas las direcciones en el plano.
D) La intersección de dos planos.
E) La distancia desde el origen al plano.
F) El área del plano.

10. ¿Qué método se utiliza para encontrar la intersección de dos planos en el espacio tridimensional?

A) Eliminación de Gauss.
B) Multiplicación de matrices.
C) Factorización LU.
D) Integración numérica.
E) Descomposición QR.
F) Análisis de componentes principales.

11. Encontrar el ángulo entre dos vectores: Dados los vectores $\tilde{u} = (3, 4)$ y $\tilde{v} = (1, 2)$, calcula el ángulo entre ellos.

12. Hallar el centro y el radio de un círculo dado por tres puntos: Puntos $A(1, 7)$, $B(4, 8)$, y $C(6, 3)$.

13. Obtén la ecuación de una hipérbola dada su diferencia de distancias y los focos: Focos $F_1(-2, 0)$ y $F_2(2, 0)$, diferencia de distancias 6.

14. Verificar si un punto está dentro de un triángulo: Punto $P(2, 2)$ y triángulo formado por $A(0, 0)$, $B(4, 0)$, y $C(2, 3)$.

15. Determinar la intersección de una línea y un plano:

Línea L: $\tilde{r}(t) = (1, 2, 3) + t(1, 0, -1)$ y plano $2x - y + 2z + 4 = 0$.

16. Calcular la superficie de un triángulo en el espacio tridimensional: Puntos $P_1(1, 0, 0)$, $P_2(0, 1, 0)$, y $P_3(0, 0, 1)$.

17. Rotar un vector alrededor de un eje específico: Vector $\tilde{v} = (1, 0, 0)$ y rotar 45 grados alrededor del eje z.

18. Calcular el volumen de un tetraedro dado por cuatro puntos: Puntos $\mathbf{A(1,2,3)}$, $\mathbf{B(4,0,0)}$, $\mathbf{C(0,5,0)}$, **y** $\mathbf{D(0,0,6)}$.

19. Encontrar la normal de un plano dado tres puntos: Puntos $\mathbf{P_1(1,2,3)}$, $\mathbf{P_2(4,6,9)}$, $\mathbf{P_3(1,4,7)}$.

20. Proyectar un punto sobre un plano: Punto $\mathbf{P(1,2,3)}$ **y plano** $\mathbf{x+y+z=10}$.

Capítulo 3 Funciones de una variable

Objetivos

- Comprender el concepto de función como una relación entre dos conjuntos donde cada elemento del dominio tiene una única imagen.
- Identificar y clasificar los diferentes tipos de funciones (lineales, cuadráticas, polinómicas, racionales, exponenciales y logarítmicas).
- Analizar el dominio, rango e intersecciones de una función mediante razonamiento algebraico y gráfico.
- Representar funciones de una variable en el plano cartesiano e interpretar su comportamiento visualmente.
- Aplicar el concepto de límite para estudiar la continuidad y el comportamiento de las funciones en puntos críticos.
- Utilizar derivadas para determinar tasas de cambio, pendientes de tangentes y extremos de funciones.
- Resolver problemas prácticos que involucren optimización, crecimiento, decrecimiento y análisis de variación de funciones reales.

En el presente capítulo, se aborda el estudio comprehensivo de las funciones matemáticas de una variable. A partir de las funciones polinómicas clásicas hasta las estructuras más sofisticadas como las funciones trigonométricas y exponenciales, se examinarán diversas categorías funcionales, analizando sus propiedades características y empleando Python para la visualización gráfica, transformaciones algebraicas y resolución de casos aplicados. Esta metodología integradora no únicamente consolida la comprensión conceptual de las funciones matemáticas, sino que evidencia la versatilidad computacional de Python como instrumento analítico en cálculo.[10]

Buena Práctica

¿Por qué estudiar funciones de una variable con Python? Estudiarlas con Python permite graficar y explorar comportamientos, analizar dominio y rango, identificar continuidad, y experimentar con transformaciones. Además, automatizas cálculos, reduces errores y fortaleces habilidades útiles para modelado y ciencia de datos.

Una función se conceptualiza como un conjunto de pares ordenados (x, y) donde cada par presenta un primer componente único. Esta caracterización implica la imposibilidad de coexistencia de dos pares con valores idénticos en el primer componente, garantizando así una correspondencia biunívoca entre los valores de x e y en la relación funcional. Matemáticamente, una función constituye una relación específica entre un conjunto de entradas, denominado dominio, y un conjunto de salidas, conocido como recorrido. Cada elemento del dominio se vincula con exactamente un elemento en el recorrido, estableciendo una asociación determinística.

3.1 Definiciones en funciones

3.1.1 Dominio y recorrido

En el marco conceptual de las funciones, el dominio constituye el conjunto de valores para los cuales la función se encuentra definida, representados por los primeros componentes de los pares ordenados y denotado simbólicamente como D_1.[13] Complementariamente, el codominio comprende el conjunto de valores posibles para los segundos componentes de dichos pares, representado como C_1. Resulta pertinente destacar que, en terminología matemática, el codominio puede denominarse alternativamente como imagen, rango o recorrido de la función, enfatizando su papel en la caracterización de la relación entre los elementos del dominio y sus correspondientes imágenes bajo la transformación funcional. Consideremos el siguiente caso ilustrativo:

$f : \{(a,\ x),\ (b,y),\ (c,z),\ (d,w),\ (e,v),\ (f,u),(g,t),\ (h,s)\}$ es la Función.

$D_1 : \{a,b,\ c,\ d,e,\ f,g,\ h\}$ es el Dominio.

$C_1 : \{x,y,\ z,\ w,v,\ u,t,\ s\}$ es el Co-Dominio.

Los dominios reales de definición de una función real de variable real corresponden a los conjuntos de valores admisibles para la variable independiente x, que garantizan que la función permanezca bien definida y matemáticamente válida. Para establecer el dominio real de una función, resulta esencial evitar que la variable independiente x se encuentre sujeta a condiciones que pudieran invalidar la definición funcional. Estas restricciones comprenden situaciones tales como [18]:

- La división por cero $(1/0)$, expresión indefinida en el sistema matemático real.
- Representaciones radicales como $\sqrt[2n]{-a}$, correspondientes a raíces pares de números negativos, que generan valores imaginarios. Para validez en funciones reales, a debe satisfacer $a > 0$.
- Logaritmos de argumentos no positivos, $\log(-a)$ o $\log(0)$, que carecen de definición en el conjunto de números reales.[12]

En consecuencia, cualquier valor de x que no se encuentre sujeto a las restricciones anteriormente mencionadas constituye parte del dominio funcional.

Ejemplo: $f(x) = \sqrt{x+5}$

La variable x se encuentra bajo el radical cuadrático; para que la función permanezca definida, el radicando debe satisfacer la condición $x + 5 \geq 0$. Por consiguiente, el dominio de esta función corresponde a: $D_f : x \in [-5, \infty[$.

Ejemplo: $g(x) = \frac{1}{x-2}$

La función carece de definición cuando el denominador se anula; en consecuencia, debe excluirse $x = 2$ del dominio. El dominio de esta función se establece como $D_g : x \in (-\infty, 2) \cup (2, \infty)$.

Ejemplo: $h(x) = \log(x^2 + 1)$

El logaritmo carece de definición para argumentos no positivos; por consiguiente, debe satisfacerse $x^2 + 1 > 0$. Dado que $x^2 + 1$ resulta invariablemente positivo para todo x real, el dominio corresponde a $D_h : x \in \mathbb{R}$.

Ejemplo: $m(x) = \frac{\sqrt{x}}{x-4}$

En este caso, deben evitarse tanto la división por cero como la extracción de raíces cuadradas de números negativos. Se requiere $x \neq 4$ para prevenir la división por cero y $x \geq 0$ para garantizar la realidad del radical. En consecuencia, el dominio se establece como $D_m : x \in [0, 4[\cup]4, \infty[$.

Ejemplo: $r(x) = \frac{1}{\sqrt{9-x}}$

Análogamente al ejemplo precedente, deben evitarse la división por cero y la radicación de números negativos. Se requiere $9 - x > 0$, lo cual establece $x < 9$. Adicionalmente, debe excluirse $x = 9$ para prevenir la indeterminación. Por tanto, el dominio corresponde a $D_r : x \in (-\infty, 9)$. La implementación computacional para el análisis se presenta a continuación:

In [1]:

```python
# Ejercicio 1
import sympy as sp
import warnings
warnings.filterwarnings("ignore")

# Ejemplo 1: f(x) = Sqrt(x+5)
x = sp.Symbol('x')
f_x = sp.sqrt(x + 5)
domain_f = sp.solve_univariate_inequality(x + 5 >= 0, x)
print("Ejemplo: f(x) = Sqrt(x+5)")
print(f"La función está definida para x que pertenece a {domain_f}")

# Ejemplo 2: g(x) = 1/(x-2)
g_x = 1 / (x - 2)
domain_g = sp.Interval(-sp.oo, 2, True, True) + sp.Interval(2, sp.oo,
    True, True)
print("\nEjemplo: g(x) = 1/(x-2)")
print(f"La función está definida para x que pertenece a {domain_g}")

```

```python
# Ejemplo 3: h(x) = Log(x^2 + 1)
h_x = sp.log(x**2 + 1)
domain_h = sp.Interval(-sp.oo, sp.oo)
print("\nEjemplo: h(x) = Log(x^2 + 1)")
print(f"La función está definida para x que pertenece a {domain_h}")

# Ejemplo 4: m(x) = Sqrt[x/(x-4)]
m_x = sp.sqrt(x) / (x - 4)
domain_m = sp.Interval(0, 4, True, True) + sp.Interval(4, sp.oo, True,
        True)
print("\nEjemplo: m(x) = Sqrt[x/(x-4)]")
print(f"La función está definida para x que pertenece a {domain_m}")

# Ejemplo 5: n(x) = 1/Sqrt(9-x)
n_x = 1 / sp.sqrt(9 - x)
domain_n = sp.Interval.open(-sp.oo, 9)
print("\nEjemplo: n(x) = 1/Sqrt(9-x)")
print(f"La función está definida para x que pertenece a {domain_n}")
```

Out [1]:

```
Ejemplo: f(x) = Sqrt(x+5)
La funcion esta definida para x que pertenece a (-5 <= x) & (x
     < oo)

Ejemplo: g(x) = 1/(x-2)
La funcion esta definida para x que pertenece a Union(Interval
    .open(-oo, 2), Interval.open(2, oo))

Ejemplo: h(x) = Log(x^2 + 1)
La funcion esta definida para x que pertenece a Interval(-oo,
    oo)

Ejemplo: m(x) = Sqrt[x/(x-4)]
La funcion esta definida para x que pertenece a Union(Interval
    .open(0, 4), Interval.open(4, oo))

Ejemplo: n(x) = 1/Sqrt(9-x)
La funcion esta definida para x que pertenece a Interval.open
    (-oo, 9)
```

Los codominios reales de una función real de variable real, correspondientes al segundo componente del par ordenado, determinan el rango de valores admisibles sobre el eje y. Para establecer los codominios reales de una función, resulta esencial garantizar que los segundos componentes del par ordenado (x, y) no se vean afectados por expresiones indefinidas o matemáticamente indeterminadas,[1] tales como:

- $\frac{1}{0}$ que representa la división por cero, expresión carente de definición matemática.
- Representaciones radicales como $\sqrt[2n]{-a}$, correspondientes a raíces pares de números negativos que generan valores imaginarios, donde a debe satisfacer $a > 0$ para mantener la realidad funcional.
- Logaritmos de argumentos no positivos, $\log(-a)$ o $\log(0)$, que carecen de definición en el conjunto de números reales.

Por tanto, todo valor que no esté afectado por las anteriores situaciones, pertenecerá al co-dominio (C_f) de una función. Como el análisis se hace sobre la variable y; se debe despejar la variable x. Note que las mismas situaciones que se deben evitar en el cálculo de dominios, también se debe evitar en el cálculo de con-dominios. Por lo tanto, cualquier valor de y que no esté afectado por las situaciones anteriores pertenecerá al co-dominio (C_f) de una función. Dado que el análisis se realiza sobre la variable y, es necesario despejar previamente la variable x.

Ejemplo:

$f(x) = 5x - 6$ Al despejar x, obtenemos:

$x = \frac{y+6}{5}$ Consecuentemente, y no presenta restricción alguna, pudiendo asumir cualquier valor real. Por tanto, $C_f : \forall y \in \mathbb{R}$

Se presentan diversos ejemplos ilustrativos:

Ejemplo: $g(x) = x^2$

Al despejar x se obtiene: $x = \sqrt{y}$

Considerando que la raíz cuadrada de un número real es invariablemente real y no presenta restricciones adicionales, el codominio resulta: $C_g : \forall y \geq 0$.

Ejemplo: $h(x) = \frac{1}{x}$

Al despejar x se obtiene: $x = \frac{1}{y}$.

Es imperativo evitar la división por cero, estableciendo $y \neq 0$. Además, dado que la función representa la reciprocidad de x, todos los valores reales exceptuando el cero resultan válidos. Consecuentemente, el codominio es: $C_h : \mathbb{R} - \{0\}$.

Ejemplo: $m(x) = \log(x + 2)$

Al despejar x se obtiene: $x = e^y - 2$.

Es necesario garantizar que el argumento del logaritmo sea estrictamente positivo,

[1] Baldor J.A. (1998). "Geometría Plana del Espacio: Con una Introducción a la Trigonometría". México DF, México. Publicaciones Cultural. Decima Quinta Reimpresión.

estableciendo $e^y - 2 > 0$. Al resolver esta desigualdad se determina que $y > \ln(2)$. Por tanto, el codominio resulta: $C_m : (\ln(2), \infty)$.

Ejemplo: $n(x) = \sqrt{x-1}$

Al despejar x se obtiene: $x = y^2 + 1$.

En este caso, para garantizar la realidad de la raíz cuadrada, se requiere $y^2 + 1 \geq 0$, condición que se satisface invariablemente. Consecuentemente, el codominio es: $C_n : y \in \mathbb{R}$

Ejemplo: $p(x) = \frac{1}{\sqrt{4-x}}$

Al despejar x se obtiene: $x = 4 - \frac{1}{y^2}$.

Análogamente al ejemplo precedente, el denominador de la fracción no puede anularse, estableciendo $y^2 \neq 0$, condición que se cumple universalmente. Adicionalmente, el argumento bajo la raíz cuadrada debe ser estrictamente positivo para mantener la realidad funcional: $4 - \frac{1}{y^2} > 0$. Al resolver esta desigualdad se determina $y^2 < \frac{1}{4}$, equivalente a $-\frac{1}{2} < y < \frac{1}{2}$. Por tanto, el codominio resulta: $C_p : \left(-\frac{1}{2}, \frac{1}{2}\right)$. Ahora en código:

In [2]:

```
# Ejercicio 2
import sympy as sp

# Ejemplo: g(x)=x^2
# Despejamos x para obtener: x = Sqrt(y)
# Dado que la raíz cuadrada de un número real siempre es real y no hay
    otras restricciones, el codominio es C_f :para todo y >= 0.
print("\nDespeje de x para el Ejemplo: g(x)=x^2")
y = sp.Symbol('y')
x_g = sp.sqrt(y)
codomain_g = sp.Interval(0, sp.oo)
print(f"C_f: {codomain_g}")

# Ejemplo: H(x)=1/x
# Despejamos x para obtener: x = 1/y .
# Aquí debemos evitar la división por cero, por lo que y diferente de
    0. Además, como la función representa la inversa de x, todos los
    valores reales excepto cero son válidos.
# Por lo tanto, el co-dominio es: C_f : R-{0}.
print("\nDespeje de x para el Ejemplo: H(x)=1/x")
x_h = 1 / y
codomain_h = sp.Union(sp.Interval.open(-sp.oo, 0), sp.Interval.open(0,
    sp.oo))
print(f"C_f: {codomain_h}")

# Ejemplo: M(x)=Log(x+2)
```

```
# Despejamos x para obtener: x = e^y - 2.
# En este caso, debemos asegurarnos de que el argumento del logaritmo sea mayor que cero, por lo que e^y - 2 > 0. Resolviendo esta desigualdad, encontramos que y > ln(2).
# Por lo tanto, el codominio es C_f : (ln(2),infinito).
print("\nDespeje de x para el Ejemplo: M(x)=Log(x+2)")
x_m = sp.exp(y) - 2
codomain_m = sp.Interval.open(sp.log(2), sp.oo)
print(f"C_f: {codomain_m}")

# Ejemplo: N(x)=Sqrt(x-1)
# Despejamos x para obtener: x = y^2 + 1.
# Aquí, para que la raíz cuadrada sea real, necesitamos que y^2 + 1 >= 0, lo cual siempre se cumple. Por lo tanto, el codominio es C_f : R.
print("\nDespeje de x para el Ejemplo: N(x)=Sqrt(x-1)")
x_n = y**2 + 1
codomain_n = sp.Interval(-sp.oo, sp.oo)
print(f"C_f: {codomain_n}")

# Ejemplo: P(x)=1/Sqrt((4-x) )
# Despejamos x para obtener: x = 4 - 1/y^2 .
# Similar al ejemplo anterior, el denominador de la fracción no puede ser cero, por lo que y^2 != 0, lo cual siempre se cumple.
# Además, el argumento del denominador de la fracción debe ser mayor que cero para que la raíz cuadrada sea real, es decir, 4 - 1/y^2 > 0.
# Resolviendo esta desigualdad, encontramos que y^2 < 1/4, lo cual se traduce en -1/2 < y < 1/2.
print("\nDespeje de x para el Ejemplo: P(x)=1/Sqrt((4-x))")
x_p = 4 - 1 / y**2
codomain_p = sp.Interval.open(-1/2, 1/2)
print(f"C_f: {codomain_p}")
```

Out [2]:

```
Despeje de x para el Ejemplo: g(x)=x^2
C_f: Interval(0, oo)

Despeje de x para el Ejemplo: H(x)=1/x
C_f: Union(Interval.open(-oo, 0), Interval.open(0, oo))

Despeje de x para el Ejemplo: M(x)=Log(x+2)
C_f: Interval.open(log(2), oo)

Despeje de x para el Ejemplo: N(x)=Sqrt(x-1)
C_f: Interval(-oo, oo)
```

```
Despeje de x para el Ejemplo: P(x)=1/Sqrt((4-x))
C_f: Interval.open(-0.500000000000000, 0.500000000000000)
```

Es fundamental recordar que el dominio de una función constituye el conjunto de todos los valores para los cuales la función se encuentra definida. Resulta esencial comprender qué valores de entrada son válidos para evitar divisiones por cero, raíces cuadradas de números negativos y otras indeterminaciones matemáticas. El recorrido o codominio de una función representa el conjunto de todos los valores que la función puede adoptar como imagen.

3.1.2 Función real de variable real

Cuando el dominio de una función comprende la totalidad del conjunto de números reales $\mathbb{R}$ y el codominio resulta igualmente $\mathbb{R}$, se establece una función real de variable real. Esta configuración implica que la función establece una correspondencia biunívoca entre cada número real del dominio hacia otro número real del codominio. Tales funciones revisten particular importancia en diversos ámbitos de las matemáticas y las ciencias, puesto que modelan una extensa gama de fenómenos físicos, económicos y sociales. Su estudio y comprensión posibilitan el análisis y la predicción de comportamientos y relaciones en el ámbito real con precisión y rigor matemático.[2]

Particularmente en el estudio de las funciones reales de variable real, se confronta un extenso conjunto de pares ordenados que representan la relación entre las variables involucradas. La complejidad y magnitud de estos conjuntos frecuentemente hacen más conveniente expresar la función mediante una regla de correspondencia definida, en lugar de enumerar cada par ordenado individualmente. Al adoptar esta perspectiva, la función se constituye en una expresión que asigna a cada valor de la variable independiente, denotada por x, un valor correspondiente de la variable dependiente, representada por y. En el contexto de un par ordenado (x, y), x constituye el primer componente y refiere a la variable independiente, mientras que el segundo componente y se asocia con la variable dependiente. Esta distinción entre la variable independiente y la variable dependiente resulta esencial para comprender el comportamiento y la naturaleza de la función. La variable independiente, representada por x, es aquella cuyos valores se seleccionan libremente y actúan como entrada en la función, constituyendo también los valores proporcionados en un conjunto de datos recopilados, mientras que la variable dependiente, representada por y, es el resultado correspondiente de la función en respuesta a la selección de x. Esta relación funcional entre ambas variables posibilita modelar una extensa variedad de fenómenos mediante análisis de datos.

Considerando la regla de correspondencia y los pares ordenados, una función $y = f(x)$ establece una relación entre una variable independiente x y una variable dependiente y, donde para cada valor de x se asigna un único valor de y según una regla de correspondencia específica. Por ejemplo, considérese la función $y = 2x-1$. Al asignar valores arbitrarios a la variable independiente x, se obtienen valores correspondientes para y, lo que permite representar la función en un sistema de coordenadas. Examínense algunos pares de valores para x e y:

Tabla 3.1: *Valores de* $y = 2x - 1$

x	$y = 2x - 1$
-2	-5
-1	-3
0	-1

Estos pares de valores representan puntos en el plano cartesiano que pertenecen a la representación gráfica de la función. La función real de variable real $y = f(x)$ puede expresarse como un conjunto de pares ordenados $\{(x, y)\}$, donde cada par ordenado representa una relación específica entre x e y.[14]

Entonces, para nuestra función $y = 2x - 1$, el conjunto de pares ordenados sería:

$$f : \{\ldots,\ (-2,\ -5),\ (-1,\ -3),\ (0,\ -1),\ (1,\ 1),\ (2,\ 3),\ (3,\ 5),\ \ldots\}$$

Obsérvese que la función posee infinitos pares ordenados, de los cuales se indican únicamente algunos. A continuación el código correspondiente:

In [3]:

```
# Ejercicio 3
import matplotlib.pyplot as plt
import pandas as pd

# Definir los pares ordenados (x, y)
x_vals = [-2, -1, 0, 1, 2, 3]
y_vals = [2*x - 1 for x in x_vals]
pares_ordenados = {'x': x_vals, 'y': y_vals}

# Crear el DataFrame para mostrar los pares ordenados
df = pd.DataFrame(pares_ordenados)

# Mostrar la tabla de resultados y relaciones(dominio-codominio)
print("\nTabla de Resultados:")
print(df)
```

Out [3]:

```
Tabla de Resultados:
   x  y
0 -2 -5
1 -1 -3
2  0 -1
3  1  1
4  2  3
5  3  5
```

El primer conjunto de primeros componentes constituye el dominio de la función D_f, el cual contiene todos los números reales. El segundo conjunto o conjunto de segundos componentes representa el codominio de la función C_f, conteniendo igualmente todos los números reales. Por tanto, la función es de reales en reales, denotándose como $\mathbb{R} \to \mathbb{R}$. Ejemplo de determinación de algunos pares y representación mediante diagramas de Venn de las funciones.

$$y = f(x) = \frac{6}{x-3}$$

Tabla 3.2: *Valores de y en función de x*

x	y
-4	-0.85714286
-3	-1
-2	-1.2
-1	-1.5
0	-2
1	-3
2	-6
3	∞
4	6

Al asignar valores arbitrarios a x se obtienen los correspondientes valores de y. Se observa que para $x = 3$ no existe valor alguno, siendo inválida la división por cero. Para que la función exista, debe excluirse el valor 3 de su dominio, por lo que la función no resulta de $\mathbb{R} \to \mathbb{R}$. A continuación el código correspondiente:

In [4]:

```
# Ejercicio 4
import matplotlib.pyplot as plt
import pandas as pd
import numpy as np

# Definir los valores de x excluyendo el valor problemático x = 3
x_values = [-2, -1, 0, 1, 2, 3]

# Definir la función
def f(x):
    if x == 3:
        return float('inf') # Si x = 3, retorna infinito
    else:
        return 6 / (x - 3)

# Calcular los valores correspondientes de y
y_values = [f(x) for x in x_values]

# Reemplazar infinito por una cadena "inf"
y_values = [str(y) if y == float('inf') else y for y in y_values]

# Definir los pares ordenados (x, y)
pares_ordenados = {'x': x_values, 'y': y_values}

# Crear el DataFrame para mostrar los pares ordenados
df = pd.DataFrame(pares_ordenados)

# Mostrar la tabla de resultados
print("\nTabla de Resultados:")
print(df)
```

Out [4]:

```
Tabla de Resultados:
   x    y
0 -2 -1.2
1 -1 -1.5
2  0 -2.0
3  1 -3.0
4  2 -6.0
5  3  inf
```

Otro ejemplo: $y = f(x) = \pm\sqrt{x}$

Tabla 3.3: Valores de y en función de x

x	y
-4	
-3	
-2	
-1	
0	0
1	± 1
2	$\pm 1{,}41421356$
3	$\pm 1{,}73205081$
4	± 2

Esto indica que no constituye una función, puesto que existen pares con el mismo primer componente. Adicionalmente, obsérvese que para valores negativos de x no existe segundo componente. Expresiones como la indicada no son funciones, sino simplemente relaciones. A continuación el código correspondiente:

In [5]:

```
# Ejercicio 5
import pandas as pd
import numpy as np

# Definir los valores de x
x_values = [-4, -3, -2, -1, 0, 1, 2, 3, 4]

# Calcular los valores correspondientes de y
y_values = [np.sqrt(abs(x)) if x >= 0 else np.nan for x in x_values]

# Definir los pares ordenados (x, y)
pares_ordenados = {'x': x_values, 'y': y_values}

# Crear el DataFrame para mostrar los pares ordenados
df = pd.DataFrame(pares_ordenados)

# Mostrar la tabla de resultados
print("\nTabla de Resultados:")
print(df)
```

Out [5]:

```
Tabla de Resultados:
   x        y
0 -4      NaN
1 -3      NaN
2 -2      NaN
3 -1      NaN
4  0  0.000000
5  1  1.000000
6  2  1.414214
7  3  1.732051
8  4  2.000000
```

Al analizar esquemas o conjuntos de pares ordenados para determinar si representan una función, resulta fundamental examinar la relación entre los elementos del dominio y del codominio. A continuación se presenta una ampliación y desarrollo de los casos posibles:

a) En este caso, el esquema representa una función válida. Todos los elementos del dominio se relacionan con al menos un elemento del codominio. Cada elemento del dominio posee una correspondencia única en el codominio, satisfaciendo la definición de función.

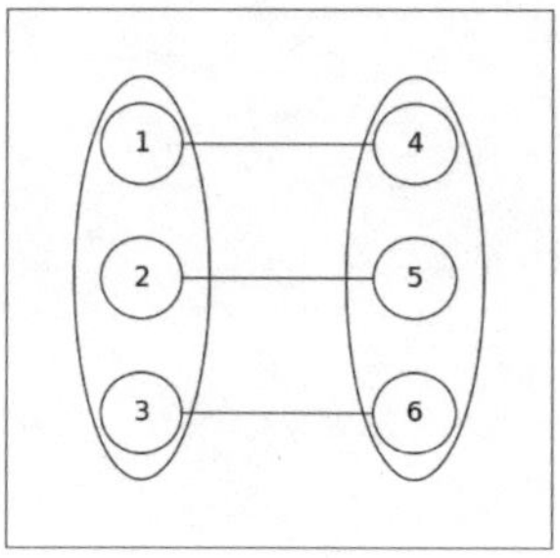

b) En esta situación, el esquema igualmente representa una función. Aunque dos elementos del dominio puedan relacionarse con un único elemento del codominio, continúa siendo una función válida. Esto puede acontecer en funciones donde existen elementos repetidos en el dominio que se asignan al mismo elemento del codominio.

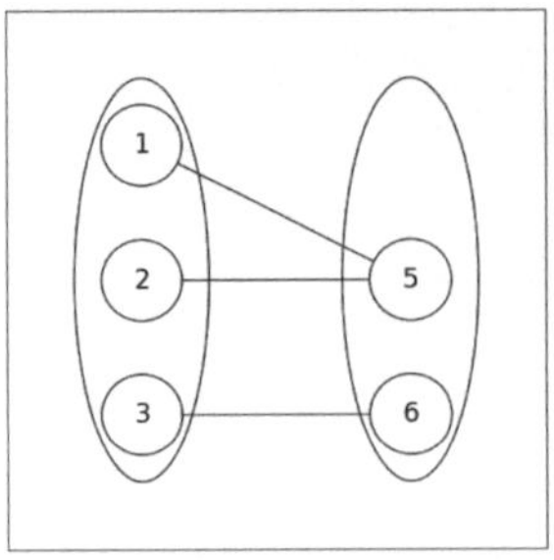

c) Si un elemento del codominio no se relaciona con elemento alguno del dominio, el esquema continúa representando una función. Pueden existir elementos en el codominio que carezcan de asignación específica en el dominio, situación aceptable en funciones.

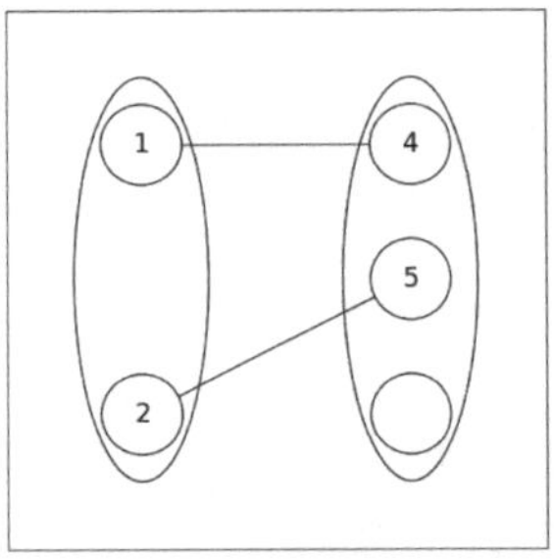

d) Cuando un elemento del dominio se relaciona con dos elementos diferentes del codominio, el esquema no representa una función válida. La definición de función requiere que cada elemento del dominio posea una correspondencia única en el codominio. Consecuentemente, la repetición de un elemento del dominio indica una violación de esta regla y determina que el esquema no constituya una función.

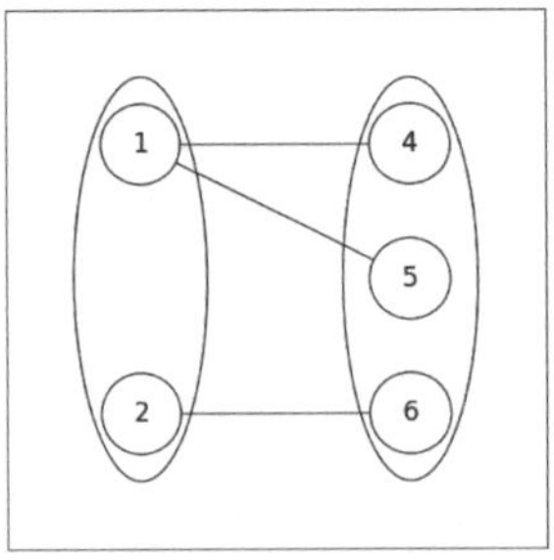

e) Si el dominio incluye elementos que no se relacionan con elemento alguno del codominio, el esquema no representa una función. Todos los elementos del dominio deben poseer una asignación en el codominio para que el esquema sea considerado una función.

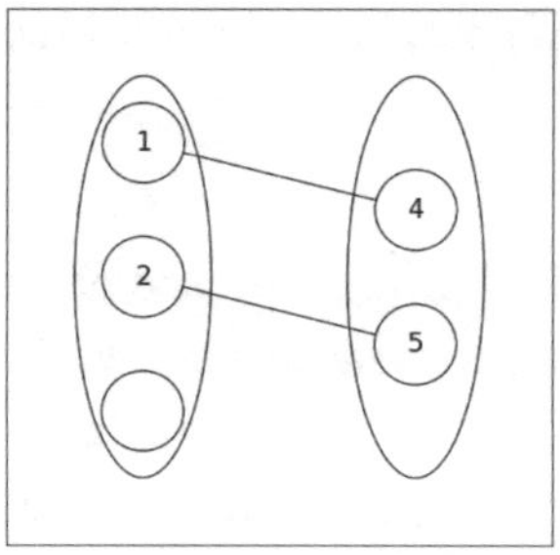

f) En este caso existen dos razones por las cuales el esquema no representa una función. Primero, si un elemento del dominio se relaciona con dos elementos diferentes del codominio, viola la condición de que cada elemento del dominio posea una correspondencia única. Adicionalmente, si existen elementos en el dominio que no se asocian con elemento alguno del codominio, igualmente se viola la definición de función. Ambas condiciones determinan que el esquema no constituya una función.

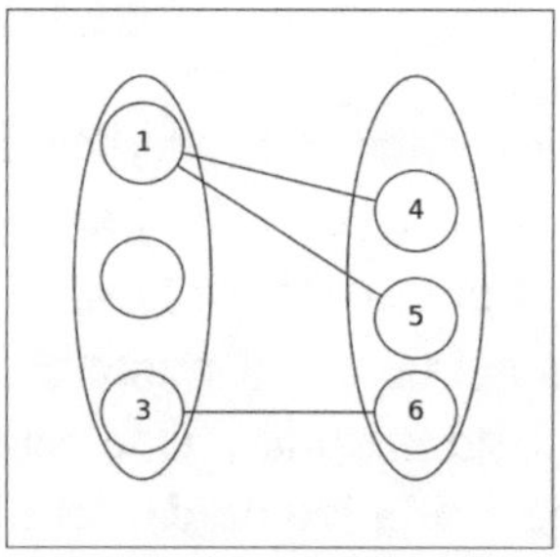

Un ejemplo de la realidad cotidiana permite recordar técnicamente lo anterior. Supóngase un baile que desempeña el papel de función, relacionando el conjunto de señoritas (dominio) con el de jóvenes (codominio); los pares ordenados constituyen entonces parejas de baile, donde implícitamente se aceptan jóvenes que bailen con dos damas, mas no damas que bailen con dos caballeros. Procédase entonces al análisis de los esquemas:

a) Resulta admisible: una señorita con un joven, un joven con una señorita, ninguna señorita o joven permanecen sin pareja (constituye función).
b) Admisible, aunque un joven se relacione con dos señoritas (constituye función).
c) Resulta admisible que un joven permanezca sin pareja de baile (constituye función).
d) No es admisible, puesto que no se acepta que una señorita se relacione con dos jóvenes al bailar (no constituye función).
e) No resulta admisible; una señorita no aceptaría permanecer sin pareja (no constituye función).
f) No es admisible, dado que no es correcto que mientras una señorita está

doblemente relacionada al bailar, otra permanezca sin pareja (no constituye función).

Las coordenadas cartesianas son fundamentales para la representación gráfica de funciones y su comportamiento. Estas coordenadas usan un sistema de coordenadas rectangulares, constituido por dos rectas numéricas perpendiculares entre sí: el eje horizontal, conocido como eje de abscisas (x), y el eje vertical, llamado eje de ordenadas (y). La intersección de estos dos ejes se denomina origen de coordenadas $(0, 0)$, el punto de referencia para el sistema. En este sistema, cada punto del plano se asocia de manera única y bidireccional con un par de números reales, denotados como $(x,\ y)$. Este par ordenado indica la posición del punto con respecto a los dos ejes: x corresponde a la distancia horizontal desde el origen, mientras que y representa la distancia vertical. Conforme a la convención, el eje de abscisas se asocia siempre con el componente horizontal x y el eje de ordenadas con el componente vertical y. Esta estructura permite la fácil localización y el trazado preciso de puntos, facilitando así la visualización y el análisis de relaciones funcionales en el plano cartesiano.[1].

La posición de cualquier punto en el plano cartesiano se especifica mediante un par ordenado de números, denominado coordenadas cartesianas, y se representa simbólicamente como $P(x, y)$, donde "P" denota el punto, "x" es la abscisa y "y" la ordenada. La abscisa, x, es la distancia horizontal desde el punto P hasta el eje de ordenadas, también conocido como eje Y. Esta medida puede ser positiva o negativa, si el punto P se encuentra a la derecha o a la izquierda del origen de coordenadas, respectivamente. Por otro lado, la ordenada, y, es la distancia vertical desde el punto P hasta el eje de abscisas, o eje X, y al igual que la abscisa, puede ser positiva o negativa, dependiendo de si el punto está por encima o por debajo del origen. La ubicación precisa de un punto $P(x,\ y)$ se encuentra al trazar dos líneas imaginarias: una línea horizontal que se extiende desde P y se encuentra paralela al eje X hasta que intersecta al eje Y, y una línea vertical que se extiende desde P y se encuentra paralela al eje Y hasta que intersectan al eje X. El punto donde estas líneas imaginarias se cruzan con los ejes correspondientes, a las coordenadas cartesianas rectangulares del punto P. Este sistema de coordenadas, introducido por René Descartes, revolucionó las matemáticas al proporcionar un método sistemático y unificado para la localización precisa de puntos y la descripción de figuras geométricas y funciones matemáticas mediante ecuaciones algebraicas. Las coordenadas cartesianas también son la base para conceptos más avanzados en matemáticas, física e ingeniería, permitiendo la representación de curvas complejas, superficies y hasta fenómenos tridimensionales en un sistema bidimensional o tridimensional de ejes perpendiculares. Ahora graficaremos unos 8 puntos en el plano cartesiano que dependan de una función.

```
In [6]:
```

```
# Ejercicio 12
# Por ejemplo, usaremos la función lineal f(x) = 2x + 1
# Definimos la función
def f(x):
    return 2 * x + 1

# Generamos 8 valores de x equidistantes en el rango [-4, 4]
x_values = np.linspace(-4, 4, 8)

# Calculamos los valores de y correspondientes usando la función
    definida
y_values = f(x_values)

# Creamos una figura y un plano para graficar
fig, ax = plt.subplots(figsize=(6, 6))

# Graficamos los puntos
for x, y in zip(x_values, y_values):
    ax.plot(x, y, 'o', label=f'P({x:.1f},{y:.1f})')

# Graficamos también la función para referencia
x_func = np.linspace(-4, 4, 100)
y_func = f(x_func)
ax.plot(x_func, y_func, label='f(x) = 2x + 1', color='gray')

# Ajustamos las propiedades del gráfico
ax.axhline(y=0, color='k') # Eje X
ax.axvline(x=0, color='k') # Eje Y
ax.grid(True, which='both')
ax.set_xlim(-5, 5)
ax.set_ylim(-5, 15)

# Etiquetamos los ejes
ax.set_xlabel('Abscisa (x)')
ax.set_ylabel('Ordenada (y)')

# Añadimos una leyenda
ax.legend()
plt.show()
```

Out [6]:

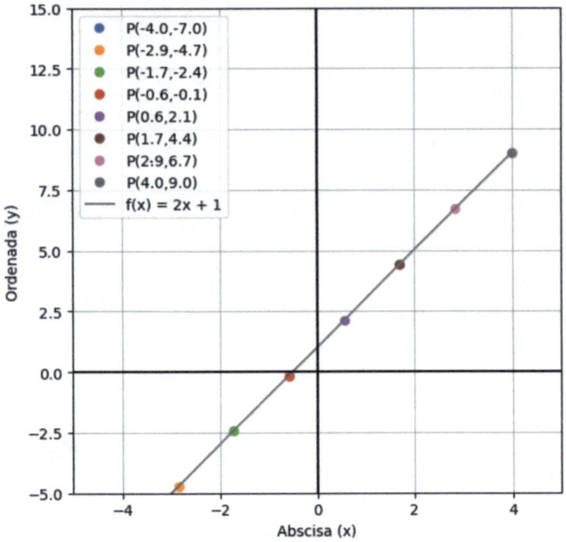

Se presentan otros ejemplos:

In [7]:

```python
# Ejercicio 13
import numpy as np
import matplotlib.pyplot as plt

# Redefinimos las funciones, incluyendo la corrección para la función logarítmica
funciones = {
    'f1': lambda x: x**2,                          # Función cuadrática
    'f2': lambda x: np.cos(x),                     # Función coseno
    'f3': lambda x: np.exp(x),                     # Función exponencial
    'f4': lambda x: np.where(x > 0, np.log(x), 0), # Función logarítmica con manejo de valores no positivos
    'f5': lambda x: 1 / (x**2 + 1),                # Función racional
    'f6': lambda x: np.abs(x),                     # Función valor absoluto
    'f7': lambda x: x**3,                          # Función cúbica
    'f8': lambda x: 2**x                           # Función exponencial base 2
}

# Creamos una figura grande para acomodar todas las gráficas
fig, axs = plt.subplots(4, 2, figsize=(15, 20))

# Generamos y graficamos los puntos para cada función
for ax, (nombre, funcion) in zip(axs.flatten(), funciones.items()):

    # Generamos 8 puntos para la función actual
    x_values = np.linspace(-2, 2, 8)
    y_values = funcion(x_values)

```

```
    # Graficamos los puntos
    ax.plot(x_values, y_values, 'o', label=f'Puntos de {nombre}')

    # Graficamos la función con una línea continua para mayor claridad
    x_func = np.linspace(min(x_values), max(x_values), 100)
    y_func = funcion(x_func)
    ax.plot(x_func, y_func, label=f'{nombre}(x)', color='gray')

    # Estilizamos el gráfico
    ax.axhline(y=0, color='k') # Eje X
    ax.axvline(x=0, color='k') # Eje Y
    ax.grid(True, which='both')
    ax.legend()

# Ajustamos el layout
plt.tight_layout()
plt.show()
```

Out [7]:

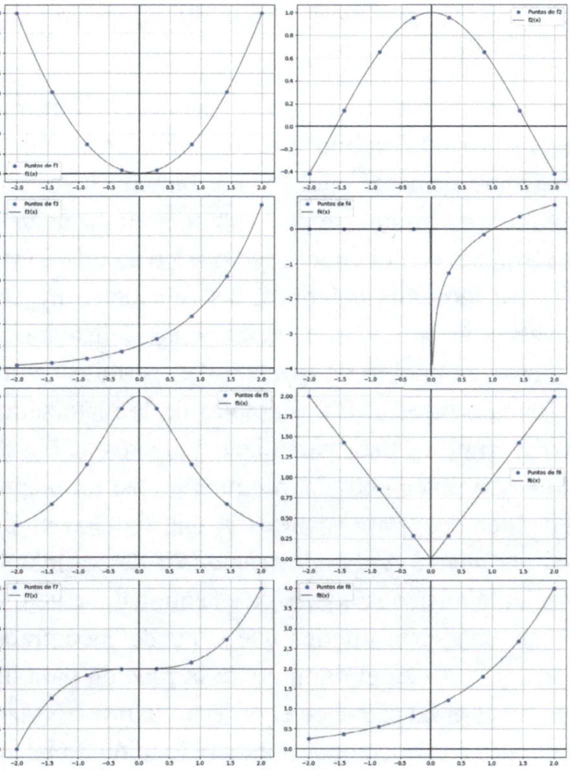

3.1.3 Tipos de funciones

Los "*tipos de funciones*" refieren a las características matemáticas que definen la manera en que una función establece correspondencias entre elementos de un conjunto de variables hacia otro conjunto de variables. Las funciones se clasifican en cinco tipos:

1) Función inyectiva.
2) Función sobreyectiva.
3) Función biyectiva.
4) Función inversa.
5) Función transformada.

Se examinarán cada una de ellas.

3.1.3.1 Función inyectiva

Las funciones inyectivas, también denominadas univalentes, constituyen un tipo especial de funciones con características singulares respecto a la correspondencia entre los elementos de sus conjuntos de dominio y codominio. En una función inyectiva, cada elemento del conjunto codominio se asocia con, como máximo, un elemento del conjunto dominio. Consecuentemente, si dos elementos distintos del dominio poseen imágenes distintas en el codominio. Simbólicamente, esto se expresa como $f(x_1) \neq f(x_2)$ si $x_1 \neq x_2$, significando que diferentes entradas producirán diferentes salidas.[2]

Visualmente, en un diagrama de Venn, esta relación se observa como una correspondencia biunívoca: a cada elemento del dominio le corresponde un elemento único del codominio. Resulta pertinente destacar que, en una función inyectiva, no todos los elementos del codominio necesariamente poseen una preimagen en el dominio. Es decir, pueden existir elementos en el codominio que no se relacionen con elemento alguno del dominio. En términos prácticos, las funciones inyectivas resultan fundamentales en diversas áreas de las ciencias y sus aplicaciones. Por ejemplo, en la teoría de conjuntos, la noción de inyectividad permite definir la biyectividad y el concepto de función inversa. En el ámbito de la matemática aplicada, las funciones inyectivas se emplean para garantizar que cada salida de un proceso o sistema corresponda a una única entrada, asegurando así un mapeo inequívoco entre los conjuntos involucrados. Para verificar si una función es inyectiva, frecuentemente se emplea el "*método del contraejemplo*": determinando dos entradas diferentes que produzcan la misma salida. Si tales entradas existen, la función no es inyectiva. Matemáticamente, esto implica que si puede encontrarse al menos un par de valores distintos x_1 y x_2 en el dominio de la función para los cuales $f(x_1) = f(x_2)$, entonces la función no satisface el criterio de inyectividad. Este enfoque resulta particularmente útil en situaciones donde la función no puede describirse fácilmente mediante una fórmula o cuando se trabaja con conjuntos infinitos o continuos.

[2] Chávez Reyes, Carmen & León Quintanar. (2007). "La Biblia de las Matemáticas". México D.F., México. Editorial Letrarte S.A.

Ejemplo: Función lineal inyectiva: Considérese la función lineal $f(x) = 2x$. Esta función es inyectiva puesto que para cada valor de x en el dominio existe un valor único de y en el codominio. Por ejemplo:

$$f(1) = 2 \times 1 = 2$$

$$f(2) = 2 \times 2 = 4$$

En este caso, $f(1) \neq f(2)$, condición que se satisface para cualquier par de números distintos. Si se intentara determinar dos valores diferentes de x que generen el mismo valor de y, tal búsqueda resultaría infructuosa. Por ejemplo, no existen dos números distintos x_1 y x_2 tales que $2x_1 = 2x_2$ salvo que $x_1 = x_2$.

Ejemplo: Función no inyectiva.

Contrariamente, considérese la función cuadrática $g(x) = x^2$. Esta función no es inyectiva dado que dos valores diferentes de x pueden producir el mismo valor de y. Por ejemplo:

$$g(-2) = (-2)^2 = 4$$

$$g(2) = 2^2 = 4$$

En este caso, $g(-2) = g(2)$, aun cuando $-2 \neq 2$. Esto viola la condición de una función inyectiva que requiere $g(x_1) = g(x_2)$ únicamente para $x_1 = x_2$. Estos ejemplos ilustran la manera de determinar si una función es inyectiva examinando si valores distintos en el dominio se corresponden con valores distintos en el codominio.

In [8]:

```
# Ejercicio 14
import numpy as np

# Función para verificar si una función es inyectiva
def es_inyectiva(func, rango):
    valores_vistos = set()
    for x in rango:
        y = func(x)
        if y in valores_vistos:
            return False # No es inyectiva si encontramos el mismo
                valor de y para diferentes x
        valores_vistos.add(y)
```

```
    return True

# Definición de la función lineal f(x) = 2x
def f(x):
    return 2 * x

# Definición de la función cuadrática g(x) = x^2
def g(x):
    return x**2

# Rango de prueba
rango_prueba = np.linspace(-10, 10, 1000)

# Verificar la inyectividad de f(x) = 2x
resultado_f = es_inyectiva(f, rango_prueba)

# Verificar la inyectividad de g(x) = x^2
resultado_g = es_inyectiva(g, rango_prueba)
print("La función f(x) = 2x es inyectiva:", resultado_f)
print("La función g(x) = x^2 es inyectiva:", resultado_g)
```

Out [8]:

```
La funcion f(x) = 2x es inyectiva: True
La funcion g(x) = x^2 es inyectiva: False
```

3.1.3.2 Función sobreyectiva

Las funciones sobreyectivas, también denominadas suryectivas, poseen una característica distintiva en su relación entre los conjuntos del dominio y el codominio. En una función sobreyectiva, cada elemento del codominio constituye la imagen de al menos un elemento del dominio. Esto significa que, para cada valor posible en el codominio, existe al menos un valor en el dominio que, al aplicársele la función, produce dicho valor en el codominio. En otras palabras, el codominio de la función se encuentra "*completamente cubierto*" por las imágenes de los elementos del dominio. Desde una perspectiva simbólica, una función $f : X \to Y$ es sobreyectiva si, para cada elemento y en el conjunto Y (codominio), existe al menos un elemento x en el conjunto X (dominio) tal que $f(x) = y$. Este concepto puede representarse mediante un diagrama de Venn, donde se observa que todos los elementos del codominio se asocian con, al menos, un elemento del dominio.[3] No obstante, cabe destacar que, en una función sobreyectiva, es posible que múltiples elementos del dominio se asocien con el mismo elemento del codominio. La sobreyectividad constituye un concepto fundamental en matemáticas, particularmente en el ámbito

[3]Haaser, N. La Salle, J. & Sullivan, J. (2000). "Análisis Matemático: Curso de Introducción Volumen 1". México DF., México. Octavo Edición.

del álgebra y el análisis. Las funciones sobreyectivas desempeñan un papel relevante en la comprensión de la estructura de los conjuntos y las relaciones entre ellos, especialmente al considerar transformaciones o mapeos de un conjunto hacia otro. Por ejemplo, considérese la función exponencial $f(x) = e^x$. Esta función no es sobreyectiva en los reales, puesto que no existe valor alguno de x que produzca que $f(x)$ sea negativo. No obstante, una función como $g(x) = x^2 - 2$ es sobreyectiva en los reales, ya que para cualquier número real y, siempre puede determinarse al menos un valor de x tal que $g(x) = y$.

Ejemplo: Función no sobreyectiva (Exponencial $f(x) = e^x$).

La función exponencial $f(x) = e^x$ no es sobreyectiva en los números reales, puesto que no existe valor alguno de x en los reales que produzca que $f(x)$ sea negativo. Por ejemplo:

$$f(0) = e^0 = 1$$

$$f(-1) = e^{-1} \approx 0{,}367$$

En ambos casos, los valores de $f(x)$ resultan positivos, lo que demuestra que la función exponencial no puede generar valores negativos y, consecuentemente, no cubre la totalidad de los números reales en su codominio. Si se considerara el codominio $(0, \infty)$, entonces la función sí resultaría sobreyectiva.

Ejemplo 2: Función no sobreyectiva $g(x) = x^2 - 2$.

La función cuadrática $g(x) = x^2 - 2$ no es sobreyectiva en los números reales. Para demostrarlo, considérense dos valores diferentes:

Para obtener $g(x) = 0$, se requiere determinar x tal que $x^2 - 2 = 0$. Al resolver se obtienen $x = \sqrt{2}$ y $x = -\sqrt{2}$.

Para obtener $g(x) = -3$, se requiere determinar x tal que $x^2 - 2 = -3$. Al resolver se obtienen $x = \sqrt{-1}$ y $x = -\sqrt{-1}$.

En estos ejemplos, para dos valores diferentes en el codominio (0 y -3), siempre puede determinarse al menos un valor en el dominio que, al aplicársele la función $g(x)$, produce dichos valores. Esto demuestra que la función cuadrática $g(x) = x^2 - 2$ no es sobreyectiva en los números reales.

In [9]:

```
# Ejercicio 15
import numpy as np
```

```python

# Función para verificar si una función es suryectiva en un rango
    específico
def es_sobreyectiva(func, dominio, codominio):
    for y in codominio:
        if not any([np.isclose(func(x), y) for x in dominio]):
            return False # No es suryectiva si no encontramos un x que
                mapee a y
    return True

# Función exponencial f(x) = e^x
def f(x):
    return np.exp(x)

# Función cuadrática g(x) = x^2 - 2
def g(x):
    return x**2 - 2

# Rangos para las pruebas
dominio_f = np.linspace(-10, 10, 1000)
codominio_f = np.linspace(0, np.exp(10), 1000)
dominio_g = np.linspace(-10, 10, 1000)
codominio_g = np.linspace(-2, 98, 1000)

# Verificar la suryectividad de f(x) = e^x
resultado_f = es_sobreyectiva(f, dominio_f, codominio_f)

# Verificar la suryectividad de g(x) = x^2 - 2
resultado_g = es_sobreyectiva(g, dominio_g, codominio_g)
print("La función f(x) = e^x es suryectiva:", resultado_f)
print("La función g(x) = x^2 - 2 es suryectiva:", resultado_g)
```

Out [9]:

```
La funcion f(x) = e^x es suryectiva: False
La funcion g(x) = x^2 - 2 es suryectiva: False
```

3.1.3.3 Función biyectiva

Las funciones biyectivas son simultáneamente inyectivas y sobreyectivas. A continuación se presentan tres ejemplos numéricos de funciones biyectivas:

Ejemplo: Función identidad: La función identidad $f(x) = x$ constituye un ejemplo clásico de función biyectiva cuando el dominio y el codominio son el conjunto de los números reales. Esta función establece correspondencia entre cada elemento del dominio consigo mismo en el codominio.

Ejemplo: Función lineal no horizontal: Una función lineal no horizontal $f(x) = mx + b$, donde $m \neq 0$, es biyectiva en los números reales. Por ejemplo, la función

$f(x) = 2x + 3$ es biyectiva.

Ejemplo: Función exponencial con base mayor que 1: La función exponencial $f(x) = a^x$, con $a > 1$, es biyectiva en los números reales si su codominio es $(0, \infty)$.

El código correspondiente:

In [10]:

```
# Ejercicio 16
import numpy as np

def es_inyectiva(func, rango):
    valores_vistos = set()
    for x in rango:
        y = func(x)
        if y in valores_vistos:
            return False
        valores_vistos.add(y)
    return True
def es_sobreyectiva(func, dominio, codominio):
    for y in codominio:
        if not any([np.isclose(func(x), y) for x in dominio]):
            return False
    return True

# Funciones de ejemplo
def identidad(x):
    return x

def linea_no_horizontal(x):
    return 2*x + 3

def exponencial(x):
    return 2**x

# Rangos para las pruebas
rango_prueba = np.linspace(-10, 10, 1000)
codominio_lineal = np.linspace(-17, 23, 1000) # Codominio ajustado para la función lineal
codominio_exponencial = np.linspace(0.0001, 2**10, 1000) # Codominio ajustado para la función exponencial

# Verificación de biyectividad
print("Identidad es biyectiva:", es_inyectiva(identidad, rango_prueba) and es_sobreyectiva(identidad, rango_prueba, rango_prueba))
print("Lineal no horizontal es biyectiva:", es_inyectiva(linea_no_horizontal, rango_prueba) and es_sobreyectiva(linea_no_horizontal, rango_prueba, codominio_lineal))
print("Exponencial es biyectiva:", es_inyectiva(exponencial,
```

```
rango_prueba) and es_sobreyectiva(exponencial, rango_prueba,
codominio_exponencial))
```

Out [10]:

```
Identidad es biyectiva: True
Lineal no horizontal es biyectiva: True
Exponencial es biyectiva: False
```

3.1.3.4 Función inversa

La función inversa de una función matemática $f(x)$ desempeña un papel esencial en diversos campos de la matemática y sus aplicaciones. Si se posee una función f que asocia elementos de un conjunto X (dominio) con elementos de un conjunto Y (codominio), y esta función es inyectiva, es decir, cada elemento de Y se asocia con un único elemento de X, entonces existe una función inversa f^{-1}. Esta función inversa, $f^{-1}(y)$, toma elementos de Y y los asocia de vuelta con elementos de X. El conjunto de pares ordenados para $f^{-1}(y)$ se representa como (y, x), constituyendo una inversión de los pares ordenados (x, y) de la función original f. Esto significa que si $f(x) = y$, entonces $f^{-1}(y) = x$

Para determinar la función inversa de una función real de variable real, el procedimiento habitual consiste en intercambiar las variables x e y, y posteriormente despejar y. Este despeje proporciona la expresión de f^{-1}. Por ejemplo, si se tiene $f(x) = 2x + 3$, para encontrar f^{-1}, primero se escribe $y = 2x + 3$, luego se intercambian x e y para obtener $x = 2y + 3$ y finalmente se despeja y para obtener la función inversa. Resulta importante señalar que no todas las funciones poseen una función inversa. Para que una función tenga inversa, debe ser tanto inyectiva (unívoca) como sobreyectiva (su imagen debe cubrir todo el codominio). En términos prácticos, esto significa que, para cada salida de la función, existe exactamente una entrada correspondiente, lo que permite un "retroceso" claro y preciso del proceso representado por la función. Las funciones inversas constituyen herramientas fundamentales en matemáticas. Se emplean, por ejemplo, para resolver ecuaciones, en la integración, y en aplicaciones prácticas como la decodificación de señales en telecomunicaciones o en el procesamiento de imágenes. Comprender y aplicar funciones inversas posibilita una comprensión más profunda de las relaciones matemáticas y sus aplicaciones en el ámbito real. Utilizando el enfoque de intercambiar variables y despejar para obtener la expresión de la función inversa:

Ejemplo: Función lineal.

La función $f(x) = 2x + 3$.

Para determinar su función inversa, se intercambian x e y para obtener

$x = 2y + 3$.

Se despeja y para obtener $y = \frac{x-3}{2}$.

Así, $f^{-1}(x) = \frac{x-3}{2}$.

Ejemplo: Función exponencial.

Sea la función $g(x) = e^x$.

Para determinar su función inversa, se escribe $y = e^x$.

Se intercambian x e y para obtener $x = e^y$.

Se despeja y para obtener $y = \ln(x)$.

Entonces, $g^{-1}(x) = \ln(x)$.

Ejemplo: Función cuadrática (restringida).

Sea la función $h(x) = x^2$, restringida al dominio $x \geq 0$ para que sea biyectiva.

Para determinar su función inversa, se escribe $y = x^2$.

Se intercambian x e y para obtener $x = y^2$.

Se despeja y para obtener $y = \pm\sqrt{x}$.

Entonces, $h^{-1}(x) = \pm\sqrt{x}$.

Estos ejemplos ilustran la manera de determinar la función inversa de diferentes tipos de funciones, siempre que sean biyectivas. Cabe recordar que en el caso de funciones no biyectivas (como la función cuadrática general), debe restringirse el dominio para hacerlas biyectivas antes de buscar su inversa. A continuación el código correspondiente.

In [11]:

```
# Ejercicio 17
import numpy as np

# Definición de las funciones
def f(x):
    return 2*x + 3
def f_inversa(x):
    return (x - 3) / 2
def g(x):
    return np.exp(x)
def g_inversa(x):
```

```
        return np.log(x)
    def h(x):
        return x**2
    def h_inversa(x):
        return np.sqrt(x)

    # Función para verificar si la inversa es correcta
    def verificar_inversa(func, inversa, rango, nombre_funcion):
        for x in rango:
            if not np.isclose(func(inversa(x)), x) or not np.isclose(
                inversa(func(x)), x):
                print(f"La función {nombre_funcion} y su inversa NO pasan
                    la verificación.")
                return False
        print(f"La función {nombre_funcion} y su inversa pasan la
            verificación.")
        return True

    # Rango de prueba
    rango_prueba = np.linspace(-10, 10, 100)
    rango_g = np.linspace(0.1, 10, 100) # Ajustamos el rango para g y g^-1
    rango_h = rango_prueba[rango_prueba >= 0] # Restringimos a x >= 0 para
        h

    # Verificamos las funciones inversas
    print("Función f(x) = 2x + 3, f^-1(x) = (x - 3) / 2")
    verificar_inversa(f, f_inversa, rango_prueba, "f(x)")

    print("Función g(x) = e^x, g^-1(x) = ln(x)")
    verificar_inversa(g, g_inversa, rango_g, "g(x)")

    print("Función h(x) = x^2 (restringida a x >= 0), h^-1(x) = sqrt(x)")
    verificar_inversa(h, h_inversa, rango_h, "h(x)")
```

Out [11]:

```
Funcion f(x) = 2x + 3, f^-1(x) = (x - 3) / 2
La funcion f(x) y su inversa pasan la verificacion.
Funcion g(x) = e^x, g^-1(x) = ln(x)
La funcion g(x) y su inversa pasan la verificacion.
Funcion h(x) = x^2 (restringida a x >= 0), h^-1(x) = sqrt(x)
La funcion h(x) y su inversa pasan la verificacion.
```

```
True
```

3.1.3.5 Función transformada

Frecuentemente se refiere a una "*transformación*" o "*reparametrización*" de la función. Si se posee una función $f(x)$ y se efectúa un cambio de variable empleando una nueva variable, por ejemplo, el uso de u, la función transformada se expresará en términos de u en lugar de x. Para describir esto, primero debe definirse la relación entre x y u. Por ejemplo, puede tenerse una relación como $x = g(u)$, donde $g(u)$ es una función que describe la manera en que se relacionan x y u.[13]

Posteriormente, la función original $f(x)$ transformada por el cambio de variable se expresaría como $f(g(u))$. Esto significa que se sustituye x en $f(x)$ con $g(u)$. Así, podría establecerse: La función $f(g(u))$ constituye la transformación de $f(x)$ mediante el cambio de variable definido por $x = g(u)$. De esta manera, la "*transformación de cambio de variable*" involucra reemplazar la variable original con una nueva variable a través de una función que relaciona ambas variables.

Ejemplo: Función lineal con cambio de variable.

Función original: $f(x) = 2x + 1$.

Cambio de variable: $x = g(u) = u^2$. Aquí, u constituye la nueva variable y x se define en términos de u.

Función transformada: $f(g(u)) = 2u^2 + 1$.

Ejemplo: Función exponencial con cambio de variable.

Función original: $f(x) = e^x$.

Cambio de variable: $x = g(u) = \ln(u)$.

Función transformada: $f(g(u)) = e^{\ln(u)} = u$.

Ejemplo: Función trigonométrica con cambio de variable.

Función original: $f(x) = \sin(x)$.

Cambio de variable: $x = g(u) = \pi u$. Esto podría representar una transformación de escala.

Función transformada: $f(g(u)) = \sin(\pi u)$.

3.1.4 Clases de funciones

Se entiende por "*clases de funciones*" aquellas categorías definidas por características comunes en sus reglas de correspondencia o comportamiento funcional, que pueden generalizar un conjunto de funciones dentro de una familia mayor de funciones similares. Entre estas se encuentran[7]:

1) **Funciones constantes:** Constituyen funciones donde el valor de salida permanece invariable e igual a una constante, independientemente del valor de entrada. Por ejemplo, $f(x) = c$, donde c representa una constante.

2) **Funciones polinómicas:** Comprenden funciones que son sumas de términos con variables elevadas a potencias de enteros no negativos. Por ejemplo, $f(x) = ax^2 + bx + c$ es un polinomio de segundo grado o cuadrático.
3) **Funciones modulares:** Refieren a funciones que involucran los residuos producto de una función. Por ejemplo, la función invariante de Klein, o la función residuo de una división.
4) **Funciones sigmoidales:** Son funciones con forma característica en "S". Un ejemplo clásico es la función logística, $f(x) = 1 + e^{-x}$, que resulta útil en campos como la estadística y el aprendizaje automático.
5) **Funciones racionales:** Constituyen funciones que pueden expresarse como el cociente de dos polinomios. Por ejemplo, $f(x) = 1/x$.
6) **Funciones exponenciales:** Poseen la forma $f(x) = a^x$, donde la base a es una constante. Estas funciones crecen o decaen a un ritmo proporcional a su valor actual.
7) **Funciones logarítmicas:** Constituyen el inverso de las funciones exponenciales. Poseen la forma $f(x) = \log_a(x)$, donde a es la base.
8) **Funciones radicales:** Incluyen funciones que involucran raíces, como $f(x) = \sqrt{x}$.
9) **Funciones especiales:** Este término abarca una amplia gama de funciones que poseen importancia particular en diferentes campos de las matemáticas, como las funciones Bessel, Gamma y Beta.
10) **Funciones trigonométricas:** Incluyen funciones como seno, coseno y tangente, que resultan fundamentales en la trigonometría. Asocian los ángulos de un triángulo con las longitudes de sus lados. Como $f(x) = \cos(x)$.
11) **Funciones geométricas:** Pueden referirse a funciones que describen relaciones geométricas, como la distancia entre dos puntos o el área de una figura. Por ejemplo, la función $d(P, Q) = \sqrt{(x_2 - x_1)^2 + (y_2 - y_1)^2}$.
12) **Funciones específicas:** Este término puede referirse a funciones que se definen para necesidades específicas en diferentes campos o contextos. Por ejemplo, la función Z de Riemann.
13) **Funciones mixtas:** En el ámbito real, la mayoría de los fenómenos naturales y sociales se rigen bajo normas y fundamentos de funciones mixtas, es decir, donde coexisten funciones lineales, polinómicas, exponenciales, logarítmicas, etc., operando simultáneamente en n dimensiones. No obstante, este constituye un tema que cada estudiante, profesional y docente debe estudiar utilizando los conceptos aquí presentados.

3.2 Operaciones entre funciones

3.2.1 Operaciones aritméticas entre funciones

Las operaciones entre funciones reales de variable real constituyen un tema central en álgebra y análisis matemático. Estas operaciones se definen y realizan dentro del marco de los dominios comunes de las funciones involucradas, es decir, sobre la intersección de sus respectivos dominios. Este enfoque garantiza que las operaciones sean válidas para todos los valores de entrada considerados. Al operar con funciones, resulta fundamental considerar el dominio sobre el que cada función se encuentra definida para evitar incongruencias o indeterminaciones. Consecuentemente, dadas las funciones $f(x)$ y $g(x)$, donde se asume que poseen dominios idénticos, se tiene:

$$\begin{aligned}
\text{Operación de suma:} \quad & (f+g)(x) = f(x) + g(x) \\
\text{Operación de resta:} \quad & (f-g)(x) = f(x) - g(x) \\
\text{Operación de multiplicación:} \quad & (f \cdot g)(x) = f(x) \cdot g(x) \\
\text{Operación de división:} \quad & (f/g)(x) = \frac{f(x)}{g(x)}, \text{ siempre que } g(x) \neq 0
\end{aligned}$$

Por ejemplo, se tiene: Considérense dos funciones $f(x)$ y $g(x)$, donde $f(x) = x^2$ y $g(x) = x + 1$. Se procederá a realizar operaciones con estas funciones y examinar los resultados para algunos valores específicos de x, a saber: 1, 2, 3 y 4.

Suma:

$$(f+g)(x) = f(x) + g(x)$$

Para $x = 1$, se obtiene $(f+g)(1) = f(1) + g(1) = 1^2 + (1+1) = 1 + 2 = 3$

Resta:

$$(f-g)(x) = f(x) - g(x)$$

Para $x = 1$, se obtiene $(f-g)(1) = f(1) - g(1) = 1^2 - (1+1) = 1 - 2 = -1$

Multiplicación:

$$(f \cdot g)(x) = f(x) \cdot g(x)$$

Para $x = 1$, se obtiene $(f \cdot g)(1) = f(1) \cdot g(1) = 1^2 \cdot (1+1) = 1 \cdot 2 = 2$

División:

$$(f/g)(x) = f(x)/g(x)$$

Asegurándose de que $g(x) \neq 0$,

Para $x = 1$, se obtiene $(f/g)(1) = f(1)/g(1) = 1^2/(1+1) = 1/2$

Ahora, ejemplos en código, contemplando mayor cantidad de datos:

In [12]:

```
# Ejercicio 18
import numpy as np

# Definición de las funciones
def f(x):
    return x**2 # Función cuadrática
def g(x):
    return x + 1 # Función lineal

# Rango de prueba
x_values = np.array([1, 2, 3, 4])

# Realizando las operaciones
suma = f(x_values) + g(x_values)        # (f+g)(x)
resta = f(x_values) - g(x_values)       # (f-g)(x)
multiplicacion = f(x_values) * g(x_values) # (f*g)(x)
division = f(x_values) / g(x_values)  # (f/g)(x), asumiendo g(x) != 0

# Imprimir los resultados
print("Suma (f+g)(x):", suma)
print("Resta (f-g)(x):", resta)
print("Multiplicación (f*g)(x):", multiplicacion)
print("División (f/g)(x):", division)
```

Out [12]:

```
Suma (f+g)(x): [ 3 7 13 21]
Resta (f-g)(x): [-1 1 5 11]
Multiplicacion (f*g)(x): [ 2 12 36 80]
Division (f/g)(x): [0.5     1.33333333 2.25     3.2       ]
```

3.2.2 Composición entre funciones

La composición de funciones constituye una operación fundamental en matemáticas, particularmente en álgebra y cálculo. Esta operación consiste en aplicar una función a los resultados de otra, creando así una nueva función que encapsula ambas operaciones. Matemáticamente, si se poseen dos funciones $f(x)$ y $g(x)$, la composición de f y g, denotada como $(f \circ g)(x)$, se define como $f(g(x))$. En esta operación, $g(x)$ se aplica primero y el resultado se utiliza como entrada para f. Debe comprenderse que la composición de funciones no siempre es conmutativa; es decir, $(f \circ g)(x)$ no siempre resulta igual a $(g \circ f)(x)$. La igualdad únicamente se presenta bajo ciertas condiciones especiales y no puede asumirse de manera general. La composición requiere que el rango de $g(x)$ se encuentre dentro del dominio de $f(x)$ para que la operación esté bien definida. Así, se establece que:

$$(f \circ g)(x) = f(g(x))$$

Únicamente en casos especiales, pero muy específicos, se cumple que $(f \circ g)(x) = (g \circ f)(x)$, situación que será examinada posteriormente. A continuación se presentan ejemplos sobre composición de funciones:

Ejemplo: Composición lineal-cuadrática:

Sea $f(x) = x + 1$ y $g(x) = x^2$, entonces $(f \circ g)(x) = f(g(x)) = (x^2) + 1$.

Ejemplo: Composición exponencial-logarítmica:

Sea $f(x) = e^x$ y $g(x) = \ln(x)$, entonces $(f \circ g)(x) = e^{\ln(x)} = x$, asumiendo $x > 0$.

Ejemplo: Composición trigonométrica:

Sea $f(x) = \sin(x)$ y $g(x) = \cos(x)$, entonces $(f \circ g)(x) = \sin(\cos(x))$.

El código correspondiente:

In [13]:

```
# Ejercicio 19
import numpy as np
import matplotlib.pyplot as plt

# Definición de las funciones y sus composiciones
def f_lineal(x):
    return x + 1
def g_cuadratica(x):
    return x**2
def composicion_lineal_cuadratica(x):
    return f_lineal(g_cuadratica(x))
def f_exp(x):
    return np.exp(x)
def g_log(x):
    return np.log(x)
def composicion_exp_log(x):
    return f_exp(g_log(x))
```

```
def f_seno(x):
    return np.sin(x)
def g_coseno(x):
    return np.cos(x)
def composicion_trigonometrica(x):
    return f_seno(g_coseno(x))

# Rangos para graficar
x_lineal_cuadratica = np.linspace(-10, 10, 400)
x_exp_log = np.linspace(0.1, 10, 400) # Para evitar valores negativos y cero en el logaritmo
x_trigonometrica = np.linspace(-10, 10, 400)

# Gráficas
plt.figure(figsize=(12, 8))

# Composición Lineal-Cuadrática
plt.subplot(3, 1, 1)
plt.plot(x_lineal_cuadratica, f_lineal(x_lineal_cuadratica), label="f(x) = x + 1")
plt.plot(x_lineal_cuadratica, g_cuadratica(x_lineal_cuadratica), label="g(x) = x^2")
plt.plot(x_lineal_cuadratica, composicion_lineal_cuadratica(x_lineal_cuadratica), label="Composición f(g(x))", linestyle='dashed')
plt.title("Composición Lineal-Cuadrática")
plt.legend()

# Composición Exponencial-Logarítmica
plt.subplot(3, 1, 2)
plt.plot(x_exp_log, f_exp(x_exp_log), label="f(x) = e^x")
plt.plot(x_exp_log, g_log(x_exp_log), label="g(x) = ln(x)")
plt.plot(x_exp_log, composicion_exp_log(x_exp_log), label="Composición f(g(x))", linestyle='dashed')
plt.title("Composición Exponencial-Logarítmica")
plt.legend()

# Composición Trigonométrica
plt.subplot(3, 1, 3)
plt.plot(x_trigonometrica, f_seno(x_trigonometrica), label="f(x) = sin(x)")
plt.plot(x_trigonometrica, g_coseno(x_trigonometrica), label="g(x) = cos(x)")
plt.plot(x_trigonometrica, composicion_trigonometrica(x_trigonometrica), label="Composición f(g(x))", linestyle='dashed')
plt.title("Composición Trigonométrica")
plt.legend()
plt.tight_layout()
plt.show()
```

Out [13]:

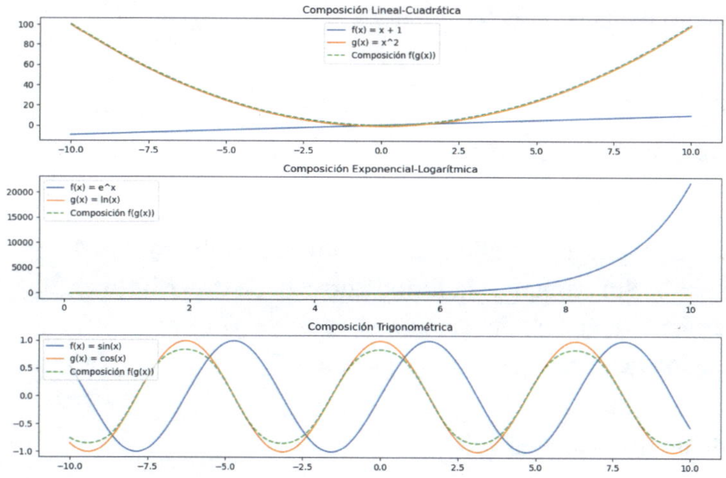

3.2.3 Desplazamientos y reflexiones

En esta sección se explorarán las transformaciones de funciones, enfocándose en desplazamientos y reflexiones. Los desplazamientos de funciones involucran trasladar la representación gráfica de una función hacia la izquierda, la derecha, arriba o abajo. Mientras que las reflexiones de funciones implican invertir la representación gráfica de una función respecto a un eje. Se establece entonces que los desplazamientos comprenden cuatro tipos:

Desplazamiento hacia la derecha: Si se posee la función $y = f(x)$, entonces $y = f(x - c)$ desplaza la representación gráfica de la función c unidades hacia la derecha.

Desplazamiento hacia la izquierda: Para desplazar la función c unidades hacia la izquierda, utilizamos $y = f(x + c)$.

Desplazamiento hacia arriba y abajo: Si sumamos una constante c al lado derecho de la función, se produce un desplazamiento hacia arriba; si restamos c, se produce un desplazamiento hacia abajo. Esto se representa como $y = f(x) + c$ o $y = f(x) - c$, respectivamente.

Mientras que los reflejos son solo de dos tipos:

Reflejo sobre el eje x: Para reflejar la función sobre el eje x, utilizamos $y = -f(x)$, donde el signo negativo se aplica a toda la función $f(x)$.

Reflejo sobre el eje y: Para reflejar la función sobre el eje y, utilizamos $y = f(-x)$, donde el signo negativo se aplica al argumento x.

Estas generalizaciones se aplican a cualquier función $f(x)$ y cualquier constante c. Ahora ejemplos sobre desplazamientos y reflejos de funciones:

Ejemplo: Desplazamiento hacia la derecha.

Función original: $f(x) = x^2$

Desplazamiento: 2 unidades a la derecha.

Para $x = 1$: $f(1-2) = (-1)^2 = 1$

La gráfica de x^2 se desplaza de modo que el punto que estaba en $x = 1$ ahora está en $x = 3$. Sin embargo, la forma correcta de describirlo es que el desplazamiento a la derecha cambia el valor de $f(x)$ en $x - 2$. Entonces, la función desplazada sería $f(x) = (x-2)^2$.

Ejemplo: Desplazamiento hacia arriba.

Función original: $f(x) = sin(x)$

Desplazamiento: 1 unidad hacia arriba.

Para $x = \frac{\pi}{2}$: $f\left(\frac{\pi}{2}\right) + 1 = 1 + 1 = 2$

La gráfica de $sin(x)$ se mueve una unidad hacia arriba en el eje y. La función desplazada sería $f(x) = sen(x) + 1$.

Ejemplo: Reflejo sobre el eje x.

Función original: $f(x) = Ln(x)$ (asumiendo $x > 0$)

Reflejo sobre el eje x

Para $x = e$ (el número de Euler): $-f(e) = -ln(e) = -1$

La gráfica de $Ln(x)$ se refleja sobre el eje x, invirtiendo sus valores en y. La función reflejada sería $f(x) = -\ln(x)$.

Ejemplo: Reflejo sobre el eje y:

Función original: $f(x) = e^x$

Reflejo sobre el eje y.

Para $x = 1$: $f(-1) = e^{-1} \approx 0{,}367$

La gráfica de e^x se refleja sobre el eje y, lo que significa que los valores que la función tomaba en x ahora se toman en $-x$. Ahora en código, solo para $f(x) = x^2$:

```
In [14]:
```

```
# Ejercicio 20
import numpy as np
import matplotlib.pyplot as plt

# Definición de la función original y sus transformaciones
def f_original(x):
    return x**2 # Ejemplo con una función cuadrática
def desplazamiento_derecha(x, c):
    return f_original(x - c) # Desplazamiento c unidades a la derecha
def desplazamiento_arriba(x, c):
    return f_original(x) + c # Desplazamiento c unidades arriba
def reflejo_eje_x(x):
    return -f_original(x) # Reflejo sobre el eje X
def reflejo_eje_y(x):
    return f_original(-x) # Reflejo sobre el eje Y

# Rango de prueba
x_values = np.linspace(-3, 3, 400)
c = 1 # Valor de desplazamiento y reflejo

# Gráficas de las transformaciones
plt.figure(figsize=(12, 8))

# Desplazamiento hacia la derecha
plt.subplot(2, 2, 1)
plt.plot(x_values, f_original(x_values), label="Original: f(x) = x^2")
plt.plot(x_values, desplazamiento_derecha(x_values, c), label="
    Desplazamiento Derecha", linestyle='dashed')
plt.title("Desplazamiento Derecha")
plt.legend()

# Desplazamiento hacia arriba
plt.subplot(2, 2, 2)
plt.plot(x_values, f_original(x_values), label="Original: f(x) = x^2")
plt.plot(x_values, desplazamiento_arriba(x_values, c), label="
    Desplazamiento Arriba", linestyle='dashed')
plt.title("Desplazamiento Arriba")
plt.legend()

# Reflejo sobre el eje X
plt.subplot(2, 2, 3)
plt.plot(x_values, f_original(x_values), label="Original: f(x) = x^2")
plt.plot(x_values, reflejo_eje_x(x_values), label="Reflejo Eje X",
    linestyle='dashed')
plt.title("Reflejo Eje X")
plt.legend()

# Reflejo sobre el eje Y
plt.subplot(2, 2, 4)
plt.plot(x_values, f_original(x_values), label="Original: f(x) = x^2")
plt.plot(x_values, reflejo_eje_y(x_values), label="Reflejo Eje Y",
```

```
         linestyle='dashed')
plt.title("Reflejo Eje Y")
plt.legend()
plt.tight_layout()
plt.show()
```

Out [14]:

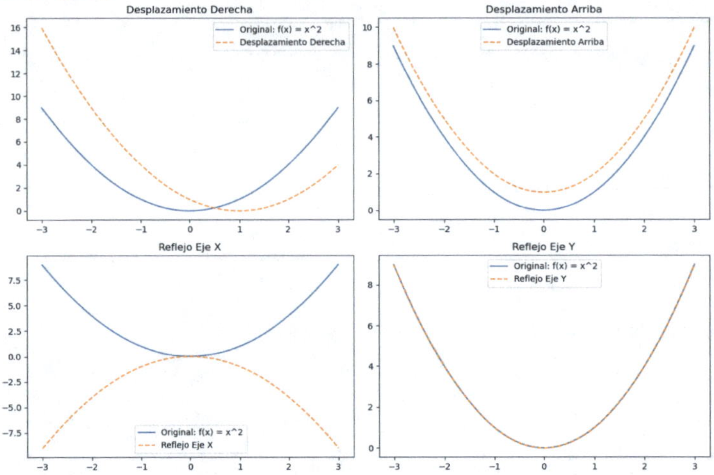

3.2.4 Estiramientos y contracciones

Diremos que un estiramiento de función implica modificar la amplitud de la función en una dirección específica. Por otro lado, una contracción de función implica reducir la amplitud de la función en una dirección específica. Podemos combinar estiramientos y contracciones para realizar transformaciones más complejas en una función. Entonces diremos que:

Estiramiento vertical: Para estirar verticalmente una función $f(x)$, multiplicamos la función por una constante a mayor que 1. Esto se representa como $y = af(x)$, donde $a > 1$. Si tenemos la función $f(x) = x^2$, entonces $2f(x) = 2x^2$ estira la gráfica de la parábola en la dirección vertical, aumentando su amplitud.

Contracción vertical: Para contraer de manera vertical cualquier función $f(x)$, multiplicamos la función por una constante $0 < a < 1$. Esto se representa como $y = af(x)$, donde $0 < a < 1$. Si consideramos la función $f(x) = x^2$, entonces $\frac{1}{2}f(x) = \frac{1}{2}x^2$ contrae la gráfica de la parábola en la dirección vertical, reduciendo su amplitud.

Estiramiento horizontal: Para estirar horizontalmente una función $f(x)$, multiplicamos el argumento x de la función por una constante b mayor que 1. Esto se representa como $y = f(bx)$, donde $b > 1$. Para la función $f(x) = sin(x)$, entonces $f(2x) = sin(2x)$ realiza un estiramiento horizontal de la gráfica de la función seno, ya que comprime la longitud de onda.

Contracción horizontal: Para contraer horizontalmente una función $f(x)$, multiplicamos el argumento x de la función por una constante $0 < b < 1$. Esto se representa como $y = f(bx)$, donde $0 < b < 1$. Por ejemplo, para la función $f(x) = cos(x)$, tendríamos $f(\frac{1}{2}x) = cos(\frac{1}{2}x)$ produce una contracción horizontal, ya que expande la longitud de onda.

También es posible realizar operaciones de estiramiento y contracción de manera simultánea. Ahora ejemplos sobre desplazamientos y reflejos de funciones:

Ejemplo: Estiramiento vertical de una función cuadrática.

Función original: $f(x) = x^2$

Estiramiento vertical por un factor de 2: $y = 2f(x) = 2x^2$

Ejemplo: Contracción vertical de una función cuadrática.

Función original: $f(x) = x^2$

Contracción vertical por un factor de 1/2: $y = \frac{1}{2}f(x) = \frac{1}{2}x^2$

Ejemplo: Estiramiento horizontal de una función seno.

Función original: $f(x) = sin(x)$

Estiramiento horizontal por un factor de 0.5: $y = f\left(\frac{x}{0{,}5}\right) = sin(2x)$

Ejemplo: Contracción horizontal de una función coseno.

Función original: $f(x) = cos(x)$

Contracción horizontal por un factor de 2: $y = f(2x) = cos(2x)$

Ahora en código:

In [15]:

```
# Ejercicio 21
import numpy as np
import matplotlib.pyplot as plt

# Definición de la función original y sus transformaciones
```

```
def f_cuadratica(x):
    return x**2
def estiramiento_vertical(x, a):
    return a * f_cuadratica(x)
def contraccion_vertical(x, a):
    return a * f_cuadratica(x)
def f_seno(x):
    return np.sin(x)
def estiramiento_horizontal(x, b):
    return f_seno(b * x)
def f_coseno(x):
    return np.cos(x)
def contraccion_horizontal(x, b):
    return f_coseno(b * x)

# Valores de transformación
a = 2 # Para estiramiento y contracción vertical
b = 0.5 # Para estiramiento y contracción horizontal

# Rango de prueba
x_values = np.linspace(-2*np.pi, 2*np.pi, 400)

# Gráficas de las transformaciones
plt.figure(figsize=(12, 8))

# Estiramiento vertical
plt.subplot(2, 2, 1)
plt.plot(x_values, f_cuadratica(x_values), label="Original: f(x) = x^2
    ")
plt.plot(x_values, estiramiento_vertical(x_values, a), label="
    Estiramiento Vertical", linestyle='dashed')
plt.title("Estiramiento Vertical")
plt.legend()

# Contracción vertical
plt.subplot(2, 2, 2)
plt.plot(x_values, f_cuadratica(x_values), label="Original: f(x) = x^2
    ")
plt.plot(x_values, contraccion_vertical(x_values, 1/a), label="
    Contracción Vertical", linestyle='dashed')
plt.title("Contracción Vertical")
plt.legend()

# Estiramiento horizontal
plt.subplot(2, 2, 3)
plt.plot(x_values, f_seno(x_values), label="Original: f(x) = sin(x)")
plt.plot(x_values, estiramiento_horizontal(x_values, b), label="
    Estiramiento Horizontal", linestyle='dashed')
plt.title("Estiramiento Horizontal")
plt.legend()

```

```python
# Contracción horizontal
plt.subplot(2, 2, 4)
plt.plot(x_values, f_coseno(x_values), label="Original: f(x) = cos(x)"
    )
plt.plot(x_values, contraccion_horizontal(x_values, 1/b), label="
    Contracción Horizontal", linestyle='dashed')
plt.title("Contracción Horizontal")
plt.legend()
plt.tight_layout()
plt.show()
```

Out [15]:

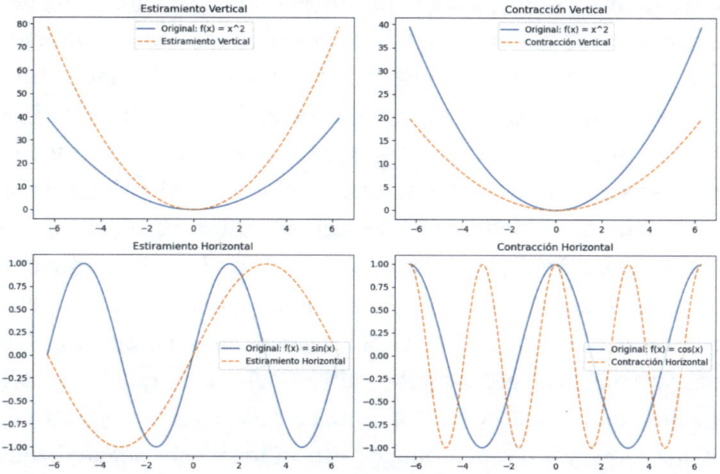

3.2.5 Intersecciones, simetrías y asíntotas

En todo tipo de funciones algebraicas, las dificultades están en analizar los conceptos de las funciones que están relacionadas con las intersecciones, simetrías y asíntotas. Definiremos entonces que:

1) **Intersecciones con eje de abscisas y ordenadas:** Las intersecciones con el eje de abscisas son los puntos en los que la función cruza el eje horizontal, donde $f(x) = 0$. Estos puntos representan, por definición, las raíces de la función. Las intersecciones con el eje de ordenadas son los puntos en los que la función cruza el eje vertical, es decir, donde $x = 0$. El valor de $f(0)$ en estas intersecciones nos proporciona el término independiente c en la ecuación de la función, por ejemplo, $f(x) = ax^2 + bx + c$.
2) **Simetría de funciones sobre el eje de ordenadas y abscisas:** Una función es simétrica respecto al eje de ordenadas si para cada punto $(x,\ y)$ en la gráfica de la función, el punto $(-x,\ y)$ también pertenece a la gráfica. Geométricamente, esto significa que la parte derecha e izquierda de la función, son imágenes especulares una de la otra con respecto al eje y. Para determinar si una función es simétrica respecto al eje de ordenadas, podemos verificar si $f(-x) =$

$f(x)$ para todos los valores de x en el dominio de la función. Una función es simétrica respecto al eje de abscisas si para cada punto $(x,\ y)$ en la gráfica de la función, donde el punto $(x,\ -y)$ tambien pertenece a la gráfica. Geométricamente, esto significa que la parte superior e inferior de la gráfica son imágenes especulares una de la otra respecto al eje x. Para determinar si una función es simétrica respecto al eje de abscisas, podemos verificar si $f(x) = -f(x)$ para todos los valores de x en el dominio de la función.

3) **Asíntotas verticales, horizontales y oblicuas:** Una asíntota vertical es una línea vertical de la forma $x = a$ donde la función se aproxima indefinidamente a medida que x se acerca al valor de a. Ocurre en los puntos donde la función tiende a infinito o a menos infinito. Para determinada si una función tiene una asíntota vertical en $x = a$, podemos verificar si existe un comportamiento anormal cerca de $x = a$ en el dominio de la función, pero más claramente, veremos esto con otros métodos que se verán más adelante en el libro. Una asíntota horizontal es una línea horizontal $y = b$ a la que la función se acerca a medida que x se acerca a $\pm\infty$. Ocurren cuando el grado del polinomio en el numerador, que es igual al grado de la del denominador. Para determinar si una función tiene una asíntota horizontal en $y = b$, podemos examinar el comportamiento de la función en los límites cuando x tiende a $\pm\infty$, pero, veremos esto con otros métodos que se verán más adelante en el libro. Las asíntotas oblicuas son líneas no horizontales, ni verticales a las que la función se aproxima a medida que x se aproxima a $\pm\infty$. La búsqueda de cada una de las asíntotas oblicuas depende de cada función específica y debe ser analizado una por una, esto también se verá más adelante.

Ahora cuatro ejemplos sobre asíntotas, simetrías e intersecciones:

Ejemplo: Intersecciones con una función lineal.

Función: $f(x) = 2x + 3$

Intersección con el eje de abscisas (raíces): Resolvemos $2x + 3 = 0$, encontramos $x = -\frac{3}{2}$.

Intersección con el eje de ordenadas: Evaluamos $f(0) = 3$.

Ejemplo: Simetría en una función par.

Función: $f(x) = x^2$

Esta función es simétrica respecto al eje de ordenadas, ya que $f(-x) = (-x)^2 = x^2 = f(x)$ para todo x.

Ejemplo: Asíntota horizontal en una función racional.

Función: $f(x) = \frac{1}{x}$

Asíntota vertical: La función tiene una asíntota vertical en $x = 0$, ya que $1/x$ tiende a $\pm\infty$ cuando x se acerca a 0.

Asíntota horizontal: A medida que x tiende a $\pm\infty$, $f(x)$ se aproxima a 0, lo que indica que la función tiene una asíntota horizontal en $y = 0$.

Ejemplo: Asíntota oblicua en una función polinómica dividida por x.

Función: $f(x) = \frac{x^2+2x+1}{x}$

Como es un polinomio entre x, no tiene asíntotas horizontales ni verticales. Sin embargo, a medida que x se acerca a $\pm\infty$, la función se comporta como una línea ascendente desde el menos infinito, lo que sugiere un comportamiento parabólico con asíntota oblicua.

Ahora en código:

In [16]:

```
# Ejercicio 22
# Ejemplo: Intersecciones, Simetrías y Asíntotas
import numpy as np
import matplotlib.pyplot as plt

def f_lineal(x):
    return 2*x + 3
def f_par(x):
    return x**2
def f_racional(x):
    return 1/x
def f_pol(x):
    return x**2 + 2*x + 1

# Rango de valores de x para gráficas
x_values = np.linspace(-10, 10, 400)
x_racional = np.linspace(-10, 10, 400)
x_racional = x_racional[x_racional != 0] # Excluimos el cero para
    evitar división por cero

# Gráficas de funciones
plt.figure(figsize=(12, 8))

# Función Lineal y su Intersección
plt.subplot(2, 2, 1)
plt.plot(x_values, f_lineal(x_values), label="f(x) = 2x + 3")
plt.axhline(0, color='black', linewidth=0.5)
plt.axvline(0, color='black', linewidth=0.5)
```

```
plt.axvline(-3/2, color='red', linestyle='dashed', label="Intersección
    eje x")
plt.scatter([0], [f_lineal(0)], color='green', label="Intersección eje
    y")
plt.title("Función Lineal")
plt.legend()

# Función Par y su Simetría
plt.subplot(2, 2, 2)
plt.plot(x_values, f_par(x_values), label="f(x) = x^2")
plt.axhline(0, color='black', linewidth=0.5)
plt.axvline(0, color='black', linewidth=0.5)
plt.title("Función Par")
plt.legend()

# Función Racional y Asíntota Vertical
plt.subplot(2, 2, 3)
plt.plot(x_racional, f_racional(x_racional), label="f(x) = 1/x")
plt.axhline(0, color='black', linewidth=0.5)
plt.axvline(0, color='red', linestyle='dashed', label="Asíntota
    Vertical")
plt.ylim(-10, 10)
plt.title("Función Racional")
plt.legend()

# Función Polinómica
plt.subplot(2, 2, 4)
plt.plot(x_values, f_pol(x_values), label="f(x) = x^2 + 2x + 1")
plt.axhline(0, color='black', linewidth=0.5)
plt.axvline(0, color='black', linewidth=0.5)
plt.title("Función Polinómica")
plt.legend()
plt.tight_layout()
plt.show()
```

Out [16]:

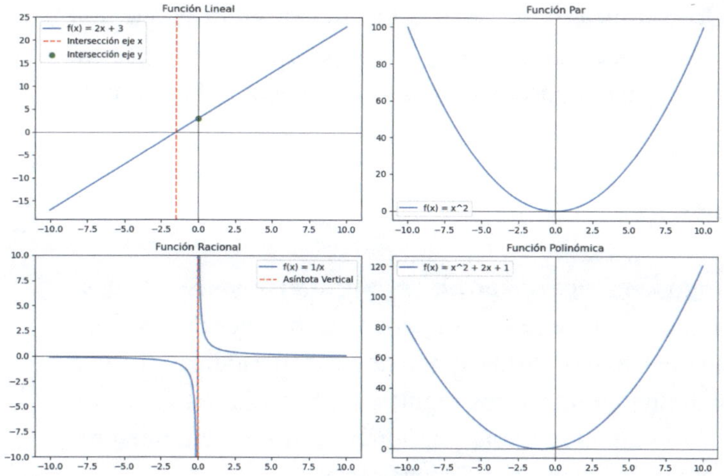

3.2.6 Interpretación geométrica de funciones

La interpretación geométrica de funciones implica comprender cómo las características de una función se relacionan con su gráfica en un plano cartesiano. Aquí hay algunas interpretaciones geométricas comunes para diferentes tipos de funciones:

Funciones lineales:

Una función lineal $f(x) = mx + b$ tiene una interpretación geométrica directa, donde su figura es una línea recta en el plano cartesiano. El coeficiente m representa la pendiente de la línea, que indica la inclinación de la recta, y el término b representa el intercepto en el eje y, es decir, donde la línea corta al eje y.

Funciones cuadráticas:

Las funciones cuadráticas $f(x) = ax^2 + bx + c$ tienen gráficas que son parábolas. La constante a determina si la parábola se abre hacia arriba ($a > 0$) o hacia abajo ($a < 0$), mientras que el vértice de la parábola se encuentra en el punto (h, k), donde $h = -\frac{b}{2a}$ y $k = f(h)$.

Funciones exponenciales:

Las funciones exponenciales $f(x) = ax$ tienen gráficas que crecen o decrecen rápidamente dependiendo del valor de a. Si $a > 1$, la función crece exponencialmente; si $0 < a < 1$, la función decae exponencialmente. El punto $(0, 1)$ siempre está en la gráfica de cualquier función exponencial.

Funciones logarítmicas:

Las funciones logarítmicas $f(x) = log_a(x)$ tienen gráficas que son curvas suaves que se acercan a los ejes x e y pero nunca los cruzan. El valor de a determina la base del logaritmo y afecta la forma de la curva.[6].

Funciones trigonométricas:

Las funciones trigonométricas como $sin(x)$ y $cos(x)$ producen gráficas que representan las relaciones entre ángulos y las razones de los lados de un triángulo rectángulo. Estas funciones son periódicas, lo que significa que se repiten a intervalos regulares a lo largo del eje x. La amplitud controla la altura máxima y mínima de la función, mientras que el período controla la longitud de cada ciclo.

En los siguientes apartados veremos sus gráficas respectivas, sus estructuras matemáticas y sus interpretaciones geométricas Ahora pasamos a ver el comportamiento de algunas clases de funciones.

3.3 Funciones constantes

Mas propiamente, las funciones constantes son funciones polinómicas de grado cero, donde su forma general viene dada por: $f(x) = a$ donde a es una constante que pertenece a los $\mathbb{R}$. De manera más vulgar, una función constante es aquella que tiene un valor fijo para todos los elementos del dominio. Aunque pueden parecer simples la definición, las funciones constantes son esenciales en matemáticas, para cálculos, y para obtener valores más exactos en momento de realizar las operaciones. Ya que permiten la modelización de situaciones donde la magnitud permanece constante. La interpretación geométrica de una constante lleva a considerar fenómenos donde una magnitud o cantidad permanece invariable a lo largo del tiempo o de otro parámetro. Un ejemplo clásico es la velocidad constante de un objeto en movimiento rectilíneo. En este caso, la constante representa la velocidad a la que el objeto se desplaza, y esta velocidad no cambia con el tiempo, resultando en un movimiento uniforme. En el ámbito de los modelos matemáticos y físicos, la idea de una constante se extiende a cualquier cantidad que no experimente cambios en el contexto específico del modelo. Por ejemplo, en un experimento controlado donde la temperatura se mantiene constante, esta temperatura es una constante en el modelo matemático que describe el experimento. Del mismo modo, en mecánica clásica, la masa de un objeto a menudo se trata como una constante, bajo la suposición de que no cambia durante el movimiento del objeto.[13] La noción de constantes es central en muchos campos de estudio, ya que permite simplificar y abstraer modelos, concentrándose en las variables que efectivamente cambian y que son de interés para el análisis o experimento en cuestión. Ahora unos ejemplos:

Ejemplo: Función constante en matemáticas.

Función: $f(x) = 5$

Esta función asigna el valor 5 a cualquier entrada x. Por ejemplo, $f(1) = 5$, $f(-3) = 5$, $f(\pi) = 5$, etc. La gráfica de esta función es una línea horizontal en $y = 5$.

Ejemplo: Velocidad constante en física.

Función: $v(t) = 20m/s$

Esta función describe un objeto moviéndose a una velocidad constante de 20 metros por segundo. No importa el tiempo t, la velocidad siempre es 20 m/s. Es un ejemplo típico de movimiento rectilíneo uniforme.

Ejemplo: Temperatura constante en un experimento.

Función: $T(x) = 25°C$

Supongamos que realizamos un experimento donde la temperatura se mantiene constante a 25°C. La función T que describe la temperatura en cualquier punto del experimento es una constante.

Ejemplo: Masa constante en mecánica.

Función: $m(x) = 2kg$

En mecánica clásica, la masa de un objeto a menudo se considera constante durante el movimiento. Si un objeto tiene una masa de 2 kg, esta masa no cambia independientemente de la posición x del objeto.

Ahora en código:

In [17]:

```
# Ejercicio 23
# Creando las funciones constantes para los cuatro ejemplos
def f_constante(y, x_values):
    return y * np.ones_like(x_values)

# Rango de valores para x
x_values = np.linspace(-10, 10, 100)

# Gráficas de las funciones constantes
```

```python
plt.figure(figsize=(12, 8))

# Función Constante en Matemáticas (f(x) = 5)
plt.subplot(2, 2, 1)
plt.plot(x_values, f_constante(5, x_values), label="f(x) = 5", color='
    blue')
plt.title("Función Constante en Matemáticas")
plt.axhline(0, color='black', linewidth=0.5)
plt.axvline(0, color='black', linewidth=0.5)
plt.ylim(0, 6)
plt.legend()

# Velocidad Constante en Física (v(t) = 20 m/s)
plt.subplot(2, 2, 2)
plt.plot(x_values, f_constante(20, x_values), label="v(t) = 20 m/s",
    color='red')
plt.title("Velocidad Constante en Física")
plt.axhline(0, color='black', linewidth=0.5)
plt.axvline(0, color='black', linewidth=0.5)
plt.ylim(0, 30)
plt.legend()

# Temperatura Constante en un Experimento (T(x) = 25 grados Celsius)
plt.subplot(2, 2, 3)
plt.plot(x_values, f_constante(25, x_values), label="T(x) = 25 grados
    Celsius", color='green')
plt.title("Temperatura Constante en un Experimento")
plt.axhline(0, color='black', linewidth=0.5)
plt.axvline(0, color='black', linewidth=0.5)
plt.ylim(20, 30)
plt.legend()

# Masa Constante en Mecánica (m(x) = 2 kg)
plt.subplot(2, 2, 4)
plt.plot(x_values, f_constante(2, x_values), label="m(x) = 2 kg",
    color='purple')
plt.title("Masa Constante en Mecánica")
plt.axhline(0, color='black', linewidth=0.5)
plt.axvline(0, color='black', linewidth=0.5)
plt.ylim(0, 3)
plt.legend()
plt.tight_layout()
plt.show()
```

Out [17]:

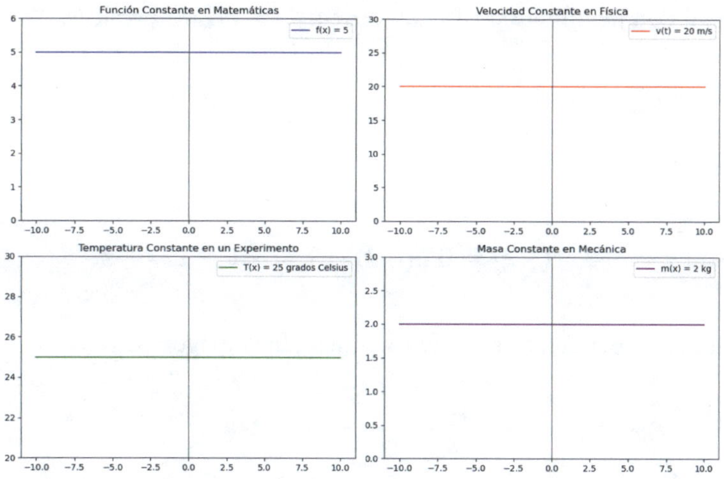

3.4 Funciones polinómicas - lineales

Las funciones lineales representan una de las formas más fundamentales y ampliamente utilizadas en matemáticas y ciencias aplicadas. Son funciones polinómicas de grado 1, caracterizadas por su simplicidad y su representación gráfica directa. Una función lineal se expresa generalmente en la forma $f(x) = mx + b$, donde m y b son constantes reales. En esta ecuación, m representa la pendiente de la línea, indicando su inclinación, y b es la ordenada al origen, que determina el punto en el cual la línea cruza el eje vertical (eje y). Geométricamente, la gráfica de una función lineal es una línea recta. Esta línea muestra visualmente la relación lineal entre las variables. La pendiente m es una medida de cómo cambia y con respecto a x; una pendiente positiva indica que y aumenta a medida que x aumenta, mientras que una pendiente negativa señala que y disminuye a medida que x aumenta.

Ejemplo: Función lineal con pendiente positiva y ordenada al origen positiva.

> Función: $f(x) = 2x + 3$
>
> Pendiente (m): 2
>
> Ordenada al origen (b): 3
>
> Por ejemplo, para $x = 1$, $f(1) = 2(1) + 3 = 5$.

Ejemplo: Función lineal con pendiente negativa y ordenada al origen positiva.

> Función: $f(x) = -x + 4$
>
> Pendiente (m): -1
>
> Ordenada al origen (b): 4
>
> Por ejemplo, para $x = 2$, $f(2) = -2 + 4 = 2$.

Ejemplo: Función lineal con pendiente positiva y ordenada al origen negativa.

Función: $f(x) = 0{,}5x - 1$

Pendiente (m): 0,5

Ordenada al origen (b): -1

Por ejemplo, para $x = -2$, $f(-2) = 0{,}5(-2) - 1 = -1 - 1 = -2$.

Ejemplo: Función lineal con pendiente negativa y ordenada al origen negativa.

Función: $f(x) = -3x - 2$

Pendiente (m): -3

Ordenada al origen (b): -2

Por ejemplo, para $x = 0$, $f(0) = -3(0) - 2 = -2$.

Ahora en código:

In [18]:

```
# Ejercicio 24
# Definición de funciones lineales
def f_lineal_positiva(x):
    return 2 * x + 3 # Pendiente positiva, ordenada al origen positiva
def f_lineal_negativa_positiva(x):
    return -x + 4 # Pendiente negativa, ordenada al origen positiva
def f_lineal_positiva_negativa(x):
    return 0.5 * x - 1 # Pendiente positiva, ordenada al origen negativa
def f_lineal_negativa_negativa(x):
    return -3 * x - 2 # Pendiente negativa, ordenada al origen negativa

# Rango de valores para x
x_values = np.linspace(-10, 10, 400)

# Creación de gráficos
plt.figure(figsize=(12, 8))

# Gráfico de función lineal con pendiente positiva y ordenada al origen positiva
plt.subplot(2, 2, 1)
plt.plot(x_values, f_lineal_positiva(x_values), label="f(x) = 2x + 3")
plt.title("Pendiente Positiva, Ordenada al Origen Positiva")
plt.legend()

```

```python
# Gráfico de función lineal con pendiente negativa y ordenada al
    origen positiva
plt.subplot(2, 2, 2)
plt.plot(x_values, f_lineal_negativa_positiva(x_values), label="f(x) =
    -x + 4")
plt.title("Pendiente Negativa, Ordenada al Origen Positiva")
plt.legend()

# Gráfico de función lineal con pendiente positiva y ordenada al
    origen negativa
plt.subplot(2, 2, 3)
plt.plot(x_values, f_lineal_positiva_negativa(x_values), label="f(x) =
    0.5x - 1")
plt.title("Pendiente Positiva, Ordenada al Origen Negativa")
plt.legend()

# Gráfico de función lineal con pendiente negativa y ordenada al
    origen negativa
plt.subplot(2, 2, 4)
plt.plot(x_values, f_lineal_negativa_negativa(x_values), label="f(x) =
    -3x - 2")
plt.title("Pendiente Negativa, Ordenada al Origen Negativa")
plt.legend()
plt.tight_layout()
plt.show()
```

Out [18]:

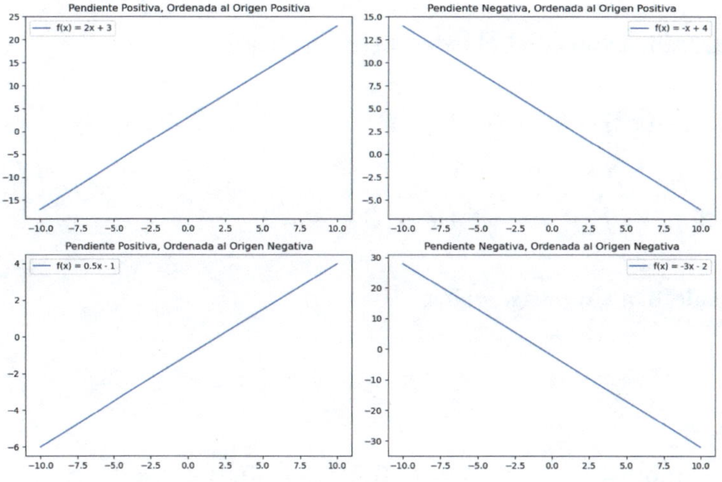

3.5 Funciones polinómicas - cuadráticas

Son funciones polinomiales de grado 2. Donde las funciones cuadráticas, expresadas en la forma $f(x) = ax^2 + bx + c$, son fundamentales en el ámbito de las matemáticas por sus diversas aplicaciones. Y aquí, a, b, y c son constantes, y $a \neq 0$. Geométricamente, la gráfica de una función cuadrática forma una parábola, que puede abrir hacia arriba o abajo dependiendo del signo de a. Y esta parábola puede estar más abierta o más estrecha, dependiendo de b y el punto donde generalmente se cruza con el eje de ordenadas viene determinado por c. Diremos además que:

Vértice de la parábola: Punto mínimo o máximo de la cuadrática. Para una función cuadrática en la forma $f(x) = ax^2 + bx + c$, las coordenadas de los vértices se pueden calcular utilizando la fórmula $(-\frac{b}{2a}, f(-\frac{b}{2a}))$.

Raíces de la función: Las raíces de la función cuadrática son los valores de x para los cuales $f(x) = 0$. Se utiliza para encontrar las raíces la siguiente fórmula de Bhaskara:

$$x_{1,2} = \frac{-b \pm \sqrt{b^2 - 4ac}}{2a}$$

Ahora unos ejemplos. Ejemplo: Función cuadrática con parábola abierta hacia arriba.

Función: $f(x) = x^2 - 4x + 3$

Coeficientes: $a = 1, b = -4, c = 3$

Vértices: $x_v = 2$, $y_v = f(2) = 2^2 - 4 \cdot 2 + 3 = -1$

Ejemplo: Función cuadrática con parábola abierta hacia abajo.

Función: $f(x) = -(x^2) + 6x - 8$

Coeficientes: $a = -1, b = 6, c = -8$

Vértices $x_v = 3$; $y_v = f(3) = -(3^2) + 6 \cdot 3 - 8 = 1$

Ejemplo: Función cuadrática sin raíces reales.

Función: $f(x) = x^2 + x + 1$

Coeficientes: $a = 1, b = 1, c = 1$

Vértices: $x_v = -0{,}5$; $y_v = f(-0{,}5) = (-0{,}5)^2 + (-0{,}5) + 1 = 0{,}75$

Ejemplo : Función cuadrática con parábola más estrecha.

Función: $f(x) = 2x^2 - 8x + 6$

Coeficientes: $a = 2, b = -8, c = 6$

Vértices: $x_v = 2$; $x_v = f(2) = 2 \cdot 2^2 - 8 \cdot 2 + 6 = -2$

Ahora en código:

In [19]:

```
# Ejercicio 25
# Definición de las funciones cuadráticas y cálculo de sus raíces
def f_cuadratica1(x):
    return x**2 - 4*x + 3
def f_cuadratica2(x):
    return -x**2 + 6*x - 8
def f_cuadratica3(x):
    return x**2 + x + 1
def f_cuadratica4(x):
    return 2*x**2 - 8*x + 6
def calcular_raices(a, b, c):
    discriminante = b**2 - 4*a*c
    if discriminante >= 0:
        raiz1 = (-b + np.sqrt(discriminante)) / (2*a)
        raiz2 = (-b - np.sqrt(discriminante)) / (2*a)
        return [raiz1, raiz2]
    else:
        return [] # Sin raíces reales

# Rango de valores para x
x_values = np.linspace(-10, 10, 400)

# Raíces de las funciones cuadráticas
raices1 = calcular_raices(1, -4, 3)
raices2 = calcular_raices(-1, 6, -8)
raices3 = calcular_raices(1, 1, 1) # Esta función no tiene raíces reales
raices4 = calcular_raices(2, -8, 6)

# Creación de gráficos
plt.figure(figsize=(12, 12))

# Gráfico de la primera función cuadrática
plt.subplot(2, 2, 1)
plt.axhline(0, color='red', linewidth=0.5) # Eje Y
plt.axvline(0, color='red', linewidth=0.5) # Eje X
plt.plot(x_values, f_cuadratica1(x_values), label="f(x) = x^2 - 4x + 3")
plt.scatter(raices1, [f_cuadratica1(x) for x in raices1], color='red') # Raíces
plt.title("Parábola Abierta hacia Arriba")
plt.legend()

# Gráfico de la segunda función cuadrática
plt.subplot(2, 2, 2)
plt.axhline(0, color='red', linewidth=0.5) # Eje Y
plt.axvline(0, color='red', linewidth=0.5) # Eje X
```

```
plt.plot(x_values, f_cuadratica2(x_values), label="f(x) = -x^2 + 6x - 8")
plt.scatter(raices2, [f_cuadratica2(x) for x in raices2], color='red')  # Raíces
plt.title("Parábola Abierta hacia Abajo")
plt.legend()

# Gráfico de la tercera función cuadrática
plt.subplot(2, 2, 3)
plt.axhline(0, color='red', linewidth=0.5) # Eje Y
plt.axvline(0, color='red', linewidth=0.5) # Eje X
plt.plot(x_values, f_cuadratica3(x_values), label="f(x) = x^2 + x + 1")

# No se grafican raíces ya que no existen en el plano real
plt.title("Sin Raíces Reales")
plt.legend()

# Gráfico de la cuarta función cuadrática
plt.subplot(2, 2, 4)
plt.axhline(0, color='red', linewidth=0.5) # Eje Y
plt.axvline(0, color='red', linewidth=0.5) # Eje X
plt.plot(x_values, f_cuadratica4(x_values), label="f(x) = 2x^2 - 8x + 6")
plt.scatter(raices4, [f_cuadratica4(x) for x in raices4], color='red')  # Raíces
plt.title("Parábola Más Estrecha")
plt.legend()
plt.tight_layout()
plt.show()
```

Out [19]:

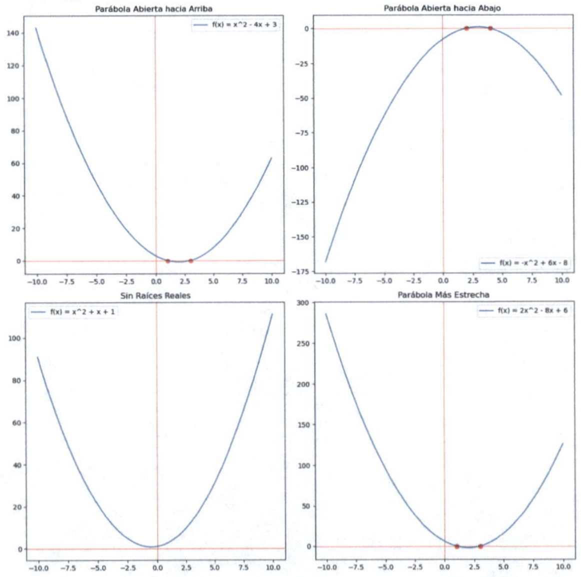

3.6 Funciones polinómicas - cúbicas

Las funciones polinómicas cúbicas son funciones polinomiales de grado 3, estas funciones se expresan generalmente en la forma $f(x) = ax^3 + bx^2 + cx + d$, donde a, b, c, y d son constantes, y $a \neq 0$. Al igual que las funciones cuadráticas, las cúbicas tienen diversas aplicaciones en matemáticas y ciencias. Geométricamente, la gráfica de una función cúbica forma una curva suave que puede tener uno o más untos de inflexión, dependiendo de los valores de a, b y c, la dirección en que se abre la curva y la cantidad de oscilaciones, pueden variar según estos coeficientes. Diremos además que:[1].

Vértice de la curva cúbica: El vértice de la curva cúbica no se encuentra tan claramente definido como en el caso de las parábolas, puesto que las funciones cúbicas no poseen necesariamente un punto mínimo o máximo. No obstante, el término "vértice" puede referirse al punto de inflexión donde la curva cambia de dirección. Para una función de forma cúbica $f(x) = ax^3 + bx^2 + cx + d$, las coordenadas de los puntos de inflexión pueden calcularse empleando métodos del cálculo diferencial.

Raíces de la función: Las raíces de una función cúbica son los valores de x para los cuales $f(x) = 0$. Para encontrar estas raíces, podemos utilizar el método de factorización o la fórmula general para ecuaciones Cúbicas conocida como la fórmula de Cardano-Tartaglia,[4] que viene representada por:

$$x_{1,2,3} = \sqrt[3]{-\frac{q}{2} + \sqrt{\left(-\frac{q}{2}\right)^2 + \left(\frac{p}{3}\right)^3}} + \sqrt[3]{-\frac{q}{2} - \sqrt{\left(-\frac{q}{2}\right)^2 + \left(\frac{p}{3}\right)^3}}$$

Donde:

$p = \frac{3ac-b^2}{3a^2}$ y $q = \frac{2b^3-9abc+27a^2d}{27a^3}$

Ejemplo: Función cúbica simple.

Función: $f(x) = x^3 - 3x^2 + 2x$

Coeficientes: $a = 1, b = -3, c = 2, d = 0$

Esta función representa una curva cúbica con un punto de inflexión. Las raíces se pueden encontrar utilizando métodos numéricos o de factorización.

---

[4] Venero B. (1999). "Análisis Matemático 2". Lima, Perú. Ediciones Gemar.

Ejemplo: Función cúbica con oscilaciones.

Función: $f(x) = -2x^3 + 3x^2 + x - 5$

Coeficientes: $a = -2, b = 3, c = 1, d = -5$

La curva de esta función presenta oscilaciones debido a los coeficientes elegidos. La determinación de los puntos de inflexión y raíces requiere de cálculos más avanzados.

Ejemplo: Función cúbica con un punto de inflexión claro.

Función: $f(x) = x^3 - 2x$

Coeficientes: $a = 1, b = 0, c = -2, d = 0$

Esta función presenta un punto de inflexión claro y raíces que pueden ser más fácilmente calculadas debido a su simplicidad.

Ejemplo: Función cúbica con término independiente.

Función: $f(x) = 0{,}5x^3 - x^2 + 4$

Coeficientes: $a = 0{,}5, b = -1, c = 0, d = 4$

El término independiente d en esta función le da un desplazamiento vertical, y los coeficientes determinan la forma de su curva y sus puntos de inflexión.

Ahora en código:

In [20]:

```
# Ejercicio 26
import numpy as np
import matplotlib.pyplot as plt

# Definición de las funciones cúbicas
def f_cubica1(x):
    return x**3 - 3*x**2 + 2*x
def f_cubica2(x):
    return -2*x**3 + 3*x**2 + x - 5
def f_cubica3(x):
    return x**3 - 2*x
def f_cubica4(x):
    return 0.5*x**3 - x**2 + 4

# Rango de valores para x
```

```
x_values = np.linspace(-10, 10, 400)

# Creación de gráficos para las funciones cúbicas
plt.figure(figsize=(12, 12))

# Gráfico de la primera función cúbica
plt.subplot(2, 2, 1)
plt.axhline(0, color='red', linewidth=0.5) # Eje Y
plt.axvline(0, color='red', linewidth=0.5) # Eje X
plt.plot(x_values, f_cubica1(x_values), label="f(x) = x^3 - 3x^2 + 2x"
    )
plt.title("Función Cúbica Simple")
plt.legend()

# Gráfico de la segunda función cúbica
plt.subplot(2, 2, 2)
plt.axhline(0, color='red', linewidth=0.5) # Eje Y
plt.axvline(0, color='red', linewidth=0.5) # Eje X
plt.plot(x_values, f_cubica2(x_values), label="f(x) = -2x^3 + 3x^2 + x
     - 5")
plt.title("Función Cúbica con Oscilaciones")
plt.legend()

# Gráfico de la tercera función cúbica
plt.subplot(2, 2, 3)
plt.axhline(0, color='red', linewidth=0.5) # Eje Y
plt.axvline(0, color='red', linewidth=0.5) # Eje X
plt.plot(x_values, f_cubica3(x_values), label="f(x) = x^3 - 2x")
plt.title("Función Cúbica con un Punto de Inflexión Claro")
plt.legend()

# Gráfico de la cuarta función cúbica
plt.subplot(2, 2, 4)
plt.axhline(0, color='red', linewidth=0.5) # Eje Y
plt.axvline(0, color='red', linewidth=0.5) # Eje X
plt.plot(x_values, f_cubica4(x_values), label="f(x) = 0.5x^3 - x^2 + 4
    ")
plt.title("Función Cúbica con Término Independiente")
plt.legend()
plt.tight_layout()
plt.show()
```

Out [20]:

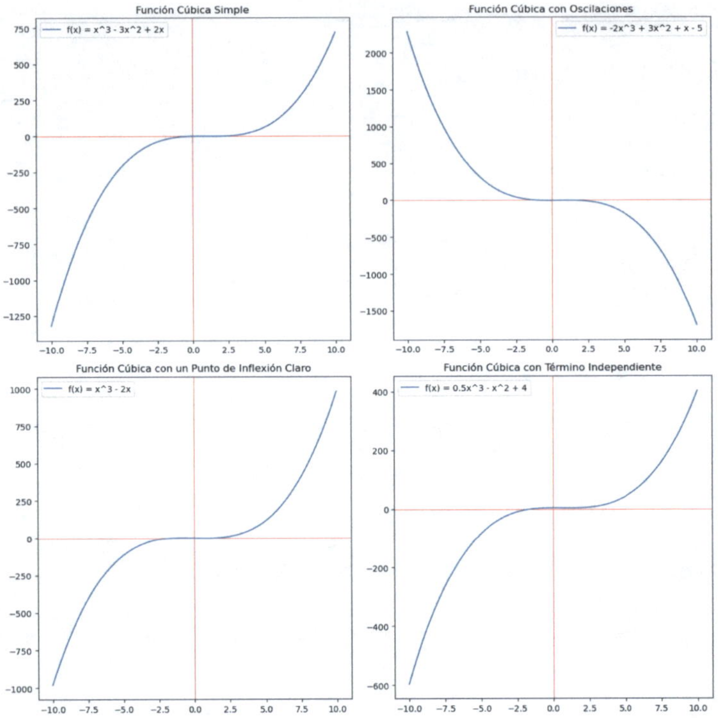

3.7 Funciones polinómicas - de mayor grado

Las funciones polinómicas de grado mayor a 3 son aquellas expresadas en la forma de $f(x) = a_n x^n + a_{n-1} x^{n-1} + \ldots + a_1 x + a_0$, donde los a_0 , $a_1, \ldots, a_n$ son coeficientes constantes y n es el grado del polinomio. Estas funciones polinómicas tienen diversas aplicaciones en matemáticas, físicas, ingenierías y otras disciplinas de las ciencias sociales y naturales. Las gráficas de las funciones polinómicas de grado mayor a 3 pueden tener diversas formas muy variadas, por ejemplo, las que son de grado par tendrán a parecerse a una curva parabólica, mientras que las de grado impares tendrá a parecerse a un S invertida y echada, al igual que pueden tener múltiples puntos de inflexión, niños y máximos locales, y otros rasgos notables[5]

Vértice de la curva: A diferencia de las parábolas y curvas cúbicas, las funciones polinómicas de grado mayor no poseen una fórmula general para determinar sus vértices. En general, los vértices de la curva pueden corresponder a puntos críticos donde la derivada de la función se anula, aunque estos puntos pueden no constituir mínimos o máximos globales.[10]

Raíces de la función: Para funciones polinómicas de grado mayor a 4,

[5] Baldor J.A. (1998). "Geometría Plana del Espacio: Con una Introducción a la Trigonometría". México DF, México. Publicaciones Cultural. Decima Quinta Reimpresión.

es común recurrir a métodos numéricos como el método de Newton - Rapshon, el método de la Bisección, o el método de interpolación para encontrar raíces y otros puntos de interés en la gráfica de la función.

Ahora ejemplos de funciones polinómicas:

Ejemplo: Función polinómica de grado 4.

Función: $f(x) = x^4 - 4x^3 + 4x^2 - 2x + 1$

Esta función de cuarto grado puede presentar múltiples puntos críticos y extremos locales. Su gráfica mostrará un comportamiento similar a una curva parabólica, pero con más complejidad.

Ejemplo: Función polinómica de grado 5.

Función: $f(x) = x^5 - 5x^4 + 10x^3 - 10x^2 + 5x - 1$

Como una función de quinto grado, su gráfica tendrá una forma que recuerda a una "S" estirada y puede presentar varios puntos de inflexión y extremos locales.

Ejemplo: Función polinómica de grado 6.

Función: $f(x) = -x^6 + 3x^4 - 3x^2 + 1$

Las funciones polinómicas de grado par como esta tienden a tener comportamientos que se asemejan a parábolas en sus extremos. Esta función podría tener múltiples máximos y mínimos locales.

Ejemplo: Función polinómica de grado 7.

Función:

$$f(x) = 2x^7 - 14x^6 + 42x^5 - 70x^4 + 70x^3 - 42x^2 + 14x - 2$$

Con un grado impar y una pendiente creciente, esta función tendrá una forma que se inclina hacia un lado y puede mostrar varios cambios de dirección, máximos y mínimos locales.

Ahora en código:

```
In [21]:
```

```python
# Ejercicio 27
import numpy as np
import matplotlib.pyplot as plt

# Definición de las funciones polinómicas de mayor grado
def f_polinomica_grado_4(x):
    return (x**4) - (4*(x**3)) + (4*(x**2)) - 2*x + 1
def f_polinomica_grado_5(x):
    return x**5 - 5*x**4 + 10*x**3 - 10*x**2 + 5*x - 1
def f_polinomica_grado_6(x):
    return -x**6 + 3*x**4 - 3*x**2 + 1
def f_polinomica_grado_7(x):
    return 2*x**7 - 14*x**6 + 42*x**5 - 70*x**4 + 70*x**3 - 42*x**2 +
        14*x - 2

# Rango de valores para x
x_values = np.linspace(-2, 2, 400)

# Creación de gráficos para las funciones polinómicas de mayor grado
plt.figure(figsize=(12, 12))

# Gráfico de la función polinómica de grado 4
plt.subplot(2, 2, 1)
plt.plot(x_values, f_polinomica_grado_4(x_values), label="Grado 4")
plt.axhline(0, color='red', linewidth=0.5) # Eje Y
plt.axvline(0, color='red', linewidth=0.5) # Eje X
plt.title("Función Polinómica de Grado 4")
plt.legend()

# Gráfico de la función polinómica de grado 5
plt.subplot(2, 2, 2)
plt.plot(x_values, f_polinomica_grado_5(x_values), label="Grado 5")
plt.axhline(0, color='red', linewidth=0.5) # Eje Y
plt.axvline(0, color='red', linewidth=0.5) # Eje X
plt.title("Función Polinómica de Grado 5")
plt.legend()

# Gráfico de la función polinómica de grado 6
plt.subplot(2, 2, 3)
plt.plot(x_values, f_polinomica_grado_6(x_values), label="Grado 6")
plt.axhline(0, color='red', linewidth=0.5) # Eje Y
plt.axvline(0, color='red', linewidth=0.5) # Eje X
plt.title("Función Polinómica de Grado 6")
plt.legend()

# Gráfico de la función polinómica de grado 7
plt.subplot(2, 2, 4)
plt.plot(x_values, f_polinomica_grado_7(x_values), label="Grado 7")
plt.axhline(0, color='red', linewidth=0.5) # Eje Y
plt.axvline(0, color='red', linewidth=0.5) # Eje X
plt.title("Función Polinómica de Grado 7")
```

```
plt.legend()
plt.tight_layout()
plt.show()
```

Out [21]:

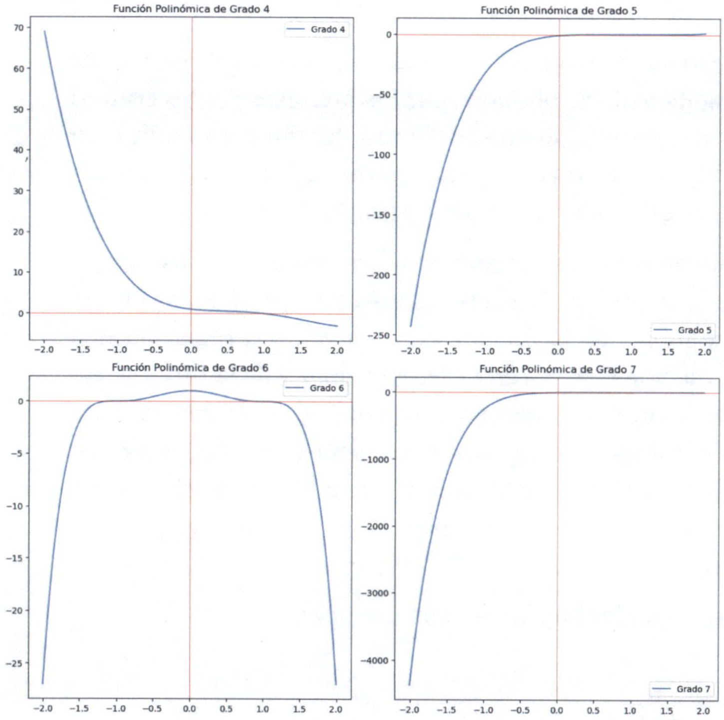

3.8 Funciones racionales

Las funciones racionales son aquellas funciones expresadas de la forma y estructura de:

$$f(x) = \frac{p(x)}{q(x)}$$

Este tipo de funciones racionales tiene propiedades tales como:

Dominio: El dominio de la función está definido por todos los valores de x para los cuales el denominador $q(x)$ no es cero. Los valores de x que hacen que $q(x) = 0$ se denominan singularidades o puntos de discontinuidad.

Asíntotas verticales: Las asíntotas verticales de una función racional están ubicadas en los valores de x donde $q(x) = 0$ y el numerador $p(x)$ no se anula. Estas líneas representan los límites verticales de la función.

Asíntotas horizontales: Las asíntotas horizontales pueden existir cuando el grado del polinomio en el numerado, es menor o igual, al del polinomio en el denominador. En estos casos las asíntotas horizontales se encuentran al calcular los límites cuando x tiende a $\pm\infty$.

Vértice de la curva: Las funciones racionales no poseen un vértice en el sentido tradicional. No obstante, pueden presentar puntos críticos donde la derivada se anula, lo que puede resultar útil para analizar su comportamiento. La metodología para determinarlos será examinada posteriormente en el estudio de las derivadas.[7]

Raíces de la función: Las raíces de la función racional son los valores de x para los cuales $p(x) = 0$. Estos puntos corresponden a las intersecciones de la gráfica de la función con el eje x. las raíces pueden depender de la función que está en el denominador y de la función que este en el numerador, por lo que no existe una fórmula general para encontrarlas, sin embargo, en algunos casos precisos donde las funciones del numerador y del denominador cumplen ciertos requisitos, estas raíces pueden llegar a tener una fórmula general, pero son muy raras.[6]

Ahora unos ejemplos. Ejemplo: Función racional simple.

Función: $f(x) = \frac{x}{x-1}$

El denominador se anula en $x = 1$, creando una asíntota vertical y una discontinuidad. Además, como el grado del numerador es igual al del denominador, tiene otra asíntota horizontal en $y = 1$.

Ejemplo: Función racional con asíntota horizontal.

Función: $f(x) = \frac{x^2}{x^2+1}$

El grado del numerador y el denominador son iguales, por lo que tiene una asíntota horizontal en $y = 1$. No tiene asíntotas verticales, ya que el denominador nunca es cero.

Ejemplo: Función racional con múltiples asíntotas verticales.

Función: $f(x) = \frac{1}{(x-1)(x+2)}$

[6]Edwards, C.H. Jr & Penney David. (1994). "Cálculo con Geometría Analítica". México DF, México. Prentice Hall Hispanoamericana S.A.

El denominador se anula en $x = 1$ y $x = -2$, creando dos asíntotas verticales. Como el grado del denominador es mayor que el del numerador, la asíntota horizontal está en $y = 0$.

Ejemplo: Función racional compleja.

Función: $f(x) = \frac{x^3-2x}{x^2-4}$

El denominador se anula en $x = 2$ y $x = -2$, creando asíntotas verticales. Además, el numerador y el denominador tienen grados diferentes, por lo que no tiene asíntotas horizontales. Presenta una asíntota oblicua.

Ahora en código:

In [22]:

```
# Ejercicio 28
import numpy as np
import matplotlib.pyplot as plt

# Definición de las funciones racionales
def f_racional_simple(x):
    return x / (x - 1)
def f_racional_horizontal(x):
    return x**2 / (x**2 + 1)
def f_racional_vertical(x):
    return 1 / ((x - 1) * (x + 2))
def f_racional_compleja(x):
    return (x**3 - 2*x) / (x**2 - 4)

# Rango de valores para x, evitando las singularidades
x_values1 = np.linspace(-10, 0.9, 200)
x_values2 = np.linspace(1.1, 10, 200)
x_values3 = np.linspace(-10, 10, 400)
x_values4 = np.linspace(-10, 1.9, 200)
x_values5 = np.linspace(2.1, 10, 200)

# Creación de gráficos para las funciones racionales
plt.figure(figsize=(12, 12))

# Gráfico de la función racional simple
plt.subplot(2, 2, 1)
plt.plot(x_values1, f_racional_simple(x_values1), label="f(x) = x/(x-1)", color='blue')
plt.plot(x_values2, f_racional_simple(x_values2), color='blue')
plt.axvline(x=1, color='green', linestyle='--', label='Asíntota x=1') # Asíntota vertical
plt.title("Función Racional Simple")
plt.legend()
```

```

# Gráfico de la función racional con asíntota horizontal
plt.subplot(2, 2, 2)
plt.plot(x_values3, f_racional_horizontal(x_values3), label="f(x) = x^2/(x^2+1)", color='red')
plt.axhline(y=1, color='green', linestyle='--', label='Asíntota y=1') # Asíntota horizontal
plt.title("Función Racional con Asíntota Horizontal")
plt.legend()

# Gráfico de la función racional con múltiples asíntotas verticales
plt.subplot(2, 2, 3)
plt.plot(x_values3, f_racional_vertical(x_values3), label="f(x) = 1/((x-1)(x+2))", color='purple')
plt.axvline(x=1, color='green', linestyle='--') # Asíntota en x=1
plt.axvline(x=-2, color='green', linestyle='--') # Asíntota en x=-2
plt.title("Función Racional con Múltiples Asíntotas Verticales")
plt.legend()

# Gráfico de la función racional compleja
plt.subplot(2, 2, 4)
plt.plot(x_values4, f_racional_compleja(x_values4), label="f(x) = (x^3-2x)/(x^2-4)", color='orange')
plt.plot(x_values5, f_racional_compleja(x_values5), color='orange')
plt.axvline(x=2, color='green', linestyle='--') # Asíntota en x=2
plt.axvline(x=-2, color='green', linestyle='--') # Asíntota en x=-2
plt.title("Función Racional Compleja")
plt.legend()
plt.tight_layout()
plt.show()
```

Out [22]:

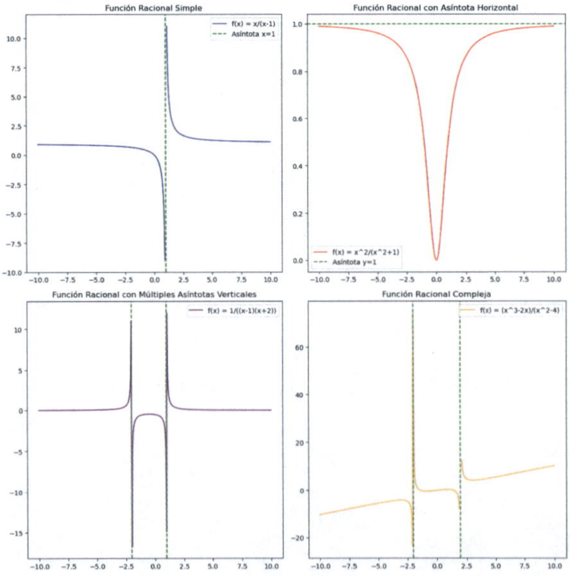

3.9 Funciones exponenciales

Las funciones exponenciales son aquellas que responde a la forma general de $f(x) = a\, b^x$, donde $b > 0$. Cuando b es igual a una constante específica de valor 2.71828182... se lo denota como e. La importancia de las funciones exponenciales, las distinguen de otros tipos de funciones, por ejemplo:

Crecimiento/decrecimiento exponencial: Dependiendo del valor de b, la función puede experimentar un crecimiento exponencial si $b > 1$ o un decrecimiento exponencial si $0 < b < 1$. Esto significa que la función aumenta o disminuye rápidamente a medida que x aumenta.

Asíntotas horizontales: Las funciones tienen una asíntota horizontal en $y = 0$ cuando $b > 1$ (para funciones crecientes) o en $y = 0$ cuando $0 < b < 1$ (para funciones decrecientes).

Vértice de la curva: A diferencia de las funciones polinómicas, las funciones exponenciales no poseen un vértice de curva en el sentido tradicional. En su lugar, presentan un punto de inflexión donde la concavidad de la curva cambia. Este punto puede determinarse calculando la segunda derivada de la función y resolviendo $f''(x) = 0$. No obstante, el estudio de las derivadas será abordado posteriormente.[13]

Raíces de la función: En el caso de las funciones exponenciales, las raíces son valores de x para los cuales $f(x) = 0$. En las funciones exponenciales tradicionales b^x, la función nunca alcanza exactamente el valor de cero, por lo que no tienen raíces en el sentido tradicional.

Propiedades de las exponenciales:

Propiedad de multiplicación: $a^m \cdot a^n = a^{m+n}$

Propiedad de división: $\frac{a^m}{a^n} = a^{m-n}$

Propiedad de la potencia: $(a^m)^n = a^{m \cdot n}$

Propiedad del exponente cero: $a^0 = 1$ (para $a \neq 0$)

Propiedad del exponente (-): $a^{-n} = \frac{1}{a^n}$ (para $a \neq 0$)

Propiedad del producto de bases: $a^m \cdot b^m = ab^m$

Propiedad del cociente de bases: $\frac{a^m}{b^m} = \left(\frac{a}{b}\right)^m$

Propiedad de la raíz de una potencia: $\sqrt[n]{a^m} = a^{\frac{m}{n}}$ (para $a > 0$ y para $m,\ n \in Z$)

Ahora ejemplos:

Ejemplo: Crecimiento exponencial.

Función: $f(x) = 2^x$

En esta función, $b = 2$ y $a = 1$. Muestra un crecimiento exponencial ya que $b > 1$. Por ejemplo, $f(1) = 2$, $f(2) = 4$, $f(3) = 8$, etc.

Ejemplo: Decrecimiento exponencial.

Función: $f(x) = \left(\frac{1}{2}\right)^x$

Aquí, $b = \frac{1}{2}$, que es menor que 1, por lo tanto, muestra un decrecimiento exponencial. Por ejemplo, $f(1) = \frac{1}{2}$, $f(2) = \frac{1}{4}$, $f(3) = \frac{1}{8}$, etc.

Ejemplo: Función exponencial con base e.

Función: $f(x) = e^x$

Es una función exponencial con $b = e$. Es un caso especial de crecimiento exponencial con aplicaciones en matemáticas y ciencias. Por ejemplo, $f(1) \approx 2{,}718$, $f(2) \approx 7{,}389$, etc.

Ejemplo: Función exponencial con transformaciones.

Función: $f(x) = 3 \cdot 2^{x-1}$

En este caso, la función ha sido escalada y desplazada. El factor 3 escala verticalmente la función, y el término $x - 1$ en el exponente desplaza la curva una unidad a la derecha. Por ejemplo, $f(1) = 3$, $f(2) = 6$, etc.

Ahora en código:

In [23]:

```
# Ejercicio 29
# Importando la biblioteca para cálculos matemáticos y gráficos
import numpy as np
import matplotlib.pyplot as plt

# Definiendo las funciones exponenciales
def f_crecimiento_exponencial(x):
    return 2**x
def f_decrecimiento_exponencial(x):
    return (1/2)**x
def f_exponencial_base_e(x):
    return np.exp(x)
def f_exponencial_transformada(x):
```

```
    return 3 * 2**(x - 1)

# Rango de valores para x
x_values = np.linspace(-2, 3, 400)

# Creando los gráficos
plt.figure(figsize=(12, 8))

# Gráfico de la función de crecimiento exponencial
plt.subplot(2, 2, 1)
plt.plot(x_values, f_crecimiento_exponencial(x_values), label="f(x) =
     2^x")
plt.title("Crecimiento Exponencial")
plt.legend()

# Gráfico de la función de decrecimiento exponencial
plt.subplot(2, 2, 2)
plt.plot(x_values, f_decrecimiento_exponencial(x_values), label="f(x)
     = (1/2)^x")
plt.title("Decrecimiento Exponencial")
plt.legend()

# Gráfico de la función exponencial con base e
plt.subplot(2, 2, 3)
plt.plot(x_values, f_exponencial_base_e(x_values), label="f(x) = e^x")
plt.title("Función Exponencial con Base e")
plt.legend()

# Gráfico de la función exponencial transformada
plt.subplot(2, 2, 4)
plt.plot(x_values, f_exponencial_transformada(x_values), label="f(x) =
     3 * 2^(x-1)")
plt.title("Función Exponencial con Transformaciones")
plt.legend()

# Ajustando el layout y mostrando el gráfico
plt.tight_layout()
plt.show()
```

Out [23]:

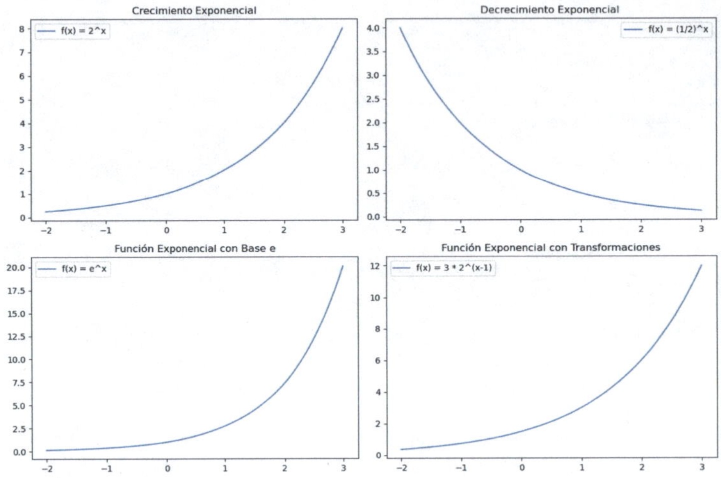

3.10 Funciones logarítmicas

Las funciones logarítmicas son aquellas expresadas en la forma $f(x) = log_b\,(ax)$, donde b representa la base logarítmica, a es el estiramiento y x es el argumento. Cuando estamos hablando de que $b = e$, entonces el logaritmo se transforma en el logaritmo natural, pero más propiamente logaritmo neperiano (Ln).[2]. Algunas de sus propiedades de los logaritmos son:

Crecimiento/decrecimiento exponencial: El crecimiento de una función logarítmica de la base b, si tiene $0 < b < 1$, la función es decreciente; mientras que si $b > 1$, la funcion es creciente. La base b determina la rapidez del crecimiento o decrecimiento.

Asíntotas verticales: Las funciones logarítmicas tienen asíntotas verticales en $x = 0$, debido a la discontinuidad en ese punto.

Intersección con el eje de ordenadas: La función siempre pasa por el punto $(0, 0)$ debido a la propiedad fundamental de los logarítmicos.

Vértice de la curva: Al igual que las funciones exponenciales, las funciones logarítmicas no poseen un vértice de curva en el sentido tradicional. Presentan un punto de inflexión donde la concavidad de la curva cambia, que puede determinarse calculando la segunda derivada de la función y resolviendo $f''(x) = 0$.

Raíces de la función: En las funciones logarítmicas tradicionales $log_b\,(a\,x)$, las raíces son los valores de x para los cuales $f(x) = 0$. En este caso, no existen raíces negativas, ya que el dominio de la función logarítmica está restringido a $x > 0$.

Propiedades de los logaritmos:

Propiedad del logaritmo de la multiplicación:

$$\log\,(ab) = \log(a) + \log(b)$$

Propiedad del logaritmo en la división:

$$\log\,\left(\frac{a}{b}\right) = \log(a) - \log(b)$$

Propiedad del logaritmo de una potencia: $\log\,(a^n) = n\,\log(a)$

Propiedad del logaritmo de misma base: $\log_b(b) = 1$

Propiedad del logaritmo de bases iguales: $\log_a\,(a^n) = n$

Propiedad del logaritmo de una potencia: $\log_a\,(a \cdot b) = \log_a(b) + 1$

Propiedad del logaritmo de la base 1: $\log_a\,(a) = 1$ (para $a > 0$)

Propiedad del cambio de base: $\log_b\,(a) = \log_c(a)/\log_c(b)$

Donde c es cualquier base diferente de 1

Ahora unos ejemplos:

Ejemplo: Función logarítmica simple.

Función: $f(x) = log_2(x)$

Esta función utiliza una base logarítmica de 2. Por ejemplo, $f(2) = log_2(2) = 1$, $f(4) = \log_2(4) = 2$, etc.

Ejemplo: Función logarítmica con base e (logaritmo natural).

Función: $f(x) = ln(x)$

Es el logaritmo natural con base e. Por ejemplo, $f(e) = ln(e) = 1$, $f(e^2) = ln(e^2) = 2$, dado que e^x es la base de los logaritmos naturales elevada al cuadrado.

Ejemplo: Función logarítmica con factor de estiramiento.

Función: $f(x) = \log_{10}(2x)$

Aquí, la base logarítmica es 10 y hay un factor de estiramiento de 2. Por ejemplo, $f(5) = \log_{10}(10) = 1$.

Ejemplo: Función logarítmica con cambio de base.

Función: $f(x) = \log_3(x)$

En esta función, la base es 3. Por ejemplo, $f(9) = log_3(9) = 2$, ya que $3^2 = 9$.

Ahora en código:

In [24]:

```
# Ejercicio 30
import numpy as np
import matplotlib.pyplot as plt

# Definición de las funciones logarítmicas
def f_logaritmica_simple(x):
    return np.log2(x)
def f_logaritmica_natural(x):
    return np.log(x)
def f_logaritmica_estiramiento(x):
    return np.log10(2 * x)
def f_logaritmica_cambio_base(x):
    return np.log(x) / np.log(3) # Cambio de base a log base 3

# Rango de valores para x (evitando valores negativos o cero)
x_values = np.linspace(0.1, 10, 400)

# Creación de gráficos para las funciones logarítmicas
plt.figure(figsize=(12, 8))

# Gráfico de la función logarítmica simple
plt.subplot(2, 2, 1)
plt.plot(x_values, f_logaritmica_simple(x_values), label="log_2(x)")
plt.title("Función Logarítmica Simple")
plt.legend()

# Gráfico de la función logarítmica con base e
plt.subplot(2, 2, 2)
plt.plot(x_values, f_logaritmica_natural(x_values), label="ln(x)")
plt.title("Función Logarítmica con Base e")
plt.legend()

# Gráfico de la función logarítmica con factor de estiramiento
plt.subplot(2, 2, 3)
plt.plot(x_values, f_logaritmica_estiramiento(x_values), label="log_10(2x)")
plt.title("Función Logarítmica con Factor de Estiramiento")
plt.legend()

# Gráfico de la función logarítmica con cambio de base
plt.subplot(2, 2, 4)
plt.plot(x_values, f_logaritmica_cambio_base(x_values), label="log_3(x)")
plt.title("Función Logarítmica con Cambio de Base")
plt.legend()
plt.tight_layout()
plt.show()
```

Out [24]:

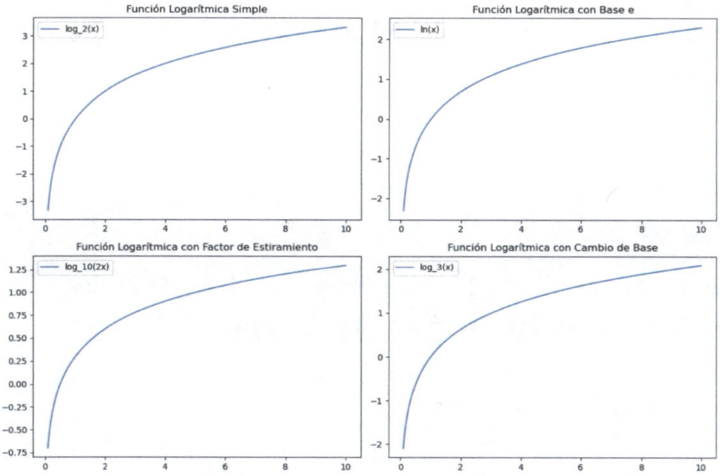

3.11 Funciones radicales

Las funciones radicales, también conocidas como funciones de raíz cuadrada o funciones de raíz cubica, son aquellas en las que la variable independiente aparece bajo el signo de una raíz. Se establece bajo la forma de $f(x) = \sqrt[a]{b\,x}$, donde a es un valor racional y x puede tomar cualquier número real positivo cuando $x \geq 0$. [13].

Dominio: El dominio de una función radical está determinado por las restricciones en la variable independiente que hacen que el radicando sea no negativo. Por ejemplo, en una función de raíz cuadrada $f(x) = \sqrt{x}$, el dominio es $x \geq 0$ porque la raíz cuadrada de un número negativo, no está definida en los reales.

Asíntotas verticales: Las funciones radicales pueden tener asíntotas verticales en los puntos donde el radicando se hace cero o no está definido. Estos puntos representan discontinuidades en la función.

Propiedades de los radicales:

Propiedad de los radicales en la multiplicación: $\sqrt[n]{a\,b} = \sqrt[n]{a} \cdot \sqrt[n]{b}$

Propiedad de los radicales en división: $\sqrt[n]{\frac{a}{b}} = \frac{\sqrt[n]{a}}{\sqrt[n]{b}}$ donde $b \neq 0$

Propiedad de la potencia: $\sqrt[n]{a^m} = (\sqrt[n]{a})^m$

Propiedad de iguales bases: $\sqrt[n]{a^n} = a$

Ahora unos ejemplos:

Ejemplo: Función de raíz cuadrada básica.

Función: $f(x) = \sqrt{x}$

Esta es la función radical más común. El dominio es $x \geq 0$. Por ejemplo, $f(4) = \sqrt{4} = 2$ y $f(9) = \sqrt{9} = 3$.

Ejemplo: Función de raíz cúbica.

Función: $f(x) = \sqrt[3]{x}$

A diferencia de la raíz cuadrada, la raíz cúbica está definida en los números reales. Por ejemplo, $f(8) = \sqrt[3]{8} = 2$ y $f(-8) = \sqrt[3]{-8} = -2$.

Ejemplo: Función radical con factor de escala.

Función: $f(x) = \sqrt{2x}$

Aquí, la variable x está escalada por un factor de 2. El dominio sigue siendo $x \geq 0$. Por ejemplo, $f(2) = \sqrt{2 \cdot 2} = 2$

Ejemplo: Función radical con término adicional.

Función: $f(x) = \sqrt{x+4}$

En esta función, el radicando se incrementa en 4. El dominio es $x \geq -4$. Por ejemplo, $f(-4) = \sqrt{-4+4} = 0$ y $f(0) = \sqrt{0+4} = 2$.

Ahora en código:

In [25]:

```
# Ejercicio 31
import numpy as np
import matplotlib.pyplot as plt

# Definición de las funciones radicales
def f_raiz_cuadrada(x):
    return np.sqrt(x)
def f_raiz_cubica(x):
    return np.cbrt(x)
def f_radical_escala(x):
    return np.sqrt(2 * x)
def f_radical_termino_adicional(x):
    return np.sqrt(x + 4)

# Rango de valores para x
x_values1 = np.linspace(0, 10, 400) # Para raíz cuadrada y raíz con
    escala
```

```
x_values2 = np.linspace(-10, 10, 400) # Para raíz cúbica y raíz con término adicional

# Creando los gráficos
plt.figure(figsize=(12, 8))

# Gráfico de la función de raíz cuadrada
plt.subplot(2, 2, 1)
plt.plot(x_values1, f_raiz_cuadrada(x_values1), label="Sqrt(x)")
plt.title("Función de Raíz Cuadrada")
plt.legend()

# Gráfico de la función de raíz cúbica
plt.subplot(2, 2, 2)
plt.plot(x_values2, f_raiz_cubica(x_values2), label="x**(1/3")
plt.title("Función de Raíz Cúbica")
plt.legend()

# Gráfico de la función radical con factor de escala
plt.subplot(2, 2, 3)
plt.plot(x_values1, f_radical_escala(x_values1), label="Sqrt(2x)")
plt.title("Función Radical con Factor de Escala")
plt.legend()

# Gráfico de la función radical con término adicional
plt.subplot(2, 2, 4)
plt.plot(x_values2, f_radical_termino_adicional(x_values2), label="Sqrt(x+4)")
plt.title("Función Radical con Término Adicional")
plt.legend()
plt.tight_layout()
plt.show()
```

Out [25]:

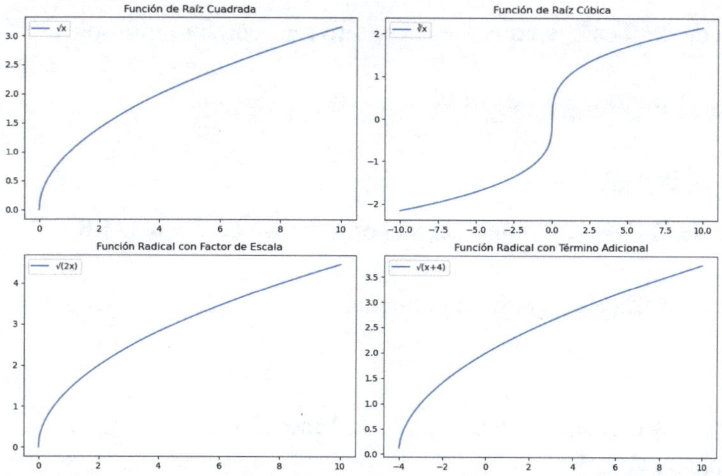

3.12 Función parte entera

La función parte entera, es también conocida como la función distancia mínima, o redondeo, tiene la característica de asignar el valor entero más cercano, se denota como $f(x) = [x]$, pero cuando el valor es una distancia que esta exactamente a igual distancia que la parte entera superior como de la parte entera inferior como el 0.5, se lo asigna como el valor superior. Por ejemplo, $[3{,}49] = 3$, $[3{,}51] = 4$ y $[3{,}5] = 4$. Sus propiedades son:

Gráfica: La gráfica de la función parte entera es una sucesión de segmentos horizontales que conectan los puntos de coordenadas $(n,\ n)$ para cada entero n. Estos segmentos forman escalones ascendentes a lo largo del eje x, se diferencia de la función parte entera inferior y parte entera superior, la función toma la mitad de uno y toma la mitad del otro, es decir que en la parte final es igual a la función parte entera superior, y en la parte final es igual a la función parte entera inferior.

Propiedades de la curva:

Propiedades de la suma:	$[x + y] = [x] + [y] - [x - y]$
Propiedades de la resta:	$[x] - [y] \leq x - y < [x] - [y] + 1$
Propiedades de la multiplicación:	$[x \cdot y] \leq [x] \cdot [y]$ para todo $x,\ y > 0$
Propiedad de límite superior:	$[x] \leq x < [x] + 1$

Ahora unos ejemplos:

Ejemplo: Parte entera de un número real positivo.

Ejemplo: $f(x) = [3{,}49]$

La parte entera de 3.49 es 3, ya que 3 es el entero más cercano inferior.

Ejemplo: Parte entera de un número negativo.

Ejemplo: $f(x) = [-1{,}8]$

La parte entera de -1.8 es -2, ya que -2 es el entero más cercano a -1.8.

Ejemplo: Parte entera con fracción decimal pequeña.

Ejemplo: $f(x) = [5{,}001]$

La parte entera más cercana de 5.001 es 5, la función parte entera lo redondeará hacia abajo a 5.

Ejemplo: Parte entera con una función cuadrática.

Ejemplo: $f(x) = [x^2 - 1{,}51x]$ para $x = 2$

Primero calculamos: $2^2 - 1{,}51 \cdot 2 = 4 - 3{,}02 = 0{,}98$

Luego aplicamos la función parte entera: $[0{,}98] = 1$.

Ahora en código:

In [26]:

```
# Ejercicio 32
import numpy as np
import matplotlib.pyplot as plt
import math

# Definición de la función parte entera
def parte_entera(x):
    if x - math.floor(x) == 0.5: # Si la fracción es exactamente 0.5
        return math.ceil(x) # Redondea hacia arriba
    else:
        return math.floor(x) # Redondea hacia abajo

# Creando un rango de valores para x
x_values1 = np.linspace(3.4, 3.6, 400) # Para el primer ejemplo
x_values2 = np.linspace(-2, -1.5, 400) # Para el segundo ejemplo
x_values3 = np.linspace(5, 5.5, 400) # Para el tercer ejemplo
x_values4 = np.linspace(1.5, 2.5, 400) # Para el cuarto ejemplo

# Creación de gráficos
plt.figure(figsize=(12, 8))

# Gráfico de la función parte entera de un número real positivo
plt.subplot(2, 2, 1)
plt.plot(x_values1, [parte_entera(x) for x in x_values1], label="[3.5]
    ")
plt.title("Función Parte Entera de un Número Real Positivo")
plt.legend()

# Gráfico de la función parte entera de un número negativo
plt.subplot(2, 2, 2)
plt.plot(x_values2, [parte_entera(x) for x in x_values2], label="
    [-1.8]")
plt.title("Función Parte Entera de un Número Negativo")
plt.legend()

# Gráfico de la función parte entera con fracción decimal pequeña
plt.subplot(2, 2, 3)
plt.plot(x_values3, [parte_entera(x) for x in x_values3], label="
    [5.001]")
```

```
plt.title("Función Parte Entera con Fracción Decimal Pequeña")
plt.legend()

# Gráfico de la función parte entera con una función cuadrática
plt.subplot(2, 2, 4)
plt.plot(x_values4, [parte_entera(x**2 - 1.51 * x) for x in x_values4
    ], label="[x^2 - 1.51x]")
plt.title("Función Parte Entera con una Función Cuadrática")
plt.legend()
plt.tight_layout()
plt.show()
```

Out [26]:

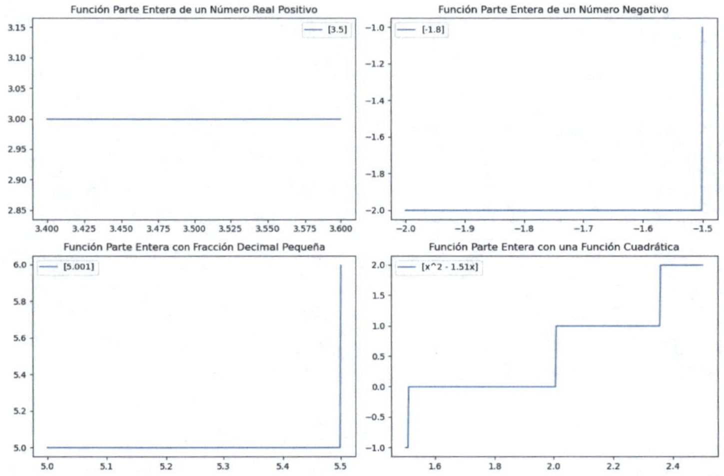

3.13 Función signo

Las funciones signo o signum son herramientas fundamentales en el ámbito matemático, especialmente en el análisis de la naturaleza de los números. Estas funciones asignan un valor específico a cada número real, dependiendo de su signo. Específicamente, asignan el valor de +1 a todo número positivo, el valor de -1 a todo número negativo, y no definen un valor para el número cero,[7] por tanto las funciones signo se denotan como:

$$f(x) = sgn(x) = \frac{|x|}{x} parax \neq 0$$

Esta función presenta las siguientes características:

[7]Baldor J.A. (1998). "Geometría Plana del Espacio: Con una Introducción a la Trigonometría". México DF, México. Publicaciones Cultural. Decima Quinta Reimpresión.

$$f(x) = \ sgn(x) = \begin{cases} 1 : para\ todo\ x > 0 \\ \nexists\ : para\ todo\ x = 0 \\ -1 : \ para\ todo\ x < 0 \end{cases}$$

Aunque teóricamente la función signo no está definida en $x = 0$, en la práctica, algunos softwares y matemáticos asignan el valor $sgn(0) = 0$. Esta convención puede simplificar ciertos cálculos y análisis, aunque también puede generar discusiones sobre la consistencia y coherencia matemática, asignan que $sgn(0) = 0$. El Dominio es $D_f : \ x \in \ \mathbb{R}; C_f : \ -1, \ 1; x \neq 0$. Ahora unos ejemplos. Ejemplo para $x > 0$:

Para $x = 3$, tenemos $sgn(3) = \frac{|3|}{3} = \frac{3}{3} = 1$

Ejemplo para $x = 0$:

Teóricamente, la función signo no está definida para $x = 0$, pero algunas convenciones asignan $sgn(0) = 0$.

Ejemplo para $x < 0$:

Para $x = -2$, tenemos $sgn(-2) = \frac{|-2|}{-2} = \frac{2}{-2} = -1$

Otro ejemplo para $x > 0$:

Para $x = \frac{1}{2}$, tenemos $sgn(1/2) = \frac{|\frac{1}{2}|}{\frac{1}{2}} = \frac{\frac{1}{2}}{\frac{1}{2}} = 1.$

Ahora en código:

In [27]:

```
# Ejercicio 33
import numpy as np
import matplotlib.pyplot as plt

# Definición de la función signo
def signo(x):
    if x > 0:
        return 1
    elif x < 0:
        return -1
    else:
        return 0

# Creando un rango de valores para x
x_values = np.linspace(-3, 3, 400)

# Creación de gráficos
plt.figure(figsize=(12, 8))
```

```

# Gráfico de la función signo de un número negativo y cercano a cero
plt.subplot(2, 2, 1)
plt.plot(x_values, [signo(x) for x in x_values], label="sgn(x)")
plt.title("Función Signo")
plt.xlabel("x")
plt.ylabel("sgn(x)")
plt.legend()
plt.subplot(2, 2, 2)
plt.plot(x_values, [signo(x) for x in x_values], label="sgn(-2)")
plt.title("Función Signo de un Número Negativo")
plt.xlabel("x")
plt.ylabel("sgn(x)")
plt.ylim(-2, 2)
plt.legend()

# Gráfico de la función signo de un número cercano a cero y positivo
plt.subplot(2, 2, 3)
plt.plot(x_values, [signo(x) for x in x_values], label="sgn(0.5)")
plt.title("Función Signo de un Número Cercano a Cero")
plt.xlabel("x")
plt.ylabel("sgn(x)")
plt.ylim(-2, 2)
plt.legend()
plt.subplot(2, 2, 4)
plt.plot(x_values, [signo(x) for x in x_values], label="sgn(2)")
plt.title("Función Signo de un Número Positivo")
plt.xlabel("x")
plt.ylabel("sgn(x)")
plt.ylim(-2, 2)
plt.legend()
plt.tight_layout()
plt.show()
```

Out [27]:

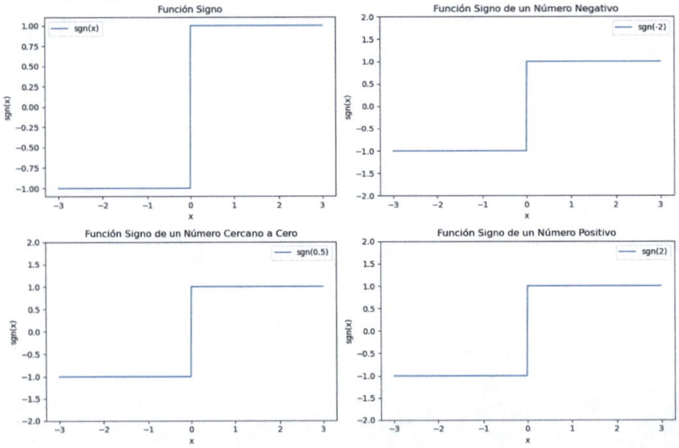

3.14 Funciones trigonométricas

Las funciones trigonométricas son un conjunto de funciones matemáticas que fueron extraídas de un análisis sobre una circunferencia o más propiamente, de un círculo, en la cual describen asociaciones entre los ángulos y los triángulos. En un libro posterior sobre trigonometría se analizarán a detalle las funciones trigonométricas, aquí solamente las propiedades para el uso sobre cálculo. Estas funciones son:[1].

1) **Función seno:** Que en un triángulo rectángulo que se forma de unir una recta con un círculo, el seno de un ángulo agudo es la longitud del cateto opuesto, dividido por la longitud de la hipotenusa. Se denota $f(x) = sen(x)$. Con dominio en $D_f : x \in \mathbb{R}$
2) **Función coseno:** Que en un triángulo rectángulo que se forma de unir una recta con un círculo, el coseno de un ángulo agudo es la longitud del cateto adyacente, dividido por la longitud de la hipotenusa. Se denota $f(x) = cos(x)$. Con dominio en $D_f : x \in \mathbb{R}$
3) **Función tangente:** Que en un triángulo rectángulo que se forma de unir una recta con un círculo, la tangente de un ángulo agudo es la longitud del cateto opuesto, dividido por la longitud del cateto adyacente.[11] Se denota $f(x) = tan(x) = tg(x) = sen(x)/cos(x)$. Con dominio en $D_f : x \in \mathbb{R}$ y $x \neq \frac{2n+1}{2}\pi$
4) **Función secante:** El secante de un ángulo en un triángulo rectángulo, es el recíproco (inverso) del coseno de ese ángulo. Se denota $f(x) = \sec(x) = \frac{1}{\cos(x)}$. Con dominio en $D_f : x \in \mathbb{R}$ y $x \neq \frac{2n+1}{2}\pi$
5) **Función cosecante:** El cosecante de un ángulo en un triángulo rectángulo, es el recíproco (inverso) del seno de ese ángulo. Se denota $f(x) = \csc(x) = \frac{1}{sen(x)}$. Con dominio en $D_f : x \in \mathbb{R}$ y $x \neq n\pi$
6) **Función cotangente:** El cotangente de un ángulo en un triángulo rectángulo, la división entre el coseno y el seno.[10] Se denota $f(x) = Ctg(x) = \frac{\cos(x)}{sen(x)}$. Con dominio en $D_f : x \in \mathbb{R}$ y $x \neq n\,\pi$

Ahora unos ejemplos:

Función seno:

Para un ángulo de $\pi/6$ radianes, el seno es $sen(\pi/6) = 1/2$.

Para un ángulo de $3\pi/4$ radianes, el seno es $sen(3\pi/4) = \sqrt{2}/2$.

Para un ángulo de $5\pi/3$ radianes, el seno es $sen(5\pi/3) = -\sqrt{3}/2$.

Función coseno:

Para un ángulo de $\pi/3$ radianes, el coseno es $cos(\pi/3) =$

$1/2$.

Para un ángulo de $5\pi/4$ radianes, el coseno es $cos(5\pi/4) = -\sqrt{2}/2$.

Para un ángulo de $7\pi/6$ radianes, el coseno es $cos(7\pi/6) = -\sqrt{3}/2$.

Función tangente:

Para un ángulo de $\pi/4$ radianes, la tangente es $tg(\pi/4) = 1$. Para un ángulo de $\pi/6$ radianes, la tangente es $tg(\pi/6) = \sqrt{3}/3$. Para un ángulo de $3\pi/4$ radianes, la tangente es $tg(3\pi/4) = -1$.

Función cosecante:

Para un ángulo de $\pi/4$ radianes, la cosecante es $\csc\left(\frac{\pi}{4}\right) = \frac{1}{sen\left(\frac{\pi}{4}\right)} = \frac{1}{\frac{\sqrt{2}}{2}} = \sqrt{2}$

Para un ángulo de $\pi/3$ radianes, la cosecante es $\csc\left(\frac{\pi}{3}\right) = \frac{1}{sen\left(\frac{\pi}{3}\right)} = \frac{1}{\frac{\sqrt{3}}{2}} = \frac{2}{\sqrt{3}}$ Para un ángulo de $\pi/6$ radianes, la cosecante es $\csc\left(\frac{\pi}{6}\right) = \frac{1}{sen\left(\frac{\pi}{6}\right)} = \frac{1}{\frac{1}{2}} = 2$

Función secante:

Para un ángulo de $\pi/4$ radianes, la secante es $\sec\left(\frac{\pi}{4}\right) = \frac{1}{\cos\left(\frac{\pi}{4}\right)} = \frac{1}{\frac{\sqrt{2}}{2}} = \sqrt{2}$

Para un ángulo de $\pi/3$ radianes, la secante es $\sec\left(\frac{\pi}{3}\right) = \frac{1}{\cos\left(\frac{\pi}{3}\right)} = \frac{1}{\frac{1}{2}} = 2$

Para un ángulo de $\pi/6$ radianes, la secante es $\sec\left(\frac{\pi}{6}\right) = \frac{1}{\cos\left(\frac{\pi}{6}\right)} = \frac{1}{\frac{\sqrt{3}}{2}} = \frac{2}{\sqrt{3}}$

Función cotangente:

Para un ángulo de $\pi/4$ radianes, la cotangente es $ctg\left(\frac{\pi}{4}\right) = \frac{1}{tg\left(\frac{\pi}{4}\right)} = \frac{1}{1} = 1$

Para un ángulo de $\pi/3$ radianes, la cotangente es $ctg\left(\frac{\pi}{3}\right) = \frac{1}{tg\left(\frac{\pi}{3}\right)} = \frac{1}{\frac{\sqrt{3}}{3}} = \sqrt{3}$ Para un ángulo de $\pi/6$ radianes, la cotangente es $ctg\left(\frac{\pi}{6}\right) = \frac{1}{tg\left(\frac{\pi}{6}\right)} = \frac{1}{\frac{\sqrt{3}}{3}} = \sqrt{3}$

Ahora en código:

```
In [28]:
```

```python
# Ejercicio 34
import numpy as np
import matplotlib.pyplot as plt

# Definición de las funciones trigonométricas
def sin(x):
    return np.sin(x)
def cos(x):
    return np.cos(x)
def tan(x):
    return np.tan(x)
def csc(x):
    return 1 / np.sin(x)
def sec(x):
    return 1 / np.cos(x)
def cot(x):
    return 1 / np.tan(x)

# Creando un rango de valores para x
x_values = np.linspace(-2*np.pi, 2*np.pi, 1000)

# Creación de gráficos
plt.figure(figsize=(12, 8))

# Graficando la función seno
plt.subplot(2, 3, 1)
plt.plot(x_values, sin(x_values), label='sen(x)', color='blue')
plt.title('Función Seno')
plt.xlabel('x')
plt.ylabel('sen(x)')
plt.legend()

# Graficando la función coseno
plt.subplot(2, 3, 2)
plt.plot(x_values, cos(x_values), label='cos(x)', color='green')
plt.title('Función Coseno')
plt.xlabel('x')
plt.ylabel('cos(x)')
plt.legend()

# Graficando la función tangente
plt.subplot(2, 3, 3)
plt.plot(x_values, tan(x_values), label='tan(x)', color='red')
plt.title('Función Tangente')
plt.xlabel('x')
plt.ylabel('tan(x)')
plt.ylim(-10, 10)
plt.legend()

# Graficando la función cosecante
plt.subplot(2, 3, 4)
```

```
plt.plot(x_values, csc(x_values), label='csc(x)')
plt.title('Función Cosecante')
plt.xlabel('x')
plt.ylabel('csc(x)')
plt.ylim(-10, 10)
plt.legend()

# Graficando la función secante
plt.subplot(2, 3, 5)
plt.plot(x_values, sec(x_values), label='sec(x)')
plt.title('Función Secante')
plt.xlabel('x')
plt.ylabel('sec(x)')
plt.ylim(-10, 10)
plt.legend()

# Graficando la función cotangente
plt.subplot(2, 3, 6)
plt.plot(x_values, cot(x_values), label='cot(x)')
plt.title('Función Cotangente')
plt.xlabel('x')
plt.ylabel('cot(x)')
plt.ylim(-10, 10)
plt.legend()
plt.tight_layout()
plt.show()
```

Out [28]:

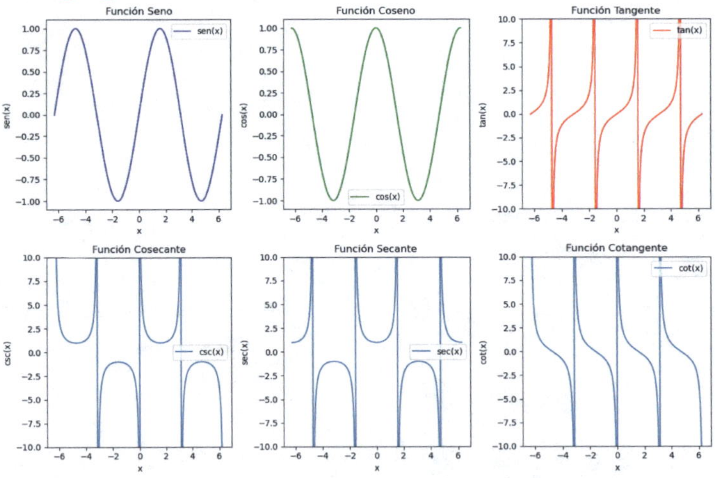

Sobre estas funciones diremos que:

Ángulos: Se considera que un ángulo es la unión de dos semirrectas, con un punto común inicial del cual se da una rotación de una de las rectas sobre la otra formando una apertura, la cual se mide en grados. Para medir los ángulos, existen tres sistemas básicos ampliamente utilizados: el sistema sexagesimal (DEG), el Sistema Centesimal (GRAD) y el sistema radiánico (RAD). En el sistema sexagesimal (DEG), una circunferencia completa se divide en 360 grados (°). Cada grado sexagesimal se divide a su vez en 60 minutos ('), y cada minuto se divide en 60 segundos ("). Por ejemplo, un ángulo de 45 grados se puede expresar como 45°45°, lo que significa 45 grados, o como 45°30'45°30', lo que indica 45 grados y 30 minutos. En el sistema centesimal (GRAD), una circunferencia completa se divide en 400 grados centesimales ($\cdot^g$). Cada grado centesimal se divide en 100 minutos ($\cdot^m$), y cada minuto se divide en 100 segundos ($\cdot^s$); Este sistema es menos común en comparación con el sistema sexagesimal, pero aún se utiliza en algunos contextos, especialmente en topografía y cartografía. Finalmente, en el sistema radiánico (RAD), una circunferencia completa tiene 2π radianes. Aquí, un radián representa el ángulo subtendido en un arco cuya longitud es igual al radio del círculo. Este sistema es particularmente útil en matemáticas y física debido a sus propiedades trigonométricas simplificadas.

$$360^\circ = 400^g = 2\pi Rad$$

Donde $Rad = \frac{180}{\pi} = 57{,}29577951\ldots$ grados.

Identidades entre funciones trigonométricas:

- **Identidad pitagórica:** $\sin^2(x) + \cos^2(x) = 1$
- **Identidad de la tangente:** $\sec^2(x) = \tan^2(x) + 1$
- **Identidad de la cotangente:** $\csc^2(x) = \cot^2(x) + 1$
- **Identidad del seno del ángulo doble:** $\sin(2x) = 2\,\sin(x)\cos(x)$
- **Identidad del coseno del ángulo doble:** $\cos(2x) = \cos^2(x) - \sin^2(x)$
- **Identidad de la tangente del ángulo doble:** $\tan(2x) = \dfrac{2\tan(x)}{1-\tan^2(x)}$
- **Identidad de suma de ángulos (seno):** $\sin(x \pm y) = \sin(x)\cos(y) \pm \cos(x)\sin(y)$
- **Identidad de suma de ángulos (coseno):** $\cos(x \pm y) = \cos(x)\cos(y) \mp \sin(x)\sin(y)$
- **Identidad de suma de ángulos (tangente):** $\tan(x \pm y) = \dfrac{\tan(x) \pm \tan(y)}{1 \mp \tan(x)\tan(y)}$
- **Identidad del seno del ángulo negativo:** $\sin(-x) = -\sin(x)$
- **Identidad del coseno del ángulo negativo:** $\cos(-x) = \cos(x)$
- **Identidad de la tangente del ángulo negativo:** $\tan(-x) =$

$-\tan(x)$

- **Identidad de seno cuadrático:** $\sin^2(x) = \dfrac{1-\cos(2x)}{2}$
- **Identidad de coseno cuadrático:** $\cos^2(x) = \dfrac{1+\cos(2x)}{2}$

Tablas trigonométricas: Las funciones trigonométricas, como el seno, coseno y tangente, son fundamentales en matemáticas y ciencias, y sus gráficas representan patrones y comportamientos característicos en diferentes sistemas de coordenadas. Estas gráficas pueden obtenerse a partir de una tabla de puntos que relaciona los valores de los ángulos con los valores de las funciones trigonométricas correspondientes. Para comprender mejor estas gráficas y sus características, es útil considerar una tabla de ángulos notables, que son valores específicos de ángulos que se encuentran comúnmente en problemas y aplicaciones. Estos ángulos notables se expresan tanto en grados sexagesimales como en radianes, ya que estos son los sistemas de medida más utilizados en trigonometría.[8] Los ángulos notables incluyen valores como 0°, 30°, 45°, 60°, 90°, así como también los correspondientes en radianes, como 0, Π/6, π/4, π/3, π/2. Estos ángulos son clave para comprender los patrones y comportamientos de las funciones trigonométricas en diferentes contextos. Por ejemplo, al trazar la gráfica del seno de un ángulo en función de ese ángulo, podemos observar que la función oscila entre -1 y 1, formando una curva ondulada repetitiva. Los ángulos notables como 0°, 90° y 180° corresponden a los puntos donde la función alcanza sus máximos y mínimos. De manera similar, al graficar el coseno o la tangente, se revelan patrones característicos que reflejan las propiedades fundamentales de estas funciones.

GRADOS	**0°**	**30°**	**45°**	**60°**	**90°**	**135°**	**180°**	**225°**	**270°**	**315°**	**360°**
RADIANES	–	$\pi/6$	$\pi/4$	$\pi/3$	$\pi/2$	$3\pi/4$	π	$5\pi/4$	$3\pi/2$	$7\pi/4$	2π
sen	–	0,5000000	0,7071068	0,8660254	1,0000	0,70710	0,0000	−0,70710	−1,0000	−0,70710	0,00000
cos	1,0000	0,8660254	0,7071068	0,5000000	0,0000	−0,70710	−1,0000	−0,70710	0,0000	0,70710	1,0000
tg	–	0,5773503	1,0000000	1,7320508	∞	−1,00000	0,0000	1,00000	∞	−1,00000	0,00000
ctg	∞	1,7320508	1,0000000	0,5773503	0,0000	−1,00000	∞	1,00000	0,0000	−1,00000	∞
sec	1,0000	1,1547005	1,4142136	2,0000000	∞	−1,41421	−1,0000	−1,41421	∞	1,41421	1,00000
csc	∞	2,0000000	1,4142136	1,1547005	1,0000	1,41421	∞	−1,41421	−1,0000	−1,41421	∞

Representación de las funciones: Establecidas las funciones trigonométricas, podemos representar de maneras más precisas para nuestro análisis de funciones, donde tendríamos:

8Chávez Reyes, Carmen & León Quintanar. (2007). "La Biblia de las Matemáticas". México D.F., México. Editorial Letrarte S.A.

$$
\begin{aligned}
&\text{Para seno:} && f(x) = a\ sen(bx + c).\\
&\text{Para coseno:} && f(x) = a\ cos(bx + c).\\
&\text{Para tangente:} && f(x) = a\ tg(bx + c).\\
&\text{Para secante:} && f(x) = a\ sec(bx + c).\\
&\text{Para cosecante:} && f(x) = a\ csc(bx + c).\\
&\text{Para cotangente:} && f(x) = a\ ctg(bx + c).
\end{aligned}
$$

Aquí, a representa la amplitud de la función (valores máximos a lo que se alcanza); el valor de b representa el ciclo o frecuencia con la que se dan las curvas; y c representa la fase o desplazamiento. Ahora unos ejemplos:

Ejemplo: Ángulos en diferentes sistemas de medida:

Convertir 45 grados sexagesimales a radianes y grados centesimales.

$$45^\circ = \frac{45\pi}{180}\, rad = 45 \cdot \frac{400}{360}\, grad$$

$$45^\circ = \frac{\pi}{4}\, rad = 50\, grad$$

Ejemplo: Identidades trigonométricas: Verificar la identidad Pitagórica para 30°:

$$sen^2(30^\circ) + \cos^2(30^\circ) = (0{,}5)^2 + (\sqrt{3}/2)^2 = 1$$

Ahora en código:

In [29]:

```
# Ejercicio 35
import numpy as np
import matplotlib.pyplot as plt

# Definir el rango de valores para el eje x (en radianes)
x = np.linspace(0, 2 * np.pi, 100) # Intervalo de 0 a 2pi

# Calcular los valores de las funciones trigonométricas
y_sin = np.sin(x)
y_cos = np.cos(x)
y_tan = np.tan(x)

# Crear la figura y los ejes
plt.figure(figsize=(10, 6))
```

```python

# Graficar la función seno
plt.plot(x, y_sin, label='sen(x)', color='blue')

# Graficar la función coseno
plt.plot(x, y_cos, label='cos(x)', color='green')

# Graficar la función tangente (evitando puntos de discontinuidad)
plt.plot(x, y_tan, label='tan(x)', color='red')
plt.ylim(-5, 5) # Limitar el rango del eje y para evitar los puntos de
    discontinuidad de la tangente

# Configurar la leyenda y los ejes
plt.legend()
plt.xlabel('Ángulo (grados)')
plt.ylabel('y')
plt.title('Gráficas de las funciones trigonométricas por ángulo')
plt.grid(True)

# Convertir los valores del eje x a grados
plt.xticks(np.arange(0, 2*np.pi + np.pi/2, np.pi/2), [f'{int(np.
    degrees(angle))} grados' for angle in np.arange(0, 2*np.pi + np.pi
    /2, np.pi/2)])

# Mostrar la gráfica
plt.show()
```

Out [29]:

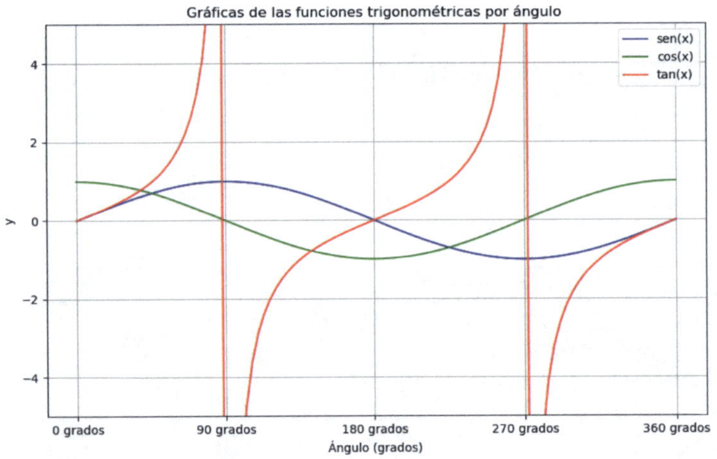

3.15 Funciones trigonométricas inversas

Las funciones trigonométricas inversas son funciones que nos permiten encontrar el ángulo cuyo seno, coseno o tangente es igual a un valor dado, porque es su reciproca. Aquí están las definiciones y propiedades de las funciones trigonométricas inversas:

1) **Función arcoseno (arcsen):** La función $arcsen(x)$ es el ángulo cuyo seno es igual a x. Se denota: $f(x) = arcsen(x)$.
Con dominio en $Df\ : -1 \leq\ x \leq 1$.
2) **Función arcocoseno (arccos):** La función $arccos(x)$ es el ángulo cuyo coseno es igual a x. Se denota: $f(x) = arccos(x)$.
Con dominio en $Df : -1 \leq x \leq 1$.
3) **Función arcotangente (arctg):** La función $arctan(x)$ es el ángulo cuya tangente es igual a x. Se denota: $f(x) = arctg(x)$.
Con dominio en $Df : -\infty < x < \infty$.
4) **Función arcocosecante (arccsc):** La función $arccsc(x)$ es el ángulo cuya cosecante es igual a x. Se denota: $f(x) = arccsc(x)$.
Con dominio en $Df : x < -1$, o $x \geq 1$ excluyendo los puntos donde el seno es cero.
5) **Función arcosecante (arcsec):** La función $arcsec(x)$ es el ángulo cuyo secante es igual a x. Se denota: $f(x) = arcsec(x)$.
Con dominio en $Df : x < -1$, o $x \geq 1$, excluyendo los puntos donde el coseno es cero.
6) **Función arcocotangente (arcctg):** La función $arcctg(x)$ es el ángulo cuya cotangente es igual a x. Se denota: $f(x) = arcctg(x)$.
Con dominio en $Df : -\infty < x < \infty$, excluyendo los puntos donde la tangente es cero.

Estas funciones inversas tienen aplicaciones en la resolución de problemas trigonométricos y en diversas áreas de las matemáticas y la ciencia. Es importante clarificar la distinción entre la función inversa y la función recíproca de una función trigonométrica. Esto es fundamental para comprender correctamente las relaciones entre estas funciones y su representación matemática. Cuando hablamos de la función inversa de una función trigonométrica, nos referimos a una función que nos permite encontrar el ángulo original a partir del valor de la función trigonométrica. Por ejemplo, la función inversa del seno se denota como $Arcsen(x)$, y nos da el ángulo cuyo seno es igual a x. Es decir, si $y = sen(x)$, entonces $x = Arcsen(y)$. Por otro lado, la función recíproca de una función trigonométrica se refiere a la función que es el recíproco de la función trigonométrica original. Por ejemplo, la función recíproca del seno es la cosecante, que se denota como $csc(x)$. Esto se expresa matemáticamente como $sin(x) = 1/csc(x)$. En otras palabras, la función recíproca nos da el valor del recíproco de la función trigonométrica para un ángulo dado. En resumen:

$$sen(x) = \frac{1}{\csc(x)} = sen^{-1}(x) = arcsen(x)$$

y la otra forma es:

$$f(x) = cos(x) \quad => \quad x = Arccos\,(f(x))$$

Es importante comprender estas distinciones para evitar confusiones al trabajar con funciones trigonométricas y sus inversas. La notación y el concepto de estas funciones son fundamentales en el estudio de las relaciones angulares y en la resolución de problemas que implican ángulos y lados de triángulos. Es decir, que, con las funciones trigonométricas inversas, lo que se obtiene, es el valor de los ángulos, que están representados por x.

Identidades de las funciones:

- **Identidad de la suma de arcoseno:** $\arcsin(x)+\arcsin(y) = \arcsin\big(x\sqrt{1-y^2}+y\sqrt{1-x^2}\big)$
- **Identidad de la resta de arcoseno:** $\arcsin(x)-\arcsin(y) = \arcsin\big(x\sqrt{1-y^2}-y\sqrt{1-x^2}\big)$
- **Identidad de la suma de arcocoseno:** $\arccos(x)+\arccos(y) = \arccos\big(xy-\sqrt{1-x^2}\sqrt{1-y^2}\big)$
- **Identidad de la resta de arcocoseno:** $\arccos(x)-\arccos(y) = \arccos\big(x\sqrt{1-y^2}+y\sqrt{1-x^2}\big)$
- **Identidad de la suma de arcotangente:** $\arctan(x)+\arctan(y) = \arctan\left(\frac{x+y}{1-xy}\right)$
- **Identidad de la resta de arcotangente:** $\arctan(x)-\arctan(y) = \arctan\left(\frac{x-y}{1+xy}\right)$

Ahora unos ejemplos, arcoseno ($arcsen$):

Ejemplo: Encuentra el ángulo cuyo seno es 0.5.

Se calcula $arcsen(0{,}5)$

Este valor corresponde a 30° o $\pi/6$ radianes.

Arcocoseno ($\arccos$):

Ejemplo: Encuentra el ángulo cuyo coseno es 0.5.

Se calcula $arccos(0{,}5)$

Este valor corresponde a 60° o $\pi/3$ radianes.

Arcotangente ($arctg$):

Ejemplo: Encuentra el ángulo cuya tangente es 1.

Se calcula $arctg(1)$

Este valor corresponde a 45° o $\pi/4$ radianes.

Suma de arcoseno mediante identidades:

Ejemplo: Calcula $arcsen(0{,}5)\ +\ arcsen(0{,}5)$.

Se calcula $arcsen(0{,}5 \cdot 0{,}5 + \sqrt{1 - 0{,}5^2} \cdot \sqrt{1 - 0{,}5^2})$

El cálculo involucra determinar el ángulo cuyo seno es el resultado de la identidad. Se puede resolver para obtener el ángulo.

$$= arcsen(0{,}25 + \sqrt{(0{,}75)(0{,}75)})$$

$$= arcsen(0{,}8995)$$

Este valor corresponde a aproximadamente 64.6°.

Suma de arcocoseno mediante identidades:

Ejemplo: Calcula $arccos(0{,}5)\ +\ arccos(0{,}5)$.

Se calcula $arcsen(0{,}5 \cdot 0{,}5 - \sqrt{1 - 0{,}5^2} \cdot \sqrt{1 - 0{,}5^2})$

Este cálculo requiere encontrar el ángulo cuyo coseno corresponde al valor obtenido.

$$= arccos(0{,}25 - \sqrt{(0{,}75)(0{,}75)})$$

$$= arccos(-0{,}3995)$$

Este valor corresponde a aproximadamente 113.6°.

Ahora en código:

In [30]:

```
# Ejercicio 36
import numpy as np
import matplotlib.pyplot as plt

# Definición de las funciones trigonométricas inversas
def arcsin(x):
    return np.arcsin(x)
def arccos(x):
    return np.arccos(x)
def arctan(x):
```

```
    return np.arctan(x)

# Creando un rango de valores para x que estén dentro del dominio de las funciones inversas
x_arcsin_arccos = np.linspace(-1, 1, 1000) # Rango válido para arcsin y arccos
x_arctan = np.linspace(-10, 10, 1000)  # Rango más amplio para arctan debido a su dominio más extenso

# Creación de gráficos
plt.figure(figsize=(12, 4))

# Graficando la función arcoseno
plt.subplot(1, 3, 1)
plt.plot(x_arcsin_arccos, arcsin(x_arcsin_arccos), label='arcsin(x)')
plt.title('Función Arcoseno')
plt.xlabel('x')
plt.ylabel('arcsin(x)')
plt.legend()

# Graficando la función arcocoseno
plt.subplot(1, 3, 2)
plt.plot(x_arcsin_arccos, arccos(x_arcsin_arccos), label='arccos(x)')
plt.title('Función Arcocoseno')
plt.xlabel('x')
plt.ylabel('arccos(x)')
plt.legend()

# Graficando la función arcotangente
plt.subplot(1, 3, 3)
plt.plot(x_arctan, arctan(x_arctan), label='arctan(x)')
plt.title('Función Arcotangente')
plt.xlabel('x')
plt.ylabel('arctan(x)')
plt.legend()
plt.tight_layout()
plt.show()
```

Out [30]:

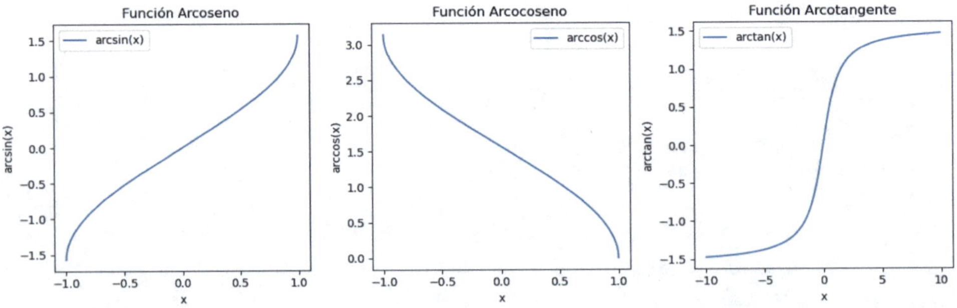

Y sobre los ángulos:

In [31]:

```
# Ejercicio 37
import numpy as np

# Arcoseno de 0.5
arcsin_value = np.arcsin(0.5)
arcsin_degrees = np.degrees(arcsin_value)

# Arcocoseno de 0.5
arccos_value = np.arccos(0.5)
arccos_degrees = np.degrees(arccos_value)

# Arcotangente de 1
arctan_value = np.arctan(1)
arctan_degrees = np.degrees(arctan_value)
arcsin_value, arcsin_degrees, arccos_value, arccos_degrees,
    arctan_value, arctan_degrees
```

Out [31]:

```
(0.5235987755982988,
 29.999999999999996,
 1.0471975511965976,
 59.99999999999999,
 0.7853981633974483,
 45.0)
```

3.16 Funciones trigonométricas hiperbólicas

Las funciones trigonométricas hiperbólicas, son un conjunto de funciones creadas a partir de la hipérbola, representadas en términos de funciones exponenciales, por sus propiedades. Estas funciones son:[13].

1) **Función seno hiperbólico (senh):** El seno hiperbólico de un número real x, se define como la mitad de la diferencia entre exponencial que se denotan de la siguiente manera: Con dominio en $Df\ : x \in\ \mathbb{R}$:

$$senh(x) = \frac{e^x - e^{-x}}{2}$$

2) **Función coseno hiperbólico (cosh):** El coseno hiperbólico de un número real x se define como la mitad de la suma entre exponenciales, que vienen definidos de la siguiente manera: Con dominio en $Df\ : x \in\ \mathbb{R}\ y$ si $x \neq n\pi$:

$$cosh(x) = \frac{e^x + e^{-x}}{2}$$

3) **Función tangente hiperbólica (tgh):** La tangente hiperbólica de un número real x se define como el cociente entre el seno hiperbólico y el coseno hiperbólico, que vienen denotados de la siguiente manera. Con dominio en $Df\ : x \in\ \mathbb{R}$ y si $x \neq n\pi$:

$$tgh(x) = \frac{e^x - e^{-x}}{e^x + e^{-x}}$$

4) **Función secante hiperbólica (sech):** La Secante hiperbólica de un número real x se define como el recíproco del coseno hiperbólico, que viene denotado con dominio en $Df\ : x \in\ \mathbb{R}$.

$$cosech(x) = \frac{2}{e^x + e^{-x}}$$

5) **Función cosecante hiperbólica (cosech):** La Cosecante hiperbólica de un número real x se define como el recíproco del seno hiperbólico, que viene denotado con dominio en $Df\ : x \in\ \mathbb{R}$ y si $x \neq n\pi$.

$$csch(x) = \frac{2}{e^x - e^{-x}}$$

6) **Función cotangente hiperbólica (ctgh):** La cotangente hiperbólica de un número real x se define como el recíproco de la tangente hiperbólica, que viene denotado como[18], con dominio en $Df\ : x \in\ \mathbb{R}$ y si $x \neq n\pi$:

$$ctgh = \frac{e^x + e^{-x}}{e^x - e^{-x}}$$

Identidades de las funciones trigonométricas hiperbólicas:

- **Identidad pitagórica hiperbólica:**
$$\cosh^2(x) - \sinh^2(x) = 1$$
- **Identidad entre sech y tanh:**
$$\frac{1}{\cosh^2(x)} = 1 - \left(\frac{\sinh(x)}{\cosh(x)}\right)^2$$
- **Identidad entre csch y coth:**
$$\frac{1}{\sinh^2(x)} = \frac{\cosh^2(x)}{\sinh^2(x)} - 1$$
- **Identidad de la suma y resta del seno hiperbólico:** $\sinh(x \pm y) = \sinh(x)\cosh(y) \pm \cosh(x)\sinh(y)$
- **Identidad de la suma y resta del coseno hiperbólico:** $\cosh(x \pm y) = \cosh(x)\cosh(y) \pm \sinh(x)\sinh(y)$
- **Identidad de la suma y resta de la tangente hiperbólica:**

$$\tanh(x \pm y) = \frac{\tanh(x) \pm \tanh(y)}{1 \pm \tanh(x)\tanh(y)}$$

Ahora unos ejemplos:

Función seno hiperbólico ($senh$):

La Función: $senh(x) = \frac{e^x - e^{-x}}{2}$

Para $x = 1$: $senh(1) = \frac{e^1 - e^{-1}}{2} = \frac{e - \frac{1}{e}}{2} = \frac{\frac{e^2-1}{e}}{2} = \frac{e^2-1}{2e} \approx 1,175\ldots$

Función coseno hiperbólico (cosh):

La Función: $cosh(x) = \frac{e^x + e^{-x}}{2}$

Para $x = 1$: $cosh(1) = \frac{e^1 + e^{-1}}{2} = \frac{e + \frac{1}{e}}{2} = \frac{\frac{e^2+1}{e}}{2} = \frac{e^2+1}{2e} \approx 1,543\ldots$

Función tangente hiperbólica (tanh):

La Función: $tgh(x) = \frac{e^x - e^{-x}}{e^x + e^{-x}}$

Para $x = 1$: $tgh(1) = \frac{e^1 - e^{-1}}{e^x + e^{-x}} \approx 0,761\ldots$

Ahora en código:

In [32]:

```
# Ejercicio 38
import numpy as np
import matplotlib.pyplot as plt

# Definir el rango de valores para x
x = np.linspace(-5, 5, 400)

# Calcular las funciones hiperbólicas
sinh_x = np.sinh(x)
cosh_x = np.cosh(x)
tanh_x = np.tanh(x)
sech_x = 1 / np.cosh(x)
csch_x = 1 / np.sinh(x)
coth_x = 1 / np.tanh(x)

# Crear las gráficas para cada función
plt.figure(figsize=(10, 8))
plt.subplot(321)
plt.plot(x, sinh_x, label='sinh(x)')
plt.title('Seno Hiperbólico')
```

```python
plt.legend()
plt.subplot(322)
plt.plot(x, cosh_x, label='cosh(x)')
plt.title('Coseno Hiperbólico')
plt.legend()
plt.subplot(323)
plt.plot(x, tanh_x, label='tanh(x)')
plt.title('Tangente Hiperbólica')
plt.legend()
plt.subplot(324)
plt.plot(x, sech_x, label='sech(x)')
plt.title('Secante Hiperbólica')
plt.legend()
plt.subplot(325)
plt.plot(x, csch_x, label='csch(x)')
plt.title('Cosecante Hiperbólica')
plt.legend()
plt.subplot(326)
plt.plot(x, coth_x, label='coth(x)')
plt.title('Cotangente Hiperbólica')
plt.legend()
plt.tight_layout()
plt.show()
```

Out [32]:

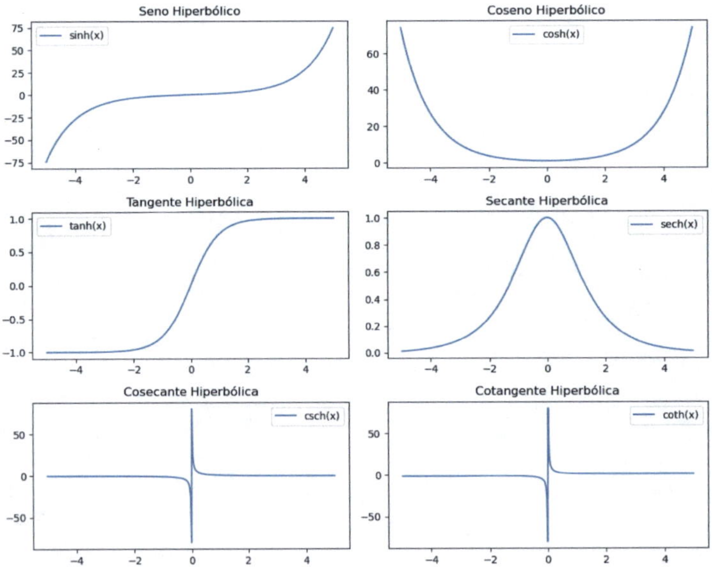

3.17 Resumen

En resumen, se tienen los siguientes puntos relevantes del capítulo:

3.1 Definiciones en funciones.

El dominio de una función se define como el conjunto de todas las entradas posibles (valores de x) para las cuales la función está definida. Por otro lado, el recorrido o imagen es el conjunto de todas las salidas posibles (valores de y) que la función puede producir. Se describen varios tipos de funciones basados en sus propiedades de mapeo entre dominios y co-dominios. Esto incluye funciones inyectivas, suryectivas y biyectivas, cada una con características únicas en términos de cómo los elementos del dominio se mapean a los del co-dominio.

3.2. Operaciones entre funciones.

Se aborda cómo realizar operaciones aritméticas estándar como suma, resta, multiplicación y división entre funciones, destacando la importancia de considerar los dominios sobre los cuales estas operaciones son válidas. Una exploración más profunda de los tipos específicos de funciones, incluyendo constantes, lineales, cuadráticas, y otras más complejas como las trigonométricas y exponenciales. Cada tipo de función se discute en términos de sus características gráficas y algebraicas.

3.3 Funciones constantes.

Las funciones constantes asignan a cualquier entrada el mismo valor constante, resultando en una gráfica que es una línea horizontal. Estas funciones son útiles para modelar situaciones donde los cambios en una variable no afectan a otra.

3.4 Funciones polinómicas - lineales.

Las funciones lineales son polinomios de grado uno, representados generalmente en la forma $f(x) = mx + b$, donde m es la pendiente y b la ordenada al origen. Su gráfica es una línea recta, y la pendiente determina su inclinación.

3.5 Funciones polinómicas - cuadráticas.

Las funciones cuadráticas son polinomios de grado dos, expresadas generalmente como $f(x) = ax^2 + bx + c$. Su gráfica forma una parábola, que puede abrir hacia arriba o hacia abajo dependiendo del signo de a.

3.6 Funciones polinómicas - cúbicas.

Las funciones cúbicas son polinomios de grado tres y se expresan en la forma $f(x) = ax^3 + bx^2 + cx + d$. Su gráfica muestra una curva que puede tener uno o dos puntos de inflexión y varía considerablemente en forma dependiendo de los coeficientes.

3.7 Funciones polinómicas - de mayor grado.

Las funciones polinómicas de grado superior tienen gráficas que pueden presentar múltiples máximos y mínimos locales, así como puntos de inflexión. No hay una fórmula general para encontrar vértices en estos polinomios de alto grado.

3.8 Funciones racionales.

Estas funciones son cocientes de dos polinomios. Estas funciones pueden tener asíntotas verticales y horizontales, dependiendo de los grados de los polinomios en el numerador y el denominador.

3.9 Funciones exponenciales.

Las funciones exponenciales tienen la forma $f(x) = a \cdot b^x$, donde b es una constante positiva. Estas funciones muestran un crecimiento o decrecimiento rápido y tienen aplicaciones en áreas que incluyen la demografía y las ciencias financieras.

3.10 Funciones logarítmicas.

Las funciones logarítmicas están definidas por la fórmula $f(x) = \log_b(ax)$, donde b es la base y a es un factor de escala. Estas funciones tienen un crecimiento o decrecimiento que depende de si b es mayor o menor que uno, respectivamente. Presentan asíntotas verticales en $x = 0$ y siempre pasan por el punto $(0, 0)$.

3.11. Funciones radicales.

Involucran raíces de la forma $f(x) = \sqrt[b]{ax}$, donde a y b son coeficientes que afectan la forma de la función. Su dominio se limita a valores de x que mantengan el radicando no negativo, y pueden presentar discontinuidades donde el radicando es cero.

3.12. Función parte entera.

Denotada como $[x]$, esta función también redondea hacia el entero más cercano, pero puede comportarse diferente en puntos como 0,5, dependiendo de la convención utilizada (usualmente redondea hacia arriba en este caso).

3.13. Función signo.

Identifica si un número x es positivo, negativo, o cero. Asigna valores de +1, -1, y 0 respectivamente. Esta función muestra el manejo de condiciones y en la programación para decisiones basadas en el signo de un número.

3.14. Funciones trigonométricas.

Incluyen las funciones seno, coseno, y tangente, que son fundamentales en el estudio de triángulos y círculos. Estas funciones describen relaciones entre los ángulos y los lados de los triángulos en un contexto geométrico y son periódicas.

3.15. Funciones trigonométricas inversas.

Las funciones trigonométricas inversas permiten encontrar ángulos cuyo seno, coseno, tangente, cosecante, secante y cotangente corresponden a valores dados. Estas funciones son fundamentales para resolver triángulos cuando se conocen ciertas relaciones de los lados.

3.16. Funciones trigonométricas hiperbólicas.

Estas funciones, similares a las trigonométricas pero basadas en la hipérbola, incluyen el seno hiperbólico, el coseno hiperbólico, la tangente hiperbólica, la secante hiperbólica, la cosecante hiperbólica y por último la cotangente hiperbólica. Son útiles en muchos campos de la ciencia e ingeniería debido a sus propiedades analíticas especiales.

3.18 Problemas y sus Soluciones

Se tienen los siguientes problemas y soluciones:

1. ¿Cuál es el dominio de la función $\mathbf{f(x)} = \sqrt{\mathbf{x+5}}$?

A) $x \geq -5$.
B) $x > -5$.
C) $x \geq 5$.
D) $x > 0$.
E) $x \geq 0$.
F) Todas las anteriores.

2. ¿Qué representa la función $\mathbf{g\,(x)} = \frac{\mathbf{1}}{\mathbf{x-3}}$ cuando $\mathbf{x = 3}$?

A) 0.
B) 1.
C) No está definida.
D) 2.
E) -1.
F) Infinito.

3. Si $\mathbf{m\,(x)} = \frac{\sqrt{\mathbf{x}}}{\mathbf{x-5}}$ ¿cuál de las siguientes afirmaciones es correcta sobre su dominio?

A) $x \neq 5$.
B) $x \geq 0$.
C) $x > 5$.
D) $x \in [0, 5) \cup (5, \infty)$.
E) $x \in [0, \infty)$.
F) $x \in (-\infty, 5) \cup (5, \infty)$.

4. ¿Cuál es el valor de $\mathbf{n\,(x)} = \frac{\mathbf{1}}{\sqrt{\mathbf{9-x}}}$ cuando $\mathbf{x = 8}$?

A) 1.
B) 3.
C) 9.
D) 1/3.
E) 1/9.
F) $1/\sqrt{2}$.

5. Si $\mathrm{p}\,(\mathrm{x}) = \frac{1}{\sqrt{\mathbf{x^2+5x+6}}}$ **¿cuál es una restricción necesaria para su dominio?**

A) $x \neq -2$.
B) $x \neq -3$.
C) $x \neq 2$.
D) $x \neq 3$.
E) $x \neq -2, -3$.
F) $x \neq 2, 3$.

6. ¿Qué valor debe tomar x **para que** $\mathrm{q}(\mathrm{x}) = \mathbf{log}(\mathrm{x} - \mathbf{100}$ **esté bien definida?**

A) $x > 100$.
B) $x \geq 100$.
C) $x < 100$.
D) $x \leq 100$.
E) $x = 100$.
F) $x \neq 100$.

7. En la función $\mathrm{r}\,(\mathrm{x}) = \frac{\mathbf{x^2-4}}{\mathbf{x-2}}$ **¿cuál es el valor de** $\mathrm{r}(\mathbf{2})$?

A) 0.
B) 2.
C) 4.
D) No está definida.
E) 8.
F) 1.

8. Si $\mathrm{s}\,(\mathrm{x}) = \frac{1}{\sqrt{\mathbf{x-1}}}$ **¿qué valor de** x **está excluido del dominio?**

A) 0.
B) 1.
C) -1.
D) 2.
E) No hay valores excluidos.
F) Todos los valores son válidos.

9. ¿Cuál es el co-dominio de la función $\mathrm{t}(\mathrm{x}) = \mathbf{2x^2{+}3x + 1}$**?**

A) $y \geq 7/8$.
B) $y > 0$.
C) $y \geq -1/8$.
D) $y \in R$.

E) $y \leq 0$.
F) $y < 0$.

10. En Python.¿Cuál es el dominio de la función $\mathbf{f(x) = x + 6}$?

11. En Python.¿Cuál es el dominio de la función $\mathbf{g(x) = \frac{1}{x-2}}$?

12. En Python. Si $\mathbf{f(x) = x + 1}$ y $\mathbf{g(x) = x^2}$, calcula $\mathbf{(f \circ g)(2)}$.

13. En Python. Si $\mathbf{f(x) = x^2 + 2x + 3}$, evalúa $\mathbf{f(-2)}$.

14. En Python. Encuentra la inversa de $\mathbf{f(x) = 2x + 4}$ y evalúa en $\mathbf{x = 7}$

15. En Python. Determina las asíntotas verticales y horizontales de $\mathbf{f(x) = 10/x}$

3.19 Problemas

Se tienen los siguientes problemas:

1. ¿Qué sucede con el dominio de la función $\mathbf{f\left(x\right)=\frac{1}{x-2}}$ en $\mathbf{x=2}$?

A) La función es cero.
B) La función es indefinida.
C) La función es negativa.
D) La función alcanza un máximo.
E) La función alcanza un mínimo.
F) La función no se ve afectada.

2. En la función $\mathbf{g(x)=\log(x^2+1}$, ¿cuál es el dominio?

A) $x\in\mathbb{R}$.
B) $x>0$.
C) $x<0$.
D) $x\neq 0$.
E) $x\neq 1$.
F) $x\geq 0$.

3. Para la función $\mathbf{h(x)=\frac{\sqrt{x}}{x-4}}$, ¿cuál es una restricción válida para el dominio?

A) $x\neq 4$.
B) $x\geq 4$.
C) $x>4$.
D) $x<4$.
E) $x\geq 0$.
F) $x\neq 0$.

4. ¿Qué define correctamente el co-dominio de la función $\mathbf{k\left(x\right)=\frac{1}{\sqrt{9-x}}}$?

A) $y>0$.
B) $y\geq 0$.
C) $y\in\mathbb{R}$.
D) $y\leq 9$.
E) $y<9$.
F) $y=9$.

5. ¿Cuál es la interpretación correcta del dominio para la función

$\mathbf{m(x) = log(x + 2)}$?

A) $x > -2$.
B) $x \geq -2$.
C) $x < -2$.
D) $x \leq -2$.
E) $x \neq -2$.
F) $x = -2$.

6. Si $\mathbf{p\,(x) = \frac{x^2-1}{x-1}}$ ¿cuál es una simplificación correcta para $\mathbf{x \neq 1}$?

A) $x + 1$.
B) $x - 1$.
C) $x^2 + 1$.
D) x.
E) x^2.
F) $x^2 - 1$.

7. ¿Qué valor de *x* hace que $\mathbf{q(x) = \sqrt{x - 6}}$ sea real y no negativo?

A) $x \geq 6$.
B) $x > 6$.
C) $x < 6$.
D) $x \leq 6$.
E) $x = 6$.
F) $x \neq 6$.

8. ¿Cuál es la solución correcta para la ecuación $\mathbf{r(x) = x^2 + x - 2 = 0}$?

A) $x = 1$ *o* $x = -2$.
B) $x = 2$ *o* $x = -1$.
C) $x = 1$ *o* $x = 2$.
D) $x = -1$ *o* $x = -2$.
E) $x = 0$ *o* $x = -2$.
F) $x = 2$ *o* $x = -2$.

9. En Python. Encuentra el dominio de la función $\mathbf{f\,(x) = \frac{x^2-4}{x-2}}$.

10. En Python. Determina los puntos donde la función $\mathbf{g(x) = 3x^3 - 6x^2 - x + 2}$ intersecta los ejes x e y.

11. En Python. Analiza el comportamiento asintótico de $f(x)=\frac{e^x}{x+1}$ para x acercándose a -1 e ∞.

12. En Python. Encuentra la ecuación de la línea tangente a la curva $f(x)=\sqrt{x}$ en $x=4$.

13. En Python. Aplica una traslación de 3 unidades hacia arriba y 2 unidades a la derecha a la función $f(x)=\text{sen}(x)$ y gráfica la función original y la transformada.

14. En Python. Encuentra las raíces de la ecuación $x^2-5x+10=0$.

15. En Python. Encuentra la función inversa de $f(x)=3x-5$ y verifica su corrección.

Capítulo 4 Límites para funciones de una variable

Objetivos

- Desarrollar una comprensión rigurosa del concepto formal de límite como instrumento esencial para el análisis de funciones reales.
- Distinguir y categorizar sistemáticamente los diversos tipos de indeterminaciones que emergen en el cálculo de límites.
- Emplear los teoremas de límites para resolver expresiones algebraicas y funciones de complejidad avanzada.
- Examinar la continuidad y caracterizar los puntos de discontinuidad mediante el análisis de límites laterales.
- Implementar el concepto de límite en la interpretación gráfica y el análisis del comportamiento funcional.
- Aplicar los límites en contextos aplicados tales como velocidad instantánea, tasas de variación y comportamiento asintótico.

4.1 Teoría de límites

La definición formal del límite de una función real de variable real constituye un pilar conceptual en el estudio del cálculo diferencial e integral, proporcionando una comprensión rigurosa de la continuidad y la convergencia. El límite de una función $f(x)$ cuando x tiende a un valor específico a, se expresa mediante:

$$\lim_{x \to a} f(x) = L$$

Esta notación se interpreta como: *"El límite de $f(x)$, es igual a L, cuando x tiende hacia a"*. En consecuencia, L representa el valor al cual la función converge a medida que x se aproxima arbitrariamente a a. Por consiguiente, la definición formal de límite se establece como:

$$\lim_{x \to a} f(x) = L \text{ Si: } \forall\, \epsilon > 0;\ \exists\ \ \delta > 0$$

Tal que :

$$|f(x) - L| < \in \text{ siempre que } 0 < \ |x - a| < \delta$$

Buena Práctica

¿Por qué estudiar límites de una sola variable con Python? Estudiarlos con Python permite visualizar el comportamiento cerca de un punto, explorar límites laterales, detectar indeterminaciones y comprobar resultados con aproximaciones numéricas y gráficas. Así reduces errores, fortaleces la intuición y conectas teoría con fenómenos reales.

Esta definición debe interpretarse del siguiente modo: Si se establece que el límite de $f(x)$ es igual a L, es necesario determinar un intervalo de valores, tanto en el eje x como en el eje y, de manera que se satisfaga la desigualdad $|f(x) - L| < \varepsilon$; en consecuencia, esto implica necesariamente la existencia de otro intervalo que cumple $|x - a| < \delta$.

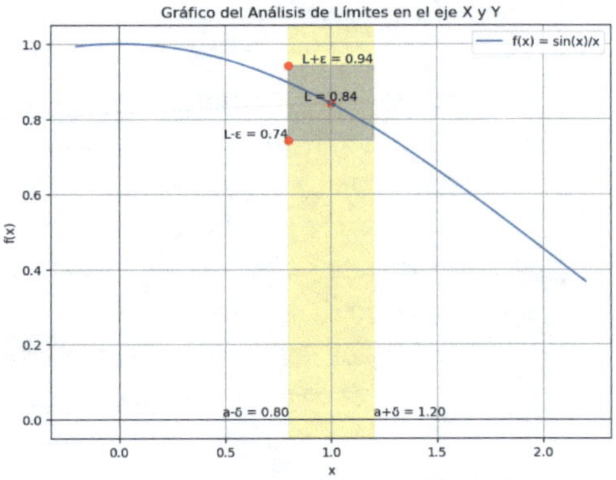

En la representación gráfica, este concepto se manifiesta de manera evidente. La curva correspondiente a la función $f(x)$ converge hacia una línea horizontal en $y = L$ conforme x se aproxima al valor a. [10] Desde la perspectiva gráfica:

Intervalo en el eje Y: Observamos que los valores de $f(x)$ se encuentran dentro del intervalo $[L - \varepsilon, L + \varepsilon]$.

Intervalo en el eje X: Correspondientemente, en el eje X, x se sitúa en el intervalo $[a - \delta, a + \delta]$.

Convergencia: A medida que los intervalos se vuelven más pequeños (es decir, a medida que δ y ε disminuyen), la función $f(x)$ se acerca más a L cerca de $x = a$.

El concepto de límite puede interpretarse como el comportamiento que exhibe una función en las proximidades de un punto crítico o antes de experimentar una discontinuidad. Constituye un instrumento predictivo del comportamiento funcional en un punto específico, proporcionando una caracterización de su tendencia local sin incurrir en indeterminaciones. El límite opera, por consiguiente, como un mecanismo analítico que revela la tendencia local de una función en un punto determinado, suministrando una metodología para examinar cambios infinitesimales y continuidad en el análisis matemático.[13]

4.2 Indeterminaciones y resultados conocidos

Las indeterminaciones constituyen operaciones cuyos resultados no pueden determinarse a priori, adoptando valores dependientes de la naturaleza específica de la función que las origina. Resulta pertinente establecer una distinción entre operaciones de resultado determinado y aquellas que presentan resultados indeterminados.

Indeterminaciones: Las expresiones indeterminadas que emergen durante el cálculo de límites comprenden:

1) $\frac{0}{0} = Indeterminado$
2) $\frac{\infty}{\infty} = Indeterminado$
3) $0 \cdot \infty = Indeterminado$
4) $\infty^0 = Indeterminado$
5) $\infty - \infty = Indeterminado$
6) $1^\infty = Indeterminado$
7) $0^0 = Indeterminado$

Cuando la sustitución directa de un valor específico en la función $x \to a$ resulta en una expresión indeterminada, se requiere implementar técnicas algebraicas apropiadas para resolver dicha indeterminación.

Resultados conocidos de funciones trigonométricas:

1) $sen(0) = 0$
2) $cos(0) = 1$
3) $tg(0) = 0$
4) $ctg(0) = \infty$
5) $\sec(0) = 1$
6) $\csc(0) = \infty$

Resultados conocidos de funciones logarítmicas:

1) $Log(0) = -\infty$
2) $Log(1) = 0$
3) $Log_a(a) = 1$
4) $Log(\infty) = \infty$

Resultados conocidos de funciones exponenciales:

1) $0^a = 0$ (para $a > 0$)
2) $a^0 = 1$
3) $\infty^\infty = \infty$
4) $\infty^a = \infty$ (para $a > 0$)
5) $a^\infty = \infty$ para $a > 1$; y $a^\infty = 0$ para $0 < a < 1$
6) $0^\infty = 0$

Resultados conocidos de funciones otras:

1) $0 + 0 = 0$
2) $0 - 0 = 0$
3) $0 \cdot 0 = 0$
4) $a + 0 = a$
5) $a - 0 = a$
6) $a \cdot 0 = 0$
7) $\frac{0}{a} = 0$(para $a \neq 0$)
8) $\frac{a}{0} = \infty$

9) $\infty + \infty = \infty$
10) $\infty \cdot \infty = \infty$
11) $\infty + a = \infty$
12) $\infty - a = \infty$
13) $\infty \cdot a = \infty (\text{para } a > 0)$
14) $\frac{\infty}{a} = \infty (\text{para } a > 0)$
15) $\frac{a}{\infty} = 0$
16) $\infty + 0 = \infty$
17) $\infty - 0 = \infty$

En todas estas situaciones donde el resultado se encuentra previamente establecido, no se requiere implementar técnicas de resolución de indeterminaciones, dado que el valor se halla completamente determinado.

4.3 Teoremas sobre límites

Considerando las funciones $f(x)$ y $g(x)$, los teoremas de límites se enuncian mediante las siguientes proposiciones:

1) El límite es único:

$$\lim_{x \to a} f(x) = L_1; \lim_{x \to a} f(x) = L_2 => L_1 = L_2$$

2) El límite de una constante corresponde a la constante misma:

$$\lim_{x \to a} c = c$$

3) El límite del producto de una constante por una función equivale al producto de la constante por el límite de la función:

$$\lim_{x \to a} c \cdot f(x) = c \lim_{x \to a} f(x) = c\, L$$

4) El límite de la suma de funciones corresponde a la suma de los límites individuales:

$$\lim_{x \to a} [f(x) + g(x)] = \lim_{x \to a} f(x) + \lim_{x \to a} g(x)$$

5) El límite de un producto corresponde a el producto de los límites:

$$\lim_{x \to a} [f(x) \cdot g(x)] = \left(\lim_{x \to a} f(x)\right) \cdot \left(\lim_{x \to a} g(x)\right)$$

6) El límite de un cociente equivale al cociente de los límites respectivos:

$$\lim_{x \to a} \left[\frac{f(x)}{g(x)}\right] = \lim_{x \to a} f(x) / \lim_{x \to a} g(x)\ ;\ \lim_{x \to a} g(x) \neq 0$$

4.4 Casos de indeterminaciones

4.4.1 Casos de indeterminación 0/0

La forma indeterminada $0/0$ constituye una de las expresiones más relevantes en el análisis matemático.

Esta configuración emerge cuando tanto el numerador como el denominador de una fracción convergen simultáneamente hacia cero. En el contexto de límites, representa una situación donde ambos componentes de la fracción tienden a anularse de manera concurrente. Para resolver esta indeterminación, frecuentemente se emplean técnicas analíticas que permiten evaluar el límite mediante métodos algebraicos o aplicando derivadas sucesivas del numerador y denominador.[1] Consideremos, por ejemplo, la función $f(x) = \frac{x^2-1}{x-1}$. Al evaluar esta función cuando x converge hacia 1, se obtiene la indeterminación 0/0. La implementación computacional se presenta a continuación:

In [1]:

```
# Ejercicio 2
import sympy as sp
import numpy as np
import matplotlib.pyplot as plt

# Definir la variable y la función
x = sp.symbols('x')
f = (x**2 - 1) / (x - 1)

# Aplicar la regla de L'Hopital
limit_f = sp.limit(f, x, 1)
print("El límite de la función original:", limit_f)

# Convertir la función a una función lambda para graficar
f_lambda = sp.lambdify(x, f)

# Definir valores de x cercanos a 1
x_values = np.linspace(0.5, 1.5, 1000)
y_values = f_lambda(x_values)

# Graficar la función
plt.plot(x_values, y_values, label='f(x)')
plt.axvline(x=1, color='r', linestyle='--', label='x=1 (Indeterminación)')
plt.xlabel('x')
plt.ylabel('f(x)')
plt.title('Gráfico de la función f(x)')
plt.legend()
plt.grid(True)
plt.show()
```

Out [1]:

```
El limite de la funcion original: 2
```

[1] Baldor J.A. (1998). "Geometría Plana del Espacio: Con una Introducción a la Trigonometría". México DF, México. Publicaciones Cultural. Decima Quinta Reimpresión.

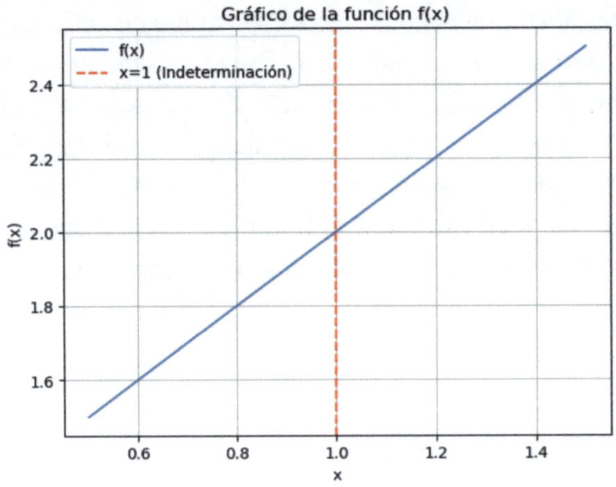

Consideremos adicionalmente la función $g(x) = \frac{e^x - 1}{x}$. Cuando se evalúa esta función en el límite donde x tiende a 0, se obtiene nuevamente la indeterminación 0/0. La implementación computacional correspondiente es:

In [2]:

```
# Ejercicio 3
import sympy as sp
import numpy as np
import matplotlib.pyplot as plt

# Definir la función
x = sp.symbols('x')
g = (sp.exp(x) - 1) / x

# Aplicar la regla de L'Hopital
limit_g = sp.limit(g, x, 0)
print("El límite de la función original:", limit_g)

# Convertir la función a una función lambda para graficar
g_lambda = sp.lambdify(x, g)

# Definir valores de x cercanos a 0
x_values = np.linspace(-0.5, 0.5, 1000)
y_values = g_lambda(x_values)

# Graficar la función
plt.plot(x_values, y_values, label='g(x)')
plt.axvline(x=0, color='r', linestyle='--', label='x=0 (Indeterminació
    n)')
plt.xlabel('x')
plt.ylabel('g(x)')
plt.title('Gráfico de la función g(x)')
plt.legend()
plt.grid(True)
```

```
plt.show()
```

Out [2]:

```
El limite de la funcion original: 1
```

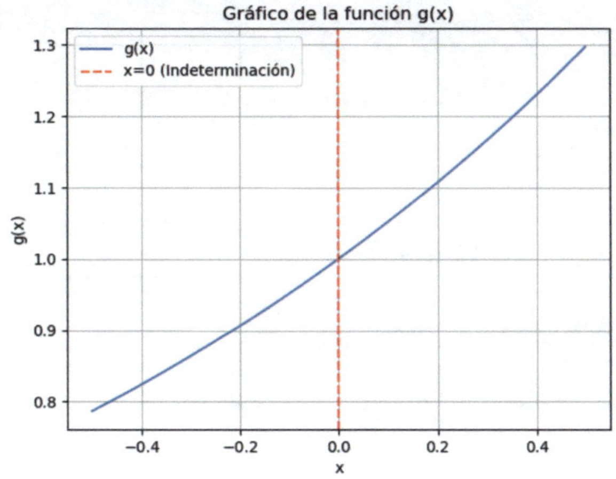

Examinemos asimismo la función $h(x) = \frac{\sin(x)}{x}$. Cuando x converge hacia 0, emerge la indeterminación 0/0. La implementación computacional se desarrolla como sigue:

In [3]:

```
# Ejercicio 4
import sympy as sp
import numpy as np
import matplotlib.pyplot as plt

# Definir la función
x = sp.symbols('x')
h = sp.sin(x) / x

# Aplicar la regla de L'Hopital
limit_h = sp.limit(h, x, 0)
print("El límite de la función original:", limit_h)

# Convertir la función a una función lambda para graficar
h_lambda = sp.lambdify(x, h)

# Definir valores de x cercanos a 0 (excluyendo x=0 para evitar división por cero)
x_values = np.linspace(-1, 1, 1000)
x_values = x_values[x_values != 0]
y_values = h_lambda(x_values)
```

```

# Graficar la función
plt.plot(x_values, y_values, label='h(x)')
plt.axvline(x=0, color='r', linestyle='--', label='x=0 (Indeterminación)')
plt.xlabel('x')
plt.ylabel('h(x)')
plt.title('Gráfico de la función h(x)')
plt.legend()
plt.grid(True)
plt.show()
```

Out [3]:

```
El limite de la funcion original: 1
```

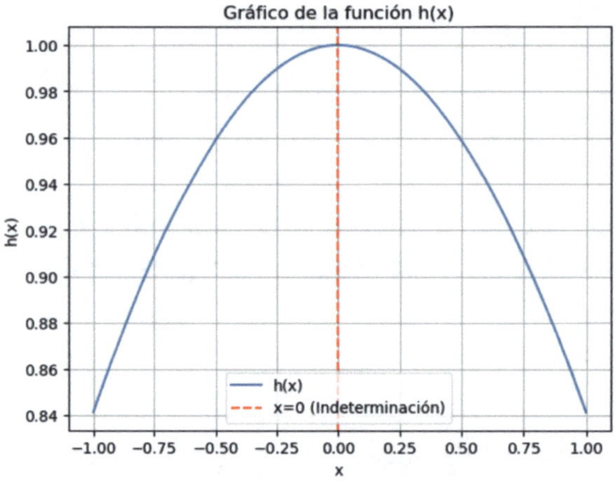

4.4.2 Casos de indeterminaciones ∞/∞

La expresión indeterminada ∞/∞ caracteriza situaciones donde tanto el numerador como el denominador divergen hacia el infinito. Esta configuración surge, por ejemplo, durante la evaluación de límites de funciones cuyos componentes fraccionarios crecen ilimitadamente conforme la variable independiente se aproxima a determinados valores.[15] Consideremos la función $f(x) = \frac{x^2+1}{x}$. Al evaluar esta función cuando x tiende hacia el infinito, emerge la indeterminación ∞/∞. La implementación computacional se desarrolla como sigue:

In [4]:

```
# Ejercicio 5
import sympy as sp
import numpy as np
import matplotlib.pyplot as plt
```

```

# Definir la variable y la función
x = sp.symbols('x')
f = (x**2 + 1) / x

# Calcular el límite de la función
limit_f = sp.limit(f, x, sp.oo)
print("El límite de la función original:", limit_f)

# Convertir la función a una función lambda para graficar
f_lambda = sp.lambdify(x, f)

# Definir valores de x cercanos a infinito
x_values = np.linspace(1, 10, 1000)
y_values = f_lambda(x_values)

# Graficar la función
plt.plot(x_values, y_values, label='f(x)')
plt.xlabel('x')
plt.ylabel('f(x)')
plt.title('Gráfico de la función f(x)')
plt.legend()
plt.grid(True)
plt.show()
```

Out [4]:

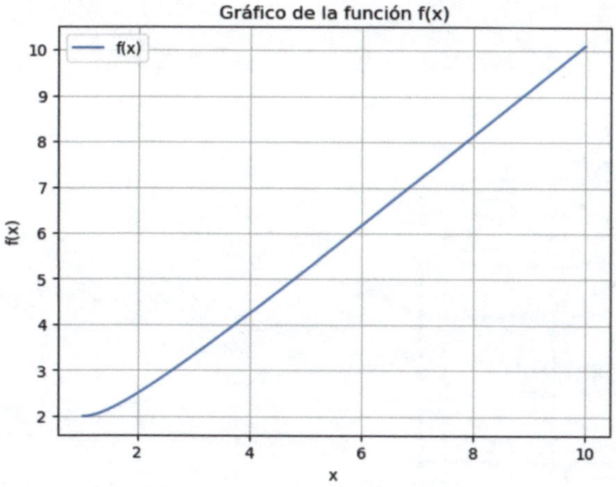


```
El limite de la funcion original: oo
```

Examinemos adicionalmente la función $g(x) = \frac{Ln(x)}{x}$. Cuando x converge hacia el infinito, tanto el numerador como el denominador experimentan crecimiento ilimitado, resultando en la indeterminación ∞/∞.

In [5]:

```
# Ejercicio 6
import sympy as sp
import numpy as np
import matplotlib.pyplot as plt

# Definir la variable y la función
x = sp.symbols('x')
g = sp.log(x) / x

# Calcular el límite de la función
limit_g = sp.limit(g, x, sp.oo)
print("El límite de la función original:", limit_g)

# Convertir la función a una función lambda para graficar
g_lambda = sp.lambdify(x, g)

# Definir valores de x cercanos a infinito
x_values = np.linspace(1, 10, 1000)
y_values = g_lambda(x_values)

# Graficar la función
plt.plot(x_values, y_values, label='g(x)')
plt.xlabel('x')
plt.ylabel('g(x)')
plt.title('Gráfico de la función g(x)')
plt.legend()
plt.grid(True)
plt.show()
```

Out [5]:

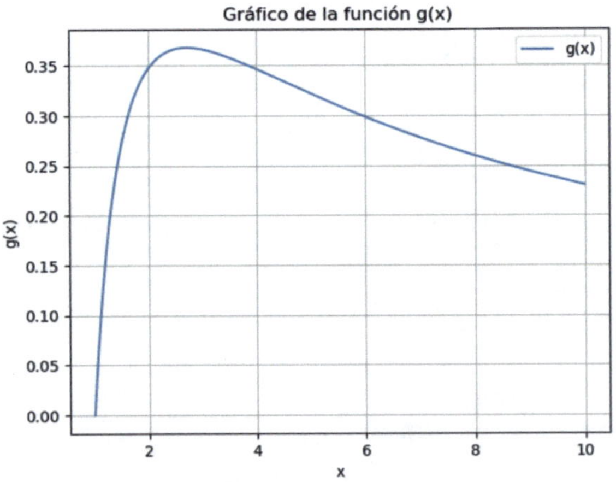


```
El limite de la funcion original: 0
```

Analicemos, por consiguiente, la función $h(x) = \frac{e^x}{x^2}$. Cuando x tiende hacia el infinito, tanto el numerador como el denominador manifiestan crecimiento ilimitado, generando la indeterminación ∞/∞.

In [6]:

```python
# Ejercicio 7
import sympy as sp
import numpy as np
import matplotlib.pyplot as plt

# Definir la variable y la función
x = sp.symbols('x')
h = sp.exp(x) / x**2

# Calcular el límite de la función
limit_h = sp.limit(h, x, sp.oo)
print("El límite de la función original:", limit_h)

# Convertir la función a una función lambda para graficar
h_lambda = sp.lambdify(x, h)

# Definir valores de x cercanos a infinito
x_values = np.linspace(1, 10, 1000)
y_values = h_lambda(x_values)

# Graficar la función
plt.plot(x_values, y_values, label='h(x)')
plt.xlabel('x')
plt.ylabel('h(x)')
plt.title('Gráfico de la función h(x)')
plt.legend()
plt.grid(True)
plt.show()
```

Out [6]:

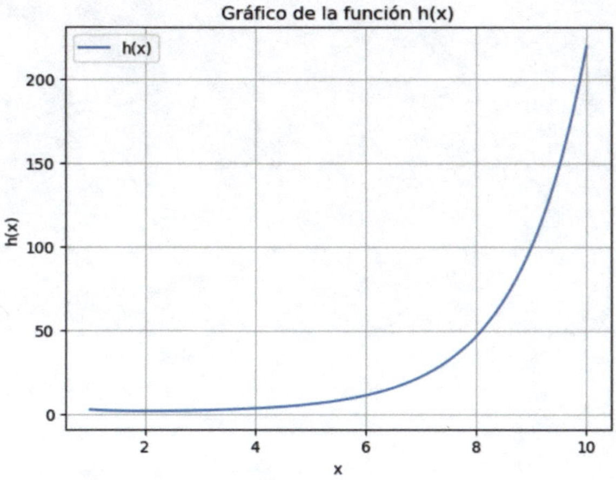


```
El limite de la funcion original: oo
```

4.4.3 Casos de indeterminaciones $\infty \cdot 0$

La expresión indeterminada $\infty \cdot 0$ emerge cuando se configura una multiplicación entre una cantidad que tiende al infinito y otra que converge hacia cero. Este tipo de indeterminación puede manifestarse durante la evaluación de límites de funciones con comportamiento asintótico, donde un factor diverge mientras el otro se anula para valores extremos de la variable independiente. La resolución de esta indeterminación requiere un análisis riguroso del comportamiento funcional específico.[14] Consideremos la función $f(x) = x \cdot e^{-x}$, donde x tiende hacia el infinito, generando la indeterminación $\infty \cdot 0$. La implementación computacional se presenta como sigue:

In [7]:

```
# Ejercicio 8
import sympy as sp
import numpy as np
import matplotlib.pyplot as plt

# Definir la variable y la función
x = sp.symbols('x')
f = x * sp.exp(-x)

# Calcular el límite de la función
limit_f = sp.limit(f, x, sp.oo)
print("El límite de la función original:", limit_f)

# Convertir la función a una función lambda para graficar
f_lambda = sp.lambdify(x, f)

# Definir valores de x cercanos a infinito
x_values = np.linspace(0, 10, 1000)
y_values = f_lambda(x_values)

# Graficar la función
plt.plot(x_values, y_values, label='f(x) = x * exp(-x)')
plt.xlabel('x')
plt.ylabel('f(x)')
plt.title('Gráfico de la función f(x)')
plt.legend()
plt.grid(True)
plt.show()
```

Out [7]:

```
El limite de la funcion original: 0
```

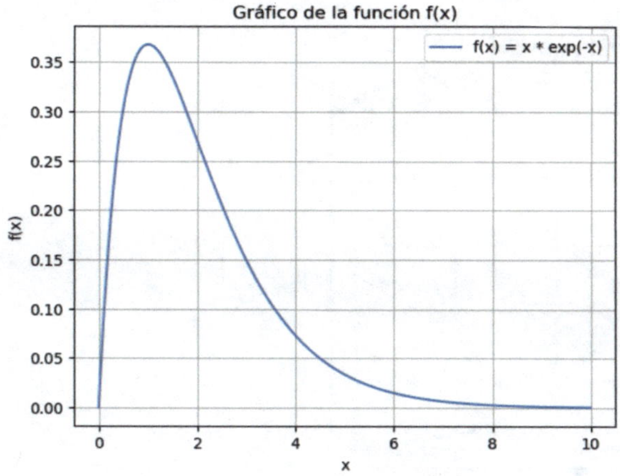

Examinemos adicionalmente la función $g(x) = x^2 \cdot e^{-x}$, donde la evaluación con x tendiendo hacia el infinito produce la indeterminación $\infty \cdot 0$. La implementación computacional correspondiente es:

In [8]:

```
# Ejercicio 9
import sympy as sp
import numpy as np
import matplotlib.pyplot as plt

# Definir la variable y la función
x = sp.symbols('x')
g = x**2 * sp.exp(-x)

# Calcular el límite de la función
limit_g = sp.limit(g, x, sp.oo)
print("El límite de la función original:", limit_g)

# Convertir la función a una función lambda para graficar
g_lambda = sp.lambdify(x, g)

# Definir valores de x cercanos a infinito
x_values = np.linspace(0, 10, 1000)
y_values = g_lambda(x_values)

# Graficar la función
plt.plot(x_values, y_values, label='g(x) = x^2 * exp(-x)')
plt.xlabel('x')
plt.ylabel('g(x)')
plt.title('Gráfico de la función g(x)')
plt.legend()
plt.grid(True)
plt.show()
```

Out [8]:

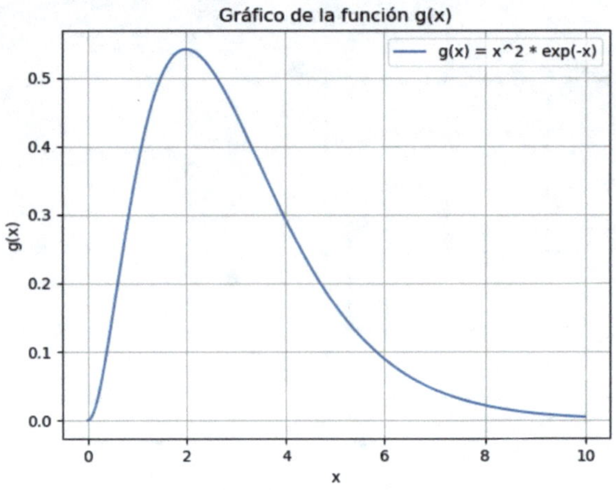


```
El limite de la funcion original: 0
```

Consideremos, asimismo, la función $h(x) = x \cdot \text{sen}\left(\frac{1}{x}\right)$, donde la evaluación con x convergiendo hacia el infinito genera la indeterminación $\infty \cdot 0$. La implementación computacional se desarrolla del siguiente modo:

In [9]:

```
# Ejercicio 10
import sympy as sp
import numpy as np
import matplotlib.pyplot as plt

# Definir la variable y la función
x = sp.symbols('x')
h = x * sp.sin(1/x)

# Calcular el límite de la función
limit_h = sp.limit(h, x, sp.oo)
print("El límite de la función original:", limit_h)

# Convertir la función a una función lambda para graficar
h_lambda = sp.lambdify(x, h)

# Definir valores de x cercanos a infinito
x_values = np.linspace(0.01, 10, 1000)
y_values = h_lambda(x_values)

# Graficar la función
plt.plot(x_values, y_values, label='h(x) = x * sin(1/x)')
plt.xlabel('x')
plt.ylabel('h(x)')
plt.title('Gráfico de la función h(x)')
```

```
plt.legend()
plt.grid(True)
plt.show()
```

Out [9]:

```
El limite de la funcion original: 1
```

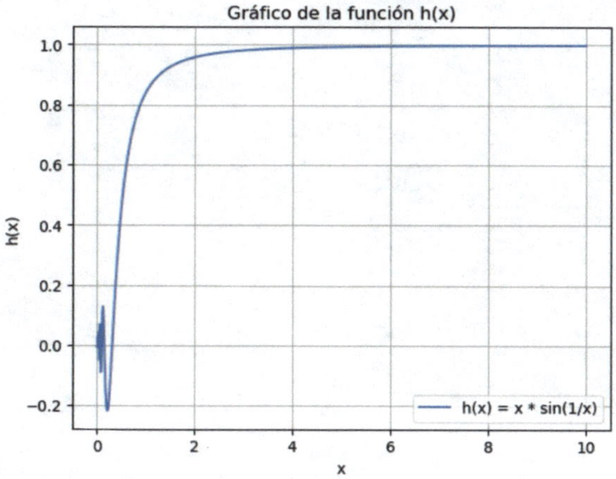

4.4.4 Casos de indeterminaciones ∞^0

La expresión indeterminada ∞^0 caracteriza situaciones donde se configura una potenciación con base tendiente al infinito y exponente convergente hacia cero. Este tipo de indeterminación puede emerger durante el cálculo de límites de funciones exponenciales cuando el exponente se aproxima a la anulación. Consideremos la función $f(x) = \left(\frac{1}{x}\right)^{2x}$, donde cuando x tiende hacia cero, se presenta la indeterminación ∞^0. La implementación computacional se establece como sigue:

In [10]:

```
# Ejercicio 11
import sympy as sp
import numpy as np
import matplotlib.pyplot as plt

# Definir la variable
x = sp.symbols('x')

# Definir la función
f = (1/x)**(2*x)

# Calcular el límite de la función cuando x tiende a 0
limit_f = sp.limit(f, x, 0)
```

```
print("El límite de la función cuando x tiende a 0:", limit_f)

# Convertir la función a una función lambda para graficar
f_lambda = sp.lambdify(x, f, "numpy")

# Definir valores de x cercanos a cero desde ambos lados
x_values = np.linspace(-0.5, 0.5, 1000)
x_values = x_values[x_values != 0] # Excluir cero para evitar división
    por cero

# Calcular los valores de la función para los valores de x
y_values_f = f_lambda(x_values)

# Graficar la función
plt.figure(figsize=(8, 6))
plt.plot(x_values, y_values_f, label='f(x) = (1/x)**(2*x)')
plt.xlabel('x')
plt.ylabel('f(x)')
plt.title('Gráfico de la función f(x)')
plt.legend()
plt.grid(True)
plt.show()
```

Out [10]:

```
El limite de la funcion cuando x tiende a 0: 1
```

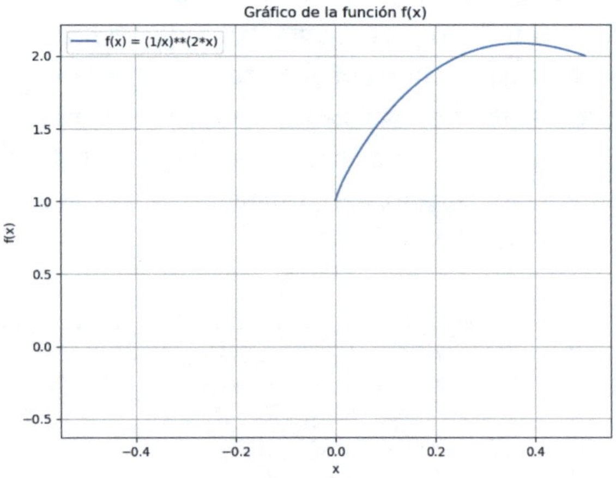

Examinemos adicionalmente la función $g(x) = x^{1/x}$, donde cuando x tiende hacia el infinito, se produce una indeterminación de tipo ∞^0. La implementación computacional correspondiente es:

In [11]:

```python
# Ejercicio 12
import sympy as sp
import numpy as np
import matplotlib.pyplot as plt

# Definir la variable
x = sp.symbols('x')

# Definir la función g(x)
g = x**(1/x)

# Calcular el límite de g(x) cuando x tiende a infinito
limit_g = sp.limit(g, x, sp.oo)
print("El límite de g(x) cuando x tiende a infinito:", limit_g)

# Convertir g a una función lambda para graficar
g_lambda = sp.lambdify(x, g, "numpy")

# Definir un rango de valores para x
x_values = np.linspace(1, 500, 1000)

# Calcular los valores de g para los valores de x
y_values_g = g_lambda(x_values)

# Graficar la función
plt.figure(figsize=(8, 6))
plt.plot(x_values, y_values_g, label='g(x) = x^(1/x)')
plt.xlabel('x')
plt.ylabel('g(x)')
plt.title('Gráfico de la función g(x)')
plt.legend()
plt.grid(True)
plt.show()
```

Out [11]:

```
El limite de g(x) cuando x tiende a infinito: 1
```

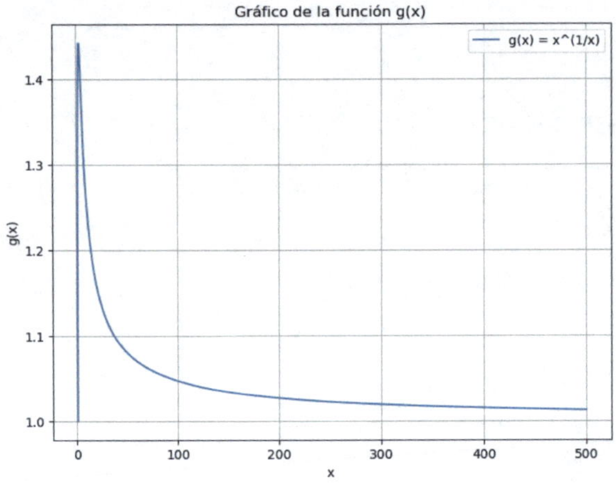

Analicemos, por consiguiente, la función $h(x) = (1 + 1/x)^x$, que se aproxima a una indeterminación cuando x tiende hacia cero desde valores negativos.

In [12]:

```
# Ejercicio 13
import sympy as sp
import numpy as np
import matplotlib.pyplot as plt

# Definir la variable
x = sp.symbols('x')

# Definir la función h(x)
h = (1 + 1/x)**x

# Calcular el límite de h(x) cuando x tiende a 0 desde el lado
    negativo
limit_h = sp.limit(h, x, 0, '-')
print("El límite de h(x) cuando x tiende a 0 desde el lado negativo:",
     limit_h)

# Convertir h a una función lambda para graficar
h_lambda = sp.lambdify(x, h, "numpy")

# Definir un rango de valores para x
x_values = np.linspace(-10, 11, 1000)

# Calcular los valores de h para los valores de x
y_values_h = h_lambda(x_values)

# Graficar la función
plt.figure(figsize=(8, 6))
plt.plot(x_values, y_values_h, label='h(x) = (1 + 1/x)^x')
plt.xlabel('x')
```

```
plt.ylabel('h(x)')
plt.title('Gráfico de la función h(x)')
plt.legend()
plt.grid(True)
plt.show()
```

Out [12]:

```
El limite de h(x) cuando x tiende a 0 desde el lado negativo:
    1
```

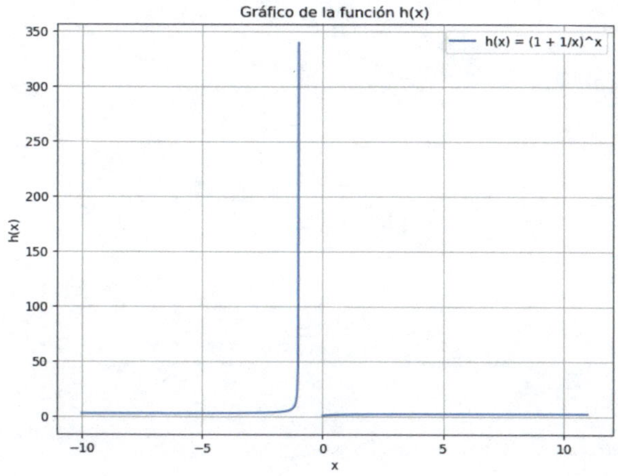

4.4.5 Casos de indeterminaciones $\infty - \infty$

La expresión indeterminada $\infty - \infty$ caracteriza situaciones donde se configura una sustracción entre cantidades que divergen hacia el infinito. Este tipo de indeterminación puede emerger durante el cálculo de límites de funciones que exhiben comportamientos divergentes opuestos conforme la variable independiente se aproxima a determinados valores críticos. Consideremos la función $h(x) = \frac{1}{x} - \frac{1}{x^2}$, que se aproxima a una indeterminación de tipo $\infty - \infty$ cuando x tiende hacia cero.[17] La implementación computacional correspondiente es:

In [13]:

```
# Ejercicio 14
import sympy as sp
import numpy as np
import matplotlib.pyplot as plt

# Definir la variable
x = sp.symbols('x')

```

```
# Definir la función f(x)
f = 1/x - 1/x**2

# Calcular el límite de f(x) cuando x tiende a 0
limit_f = sp.limit(f, x, 0)
print("El límite de f(x) cuando x tiende a 0:", limit_f)

# Convertir f a una función lambda para graficar
f_lambda = sp.lambdify(x, f, "numpy")

# Definir un rango de valores para x
x_values = np.linspace(-0.1, 0.1, 1000)
x_values = x_values[x_values != 0] # Excluir cero para evitar división
    por cero

# Calcular los valores de f para los valores de x
y_values_f = f_lambda(x_values)

# Graficar la función
plt.figure(figsize=(8, 6))
plt.plot(x_values, y_values_f, label='f(x) = 1/x - 1/x^2')
plt.xlabel('x')
plt.ylabel('f(x)')
plt.title('Gráfico de la función f(x)')
plt.legend()
plt.grid(True)
plt.show()
```

Out [13]:

```
El limite de f(x) cuando x tiende a 0: -oo
```

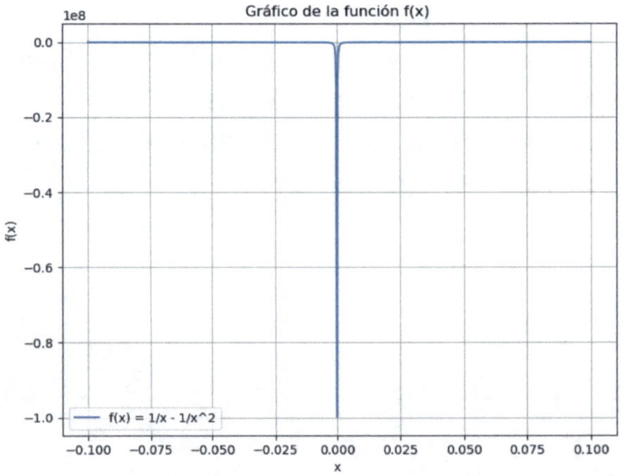

Examinemos un ejemplo trigonométrico, donde $g(x) = \tan(x) - \sec(x)$ manifiesta comportamientos divergentes en las proximidades de $\pi/2$. La implementación computacional se desarrolla como sigue:

In [14]:

```
# Ejercicio 15
import sympy as sp
import numpy as np
import matplotlib.pyplot as plt

# Definir la variable
x = sp.symbols('x')

# Definir la función g(x)
g = sp.tan(x) - 1/sp.cos(x) #NumPy no soporta sp.sec(x)

# Calcular el límite de g(x) cuando x tiende a pi/2 desde el lado
    izquierdo
limit_g_left = sp.limit(g, x, sp.pi/2, '-')
print("El límite de g(x) cuando x tiende a pi/2 desde el lado
    izquierdo:", limit_g_left)

# Calcular el límite de g(x) cuando x tiende a pi/2 desde el lado
    derecho
limit_g_right = sp.limit(g, x, sp.pi/2, '+')
print("El límite de g(x) cuando x tiende a pi/2 desde el lado derecho:
    ", limit_g_right)

# Convertir g a una función lambda para graficar
g_lambda = sp.lambdify(x, g, "numpy")

# Definir un rango de valores para x
x_values = np.linspace(-1, np.pi, 1000)
x_values = x_values[(x_values < sp.pi/2 - 0.1) | (x_values > sp.pi/2 +
    0.1)]

# Calcular los valores de g para los valores de x
y_values_g = g_lambda(x_values)

# Graficar la función
plt.figure(figsize=(8, 6))
plt.plot(x_values, y_values_g, label='g(x) = tan(x) - sec(x)')
plt.xlabel('x')
plt.ylabel('g(x)')
plt.title('Gráfico de la función g(x)')
plt.legend()
plt.grid(True)
plt.show()
```

Out [14]:

```
El limite de g(x) cuando x tiende a pi/2 desde el lado
    izquierdo: 0
El limite de g(x) cuando x tiende a pi/2 desde el lado derecho
    : 0
```

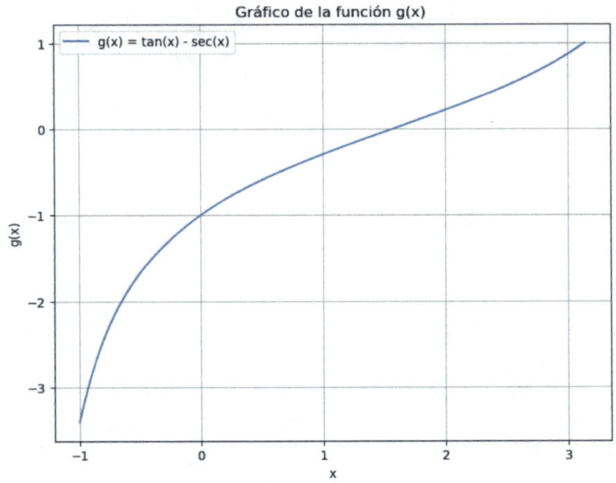

Consideremos, asimismo, $h(x) = e^x - x$. La función exponencial experimenta un crecimiento significativamente más acelerado que la función lineal, lo que conduce a una indeterminación cuando x tiende hacia el infinito, configurándose una sustracción entre infinitos. La implementación computacional correspondiente es:

In [15]:

```python
# Ejercicio 16
import sympy as sp
import numpy as np
import matplotlib.pyplot as plt

# Definir la variable
x = sp.symbols('x')

# Definir la función h(x)
h = sp.exp(x) - x

# Calcular el límite de h(x) cuando x tiende a infinito
limit_h = sp.limit(h, x, sp.oo)
print("El límite de h(x) cuando x tiende a infinito:", limit_h)

# Convertir h a una función lambda para graficar
h_lambda = sp.lambdify(x, h, "numpy")

# Definir un rango de valores para x
x_values = np.linspace(-2, 2, 1000)
```

```

# Calcular los valores de h para los valores de x
y_values_h = h_lambda(x_values)

# Graficar la función
plt.figure(figsize=(8, 6))
plt.plot(x_values, y_values_h, label='h(x) = e^x - x')
plt.xlabel('x')
plt.ylabel('h(x)')
plt.title('Gráfico de la función h(x)')
plt.legend()
plt.grid(True)
plt.show()
```

Out [15]:

```
El limite de h(x) cuando x tiende a infinito: oo
```

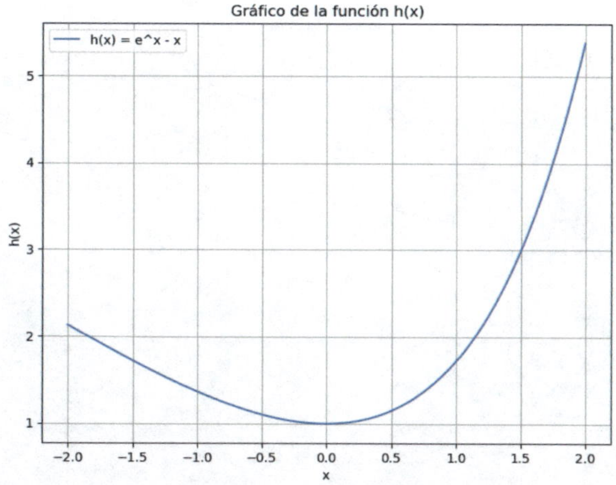

4.4.6 Casos de indeterminaciones 1^∞

La expresión indeterminada 1^∞ caracteriza situaciones donde se configura una potenciación con base unitaria y exponente tendiente al infinito. Este tipo de indeterminación puede emerger durante el cálculo de límites de funciones con comportamiento exponencial en las proximidades de puntos críticos específicos. Consideremos la función $f(x) = \left(1 + \frac{1}{x}\right)^x$, donde cuando x se aproxima al infinito se produce una indeterminación. Es relevante destacar que esta expresión converge hacia el número de Euler, e, definido formalmente como el límite $e = \lim_{n\to\infty} \left(1 + \frac{1}{n}\right)^n$:[2]

$$e = \lim_{n\to\infty} \left(1 + \frac{1}{n}\right)^n$$

Para este caso específico, la implementación computacional se presenta como sigue:

In [16]:

```
# Ejercicio 17
import sympy as sp
import numpy as np
import matplotlib.pyplot as plt

# Definir la variable
x = sp.symbols('x')

# Definir la función f(x)
f = (1 + 1/x)**x

# Calcular el límite de f(x) cuando x tiende a infinito
limit_f = sp.limit(f, x, sp.oo)
print("El límite de f(x) cuando x tiende a infinito:", limit_f)

# Convertir f a una función lambda para graficar
f_lambda = sp.lambdify(x, f, "numpy")

# Definir un rango de valores para x
x_values = np.linspace(1, 100, 1000)

# Calcular los valores de f para los valores de x
y_values_f = f_lambda(x_values)

# Graficar la función
plt.figure(figsize=(8, 6))
plt.plot(x_values, y_values_f, label='f(x) = (1 + 1/x)^x')
plt.xlabel('x')
plt.ylabel('f(x)')
plt.title('Gráfico de la función f(x)')
plt.legend()
plt.grid(True)
plt.show()
```

Out [16]:

```
El limite de f(x) cuando x tiende a infinito: E
```

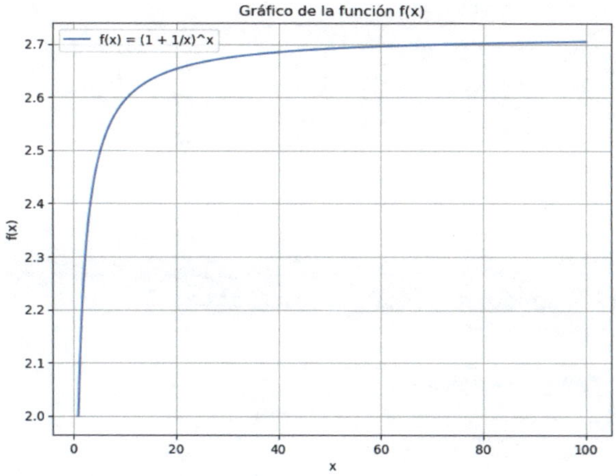

Examinemos adicionalmente la función $g(x) = \left(1 + \frac{2}{x}\right)^{x/2}$. Resulta notable que, en este caso, la secuencia converge asimismo hacia el valor e. La implementación computacional correspondiente es:

In [17]:

```
# Ejercicio 18
import sympy as sp
import numpy as np
import matplotlib.pyplot as plt

# Definir la variable
x = sp.symbols('x')

# Definir la función g(x)
g = (1 + 2/x)**(x/2)

# Calcular el límite de g(x) cuando x tiende a infinito
limit_g = sp.limit(g, x, sp.oo)
print("El límite de g(x) cuando x tiende a infinito:", limit_g)

# Convertir g a una función lambda para graficar
g_lambda = sp.lambdify(x, g, "numpy")

# Definir un rango de valores para x
x_values = np.linspace(10, 1000, 1000)

# Calcular los valores de g para los valores de x
y_values_g = g_lambda(x_values)

# Graficar la función
plt.figure(figsize=(8, 6))
plt.plot(x_values, y_values_g, label='g(x) = (1 + 2/x)^(x/2)')
plt.xlabel('x')
plt.ylabel('g(x)')
```

```
plt.title('Gráfico de la función g(x)')
plt.legend()
plt.grid(True)
plt.show()
```

Out [17]:

```
El limite de g(x) cuando x tiende a infinito: E
```

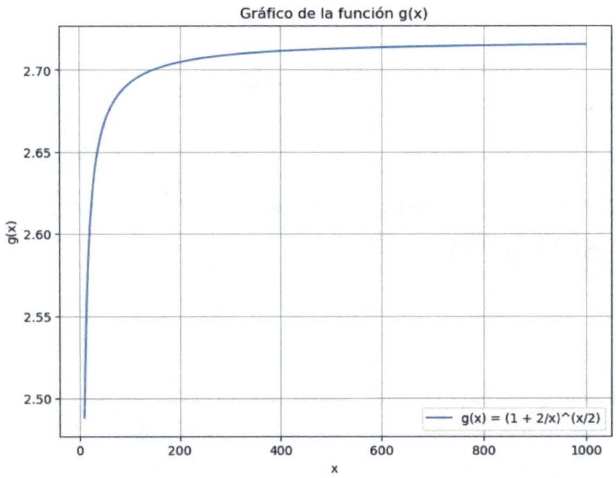

Consideremos, asimismo, la función $h(x) = \left(1 - \frac{1}{x^2}\right)^2$, donde la base converge hacia 1 desde valores inferiores mientras el exponente tiende hacia el infinito. La implementación computacional se desarrolla como sigue:

In [18]:

```
# Ejercicio 19
import sympy as sp
import numpy as np
import matplotlib.pyplot as plt

# Definir la variable
x = sp.symbols('x')

# Definir la función h(x)
h = (1 - 1/x**2)**x

# Calcular el límite de h(x) cuando x tiende a infinito
limit_h = sp.limit(h, x, sp.oo)
print("El límite de h(x) cuando x tiende a infinito:", limit_h)

# Convertir h a una función lambda para graficar
h_lambda = sp.lambdify(x, h, "numpy")

```

```
# Definir un rango de valores para x
x_values = np.linspace(2, 1000, 1000)

# Calcular los valores de h para los valores de x
y_values_h = h_lambda(x_values)

# Graficar la función
plt.figure(figsize=(8, 6))
plt.plot(x_values, y_values_h, label='h(x) = (1 - 1/x^2)^x')
plt.xlabel('x')
plt.ylabel('h(x)')
plt.title('Gráfico de la función h(x)')
plt.legend()
plt.grid(True)
plt.show()
```

Out [18]:

```
El limite de h(x) cuando x tiende a infinito: 1
```

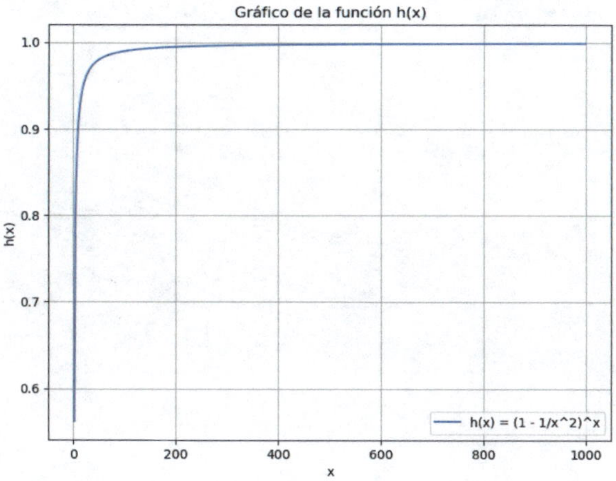

4.4.7 Casos de indeterminaciones 0^0

La expresión indeterminada 0^0 caracteriza situaciones donde se configura una potenciación con base y exponente convergentes simultáneamente hacia cero. En tales circunstancias, resulta necesario emplear técnicas de límites específicas o analizar minuciosamente el comportamiento funcional para establecer una resolución apropiada. Consideremos la función $f(x) = x^x$ cuando x tiende hacia 0, configurándose una indeterminación.[2] La implementación computacional correspondiente es:

In [19]:

```
# Ejercicio 20
import sympy as sp
import numpy as np
import matplotlib.pyplot as plt

# Definir la variable
x = sp.symbols('x')

# Definir la función f(x)
f = x**x

# Calcular el límite de f(x) cuando x tiende a 0
limit_f = sp.limit(f, x, 0)
print("El límite de f(x) cuando x tiende a 0:", limit_f)

# Convertir f a una función lambda para graficar
f_lambda = sp.lambdify(x, f, "numpy")

# Definir un rango de valores para x
x_values = np.linspace(-1, 1.5, 1000)

# Calcular los valores de f para los valores de x
y_values_f = f_lambda(x_values)

# Graficar la función
plt.figure(figsize=(8, 6))
plt.plot(x_values, y_values_f, label='f(x) = x^x')
plt.xlabel('x')
plt.ylabel('f(x)')
plt.title('Gráfico de la función f(x)')
plt.legend()
plt.grid(True)
plt.show()
```

Out [19]:

```
El limite de f(x) cuando x tiende a 0: 1
```

[2] Chávez Reyes, Carmen & León Quintanar. (2007). "La Biblia de las Matemáticas". México D.F., México. Editorial Letrarte S.A.

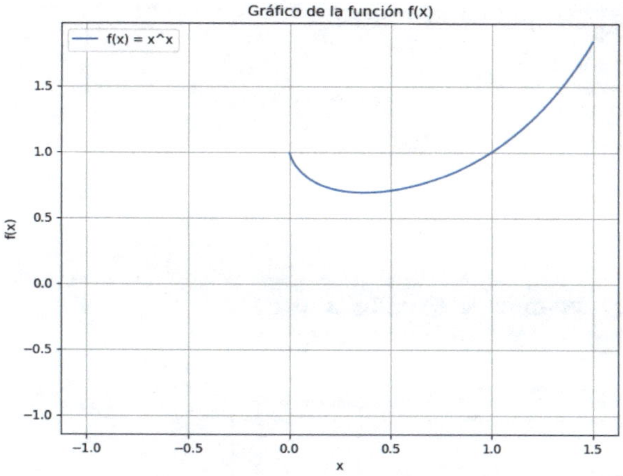

Examinemos adicionalmente la función $g(x) = x^{\text{sen}(x)}$ cuando x tiende hacia 0, produciéndose la indeterminación. La implementación computacional se desarrolla como sigue:

In [20]:

```
# Ejercicio 21
import sympy as sp
import numpy as np
import matplotlib.pyplot as plt

# Definir la variable
x = sp.symbols('x')

# Definir la función g(x)
g = x**sp.sin(x)

# Calcular el límite de g(x) cuando x tiende a 0
limit_g = sp.limit(g, x, 0)
print("El límite de g(x) cuando x tiende a 0:", limit_g)

# Convertir g a una función lambda para graficar
g_lambda = sp.lambdify(x, g, "numpy")

# Definir un rango de valores para x
x_values = np.linspace(-2, 1, 1000)

# Calcular los valores de g para los valores de x
y_values_g = g_lambda(x_values)

# Graficar la función
plt.figure(figsize=(8, 6))
plt.plot(x_values, y_values_g, label='g(x) = x^(sin(x))')
plt.xlabel('x')
plt.ylabel('g(x)')
```

```
plt.title('Gráfico de la función g(x)')
plt.legend()
plt.grid(True)
plt.show()
```

Out [20]:

```
El limite de g(x) cuando x tiende a 0: 1
```

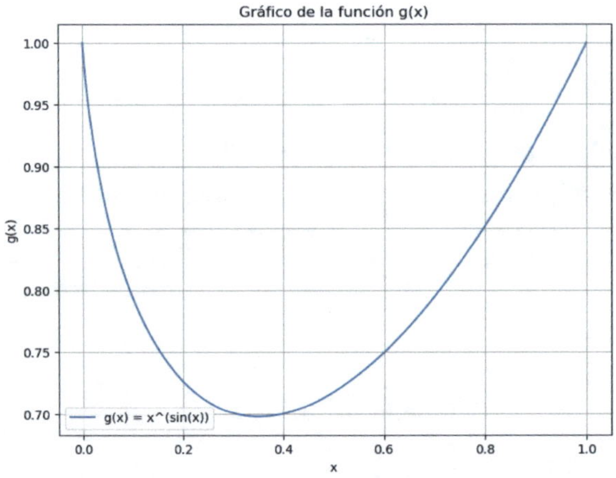

Analicemos, por consiguiente, la función definida por $h(x) = (\text{sen}(x))^x$ cuando x tiende hacia 0, generándose la indeterminación correspondiente. La implementación computacional se establece como sigue:

In [21]:

```
# Ejercicio 22
import sympy as sp
import numpy as np
import matplotlib.pyplot as plt

# Definir la variable
x = sp.symbols('x')

# Definir la función h(x)
h = (sp.sin(x))**x

# Calcular el límite de h(x) cuando x tiende a 0
limit_h = sp.limit(h, x, 0)
print("El límite de h(x) cuando x tiende a 0:", limit_h)

# Convertir h a una función lambda para graficar
h_lambda = sp.lambdify(x, h, "numpy")

```

```
# Definir un rango de valores para x
x_values = np.linspace(-np.pi/2, np.pi/2, 1000)
x_values = x_values[(x_values > -np.pi/2 + 0.01) & (x_values < np.pi/2
     - 0.01)] # Evitar divisiones por cero

# Calcular los valores de h para los valores de x
y_values_h = h_lambda(x_values)

# Graficar la función
plt.figure(figsize=(8, 6))
plt.plot(x_values, y_values_h, label='h(x) = (sin(x))^x')
plt.xlabel('x')
plt.ylabel('h(x)')
plt.title('Gráfico de la función h(x)')
plt.legend()
plt.grid(True)
plt.show()
```

Out [21]:

```
El limite de h(x) cuando x tiende a 0: 1
```

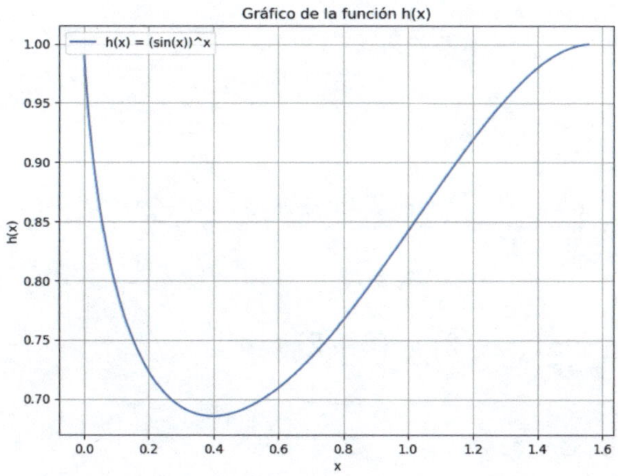

4.5 Límites laterales

Se estableció que un límite indica la convergencia de "*x hacia a*"; sin embargo, surge la cuestión metodológica respecto a las modalidades específicas mediante las cuales "*x tiende hacia a*". En el contexto del análisis de funciones de variable real, se distinguen dos aproximaciones diferenciadas: el límite lateral por la derecha y el límite lateral por la izquierda. Los límites laterales constituyen instrumentos analíticos para examinar la continuidad y caracterizar el comportamiento funcional.[7] Por consiguiente, resulta pertinente caracterizar ambos tipos de límites laterales:

1) **Límite lateral por derecha:** El límite lateral por derecha se establece mediante la evaluación del límite de una función cuando x se aproxima hacia a desde valores superiores, es decir, convergiendo desde la derecha. Su notación formal es[18]:

$$\lim_{x \to a^+} f(x)$$

2) **Límite lateral por izquierda:** El límite lateral por izquierda se determina mediante la evaluación del límite de una función cuando x se aproxima hacia a desde valores inferiores, es decir, convergiendo desde la izquierda. Su notación formal es:

$$\lim_{x \to a^-} f(x)$$

En este contexto, a^- y a^+ representan valores que se aproximan al punto límite a, constituyendo herramientas analíticas para identificar indeterminaciones y determinar valores aproximados.

Ejemplo:

$$f(x) = \frac{x^2 - 4}{x - 2}$$

$$x = 2$$

Límite por la izquierda: $\lim_{x \to 2^-} \frac{x^2-4}{x-2}$

$$f(x) = \frac{x^2 - 4}{x - 2} = \frac{(x-2)(x+2)}{x-2} = x + 2$$

$$\lim_{x \to 2^-} (x + 2) = (2 + 2) = 4$$

Límite por la derecha: $\lim_{x \to 2^+} \frac{x^2-4}{x-2}$

$$f(x) = \frac{x^2 - 4}{x - 2} = \frac{(x-2)(x+2)}{x-2} = x + 2$$

$$\lim_{x \to 2^+} (x + 2) = (2 + 2) = 4$$

Ahora en código:

In [22]:

```python
# Ejercicio 23
import numpy as np
import matplotlib.pyplot as plt
import sympy as sp

# Definir 'x' como una variable símbolo
x = sp.symbols('x')

# Definir la función original
f_original = (x**2 - 4) / (x - 2)

# Simplificar la función para graficar (ya que x - 2 se cancela)
f_simplificada = x + 2

# Calcular el límite lateral por izquierda
lim_izquierda = sp.limit(f_original, x, 2, dir='-')

# Calcular el límite lateral por derecha
lim_derecha = sp.limit(f_original, x, 2, dir='+')

# Crear una versión numérica de la función simplificada
f_num = sp.lambdify(x, f_simplificada, modules=['numpy'])

# Rango de valores de x para la gráfica
x_vals = np.linspace(1, 3, 400)
y_vals = f_num(x_vals)

# Crear la gráfica
plt.figure(figsize=(8, 6))
plt.plot(x_vals, y_vals, label=str(f_simplificada))
plt.scatter(2, 4, color='red') # Punto donde x = 2
plt.title("Gráfica de f(x) = (x^2 - 4)/(x - 2)")
plt.xlabel('x')
plt.ylabel('f(x)')
plt.legend()

# Imprimir los resultados de los límites laterales
print("Límite Lateral por Izquierda:", lim_izquierda)
print("Límite Lateral por Derecha:", lim_derecha)
plt.grid(True)
plt.show()
```

Out [22]:

```
Limite Lateral por Izquierda: 4
Limite Lateral por Derecha: 4
```

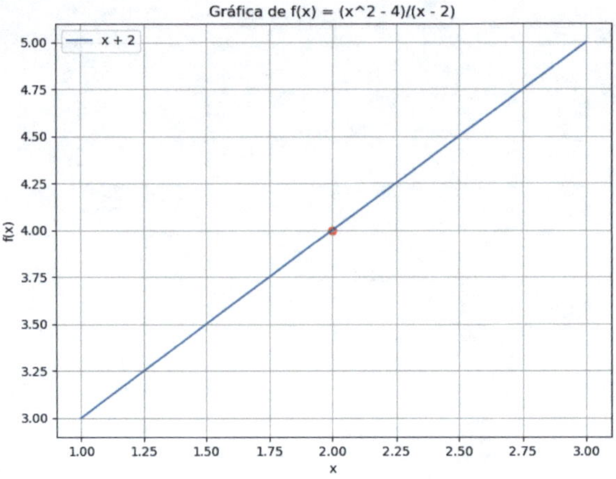

Ejemplo:

$$g(x) = \sqrt{x}$$

$$x = 0$$

Límite por la izquierda: $\lim_{x \to 0^-} \sqrt{x}$

No existe, dado que la función no se encuentra definida para valores donde $x < 0$.

Límite por la derecha: $\lim_{x \to 0^+} \sqrt{x}$

$$\lim_{x \to 0^+} \sqrt{x} = \sqrt{0} = 0$$

Ahora en código:

In [23]:

```
# Ejercicio 24
import numpy as np
import matplotlib.pyplot as plt
import sympy as sp

# Definir 'x' como una variable símbolo
x = sp.symbols('x')

# Definiendo la función g(x) = Sqrt(x)
g = sp.sqrt(x)

# Límite por la derecha en x = 0
limite_derecha = sp.limit(g, x, 0, dir='+')

# El límite por la izquierda no se define ya que Sqrt(x) no está
    definido para x < 0
limite_izquierda = "No existe (función no definida para x < 0)"
```

```

# Imprimiendo los límites
print(f"Límite de g(x) = Sqrt(x) por la izquierda en x = 0: {
    limite_izquierda}")
print(f"Límite de g(x) = Sqrt(x) por la derecha en x = 0: {
    limite_derecha}")

# Creando una versión numérica de la función g
g_num = sp.lambdify(x, g, modules=['numpy'])

# Rango de valores de x para la gráfica (solo valores no negativos)
x_vals = np.linspace(0, 3, 400)
y_vals = g_num(x_vals)

# Creando la gráfica
plt.figure(figsize=(8, 6))
plt.plot(x_vals, y_vals, label="g(x) = Sqrt(x)")
plt.scatter(0, 0, color='red') # Punto donde x = 0
plt.title("Gráfica de g(x) = Sqrt(x)")
plt.xlabel('x')
plt.ylabel('g(x)')
plt.legend()
plt.grid(True)
plt.show()
```

Out [23]:

```
Limite de g(x) = Sqrt(x) por la izquierda en x = 0: No existe
    (funcion no definida para x < 0)
Limite de g(x) = Sqrt(x) por la derecha en x = 0: 0
```

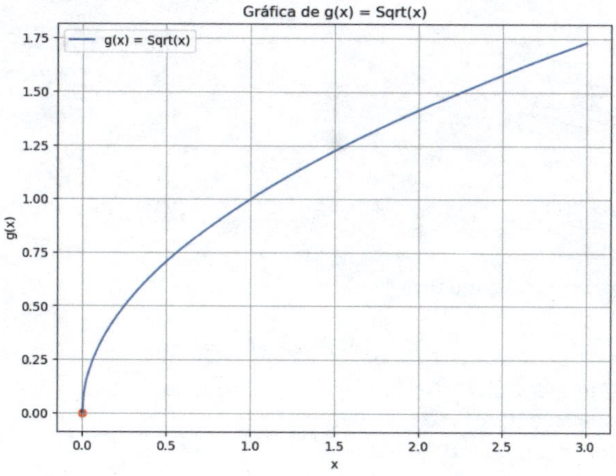

Ejemplo:

$$h(x) = \frac{1}{x}, x = 0$$

Límite por la izquierda: $\lim_{x\to 0^-} \frac{1}{x}$

$$\lim_{x\to 0} \frac{1}{x} = \frac{1}{-0} = -\infty$$

Límite por la derecha: $\lim_{x\to 0^+} \frac{1}{x}$

$$\lim_{x\to 0} \frac{1}{x} = \frac{1}{0} = +\infty$$

En esta situación, el límite no existe. La implementación computacional correspondiente es:

In [24]:

```python
# Ejercicio 25
import numpy as np
import matplotlib.pyplot as plt
import sympy as sp

# Definir 'x' como una variable símbolo
x = sp.symbols('x')

# Definiendo la función h(x) = 1/x
h = 1/x

# Límite por la izquierda en x = 0
limite_izquierda_h = sp.limit(h, x, 0, dir='-')

# Límite por la derecha en x = 0
limite_derecha_h = sp.limit(h, x, 0, dir='+')

# Imprimiendo los límites
print(f"Límite de h(x) = 1/x por la izquierda en x = 0: {limite_izquierda_h}")
print(f"Límite de h(x) = 1/x por la derecha en x = 0: {limite_derecha_h}")

# Creando una versión numérica de la función h
h_num = sp.lambdify(x, h, modules=['numpy'])

# Rango de valores de x para la gráfica (evitando x = 0)
x_vals_izq = np.linspace(-2, -0.01, 200)
x_vals_der = np.linspace(0.01, 2, 200)
y_vals_izq = h_num(x_vals_izq)
y_vals_der = h_num(x_vals_der)

# Creando la gráfica
plt.figure(figsize=(8, 6))
```

```
plt.plot(x_vals_izq, y_vals_izq, label="h(x) = 1/x (Izquierda)")
plt.plot(x_vals_der, y_vals_der, label="h(x) = 1/x (Derecha)")
plt.title("Gráfica de h(x) = 1/x")
plt.xlabel('x')
plt.ylabel('h(x)')
plt.ylim(-10, 10) # Limitando el eje y para una mejor visualización
plt.axhline(0, color='black', linewidth=0.5)
plt.axvline(0, color='black', linewidth=0.5)
plt.legend()
plt.grid(True)
plt.show()
```

Out [24]:

```
Limite de h(x) = 1/x por la izquierda en x = 0: -oo
Limite de h(x) = 1/x por la derecha en x = 0: oo
```

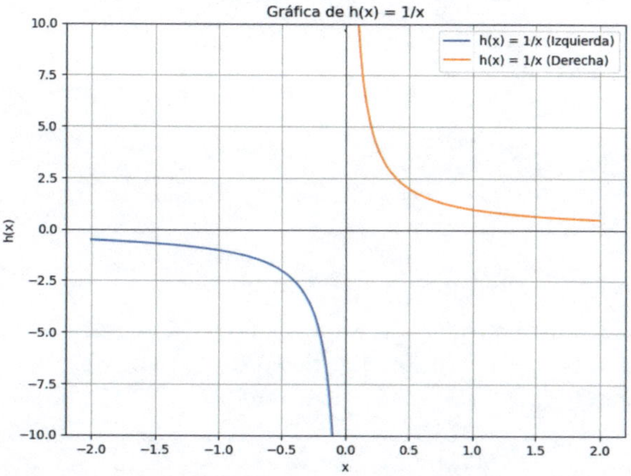

Ejemplo:

$$i(x) = \begin{cases} x+1 & ; x < 0 \\ x^2 & : x \geq 0 \end{cases} \qquad x \to 0$$

Límite por la izquierda: $\lim_{x\to 0^-} x+1$

$$\lim_{x\to 0}(x+1) = 0+1 = 1$$

Límite por la derecha: $\lim_{x\to 0^+} x^2$

$$\lim_{x\to 0} x^2 = 0^2 = 0$$

En este caso, el límite tampoco existe. La implementación computacional se desarrolla como sigue:

In [25]:

```python
# Ejercicio 26
import numpy as np
import matplotlib.pyplot as plt
import sympy as sp

# Definir 'x' como una variable símbolo
x = sp.symbols('x')

# Definiendo las partes de la función i(x)
i_izquierda = x + 1 # Para x < 0
i_derecha = x**2 # Para x >= 0

# Límite por la izquierda en x = 0
limite_izquierda_i = sp.limit(i_izquierda, x, 0, dir='-')

# Límite por la derecha en x = 0
limite_derecha_i = sp.limit(i_derecha, x, 0, dir='+')

# Imprimiendo los límites
print(f"Límite de i(x) por la izquierda en x = 0: {limite_izquierda_i}
    ")
print(f"Límite de i(x) por la derecha en x = 0: {limite_derecha_i}")

# Creando una versión numérica de la función i para ambas partes
i_izq_num = sp.lambdify(x, i_izquierda, modules=['numpy'])
i_der_num = sp.lambdify(x, i_derecha, modules=['numpy'])

# Rango de valores de x para la gráfica
x_vals_izq = np.linspace(-2, 0, 200, endpoint=False)
x_vals_der = np.linspace(0, 2, 200)
y_vals_izq = i_izq_num(x_vals_izq)
y_vals_der = i_der_num(x_vals_der)

# Creando la gráfica
plt.figure(figsize=(8, 6))
plt.plot(x_vals_izq, y_vals_izq, label="i(x) = x + 1 (x < 0)")
plt.plot(x_vals_der, y_vals_der, label="i(x) = x^2 (x >= 0)")
plt.scatter(0, limite_izquierda_i, color='red') # Punto límite por la
    izquierda
plt.scatter(0, limite_derecha_i, color='green') # Punto límite por la
    derecha
plt.title("Gráfica de i(x)")
plt.xlabel('x')
plt.ylabel('i(x)')
plt.ylim(-1, 3) # Limitando el eje y para una mejor visualización
plt.axhline(0, color='black', linewidth=0.5)
```

```
plt.axvline(0, color='black', linewidth=0.5)
plt.legend()
plt.grid(True)
plt.show()
```

Out [25]:

```
Limite de i(x) por la izquierda en x = 0: 1
Limite de i(x) por la derecha en x = 0: 0
```

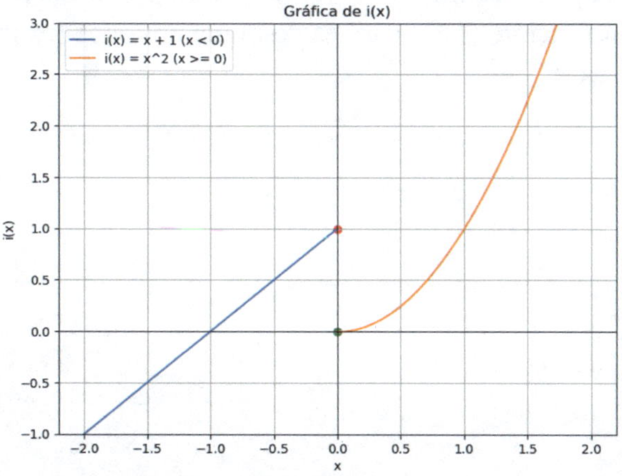

4.6 Continuidad y discontinuidad

Desde una perspectiva matemática rigurosa, la función $f(x)$ se define como continua en $x = a$ si y solamente si satisface las siguientes condiciones:

1) $f(x)$ debe estar definida en el punto a, es decir, $f(a)$ debe existir.
2) Debe existir el límite $\lim_{x\to a} f(x) = L$, lo cual implica que los límites laterales deben coincidir: $\lim_{x\to a^-} f(x) = \lim_{x\to a^+} f(x)$.
3) Como consecuencia de las condiciones anteriores, debe satisfacerse que $\lim_{x\to a} f(x) = f(a)$.

Aunque estos criterios pueden parecer directos, examinaremos diversos ejemplos para desarrollar una comprensión más profunda del concepto de continuidad, estableciendo así las bases para analizar su relevancia en el capítulo subsecuente.[3]

Ejemplo: $f(x) = e^x$.

1) **Definición de la función:** La función e^x está definida para todos los números reales x, por lo que está definida en cualquier punto c de su

[3] Bowers, N. Jr. Gerber, H. Hickman, J. Jones, D. & Nesbitt, C. (1997). "Actuarial Mathematics". United States of America. The Society of Actuaries.

dominio, no tiene asíntotas verticales.

2) **Límites laterales**: El límite de e^x cuando x tiende a cualquier número real c : $f(c) = e^c$. Esto se puede demostrar utilizando propiedades de las funciones exponenciales y el teorema de los límites de funciones compuestas. Para ambos casos de los límites laterales, la función no está indeterminada.

3) **Cumplimiento de** $\lim_{\mathbf{x}\to\mathbf{c}} \mathbf{f}\,(\mathbf{x}) = \mathbf{f}(\mathbf{c})$**:**

   Dado que el límite de e^x cuando x tiende a c es e^c, y $f(c) = e^c$, se cumple que el límite en el punto es igual al valor de la función en ese punto.

4) **Por lo tanto:** La función $f(x) = e^x$ es continua en todos los puntos de su dominio, que es $\mathbb{R}$.

Ahora en código se tiene:

In [26]:

```
# Ejercicio 27
import numpy as np
import matplotlib.pyplot as plt

# Definición de la función f(x) = e^x
def f(x):
    return np.exp(x)

# Simulando algunos valores de c en el intervalo [-2, 2]
c_values = np.random.uniform(-2, 2, 5)

# Calculando los límites laterales y los valores de la función en esos
    puntos
limits_and_values = [(c, np.exp(c), np.exp(c)) for c in c_values]

# Creando valores de x para graficar
x = np.linspace(-2, 2, 400)

# Creando valores de y utilizando la función definida
y = f(x)

# Creando el gráfico
plt.figure(figsize=(8, 6))
plt.plot(x, y, label='f(x) = e^x')

# Marcando los puntos c en el gráfico
for c, _, _ in limits_and_values:
    plt.scatter(c, f(c), color='red')
    plt.annotate(f'c={c:.2f}', (c, f(c)), textcoords="offset points",
        xytext=(0,10), ha='center')
plt.title('Gráfico de f(x) = e^x con Puntos c')
```

```
plt.xlabel('x')
plt.ylabel('f(x)')
plt.axhline(0, color='black',linewidth=0.5)
plt.axvline(0, color='black',linewidth=0.5)
plt.grid(color = 'gray', linestyle = '--', linewidth = 0.5)
plt.legend()
plt.show()

# Imprimiendo los valores de c y las evaluaciones de continuidad
for c, lim, val in limits_and_values:
    print(f"Para c = {c:.2f}, límite de f(x) cuando x tiende a c: {lim
        }, f(c) = {val}")
limits_and_values
```

Out [26]:

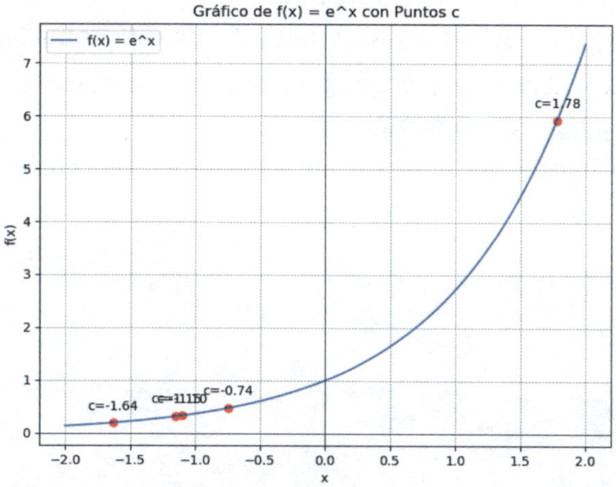


```
Para c = 1.78, limite de f(x) cuando x tiende a c:
    5.936732287421198, f(c) = 5.936732287421198
Para c = -1.64, limite de f(x) cuando x tiende a c:
    0.1947410125793574, f(c) = 0.1947410125793574
Para c = -1.10, limite de f(x) cuando x tiende a c:
    0.3325444383432971, f(c) = 0.3325444383432971
Para c = -0.74, limite de f(x) cuando x tiende a c:
    0.47514221989602273, f(c) = 0.47514221989602273
Para c = -1.15, limite de f(x) cuando x tiende a c:
    0.31728043227415187, f(c) = 0.31728043227415187
```

```
[(1.781158862040288, 5.936732287421198, 5.936732287421198),
 (-1.6360847437975283, 0.1947410125793574, 0.1947410125793574)
    ,
 (-1.1009817786637073, 0.3325444383432971, 0.3325444383432971)
    ,
 (-0.7441411094544006, 0.47514221989602273,
    0.47514221989602273),
```

```
(-1.1479692517741364, 0.31728043227415187,
    0.31728043227415187)]
```

Ejemplo: $g(x) = tg(x)$.

1) **Definición de la función:** La función $tg(x)$ está definida para todos los números reales x, excepto donde el coseno es cero, ya que $tg(x) = sen(x)/cos(x)$. Esto significa que no está definida en $x = 2\pi + k\pi$, donde k es un entero. Lo que significa, tiene asíntotas verticales en estos puntos.[13].
2) **Límites laterales:** Los límites de $tg(x)$ cuando x tiende a cualquier número real c, donde está definida, son sencillos de calcular y son iguales a $tg(c)$. Sin embargo, en los puntos donde $x = 2\pi + k\pi$, los límites laterales no existen debido a las asíntotas verticales.[17]
3) **Cumplimiento de $\lim_{\mathbf{x}\to\mathbf{c}} \mathbf{g}(\mathbf{x}) = \mathbf{g}(\mathbf{c})$:** En los puntos donde está definida, el límite de $g(x)$ cuando x tiende a c es igual a $g(c)$. Esto muestra que $g(x)$ es continua en los puntos de su dominio.
4) **Por lo tanto:** la función $f(x) = tg(x)$ no es continua en todos los puntos de su dominio $\mathbb{R}$.

Ahora en código, sería:

In [27]:

```
# Ejercicio 28
import numpy as np
import matplotlib.pyplot as plt

# Definir la función g(x) = tan(x)
def g(x):
    return np.tan(x)

# Simulando algunos valores de c en el intervalo [-2, 2]
c_values_g = np.random.uniform(-2, 2, 5)

# Calculando los límites laterales y los valores de la función en esos
    puntos
limits_and_values_g = [(c, g(c), g(c)) for c in c_values_g]

# Creando valores de x para graficar
x = np.linspace(-15, 15, 1000)

# Filtrando los valores de x para evitar los valores muy cercanos a
    las asíntotas
x_filtered = x[np.all([np.abs(x - (np.pi/2 + k*np.pi)) > 0.1 for k in
    range(-5, 6)], axis=0)]

# Creando valores de y utilizando la función definida con los valores
```

```
    filtrados
y_filtered = g(x_filtered)

# Creando el gráfico
plt.figure(figsize=(8, 6))
plt.plot(x_filtered, y_filtered, label='g(x) = tan(x)')

# Dibujando las asíntotas verticales
for k in range(-5, 6):
    plt.axvline(np.pi/2 + k*np.pi, color='red', linestyle='--')

# Marcando los puntos c en el gráfico
for c, _, _ in limits_and_values_g:
    plt.scatter(c, g(c), color='green')
    plt.annotate(f'c={c:.2f}', (c, g(c)), textcoords="offset points",
        xytext=(0,10), ha='center')

    # Configurando el gráfico
plt.ylim(-10, 10) # Limitando los valores de y para una mejor
    visualización
plt.title('Gráfico de g(x) = tan(x) con Asíntotas Verticales y Puntos
    Simulados')
plt.xlabel('x')
plt.ylabel('g(x)')
plt.axhline(0, color='black', linewidth=0.5)
plt.axvline(0, color='black', linewidth=0.5)
plt.grid(color='gray', linestyle='--', linewidth=0.5)
plt.legend()
plt.show()

# Imprimiendo los valores de c y las evaluaciones de continuidad
for c, lim, val in limits_and_values_g:
    print(f"Para c = {c:.2f}, límite de g(x) cuando x tiende a c: {lim
        }, g(c) = {val}")
```

Out [27]:

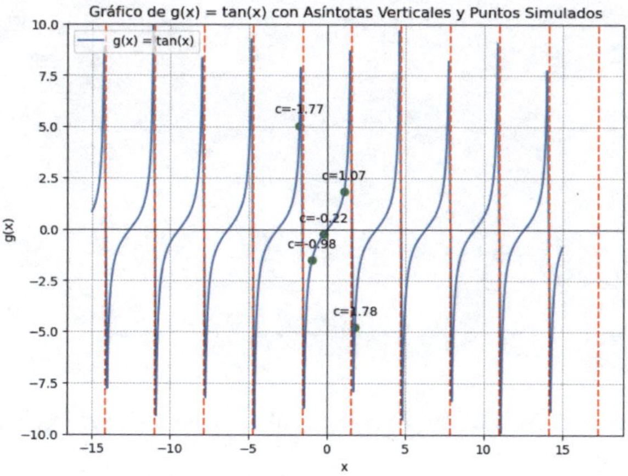

```
Para c = -1.77, limite de g(x) cuando x tiende a c:
    5.070435341567213, g(c) = 5.070435341567213
Para c = 1.07, limite de g(x) cuando x tiende a c:
    1.8429062555364215, g(c) = 1.8429062555364215
Para c = 1.78, limite de g(x) cuando x tiende a c:
    -4.791437409558633, g(c) = -4.791437409558633
Para c = -0.98, limite de g(x) cuando x tiende a c:
    -1.4970894209196155, g(c) = -1.4970894209196155
Para c = -0.22, limite de g(x) cuando x tiende a c:
    -0.22199773501840717, g(c) = -0.22199773501840717
```

Ejemplo: $h(x) = |x|$

1) **Definición de la función:** La función $h(x) =\mid x \mid$ está definida para todos los números reales x. Es el valor absoluto de x, lo que significa que convierte todos los valores negativos de x a positivos, y deja los valores positivos (incluyendo cero) sin cambios.[4]
2) **Límites laterales:** Los límites de |x| cuando x tiende a cualquier número real c son iguales a $\mid c \mid$. La función es continua en todos sus puntos, ya que no hay puntos donde $\mid x \mid$ sea indefinida o tenga un comportamiento asintótico.
3) **Cumplimiento de** $\lim\limits_{\mathbf{x}\to\mathbf{c}} \mathbf{h}(\mathbf{x}) = \mathbf{h}(\mathbf{c})$: En todos los puntos c de su dominio, el límite de $h(x)$ cuando x tiende a c es igual a $h(c)$. Esto se debe a que la función valor absoluto no tiene discontinuidades.[5]
4) **Por lo tanto:** la función $h(x) =\mid x \mid$ es continua en todos los puntos de su dominio $\mathbb{R}$.

Ahora el código sería:

In [28]:

```python
# Ejercicio 29
import numpy as np
import matplotlib.pyplot as plt

# Definición de la función h(x) = |x| para el código completo
def h(x):
    return np.abs(x)

# Creando valores de x para graficar
x = np.linspace(-15, 15, 1000)

# Creando valores de y utilizando la función definida
```

[4]Baldor. A. (2003). "Aritmética: Teoría Practica". México DF, México. Publicaciones Cultural Decima Octava Impresión.

[5]Venero B. (1999). "Análisis Matemático 2". Lima, Perú. Ediciones Gemar.

```
y = h(x)

# Simulando algunos valores de c en el intervalo [-15, 15]
c_values_h = np.random.uniform(-15, 15, 5)

# Calculando los límites laterales y los valores de la función en esos puntos
limits_and_values_h = [(c, h(c), h(c)) for c in c_values_h]

# Creando el gráfico
plt.figure(figsize=(8, 6))
plt.plot(x, y, label='h(x) = |x|')

# Marcando los puntos c en el gráfico
for c, _, _ in limits_and_values_h:
    plt.scatter(c, h(c), color='green')
    plt.annotate(f'c={c:.2f}', (c, h(c)), textcoords="offset points", xytext=(0,10), ha='center')

# Configurando el gráfico
plt.title('Gráfico de h(x) = |x| con Puntos Simulados')
plt.xlabel('x')
plt.ylabel('h(x)')
plt.axhline(0, color='black', linewidth=0.5)
plt.axvline(0, color='black', linewidth=0.5)
plt.grid(color='gray', linestyle='--', linewidth=0.5)
plt.legend()
plt.show()

# Imprimiendo los valores de c y las evaluaciones de continuidad
for c, lim, val in limits_and_values_h:
    print(f"Para c = {c:.2f}, límite de h(x) cuando x tiende a c: {lim}, h(c) = {val}")
```

Out [28]:

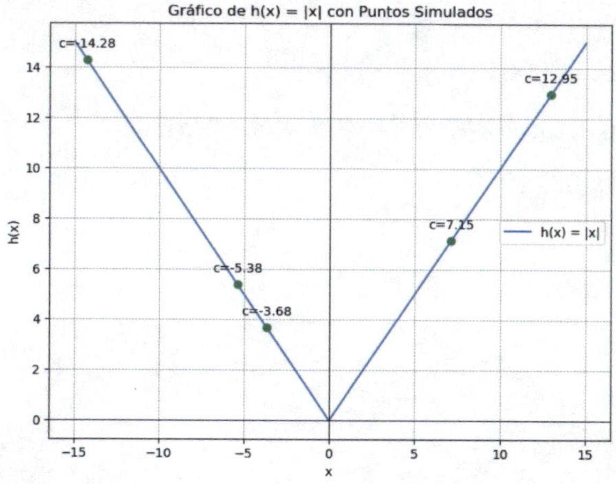

```
Para c = 12.95, limite de h(x) cuando x tiende a c:
    12.949375690211685, h(c) = 12.949375690211685
Para c = 7.15, limite de h(x) cuando x tiende a c:
    7.1472738121261585, h(c) = 7.1472738121261585
Para c = -5.38, limite de h(x) cuando x tiende a c:
    5.381985289158319, h(c) = 5.381985289158319
Para c = -14.28, limite de h(x) cuando x tiende a c:
    14.281042212083378, h(c) = 14.281042212083378
Para c = -3.68, limite de h(x) cuando x tiende a c:
    3.6835320597717818, h(c) = 3.6835320597717818
```

4.7 Verificación de límites y cálculo de límites

El cálculo de límites constituye el proceso de determinar el valor hacia el cual converge $f(x)$ cuando la función se evalúa en las proximidades del punto a, en ausencia de indeterminaciones, proporcionando el valor correspondiente en el eje de ordenadas. La verificación comprende la determinación de los valores límite mediante aproximaciones laterales, empleando valores numéricos suficientemente próximos al punto de interés. En consecuencia, procederemos a examinar el cálculo de diversos límites, incluyendo casos especiales, junto con sus respectivas verificaciones mediante aproximaciones prácticas.[16] Ejemplo:

$$
\begin{aligned}
\text{Función:} \quad & \text{lím}_{x\to -1}(2x^3 - 3x^2 + 4x - 5) \\
\text{Cálculo:} \quad & 2(-1)^3 - 3(-1)^2 + 4(-1) - 5 \\
& 2(-1) - 3(1) - 4 - 5 \\
& (-2) - 3 - 9 \\
& -14 \\
\\
\text{Verificación 1:} \quad & \text{lím}_{x\to -1{,}000001}(2x^3 - 3x^2 + 4x - 5) \\
& -14{,}000001 \\
\text{Verificación 2:} \quad & \text{lím}_{x\to -0{,}999999}(2x^3 - 3x^2 + 4x - 5) \\
& -13{,}99999
\end{aligned}
$$

In [29]:

```python
# Ejercicio 30
import sympy as sp
import numpy as np
import matplotlib.pyplot as plt

x = sp.symbols('x')
```

```
f = 2*x**3 - 3*x**2 + 4*x - 5

# Calcular el límite
lim_f = sp.limit(f, x, -1)
print("El límite cuando x tiende a -1:", lim_f)

# Graficar
f_lambda = sp.lambdify(x, f, "numpy")
x_values = np.linspace(-3, 1, 400)
y_values_f = f_lambda(x_values)
plt.figure(figsize=(8, 6))
plt.plot(x_values, y_values_f, label=str(f))
plt.scatter(-1, lim_f, color='red')
plt.title("Gráfico de 2x^3 - 3x^2 + 4x - 5")
plt.xlabel('x')
plt.ylabel('f(x)')
plt.legend()
plt.grid(True)
plt.show()
```

Out [29]:

```
El limite cuando x tiende a -1: -14
```

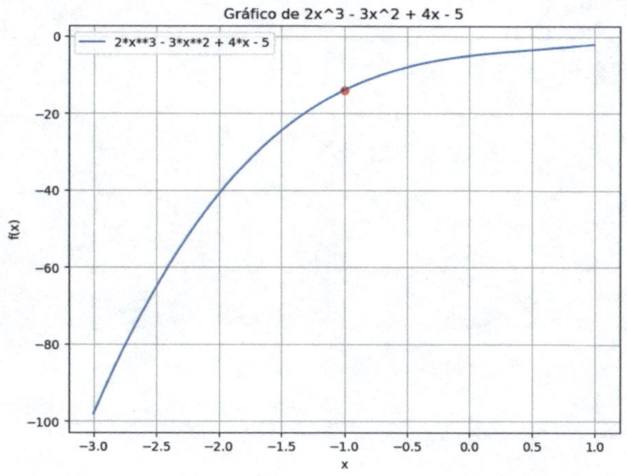

Ejemplo:

Función: $\lim_{x \to 2} \frac{x^2-4}{x-2}$

Cálculo: $\lim_{x \to 2} \frac{(x+2)(x-2)}{x-2}$

$\lim_{x \to 2} (x+2)$

$(2+2)$

4

Verificación 1: $\lim_{x\to 2{,}000001} \frac{x^2-4}{x-2}$

$4{,}000001$

Verificación 2: $\lim_{x\to 1{,}999999} \frac{x^2-4}{x-2}$

$3,999999$

In [30]:

```
# Ejercicio 31
import sympy as sp
import numpy as np
import matplotlib.pyplot as plt

x = sp.symbols('x')
f = (x**2 - 4)/(x - 2)
lim_f = sp.limit(f, x, 2)
print("El límite cuando x tiende a 2:", lim_f)

# Graficar
f_lambda = sp.lambdify(x, f, "numpy")
x_values = np.linspace(0, 7, 400)
y_values_f = f_lambda(x_values)
plt.figure(figsize=(8, 6))
plt.plot(x_values, y_values_f, label=str(f))
plt.scatter(2, lim_f, color='red')
plt.title("Gráfico")
plt.xlabel('x')
plt.ylabel('f(x)')
plt.legend()
plt.grid(True)
plt.show()
```

Out [30]:

```
El limite cuando x tiende a 2: 4
```

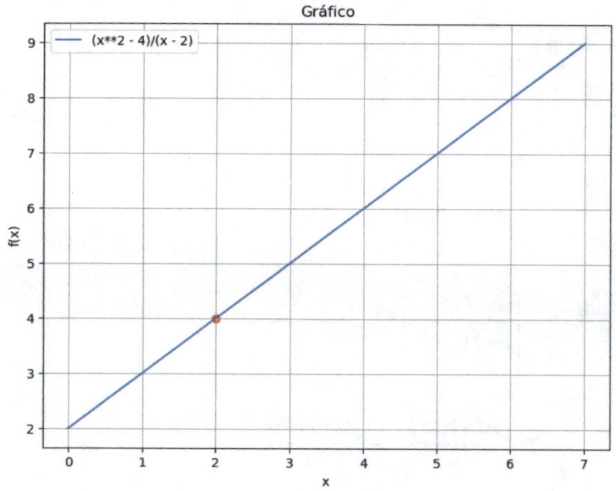

Ejemplo:

$$\text{Función:} \quad \text{lím}_{x \to 0} \frac{sen(x)}{x}$$
$$\text{Cálculo:} \quad \text{lím}_{x \to 0} \frac{sen(x)}{x}$$

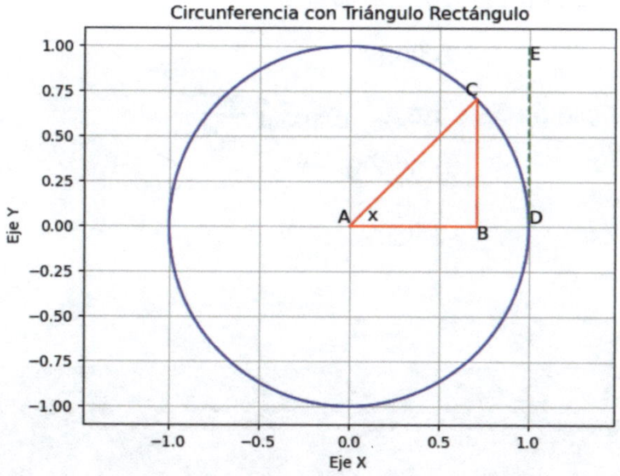

Analizamos poniendo una circunferencia. Tendríamos la siguiente desigualdad inicial:

$$\overline{CB} < \overline{AD} < \overline{ED}$$

$$sen(x) < x < Tg(x)$$

$$|sen(x)| < |x| < |Tg(x)|$$

$$\frac{sen(x)}{sen(x)} < \frac{x}{sen(x)} < \frac{Tg(x)}{sen(x)}$$

$$|1| < \left|\frac{x}{sen(x)}\right| < \left|\frac{1}{cos(x)}\right|$$

$$1 > \left|\frac{x}{sen(x)}\right| > \frac{1}{cos(x)}$$

$$\frac{1}{1} > \frac{sen(x)}{x} > \frac{cos(x)}{1}$$

$$\lim_{x\to 0}\frac{1}{1} > \lim_{x\to 0}\frac{sen(x)}{x} > \lim_{x\to 0} cos(x)\ 1 > \lim_{x\to 0}\frac{sen(x)}{x} > 1$$

Ahora por el teorema del sándwich 1:

Verificación 1: $\lim_{x\to 0{,}000001}\frac{sen(x)}{x}$

$0{,}99999$

Verificación 2: $\lim_{x\to -0{,}000001}\frac{sen(x)}{x}$

$0{,}99999$

En código:

In [31]:

```
# Ejercicio 33
import sympy as sp
import numpy as np
import matplotlib.pyplot as plt

x = sp.symbols('x')
f = sp.sin(x)/x
lim_f = sp.limit(f, x, 0)

# Resto del código similar al ejemplo 1
print("El límite cuando x tiende a 0:", lim_f)

# Graficar
f_lambda = sp.lambdify(x, f, "numpy")
x_values = np.linspace(-1, 1, 400)
y_values_f = f_lambda(x_values)
plt.figure(figsize=(8, 6))
plt.plot(x_values, y_values_f, label=str(f))
plt.scatter(0, lim_f, color='red')
```

```
plt.title("Gráfico")
plt.xlabel('x')
plt.ylabel('f(x)')
plt.legend()
plt.grid(True)
plt.show()
```

Out [31]:

```
El limite cuando x tiende a 0: 1
```

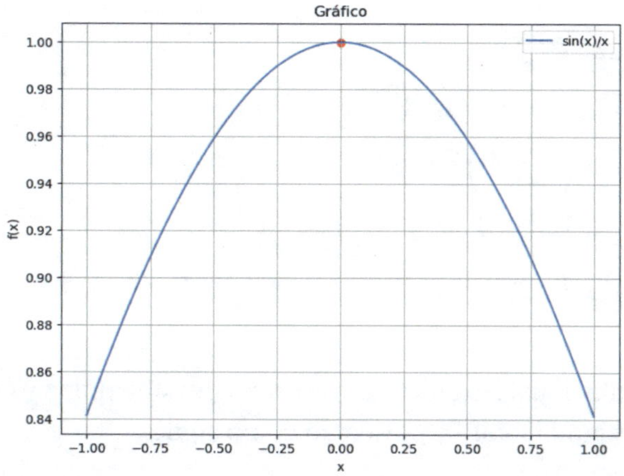

4.8 Límites de funciones generales y específicas

Los análisis previos se desarrollaron de manera individual con el propósito de proporcionar al lector una comprensión del origen conceptual de los límites, estableciendo simultáneamente confianza en los resultados computacionales de Python. En consecuencia, procederemos de manera sistemática al cálculo de los siguientes límites, independientemente de su naturaleza determinada o indeterminada, considerando diversos puntos de convergencia.

Ejemplo 1: $\lim_{x \to 3} \left(\frac{x^2-9}{x-3}\right)$

Ejemplo 2: $\lim_{x \to 0} x \cdot sen\left(\frac{1}{x}\right)$

Ejemplo 3: $\lim_{x \to \infty} (1 + \frac{1}{x})^x$

Ejemplo 4: $\lim_{x \to 0} Log(x)$

Ejemplo 5: $\lim_{x \to \frac{\pi}{2}} Tg(x)$

Ejemplo 6: $\lim_{x \to 2} \left(\frac{1-x^2}{2-x}\right)$

Ejemplo 7: $\lim_{x\to\infty}\left(\frac{2x-3}{x-5}\right)$

Ejemplo 8: $\lim_{x\to-\infty}\left(\frac{x^2-1}{x^2+1}\right)$

Ejemplo 9: $\lim_{x\to 0}\frac{e^x-1}{x}$

Ejemplo 10: $\lim_{x\to 1}\left(\frac{x^3-1}{x^2-1}\right)$

Ejemplo 11: $\lim_{x\to 0}\frac{\cos(x)-1}{x}$

Ejemplo 12: $\lim_{x\to 0}\frac{sen(x)}{x^2}$

Ejemplo 13: $\lim_{x\to 2}\frac{1}{x-2}$

Ejemplo 14: $\lim_{x\to 0}\frac{1-cos(x)}{x^4}$

Ejemplo 15: $\lim_{x\to\infty} -x+\sqrt{x^2+2x}$

Ejemplo 16: $\lim_{x\to 2}\left(\frac{x^2-16}{x-2}\right)$

Ejemplo 17: $\lim_{x\to 0}\frac{1-cos(x)}{x^2}$

Ejemplo 18: $\lim_{x\to 0}\frac{Tg(2x)}{x}$

La implementación computacional sistemática, los resultados obtenidos y las representaciones gráficas correspondientes se presentan como sigue:

In [32]:

```
# Ejercicio 34
import sympy as sp

# Definiendo el símbolo x, y otros símbolos para ejercicios específicos
x, a, n = sp.symbols('x a n')

# Lista de funciones y puntos a los que tienden, incluyendo la dirección para límites unilaterales
ejercicios = [
    ((x**2 - 9)/(x - 3), 3, 'both'),
    (x * sp.sin(1/x), 0, 'both'),
    ((1 + 1/x)**x, sp.oo, 'both'),
    (sp.log(x), 0, '+'),
    (sp.tan(x), sp.pi/2, '-'),
    ((4 - x**2)/(2 - x), 2, 'both'),
    ((2*x + 3)/(x - 5), sp.oo, 'both'),
    ((x**2 - 1)/(x**2 + 1), -sp.oo, 'both'),
    ((sp.exp(x) - 1)/x, 0, 'both'),
    ((x**3 - 1)/(x**2 - 1), 1, 'both'),
    ((sp.cos(x) - 1)/x, 0, 'both'),
    (sp.sin(x)/x**2, 0, 'both'),
```

```
    (1/(x - 2), 2, '-'),
    ((1 - sp.cos(x))/x**2, 0, 'both'),
    (sp.sqrt(x**2 + 2*x) - x, sp.oo, 'both'),
    ((x**4 - 16)/(x - 2), 2, 'both'),
    ((1 - sp.cos(x))/x**2, 0, 'both'),
    (x * sp.log(x), 0, '+'),
    ((x**n - a**n)/(x - a), a, 'both'),
    (sp.tan(2*x)/x, 0, 'both')
]

# Función para calcular e imprimir los límites
def calcular_limites(ejercicios):
    resultados = []
    for i, (funcion, valor, direccion) in enumerate(ejercicios, start=1): # Comenzando con 1
        if direccion == 'both':
            resultado = sp.limit(funcion, x, valor)
        else:
            resultado = sp.limit(funcion, x, valor, dir=direccion)
        descripcion = f"Ejercicio {i}: Limite de la funcion cuando x tiende a {valor} ({direccion}): {resultado}"
        resultados.append(descripcion)
    return resultados

# Llamada a la función y obtención de resultados
resultados = calcular_limites(ejercicios)

# Imprimir los resultados con tres espacios entre cada ejercicio
for resultado in resultados:
    print(resultado)
    print("\n")
```

Out [32]:

```
Ejercicio 1: Limite de la funcion cuando x tiende a 3 (both): 6


Ejercicio 2: Limite de la funcion cuando x tiende a 0 (both): 0


Ejercicio 3: Limite de la funcion cuando x tiende a oo (both): E


Ejercicio 4: Limite de la funcion cuando x tiende a 0 (+): -oo
```

```
Ejercicio 5: Limite de la funcion cuando x tiende a pi/2 (-):
   oo

Ejercicio 6: Limite de la funcion cuando x tiende a 2 (both):
   4

Ejercicio 7: Limite de la funcion cuando x tiende a oo (both):
    2

Ejercicio 8: Limite de la funcion cuando x tiende a -oo (both)
   : 1

Ejercicio 9: Limite de la funcion cuando x tiende a 0 (both):
   1

Ejercicio 10: Limite de la funcion cuando x tiende a 1 (both):
    3/2

Ejercicio 11: Limite de la funcion cuando x tiende a 0 (both):
    0

Ejercicio 12: Limite de la funcion cuando x tiende a 0 (both):
    oo

Ejercicio 13: Limite de la funcion cuando x tiende a 2 (-): -
   oo

Ejercicio 14: Limite de la funcion cuando x tiende a 0 (both):
    1/2

Ejercicio 15: Limite de la funcion cuando x tiende a oo (both)
   : 1

Ejercicio 16: Limite de la funcion cuando x tiende a 2 (both):
    32
```

```
Ejercicio 17: Limite de la funcion cuando x tiende a 0 (both):
    1/2


Ejercicio 18: Limite de la funcion cuando x tiende a 0 (+): 0


Ejercicio 19: Limite de la funcion cuando x tiende a a (both):
    a**(n - 1)*n


Ejercicio 20: Limite de la funcion cuando x tiende a 0 (both):
    2
```

En términos de representaciones gráficas:

In [33]:

```python
# Ejercicio 35
import sympy as sp
import matplotlib.pyplot as plt
import numpy as np

# Definiendo el símbolo x, y otros símbolos para ejercicios especí
    ficos
x, a, n = sp.symbols('x a n')

# Lista de funciones y puntos a los que tienden, incluyendo la direcci
    ón para límites unilaterales
ejercicios = [
    ((x**2 - 9)/(x - 3), 3, 'both'),
    (x * sp.sin(1/x), 0, 'both'),
    ((1 + 1/x)**x, sp.oo, 'both'),
    (sp.log(x), 0, '+'),
    (sp.tan(x), sp.pi/2, '-'),
    ((4 - x**2)/(2 - x), 2, 'both'),
    ((2*x + 3)/(x - 5), sp.oo, 'both'),
    ((x**2 - 1)/(x**2 + 1), -sp.oo, 'both'),
    ((sp.exp(x) - 1)/x, 0, 'both'),
    ((x**3 - 1)/(x**2 - 1), 1, 'both'),
    ((sp.cos(x) - 1)/x, 0, 'both'),
    (sp.sin(x)/x**2, 0, 'both'),
    (1/(x - 2), 2, '-'),
    ((1 - sp.cos(x))/x**4, 0, 'both'),
    (sp.sqrt(x**2 + 2*x) - x, sp.oo, 'both'),
    ((x**4 - 16)/(x - 2), 2, 'both'),
    ((1 - sp.cos(x))/x**2, 0, 'both'),
    (sp.tan(2*x)/x, 0, 'both')
```

```
]

# Función para calcular e imprimir los límites
def calcular_limites(ejercicios):
    resultados = []
    for i, (funcion, valor, direccion) in enumerate(ejercicios, start
        =1):
        if direccion == 'both':
            resultado = sp.limit(funcion, x, valor)
        else:
            resultado = sp.limit(funcion, x, valor, dir=direccion)
        descripcion = f"Ejercicio {i}: Limite de la funcion cuando x
            tiende a {valor} ({direccion}): {resultado}"
        resultados.append(descripcion)
        graficar_funcion(funcion, i, valor, direccion)
    return resultados

# Función para graficar las funciones
def graficar_funcion(funcion, numero_ejercicio, valor, direccion):
    lambdified_func = sp.lambdify(x, funcion, modules=['numpy'])
    x_vals = np.linspace(-10, 10, 400)
    y_vals = lambdified_func(x_vals)
    plt.figure()
    plt.plot(x_vals, y_vals, label=str(funcion))
    plt.title(f"Grafica del Ejercicio {numero_ejercicio}")
    plt.xlabel('x')
    plt.ylabel('f(x)')
    plt.legend()
    plt.grid(True)
    plt.show()

# Llamada a la función y obtención de resultados
resultados = calcular_limites(ejercicios)

# Imprimir los resultados con un espacio entre cada ejercicio
for resultado in resultados:
    print(resultado)
```

Out [33]:

Grafica del Ejercicio 1
(x**2 - 9)/(x - 3)
f(x)
x
12.5
10.0
7.5
5.0
2.5
0.0
−2.5
−5.0
−7.5
−10.0
−7.5
−5.0
−2.5
0.0
2.5
5.0
7.5
10.0

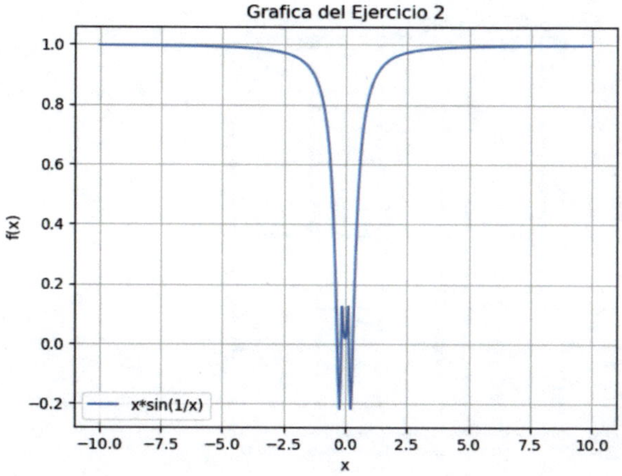
Grafica del Ejercicio 2
x*sin(1/x)
f(x)
x
1.0
0.8
0.6
0.4
0.2
0.0
−0.2
−10.0
−7.5
−5.0
−2.5
0.0
2.5
5.0
7.5
10.0

Grafica del Ejercicio 3
(1 + 1/x)**x
f(x)
x
40
35
30
25
20
15
10
5
0
−10.0
−7.5
−5.0
−2.5
0.0
2.5
5.0
7.5
10.0

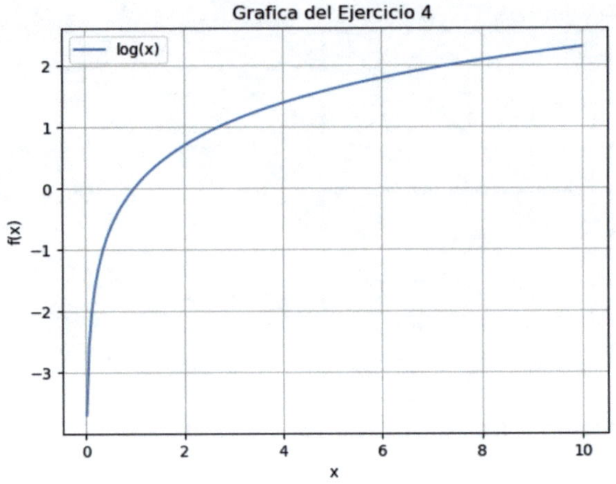
Grafica del Ejercicio 4
log(x)
f(x)
x

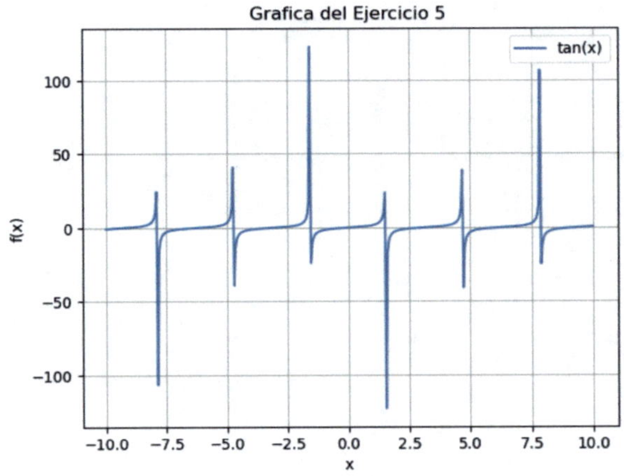
Grafica del Ejercicio 5
tan(x)
f(x)
x

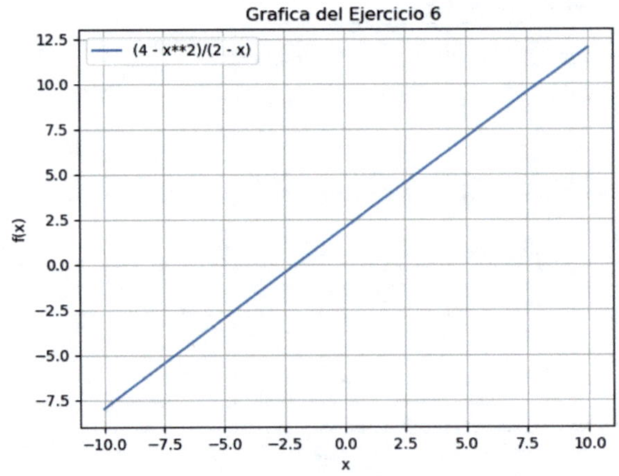
Grafica del Ejercicio 6
(4 - x**2)/(2 - x)
f(x)
x

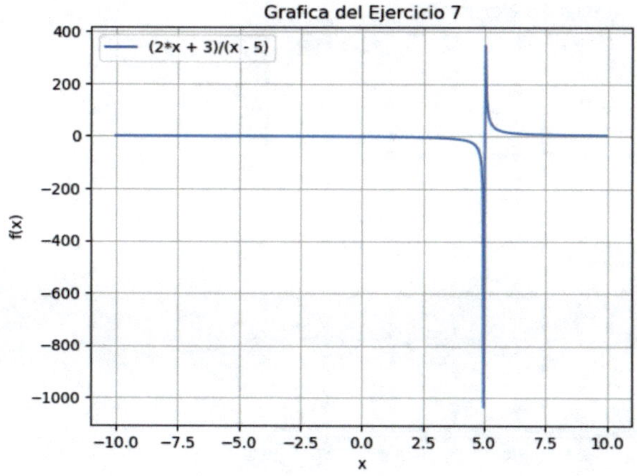
Grafica del Ejercicio 7
(2*x + 3)/(x - 5)
400
200
0
−200
−400
−600
−800
−1000
f(x)
−10.0
−7.5
−5.0
−2.5
0.0
2.5
5.0
7.5
10.0
x

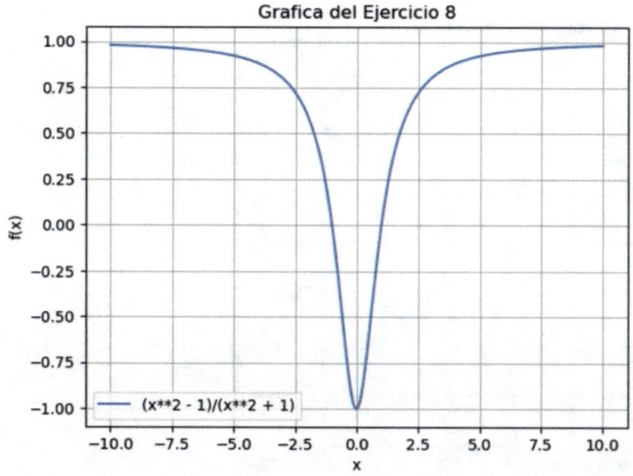
Grafica del Ejercicio 8
1.00
0.75
0.50
0.25
0.00
−0.25
−0.50
−0.75
−1.00
f(x)
(x**2 - 1)/(x**2 + 1)
−10.0
−7.5
−5.0
−2.5
0.0
2.5
5.0
7.5
10.0
x

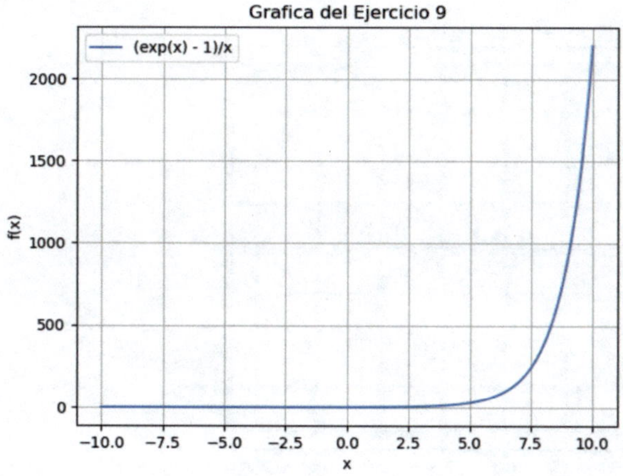
Grafica del Ejercicio 9
(exp(x) - 1)/x
2000
1500
1000
500
0
f(x)
−10.0
−7.5
−5.0
−2.5
0.0
2.5
5.0
7.5
10.0
x

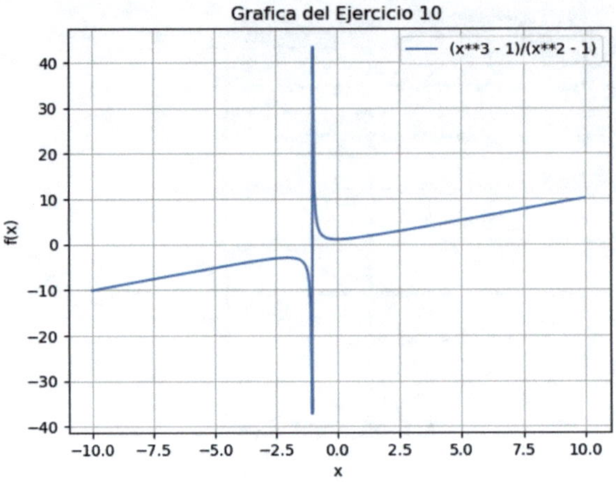
Grafica del Ejercicio 10
(x**3 - 1)/(x**2 - 1)
f(x)
x

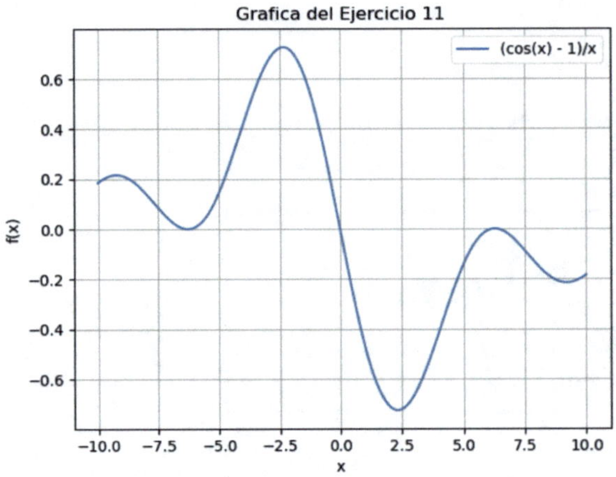
Grafica del Ejercicio 11
(cos(x) - 1)/x
f(x)
x

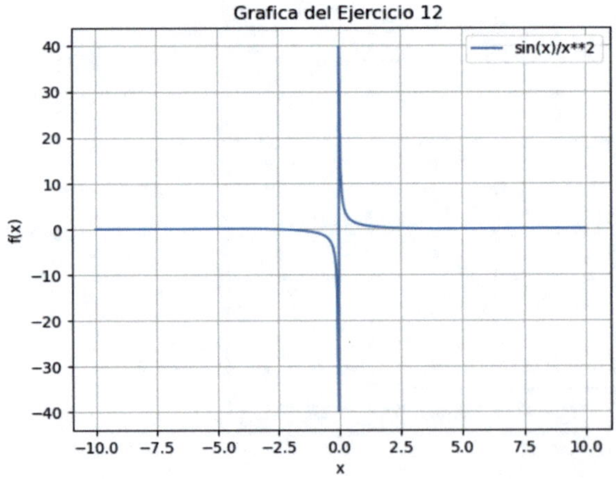
Grafica del Ejercicio 12
sin(x)/x**2
f(x)
x

Grafica del Ejercicio 13
1/(x - 2)
f(x)
x

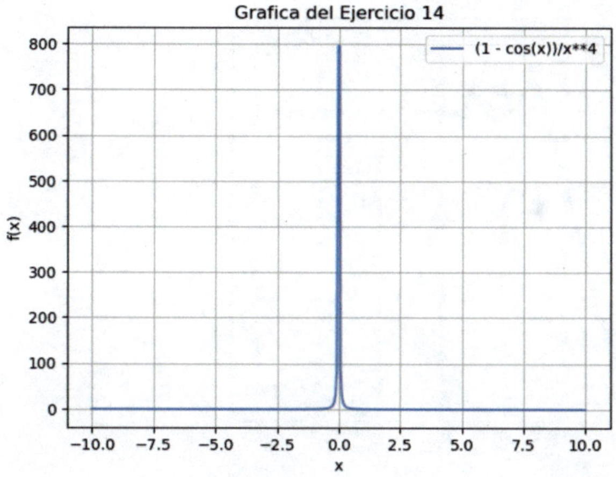

Grafica del Ejercicio 14
(1 - cos(x))/x**4
f(x)
x

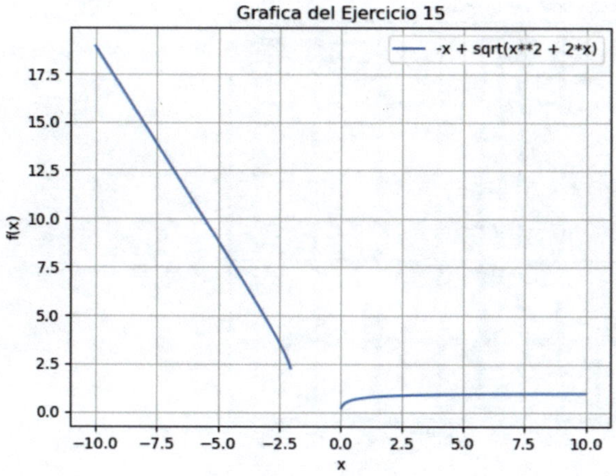

Grafica del Ejercicio 15
-x + sqrt(x**2 + 2*x)
f(x)
x

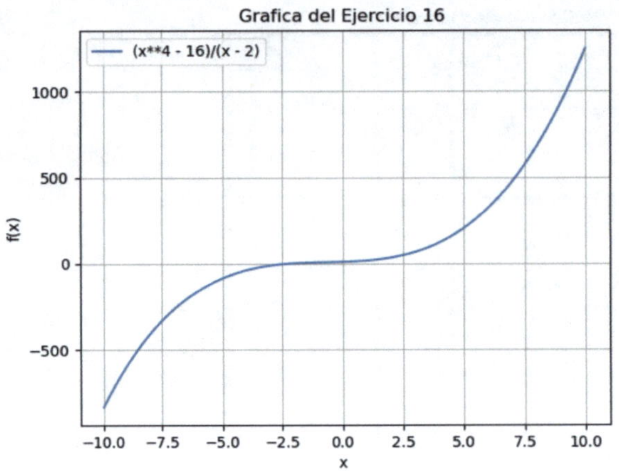

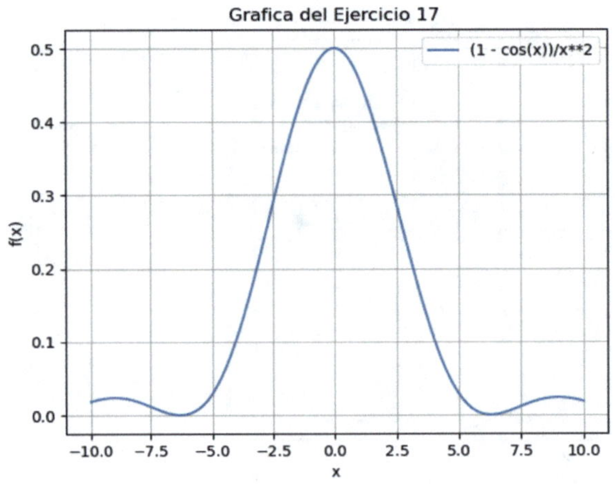

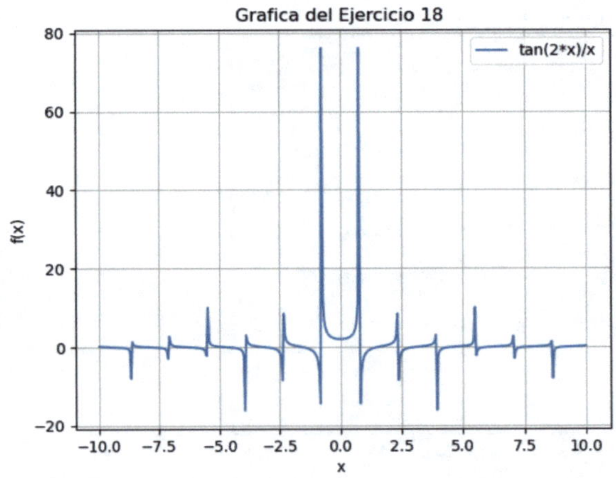


```
Ejercicio 1: Limite de la funcion cuando x tiende a 3 (both):
    6
Ejercicio 2: Limite de la funcion cuando x tiende a 0 (both):
    0
Ejercicio 3: Limite de la funcion cuando x tiende a oo (both):
```

```
    E
Ejercicio 4: Limite de la funcion cuando x tiende a 0 (+): -oo
Ejercicio 5: Limite de la funcion cuando x tiende a pi/2 (-):
    oo
Ejercicio 6: Limite de la funcion cuando x tiende a 2 (both):
    4
Ejercicio 7: Limite de la funcion cuando x tiende a oo (both):
    2
Ejercicio 8: Limite de la funcion cuando x tiende a -oo (both)
    : 1
Ejercicio 9: Limite de la funcion cuando x tiende a 0 (both):
    1
Ejercicio 10: Limite de la funcion cuando x tiende a 1 (both):
    3/2
Ejercicio 11: Limite de la funcion cuando x tiende a 0 (both):
    0
Ejercicio 12: Limite de la funcion cuando x tiende a 0 (both):
    oo
Ejercicio 13: Limite de la funcion cuando x tiende a 2 (-): -
    oo
Ejercicio 14: Limite de la funcion cuando x tiende a 0 (both):
    oo
Ejercicio 15: Limite de la funcion cuando x tiende a oo (both)
    : 1
Ejercicio 16: Limite de la funcion cuando x tiende a 2 (both):
    32
Ejercicio 17: Limite de la funcion cuando x tiende a 0 (both):
    1/2
Ejercicio 18: Limite de la funcion cuando x tiende a 0 (both):
    2
```

4.9 Aplicaciones de límites de funciones de una variable

4.9.1 Velocidad instantánea

La velocidad instantánea constituye una aplicación paradigmática de la teoría de límites en el cálculo diferencial. Desde una perspectiva matemática rigurosa, la velocidad instantánea de un objeto se define como la velocidad que exhibe en un instante específico. Esta se determina mediante el límite de la razón de cambio de la posición respecto al tiempo conforme el intervalo temporal converge hacia cero. Considerando una función $s(t)$ que describe la posición de un objeto en función del tiempo, la velocidad instantánea $v(t)$ en un instante t se calcula mediante:[2]

$$v(t) = \lim_{\Delta t \to 0} \frac{s(t + \Delta t) - s(t)}{\Delta t}$$

Consideremos un objeto en movimiento cuya posición se describe mediante la función $s(t) = t^2$. Para determinar la velocidad instantánea en $t = 2$ segundos, ejecutamos el siguiente cálculo:

$$v(2) = \lim_{\Delta t \to 0} \frac{(2 + \Delta t)^2 - 2^2}{\Delta t}$$

La resolución de este límite demuestra que la velocidad instantánea en $t = 2$ equivale a 4 m/s. La implementación computacional correspondiente es:

In [34]:

```
# Ejercicio 36
import numpy as np
import matplotlib.pyplot as plt
import sympy as sp

# Definición de la variable simbólica t y variacion_t
t, variacion_t = sp.symbols('t variacion_t')

# Definición de la función de posición s(t)
s = t**2

# Calculando el límite para la velocidad instantánea en t=2
v_t = sp.limit((s.subs(t, t + variacion_t) - s.subs(t, t)) /
    variacion_t, variacion_t, 0)
v_2 = v_t.subs(t, 2) # Velocidad instantánea en t = 2 segundos

# Crear una función lambda para la representación gráfica
s_lambda = sp.lambdify(t, s, modules=['numpy'])

# Valores de t para la gráfica
t_vals = np.linspace(0, 4, 400)
s_vals = s_lambda(t_vals)

# Creando el gráfico
plt.figure(figsize=(8, 6))
plt.plot(t_vals, s_vals, label='s(t) = t^2')
plt.scatter(2, s_lambda(2), color='red') # Marcar el punto t = 2
plt.annotate(f'v(2) = {v_2} m/s', (2, s_lambda(2)), textcoords="offset
    points", xytext=(0,10), ha='center')

# Configuración del gráfico
plt.title('Gráfico de s(t) = t^2 con Velocidad Instantánea en t=2')
plt.xlabel('Tiempo (t)')
plt.ylabel('Posición (s)')
plt.axhline(0, color='black', linewidth=0.5)
```

```
plt.axvline(0, color='black', linewidth=0.5)
plt.grid(color='gray', linestyle='--', linewidth=0.5)
plt.legend()
plt.show()
```

Out [34]:

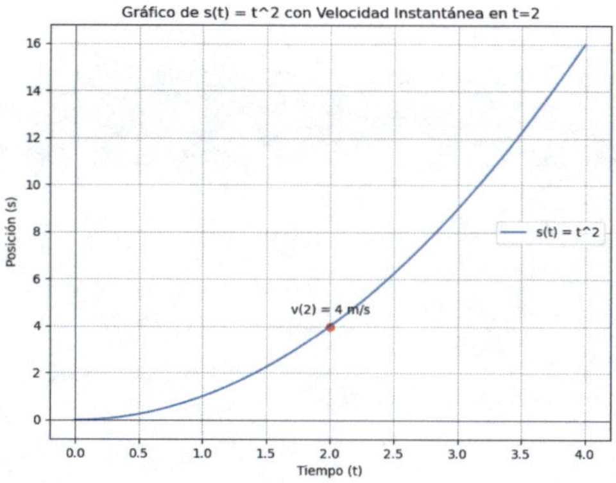

4.9.2 Tasas de cambio

La tasa de variación en un punto constituye otra aplicación relevante de la teoría de límites. En disciplinas como economía, biología, física y diversas ciencias aplicadas, las tasas de cambio proporcionan información esencial sobre la respuesta de una variable ante modificaciones en otra. Consideremos una función $f(x)$ que representa la producción de una instalación industrial en función del número de trabajadores. La tasa de cambio de la producción respecto al número de empleados se determina mediante el límite:

$$= \lim_{\Delta x \to 0} \frac{f(x + \Delta x) - f(x)}{\Delta x}$$

Si la evaluamos en $x = 3$, tenemos que en $f(x) = x^2$, entonces la tasa de cambio de la producción cuando hay 3 trabajadores es:

$$= \lim_{x \to 3} \frac{(3 + \Delta x)^2 - 3^2}{\Delta x}$$

Este resultado indica que, en $x = 3$, la incorporación de un trabajador adicional incrementaría la producción en aproximadamente 6 unidades. Es relevante observar que este límite constituye una aproximación al concepto de derivada. La implementación computacional correspondiente es:

In [35]:

```
# Ejercicio 37
import numpy as np
import matplotlib.pyplot as plt
import sympy as sp
```

```python

# Definición de la variable simbólica x y variacion_x
x, variacion_x = sp.symbols('x variacion_x')

# Definición de la función f(x)
f = x**2

# Calculando el límite para la tasa de cambio en x=3
tasa_cambio = sp.limit((f.subs(x, x + variacion_x) - f.subs(x, x)) /
    variacion_x, variacion_x, 0)
tasa_cambio_3 = tasa_cambio.subs(x, 3) # Tasa de cambio en x = 3

# Crear una función lambda para la representación gráfica
f_lambda = sp.lambdify(x, f, modules=['numpy'])

# Valores de x para la gráfica
x_vals = np.linspace(0, 5, 400)
f_vals = f_lambda(x_vals)

# Creando el gráfico
plt.figure(figsize=(8, 6))
plt.plot(x_vals, f_vals, label='f(x) = x^2')
plt.scatter(3, f_lambda(3), color='red') # Marcar el punto x = 3
plt.annotate(f'Tasa de Cambio = {tasa_cambio_3}', (3, f_lambda(3)),
    textcoords="offset points", xytext=(0,10), ha='center')

# Configuración del gráfico
plt.title('Gráfico de f(x) = x^2 con Tasa de Cambio en x=3')
plt.xlabel('Cantidad de Trabajadores (x)')
plt.ylabel('Producción miles undiades (f)')
plt.axhline(0, color='black', linewidth=0.5)
plt.axvline(0, color='black', linewidth=0.5)
plt.grid(color='gray', linestyle='--', linewidth=0.5)
plt.legend()
plt.show()
tasa_cambio_3
```

Out [35]:

```
6
```

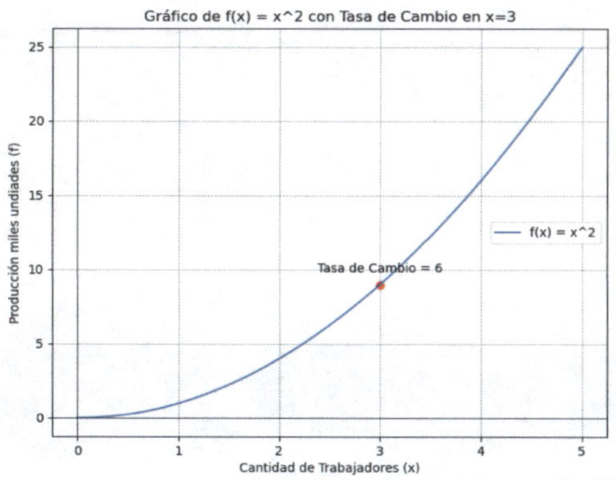

4.9.3 Valores asintóticos

El término "*asintótico*" se refiere al comportamiento de las funciones a medida que se acercan a un punto particular, generalmente infinito o un punto crítico. En cálculo, este estudio se centra en cómo las funciones se aproximan a ciertos valores o se comportan de manera similar a funciones más simples en los límites de sus dominios.[6] Una asíntota es una línea que describe cómo se comporta una función a medida que se acerca al infinito o a un punto específico. Las asíntotas pueden ser inclinadas, verticales u horizontales. El análisis de asíntotas es esencial para comprender las limitaciones y el comportamiento de las funciones en estos extremos. Recordemos que existen asíntotas, verticales, horizontales y oblicuas. El cálculo de valores asintóticos se realiza mediante límites. El uso de límites ayuda a determinar cómo se comporta una función a medida que se acerca a un punto específico o a infinito, lo cual sirve para la integración, la diferenciación y la solución de ecuaciones diferenciales. Ejemplo, consideremos la función: $f(x) = \frac{2x^2+3x+1}{x+1}$

Queremos determinar sus asíntotas, calculando el límite de $f(x)$ cuando x tiende a infinito para encontrar si existe una asíntota horizontal o inclinada, así:

$$\lim_{x \to \infty} \frac{2x^2 + 3x + 1}{x + 1} = \lim_{x \to \infty} \frac{2x + 3 + \frac{1}{x}}{1 + \frac{1}{x}} = 2x + 3$$

La función no tiene asíntotas horizontales, tiene una asíntota oblicua, que es la línea $y = 2x + 3$. Además, la función tiene una discontinuidad en $x = -1$, lo que sugiere una asintota vertical en ese punto. Vamos a verificar:

$$\lim_{x \to -1^+} f(x) = \infty \quad ; \quad \lim_{x \to -1^-} f(x) = -\infty$$

Hay una asíntota vertical en $x = -1$. Ahora en código:

In [36]:

[6] Grossman, S. (1996). "Álgebra lineal". México DF, México. McGraw Hill Interamericana de México. Quinta Edición.

```
# Ejercicio 38
import numpy as np
import matplotlib.pyplot as plt
import sympy as sp

# Definición de la variable simbólica x
x = sp.symbols('x')

# Definición de la función f(x)
f = (2*x**2 + 3*x + 1) / (x + 1)

# Calculando el límite cuando x tiende a infinito para la asíntota
    oblicua
asintota_oblicua = sp.limit(f, x, sp.oo)

# Verificando la asíntota vertical en x = -1
lim_izq = sp.limit(f, x, -1, dir='-')
lim_der = sp.limit(f, x, -1, dir='+')

# Crear una función lambda para la representación gráfica
f_lambda = sp.lambdify(x, f, modules=['numpy'])

# Valores de x para la gráfica, evitando el punto de discontinuidad
x_vals1 = np.linspace(-10, -1.1, 400)
x_vals2 = np.linspace(-0.9, 10, 400)
f_vals1 = f_lambda(x_vals1)
f_vals2 = f_lambda(x_vals2)

# Creando el gráfico
plt.figure(figsize=(8, 6))
plt.plot(x_vals1, f_vals1, label='f(x) = (2x^2 + 3x + 1) / (x + 1)')
plt.plot(x_vals2, f_vals2, label='f(x) = (2x^2 + 3x + 1) / (x + 1)')
plt.axvline(x=-1, color='red', linestyle='--', label='Asíntota
    Vertical x=-1')
plt.plot(x_vals2, 2*x_vals2 + 3, 'g--', label='Asíntota Oblicua y=2x+3
    ')

# Configuración del gráfico
plt.title('Gráfico de f(x) con Asíntotas')
plt.xlabel('x')
plt.ylabel('f(x)')
plt.axhline(0, color='black', linewidth=0.5)
plt.axvline(0, color='black', linewidth=0.5)
plt.grid(color='gray', linestyle='--', linewidth=0.5)
plt.legend()
plt.show()

print("Límite cuando x tiende a infinito (asíntota oblicua): y =",
    asintota_oblicua)
print("Límite cuando x tiende a -1 desde la izquierda:", lim_izq)
print("Límite cuando x tiende a -1 desde la derecha:", lim_der)
```

Out [36]:

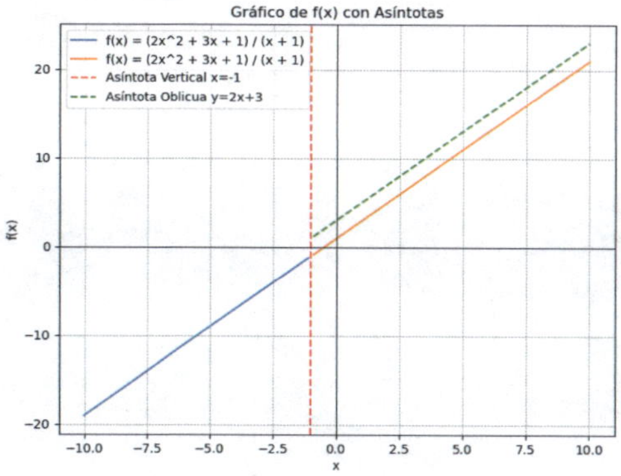


```
Limite cuando x tiende a infinito (asintota oblicua): y = oo
Limite cuando x tiende a -1 desde la izquierda: -1
Limite cuando x tiende a -1 desde la derecha: -1
```

4.9.4 Búsqueda de valores extremos en el tiempo

En las ciencias, a menudo se buscan valores extremos (máximos o mínimos) de una función para entender mejor el comportamiento de un sistema en el tiempo. Por ejemplo, encontrar el punto más alto que alcanza un proyectil o el momento de mayor consumo de energía en un sistema. Así, para una función $g(t)$ que representa, por ejemplo, la altura de un proyectil en función del tiempo, los puntos donde $g'(t) = 0$ pueden indicar máximos o mínimos. Estos puntos se encuentran utilizando límites. Por ejemplo, si tenemos una función $g(t) = -16t^2 + 64t + 5$, entonces para encontrar los puntos extremos, calculamos $g'(t)$ y establecemos igual a cero:[1]

$$g'(t) = \lim_{\Delta t \to 0} \frac{g(t + \Delta t) - g(t)}{\Delta t}$$

Resolviendo $g'(t) = 0$, encontramos los puntos en el tiempo donde el proyectil alcanza su altura máxima. Ahora el código sería:

In [37]:

```
# Ejercicio 39
import numpy as np
import matplotlib.pyplot as plt
import sympy as sp

# Definición de la variable simbólica t y variacion_t
t, variacion_t = sp.symbols('t variacion_t')

# Definición de la función g(t)
```

```
g = -16*t**2 + 64*t + 5

# Calculando la derivada de g(t) para encontrar los puntos extremos
g_prima = sp.diff(g, t)

# Resolviendo g'(t) = 0 para encontrar los puntos extremos
puntos_extremos = sp.solve(g_prima, t)

# Crear una función lambda para la representación gráfica
g_lambda = sp.lambdify(t, g, modules=['numpy'])

# Valores de t para la gráfica
t_vals = np.linspace(0, 5, 400)
g_vals = g_lambda(t_vals)

# Creando el gráfico
plt.figure(figsize=(8, 6))
plt.plot(t_vals, g_vals, label='g(t) = -16t^2 + 64t + 5')

# Marcando los puntos extremos en el gráfico
for punto in puntos_extremos:
    plt.scatter(punto, g_lambda(punto), color='red')
    plt.annotate(f't={punto.evalf():.2f}', (punto, g_lambda(punto)),
        textcoords="offset points", xytext=(0,10), ha='center')

# Configuración del gráfico
plt.title('Gráfico de g(t) = -16t^2 + 64t + 5 con Puntos Extremos')
plt.xlabel('Tiempo (t)')
plt.ylabel('Altura (g)')
plt.axhline(0, color='black', linewidth=0.5)
plt.axvline(0, color='black', linewidth=0.5)
plt.grid(color='gray', linestyle='--', linewidth=0.5)
plt.legend()
plt.show()
```

Out [37]:

Procederemos al desarrollo del concepto de derivada, que se definen formalmente mediante un límite, análogo a los casos examinados en el presente capítulo.

4.10 Resumen

En resumen, se tienen los siguientes puntos relevantes del capítulo:

4.1 Teoría de límites.

El estudio de los límites es esencial en cálculo para entender cómo se comportan las funciones mientras se aproximan a ciertos valores. La definición formal de un límite ayuda a comprender conceptos como la continuidad y la convergencia de funciones.

4.2 Indeterminaciones y resultados conocidos.

Este segmento aborda las indeterminaciones comunes en el cálculo de límites, como $0/0$ y ∞/∞, y discute cómo pueden resolverse o simplificarse. También presenta resultados conocidos de funciones trigonométricas, logarítmicas y exponenciales que son útiles en el cálculo de límites.

4.3 Teoremas de límites.

Introduce los teoremas fundamentales para el cálculo de límites, incluyendo el teorema del límite único, el teorema del límite de una constante, y cómo los límites interactúan con las operaciones aritméticas básicas.

4.4 Casos de indeterminaciones.

4.4.1 Casos de Indeterminación $0/0$.

Explora cómo abordar esta indeterminación utilizando técnicas como la regla de L'Hôpital.

4.4.2 Casos de Indeterminaciones ∞/∞.

Detalla métodos para resolver límites donde tanto el numerador como el denominador tienden a infinito.

4.4.3 Casos de Indeterminaciones $\infty \cdot 0$.

Discute el enfoque para esta forma de indeterminación, común en funciones que involucran productos de términos que tienden a cero e infinito.

4.4.4 Casos de Indeterminaciones ∞^0.

Aborda el cálculo de límites con bases infinitas y exponentes que tienden a cero.

4.4.5 Casos de Indeterminaciones ∞ - ∞.

Examina cómo resolver límites que implican la resta de términos infinitos.

4.4.6 Casos de Indeterminaciones 1^{∞}.

Trata sobre esta forma particular de indeterminación que ocurre en ciertos límites de funciones exponenciales.

4.4.7 Casos de Indeterminaciones 0^{0}.

Explora estrategias para enfrentar límites donde tanto la base como el exponente tienden a cero.

4.5 Límites laterales.

Discute la importancia de los límites laterales, que son esenciales para entender la continuidad y el comportamiento de las funciones en puntos específicos.

4.6 Continuidad y discontinuidad.

Explica qué significa que una función sea continua y las implicaciones de la discontinuidad en el análisis matemático, destacando cómo verificar la continuidad en puntos específicos.

4.7 Verificación de límites y cálculo de límites.

Este punto ofrece métodos y técnicas para verificar la exactitud de los cálculos de límites y cómo realizar estos cálculos de manera eficiente y precisa.

4.8 Límites de funciones generales y específicas.

Aborda cómo calcular límites para una amplia gama de funciones, proporcionando ejemplos específicos y generales para ilustrar las técnicas discutidas.

4.9 Aplicaciones de límites de funciones de una variable.

Aquí, se exploran las aplicaciones prácticas de los límites en diversas áreas como la física, ingeniería y economía, destacando la importancia del cálculo de límites en la modelización y análisis de problemas reales.

4.11 Problemas y sus Soluciones

Se tienen los siguientes problemas y soluciones:

1. ¿Qué representa la letra L en la definición formal de límite de una función $\mathbf{f(x)}$?

A) El valor de x al que se aproxima la función.
B) La pendiente de la tangente a la curva en el punto a.
C) La derivada de la función en el punto a.
D) El valor al cual la función se aproxima mientras x se acerca a a.
E) La integral de la función en el entorno de a.
F) Ninguna de las anteriores.

2. ¿Cuál es una forma común de indeterminación al calcular límites?

A) $1/0$.
B) $0/0$.
C) $\infty/1$.
D) $1/\infty$.
E) ∞/∞.
F) Tanto B como E son correctas.

3. Si al evaluar el límite $\lim_{\mathbf{x}\to\mathbf{a}} \mathbf{f(x)}$ se obtiene una indeterminación, ¿qué método se puede aplicar comúnmente para resolverlo?

A) Integración por partes.
B) Expansión en series de Taylor.
C) Regla de L'Hôpital.
D) Factorización.
E) Simplificación algebraica.
F) Tanto C como E son correctas.

4. Según el capítulo, ¿qué indica un límite cuando $\mathbf{x}$ tiende a un valor $\mathbf{a}$?

A) El máximo valor que la función puede alcanzar.
B) El comportamiento de la función justo antes de llegar a a.
C) El área bajo la curva de $f(x)$ cerca de a.
D) La pendiente de la curva en a.
E) El valor mínimo de la función en a.
F) Ninguna de las anteriores.

5. ¿Qué indica un límite lateral por la derecha, $\lim_{x \to a} f(x)$?

A) El límite de $f(x)$ cuando x se aproxima a a desde valores menores que a.
B) El límite de $f(x)$ cuando x se aproxima a a desde valores mayores que a.
C) El límite de $f(x)$ en el punto exacto a.
D) El valor de $f(x)$ justo después de a.
E) La derivada de $f(x)$ en a.
F) Ninguna de las anteriores.

6. ¿Cuál es un ejemplo de una función con una asíntota vertical según el capítulo?

A) $y = x^2$.
B) $y = Ln(x)$.
C) $y = sen(x)$.
D) $y = e^x$.
E) $y = \frac{1}{x}$.
F) Tanto B como E son correctas.

7. En el contexto de los límites, ¿qué significa que una función es continua en un punto $x = a$?

A) La función tiene una derivada en a.
B) La función no tiene interrupciones o saltos en a.
C) La función tiene un máximo o mínimo en a.
D) La función puede ser integrada en un entorno de a.
E) La función tiene una asíntota en a.
F) Ninguna de las anteriores.

8. ¿Qué resultado se espera de la operación $0 \cdot \infty$ al calcular límites?

A) 0.
B) 1.
C) ∞.
D) -1.
E) Indeterminado.
F) Ninguna de las anteriores.

9. ¿Cuál de las siguientes operaciones resulta en una indeterminación?

A) $1/\infty$.

B) $\infty - \infty$.
C) 1^{∞}.
D) $\infty \cdot 0$.
E) 0^0.
F) Todas las anteriores excepto A.

10. ¿Cuál es el valor del límite $\lim\limits_{\mathbf{x}\to \mathbf{0}} \frac{\mathbf{sen(x)}}{\mathbf{x}}$ según lo mencionado en el capítulo?

A) 0.
B) 1.
C) ∞.
D) Indeterminado.
E) -1.
F) Ninguna de las anteriores.

11. Calcular el límite de $\lim\limits_{\mathbf{x}\to \mathbf{2}} \frac{\mathbf{x^2-4}}{\mathbf{x-2}}$

12. Resolver la indeterminación $\lim\limits_{\mathbf{x}\to \mathbf{0}} \frac{\mathbf{sen(x)}}{\mathbf{x}}$

13. Calcular $\lim\limits_{\mathbf{x}\to \infty} \frac{\mathbf{2x^2+3}}{\mathbf{x-5}}$

14. Determinar $\lim\limits_{\mathbf{x}\to \mathbf{0}} \frac{\mathbf{e^x-1}}{\mathbf{x}}$

15. Calcular $\lim\limits_{\mathbf{x}\to \pi/\mathbf{2}} \mathbf{x} \bullet \mathbf{sen(x)}$

4.12 Problemas

Se tienen los siguientes problemas:

1. ¿Qué representa la expresión $\lim\limits_{\mathbf{x}\to\mathbf{a}} \mathbf{f}(\mathbf{x}) = \mathbf{L}$?

A) La derivada de f en a es igual a L.
B) La función f es discontinua en $x = a$.
C) A medida que x se aproxima a a, $f(x)$ se aproxima a L.
D) La integral de f desde a hasta L es convergente.
E) La función f tiene un máximo en $x = a$.
F) La gráfica de f tiene una asíntota en $x = L$.

2. Cuando se calcula el límite y el resultado es ∞, ¿qué tipo de asíntota tiene la función?

A) Asíntota horizontal.
B) Asíntota vertical.
C) Asíntota oblicua.
D) No tiene asíntota.
E) Asíntota circular.
F) Asíntota parabólica.

3. ¿Qué método no se utiliza para resolver indeterminaciones en cálculo de límites?

A) Factorización.
B) Expansión en series de Taylor.
C) Regla de L'Hôpital.
D) Integración numérica.
E) Simplificación algebraica.
F) Expansión binomial.

4. ¿Qué tipo de discontinuidad se presenta cuando los límites laterales existen y son finitos pero diferentes?

A) Discontinuidad evitable.
B) Discontinuidad de salto.
C) Discontinuidad esencial.
D) Discontinuidad infinita.
E) Discontinuidad oculta.

F) Discontinuidad de salto infinito.

5. ¿Cuál de los siguientes es un resultado conocido de funciones trigonométricas que puede ser usado en el cálculo de límites?

A) $sin(\infty) = 1$.
B) $cos(1) = 0$.
C) $tg(0) = 0$.
D) $sec(0) = 0$.
E) $csc(\infty) = \infty$.
F) $tg(1) = 1$.

6. ¿Qué operación resulta en una indeterminación de tipo $0/0$?

A) $0 \bullet 0$.
B) $sin(x)/x$ cuando $x \to 0$.
C) $0 - 0$.
D) $1/0$.
E) ∞/∞.
F) $0 + 0$.

7. Si $\lim_{x \to a} f(x)$ y $\lim_{x \to a} g(x)$ existen y son finitos, ¿cuál debería ser el resultado de un limite dado por $\lim_{x \to a} [f(x) + g(x)]$? Propiedad del límite de una suma.

A) No se puede determinar sin más información.
B) Es siempre cero.
C) Es la suma de los límites individuales.
D) Es el producto de los límites.
E) Es la división de los límites individuales.
F) Es la diferencia de los límites individuales.

8. ¿Qué sucede si una función $f(x)$ no está definida en $x = a$ pero $\lim_{x \to a} f(x) = L$?

A) $f(x)$ tiene una discontinuidad evitable en $x = a$.
B) $f(x)$ es continua en $x = a$.
C) $f(x)$ tiene un punto crítico en $x = a$.
D) $f(x)$ tiene una asíntota vertical en $x = a$.
E) $f(x)$ tiene una asíntota oblicua en $x = a$.
F) $f(x)$ es diferenciable en $x = a$.

9. En el cálculo de límites, ¿qué representa el valor δ en la definición formal

de límite?

A) Un rango de valores de x alrededor de a.
B) Un rango de valores de $f(x)$ alrededor de L.
C) La pendiente de la tangente en el punto a.
D) La diferencia entre L y el valor real de $f(a)$.
E) El error permitido en la aproximación del límite.
F) El incremento máximo permitido en x para que $\mid f(x) - L \mid$ sea menor que ϵ.

10. ¿Qué información proporciona un límite lateral?

A) La dirección desde la cual se aproxima x hacia a.
B) El máximo valor que la función puede alcanzar.
C) El valor de $f(x)$ justo después de a.
D) La derivada de $f(x)$ en a.
E) La integral de $f(x)$ desde a.
F) El valor mínimo de la función en a.

11. Límite con Polinomio. Calcular $\lim\limits_{\mathbf{x}\to\mathbf{3}}(\mathbf{x^3-27})$ Desarrolla.

12. Límite de Función Racional. Determinar $\lim\limits_{\mathbf{x}\to\mathbf{0}}\frac{\mathbf{x^2-1}}{\mathbf{x^2+1}}$ Desarrolla.

13. Límite con Raíz Cuadrada. Evaluar $\lim\limits_{\mathbf{x}\to\mathbf{9}}\left(\sqrt{\mathbf{x}}-\mathbf{3}\right)$ Desarrolla.

14. Límite Trigonométrico. Calcular $\lim\limits_{\mathbf{x}\to\pi/\mathbf{4}}(\mathbf{tg}\,(\mathbf{x})-\mathbf{1})$ Desarrolla.

15. Límite Exponencial. Determinar $\lim\limits_{\mathbf{x}\to\infty}\frac{\mathbf{e^x}}{\mathbf{x^2}}$ Desarrolla.

16. Límite con Logaritmo Natural. Evaluar $\lim\limits_{\mathbf{x}\to\mathbf{9}}\frac{\mathbf{Ln(x)}}{\mathbf{x^2-1}}$ Desarrolla.

17. Límite de Función Absoluta. Calcular $\lim\limits_{\mathbf{x}\to-\mathbf{2}}\frac{|\mathbf{x}|+\mathbf{2}}{\mathbf{x+2}}$ Desarrolla.

18. Límite de Función Exponencial Complicada. Determinar $\lim\limits_{\mathbf{x}\to\mathbf{0}}\frac{\mathbf{2^x-1}}{\mathbf{x}}$ Desarrolla.

19. Límite de Función Polinómica. Evaluar $\lim\limits_{\mathbf{x}\to-\mathbf{1}}\left(\mathbf{x^{10}-1}\right)$ Desarrolla.

20. Límite de Función Trigonométrica Inversa. Calcular $\lim\limits_{\mathbf{x}\to\mathbf{0}}\frac{\mathbf{arcsen(x)}}{\mathbf{x}}$ Desarrolla.

Capítulo 5 Derivadas sobre funciones de una variable

Objetivos

- Desarrollar una comprensión rigurosa del concepto de derivada como manifestación de la tasa de variación instantánea de una función en un punto específico.
- Implementar la definición formal de derivada mediante la teoría de límites para establecer fundamentos analíticos sólidos.
- Caracterizar las condiciones necesarias y suficientes para la derivabilidad y diferenciabilidad funcional.
- Ejecutar cálculos de derivadas de primer orden, superiores y fraccionarias para funciones de variable real.
- Emplear las reglas de derivación y tablas de derivadas estándar para la resolución sistemática de problemas.
- Examinar derivadas obtenidas mediante metodologías paramétricas e implícitas en diversos contextos analíticos.
- Analizar las interpretaciones geométricas y físicas de la derivada en aplicaciones científicas y problemas del mundo real.

Buena Práctica

¿Por qué estudiar derivadas de una sola variable con Python? Estudiar derivadas con Python te ayuda a pasar de la definición formal a la intuición geométrica y aplicada. Puedes visualizar la pendiente de la recta tangente en distintos puntos, comparar la derivada numérica (diferencias finitas) con la derivada simbólica, y entender mejor conceptos como tasa de cambio instantánea. Además, Python facilita explorar cómo cambian las derivadas al modificar parámetros de una función, identificar máximos, mínimos e intervalos de crecimiento/decrecimiento, y analizar concavidad e inflexiones con gráficos claros. También permite resolver problemas reales: optimización de costos, modelado de movimiento, crecimiento poblacional o respuesta de sistemas. Al automatizar cálculos y generar visualizaciones, reduces errores algebraicos, ganas confianza en los procedimientos y desarrollas habilidades computacionales esenciales para ingeniería, ciencia de datos e investigación.

5.1 Fundamentos de las derivadas

5.1.1 Derivación por definición

Habiendo establecido los conceptos de límites en el capítulo precedente, procedemos al desarrollo de un constructo matemático de significativa trascendencia en el cálculo diferencial: las derivadas de funciones de una variable real. Este concepto resulta esencial para caracterizar las variaciones funcionales en respuesta a perturbaciones en las variables independientes.[1] La derivada de una función $f(x)$ se manifiesta como otra función, denotada simbólicamente mediante $f'(x)$. Esta se establece a través del límite siguiente:

$$f'(x) = \lim_{h \to 0} \frac{f(x+h) - f(x)}{h}$$

Este límite, que constituye el núcleo conceptual del cálculo diferencial, encapsula la noción de tasa de variación instantánea de la función en un punto específico. El parámetro h representa un incremento infinitesimal en x, y el límite examina el comportamiento del cociente diferencial conforme h converge hacia cero. Desde una perspectiva analítica, la derivada constituye una clase particular de límite. Su existencia depende intrínsecamente de la convergencia de este límite específico, estableciendo así una dependencia directa respecto al comportamiento local de la función f en la vecindad de cada punto x. En términos operativos, la derivada $f'(x)$ cuantifica la tasa de variación instantánea de $f(x)$ respecto a x. En consecuencia, para cualquier punto x, la derivada representa la pendiente de la recta tangente a la curva funcional en dicho punto. Esta propiedad convierte a la derivada no solamente en un instrumento teórico matemático, sino también en una herramienta analítica de considerable valor en aplicaciones científicas e ingenieriles, donde las tasas de variación y los patrones de comportamiento resultan determinantes para el análisis y la toma de decisiones.[13] Resulta relevante observar que esta expresión implica la determinación de otra función mediante la definición precedente. Surge así la interrogante: ¿existen definiciones alternativas de derivada? En efecto, existen formulaciones alternativas para expresar el mismo concepto, aunque estas no son ampliamente empleadas en la práctica estándar.[17] Para ilustrar este concepto, consideremos la función polinómica de segundo grado denotada por:

$$f(x) = 4x^2 + 10x + 1$$

Procederemos al análisis de la función derivada de $f(x)$, determinando $f'(x)$

[1] Haaser, N. La Salle, J. & Sullivan, J. (2000). "Análisis Matemático: Curso de Introducción Volumen 1". México DF., México. Octavo Edición.

mediante la definición formal. Establecemos así:

$$f'(x) = \lim_{h \to 0} \frac{f(x+h) - f(x)}{h}$$

Sustituyendo la función $f(x) = 4x^2 + 10x + 1$ en la expresión del límite:

Primero: $f(x+h) = 4(x+h)^2 + 10(x+h) + 1$

Segundo: $f'(x) = \lim_{h \to 0} \frac{4(x+h)^2 + 10(x+h) + 1 - \left[4x^2 + 10x + 1\right]}{h}$

Procedemos a resolver:

$$f'(x) = \lim_{h \to 0} \frac{4\left(x^2 + 2xh + h^2\right) + 10(x+h) + 1 - \left[4x^2 + 10x + 1\right]}{h}$$

$$f'(x) = \lim_{h \to 0} \frac{4x^2 + 8xh + 4h^2 + 10x + 10h + 1 - 4x^2 - 10x - 1}{h}$$

$$f'(x) = \lim_{h \to 0} \frac{8xh + 4h^2 + 10h}{h}$$

$$f'(x) = \lim_{h \to 0} \frac{h(8x + 4h + 10)}{h}$$

$$f'(x) = \lim_{h \to 0} 8x + 4h + 10$$

$$f'(x) = 8x + 4(0) + 10$$

$$f'(x) = 8x + 10$$

Para desarrollar una comprensión más profunda del concepto de derivación, resulta pertinente destacar que el proceso anteriormente descrito, denominado derivación por definición, constituye un pilar teórico, aunque frecuentemente resulta impracticable para cálculos manuales extensivos. En la práctica profesional, los matemáticos y especialistas emplean habitualmente tablas preestablecidas de derivadas de funciones elementales para optimizar y acelerar los procesos computacionales. No obstante, existen consideraciones relevantes que deben tenerse en cuenta al trabajar con derivadas. En primer término, para que la derivada de una función exista en un punto específico, la función debe exhibir continuidad en dicho punto. Esta condición implica la ausencia de interrupciones, discontinuidades de salto o puntos de discontinuidad en el dominio funcional. Adicionalmente, la función no debe presentar puntos angulosos o esquinas, dado que tales singularidades pueden generar cambios abruptos en la dirección funcional, complicando así la definición de la recta tangente en esa localización.[10] Cuando una función posee derivada en un punto específico $x = x_0$, se establece que la función es derivable en dicho punto. La derivabilidad trasciende la mera existencia de la derivada; implica que la función manifiesta un comportamiento regular y predecible en las proximidades de x_0, posibilitando así su análisis mediante las metodologías del cálculo diferencial.

El análisis de las condiciones bajo las cuales las funciones exhiben derivabilidad constituye el campo denominado "*teoría de la derivabilidad*". Esta disciplina examina no solamente las circunstancias temporales y espaciales de existencia de derivadas, sino también la manera en que las características funcionales influyen en la existencia de tales derivadas. El concepto de derivabilidad resulta esencial en matemáticas avanzadas, particularmente en el análisis de funciones reales y complejas, donde se investigan exhaustivamente las propiedades de continuidad, regularidad y comportamiento local de las funciones.[6] La derivabilidad encuentra aplicación en múltiples disciplinas científicas e ingenieriles, especialmente en aquellas que requieren el análisis de variaciones y tasas de cambio. En física, por ejemplo, la capacidad de formular ecuaciones que caractericen el movimiento o las transiciones de estado en función del tiempo resulta esencial para la comprensión de fenómenos dinámicos. En el ámbito económico, las derivadas facilitan la modelización de las tasas de variación en costos, ingresos y otros indicadores económicos relevantes, posibilitando la toma de decisiones informadas basadas en proyecciones analíticas. La implementación computacional correspondiente es:

In [1]:

```python
# Ejercicio 1
import numpy as np
import matplotlib.pyplot as plt
import sympy as sp
import warnings
warnings.filterwarnings("ignore")

# Definir la variable simbólica y la función
x, h = sp.symbols('x h')
f = 4*x**2 + 10*x + 1

# Derivada usando el límite
f_prime = sp.limit((f.subs(x, x + h) - f) / h, h, 0)

# Convertir a funciones lambda para evaluar numéricamente
f_lamb = sp.lambdify(x, f, 'numpy')
f_prime_lamb = sp.lambdify(x, f_prime, 'numpy')

# Definir valores para x y un pequeño h para x+h
x_values = np.linspace(-10, 10, 400)
h_value = 0.5 # pequeño incremento para h
```

```
f_values = f_lamb(x_values)
f_prime_values = f_prime_lamb(x_values)
f_h_values = f_lamb(x_values + h_value)

# Crear gráfico
plt.figure(figsize=(12, 8))
plt.plot(x_values, f_values, label=r'$f(x) = 4x^2 + 10x + 1$', color='
    blue')
plt.plot(x_values, f_h_values, label=r'$f(x+h)$', linestyle='--',
    color='green')
plt.scatter([2], [f_lamb(2)], color='red', zorder=5)
plt.scatter([2 + h_value], [f_lamb(2 + h_value)], color='orange',
    zorder=5)
plt.text(2, f_lamb(2), 'f(x) en x', verticalalignment='bottom',
    horizontalalignment='right')
plt.text(2 + h_value, f_lamb(2 + h_value), 'f(x+h) en x+h',
    verticalalignment='top', horizontalalignment='left')

# Anotar derivada
plt.plot(x_values, f_prime_values, label=r"Derivada $f'(x) = 8x + 10$"
    , color='magenta', linestyle='dotted')

# Mejorar el gráfico
plt.title('Función y su Derivada por Definición de Límite')
plt.xlabel('x')
plt.ylabel('y')
plt.axhline(0, color='black', linewidth=0.5)
plt.axvline(0, color='black', linewidth=0.5)
plt.grid(True)
plt.legend()
plt.show()
```

Out [1]:

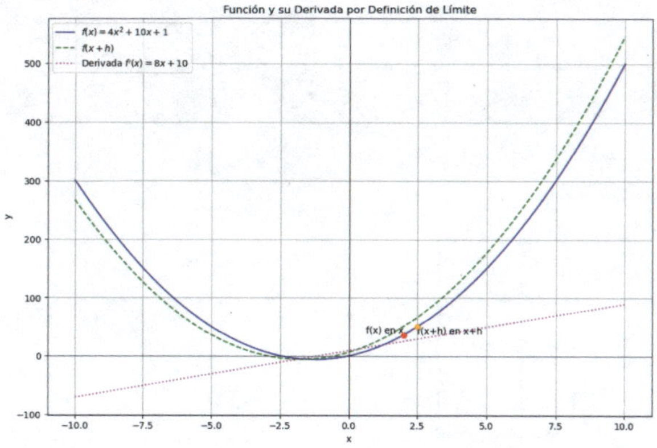

La representación formal del ejercicio propuesto se desarrolla como sigue.

In [2]:

```python
# Ejercicio 2
import sympy as sp
import numpy as np
import matplotlib.pyplot as plt

# Definir la variable y la función
x = sp.symbols('x')
f = 4*x**2 + 10*x + 1

# Calcular la derivada por definición
h = sp.symbols('h')
f_prime = sp.limit((f.subs(x, x+h) - f) / h, h, 0)

# Convertir la función y la derivada a una función lambda para graficar
f_lambda = sp.lambdify(x, f, modules=['numpy'])
f_prime_lambda = sp.lambdify(x, f_prime, modules=['numpy'])

# Definir valores de x para la gráfica
x_vals = np.linspace(-5, 5, 400)
f_vals = f_lambda(x_vals)
f_prime_vals = f_prime_lambda(x_vals)

# Crear la gráfica
plt.figure(figsize=(10, 6))
plt.plot(x_vals, f_vals, label='f(x) = $4x^2 + 10x + 1$')
plt.plot(x_vals, f_prime_vals, label="f'(x) = $8x + 10$", linestyle='--')
plt.title('Gráfico de la Función y su Derivada')
plt.xlabel('x')
plt.ylabel('y')
plt.axhline(0, color='black', linewidth=0.5)
plt.axvline(0, color='black', linewidth=0.5)
plt.grid(True)
plt.legend()
plt.show()
```

Out [2]:

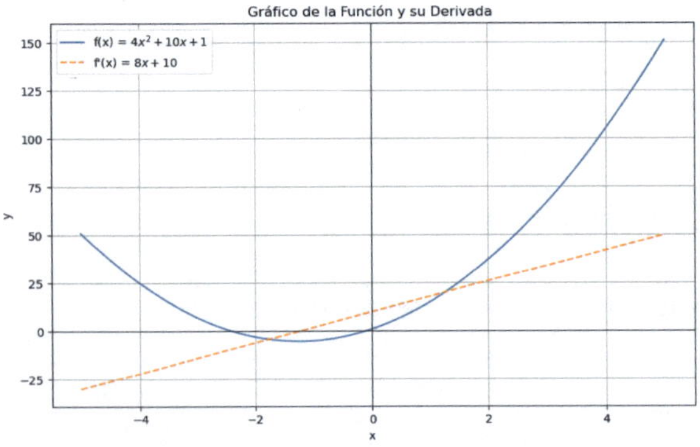

5.1.2 Derivada en un punto

La evaluación de la derivada en un punto específico trasciende la mera sustitución directa en la función original; más precisamente, consiste en la evaluación de la función derivada previamente determinada en dicho punto. Por ejemplo, si se requiere determinar la derivada en el punto $x = 2$, es necesario sustituir este valor en la expresión de la derivada ya calculada. Mediante este procedimiento, se cuantifica la tasa de variación instantánea de la función en el punto de interés. Considerando el ejemplo precedente:[2]

Tenemos la función: $f(x) = 4x^2 + 10x + 1$

Y tenemos la derivada: $f'(x) = 8x + 10$

Sustituyendo en ambas expresiones para examinar la variación correspondiente:

En la función:
$$f(2) = 4(2)^2 + 10(2) + 1$$
$$f(2) = 16 + 20 + 1$$
$$f(2) = 37$$

En la derivada:
$$f'(2) = 8(2) + 10$$
$$f'(2) = 16 + 10$$
$$f'(2) = 26$$

La implementación computacional correspondiente es:

In [3]:

```python
# Ejercicio 3
import numpy as np
import matplotlib.pyplot as plt

# Define la función y su derivada
def f(x):
    return 4*x**2 + 10*x + 1
def df(x):
    return 8*x + 10

# Puntos específicos para evaluación
x_point = 2
y_at_x = f(x_point)
dy_at_x = df(x_point)

# Crear puntos para la gráfica
x_values = np.linspace(-1, 5, 400)
y_values = f(x_values)
tangent_line = dy_at_x * (x_values - x_point) + y_at_x

```

```
# Creación de las gráficas
plt.figure(figsize=(10, 6))
plt.plot(x_values, y_values, label="f(x) = 4x^2 + 10x + 1", color="
    blue")
plt.scatter(x_point, y_at_x, color="red") # Punto de la función
plt.plot(x_values, tangent_line, label="Tangente en x = 2", linestyle=
    "--", color="green")
plt.title("Función y Tangente en el Punto x = 2")
plt.xlabel("x")
plt.ylabel("f(x)")
plt.legend()
plt.grid(True)
plt.show()
(y_at_x, dy_at_x)
```

Out [3]:

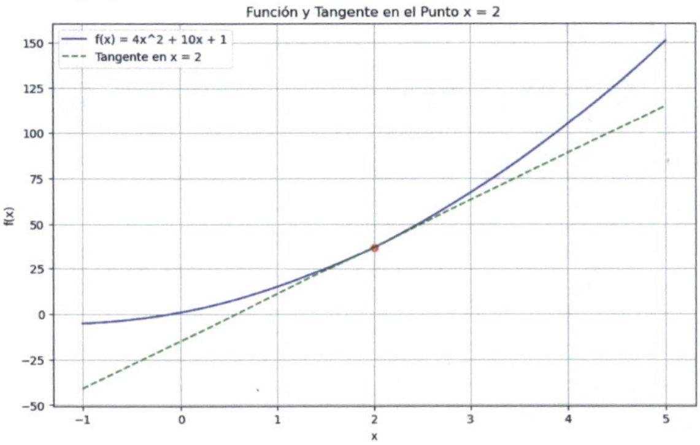

5.1.3 Derivada de orden superior y enésima

La derivada de una función genera otra función, que puede presentar características idénticas o diferenciadas respecto a la original. Por definición, esta nueva función también admite derivación, conduciendo a la obtención de la denominada segunda derivada (respecto de la primera derivada), denotada por $f''(x)$. A su vez, esta segunda derivada puede ser derivada, generando la tercera derivada $f'''(x)$, y así sucesivamente hasta alcanzar n derivadas $f^{(n)}(x)$. Este proceso de derivación iterativa posibilita el cálculo de derivadas de orden superior.[2] Es pertinente destacar que, a partir de la segunda derivada, estas funciones reciben la denominación de derivadas de orden superior. En consecuencia, dada una función $f(x)$, es posible determinar sus múltiples derivadas. Empleando el ejemplo precedente:

$$f(x) = 4x^2 + 10x + 1$$

La primera derivada seria: $f'(x) = 8x + 10$

[2]Bowers, N. Jr. Gerber, H. Hickman, J. Jones, D. & Nesbitt, C. (1997). "Actuarial Mathematics". United States of America. The Society of Actuaries.

La segunda derivada sería: $f''(x) = 8$

La tercera derivada sería: $f'''(x) = 0$

La cuarta derivada sería: $f^{iv}(x) = 0$

La quinta derivada sería: $f^{v}(x) = 0$

$\ldots$

La implementación computacional correspondiente es:

In [4]:

```
# Ejercicio 4
import numpy as np
import matplotlib.pyplot as plt

# Funciones para las derivadas de orden superior
def f_second(x):
    return 8
def f_third(x):
    return 0
def f_fourth(x):
    return 0
def f_fifth(x):
    return 0

# Puntos específicos para evaluación
x_point = 2
second_at_x = f_second(x_point)
third_at_x = f_third(x_point)
fourth_at_x = f_fourth(x_point)
fifth_at_x = f_fifth(x_point)

# Creación de las gráficas para f(x) y f''(x)
plt.figure(figsize=(12, 8))

# Graficar f(x) y su primera derivada
plt.subplot(2, 1, 1)
plt.plot(x_values, y_values, label="f(x) = 4x^2 + 10x + 1", color="
    blue")
plt.scatter(x_point, y_at_x, color="red") # Punto de la función
plt.plot(x_values, tangent_line, label="Tangente en x = 2", linestyle=
    "--", color="green")
plt.title("Función y Tangente en el Punto x = 2")
plt.xlabel("x")
plt.ylabel("f(x) y f'(x)")
plt.legend()
plt.grid(True)

# Graficar f''(x)
```

```
plt.subplot(2, 1, 2)
plt.axhline(y=second_at_x, color='orange', label="f''(x) = 8",
    linestyle="--")
plt.scatter(x_point, second_at_x, color="red") # Punto de la segunda
    derivada
plt.title("Segunda Derivada")
plt.xlabel("x")
plt.ylabel("f''(x)")
plt.legend()
plt.grid(True)
plt.tight_layout()
plt.show()
(second_at_x, third_at_x, fourth_at_x, fifth_at_x)
```

Out [4]:

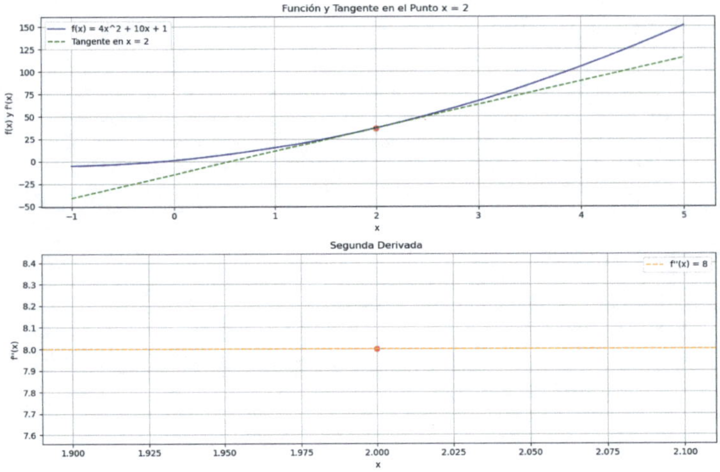


```
(8, 0, 0, 0)
```

La derivada enésima constituye un instrumento analítico en el cálculo diferencial que posibilita el cálculo directo de la derivada de orden n de una función. Se establece mediante una formulación general, derivada matemáticamente, que facilita dicho cálculo. Para la deducción de esta fórmula, existen dos enfoques metodológicos principales. El primer enfoque consiste en ejecutar derivaciones iterativas de la función, observando la evolución de las expresiones resultantes con cada derivada sucesiva. A partir de esta observación sistemática, es posible identificar un patrón que conduzca a una formulación general para la derivada de orden n. No obstante, para garantizar la validez de esta formulación, resulta necesario demostrar su veracidad mediante métodos rigurosos. El segundo método para deducir la derivada enésima implica la aplicación de técnicas matemáticas rigurosas para demostrar la validez de la formulación en n casos específicos. Por ejemplo, la inducción matemática constituye uno de los métodos más frecuentemente empleados. Mediante este enfoque, se establece que la fórmula determinada para la derivada de orden

n es válida para todos los valores de n pertenecientes al conjunto de números naturales.[13] Consideremos la función para la cual puede determinarse su n-ésima derivada: $f(x) = e^x$.

In [5]:

```
# Ejercicio 5
import sympy as sp

# Define la variable y la función
x = sp.symbols('x')
f = sp.exp(x) # e^x

# Calcularemos las primeras cinco derivadas de f(x) = e^x
derivadas = [f]
for i in range(1, 6):
    derivadas.append(sp.diff(derivadas[i-1], x))

# Mostrar cada derivada
derivadas_resultados = [der.simplify() for der in derivadas]
derivadas_resultados
```

Out [5]:

```
$$ \left[ e^{x}, \ e^{x}, \ e^{x}, \ e^{x}, \ e^{x}, \ e^{x}\
    right] $$
```

5.1.4 Derivadas fraccionarias

Las derivadas fraccionarias han emergido como una extensión analítica significativa de las derivadas convencionales. Mientras que las derivadas tradicionales cuantifican la tasa de variación de una función respecto a una variable, las derivadas fraccionarias amplían las posibilidades conceptuales al permitir que el orden de derivación sea un número no entero. Previo al análisis de las complejidades inherentes a las derivadas fraccionarias, resulta pertinente establecer una comprensión rigurosa de su definición y fundamentos conceptuales. En esencia, una derivada fraccionaria generaliza el concepto de derivada tradicional mediante la admisión de órdenes de derivación no enteros. Formalmente, la derivada fraccionaria de orden α de una función $f(x)$ se denota como $D^{\alpha} f(x)$ o como $f^{(n/m)}(x)$, donde α representa un número real, y para la segunda notación n/m constituye una fracción racional o irracional. Desde una perspectiva práctica, las derivadas se clasifican como sigue:

Función principal (Derivada de orden 0):	$f(x)$
De primer orden se denota:	$f'(x)$
De segundo orden se denota:	$f''(x)$
De tercer orden se denota:	$f'''(x)$
De cuarto orden se denota:	$f^{iv}(x)$
De quinto orden se denota:	$f^{v}(x)$

...

Sin embargo, las derivadas fraccionarias se caracterizan como derivadas de orden intermedio entre estos números enteros. Por ejemplo, entre la primera derivada existe una infinidad de derivadas fraccionarias, tales como:

De primer orden se denota:	$f'(x)$
Derivada $1/2$ se denota:	$f^{(1/2)}(x)$
Derivada $1/3$ se denota:	$f^{(1/3)}(x)$
Derivada $20/39$ se denota:	$f^{(20/39)}(x)$

De segundo orden se denota: $f''(x)$

Derivada $3/2$ se denota:	$f^{(3/2)}(x)$
Derivada $4/3$ se denota:	$f^{(4/3)}(x)$
Derivada $39/20$ se denota:	$f^{(1{,}95)}(x)$

Y así sucesivamente; donde el orden de las derivadas no se limita únicamente a los números naturales, sino que se extiende a todos los números reales positivos, incluyendo tanto números racionales como irracionales. La estructura matemática de las derivadas fraccionarias resulta esencial para comprender su funcionamiento y aplicaciones. En contraste con las derivadas convencionales, que se fundamentan en diferencias finitas o límites, las derivadas fraccionarias se definen mediante operadores integrales, tales como el operador de Riemann-Liouville o el operador de Caputo.

1) El operador de derivada de Riemann-Liouville se define como:

$$D^{\alpha} f(x) = \frac{d^n}{dx^n} \int_a^x \frac{f(t)}{(x-t)^{n-\alpha+1}} dt$$

Donde $n - 1 < \alpha < n$, siendo n el menor entero mayor que α, y a representa el punto inicial de integración dentro del intervalo considerado con x.

2) El operador de derivada de Caputo se define como:

$$D^\alpha f(x) = \frac{1}{\Gamma(n-1)} \int_a^x \frac{f^{(n)}(t)}{(x-t)^{\alpha-n+1}} dt$$

Donde Γ representa la función gamma y n constituye el menor entero mayor o igual a α. Es pertinente observar que, en ambos operadores, aparecen la función gamma y el concepto de integral, conceptos que serán desarrollados posteriormente, pero que asumiremos conocidos por el momento. Estos operadores integrales proporcionan fundamentos sólidos para la formulación y comprensión de las derivadas fraccionarias, posibilitando su aplicación en diversos contextos matemáticos y científicos. Entre las propiedades de las derivadas fraccionarias se incluyen la linealidad, la regla de Leibniz, la invariancia bajo traslación y la relación con integrales fraccionarias. Estas propiedades constituyen herramientas analíticas para el estudio y manipulación de funciones mediante derivadas fraccionarias. En física, por ejemplo, se emplean para modelizar sistemas con memoria no local, tales como medios porosos y materiales viscoelásticos. En ingeniería, se aplican en el análisis de sistemas dinámicos complejos, como circuitos eléctricos y redes neuronales artificiales. La implementación computacional correspondiente es:

In [6]:

```
# Ejercicio 6
import numpy as np
import matplotlib.pyplot as plt
from scipy.special import gamma

def f(x):
    return np.exp(x)
def fractional_derivative_RL(a, x, alpha, func, n):
    """Calcula la derivada fraccionaria de Riemann-Liouville de orden
        alpha."""
    dx = 0.001
    t_values = np.arange(a, x, dx)
    integral = np.sum(func(t_values) / (x - t_values)**(alpha - n + 1)
        ) * dx
    derivative = (1 / gamma(n - alpha)) * integral
    return derivative
def fractional_derivative_Caputo(a, x, alpha, func, n):
    """Calcula la derivada fraccionaria de Caputo de orden alpha."""
    dx = 0.001
    t_values = np.arange(a, x, dx)
    integral = np.sum(np.diff(func(t_values), n=n) / (x - t_values[:-n
        ])**(-alpha + n + 1)) * dx
    derivative = (1 / gamma(-alpha + n + 1)) * integral
    return derivative

# Parámetros para la demostración
a = 0 # Punto inicial de integración
```

```
x_values = np.linspace(0.1, 2, 400) # Puntos de evaluación
alpha = 0.5 # Orden fraccionario
n = 1 # Entero más pequeño mayor que alpha para Riemann-Liouville

# Calcular las derivadas fraccionarias para algunos puntos usando
    Riemann-Liouville
fractional_derivatives_RL = [fractional_derivative_RL(a, x, alpha, f,
    n) for x in x_values]

# Calcular las derivadas fraccionarias para algunos puntos usando
    Caputo (necesitamos ajustar este cálculo si se desea demostrar
    correctamente)
fractional_derivatives_Caputo = [fractional_derivative_Caputo(a, x,
    alpha, f, n) for x in x_values]

# Graficar las derivadas fraccionarias
plt.figure(figsize=(12, 6))
plt.plot(x_values, fractional_derivatives_RL, label="Riemann-Liouville
     Fractional Derivative", color="blue")
plt.plot(x_values, fractional_derivatives_Caputo, label="Caputo
    Fractional Derivative", color="green")
plt.title("Derivadas Fraccionarias de $e^x$")
plt.xlabel("x")
plt.ylabel("Derivative Value")
plt.legend()
plt.grid(True)
plt.show()
```

Out [6]:

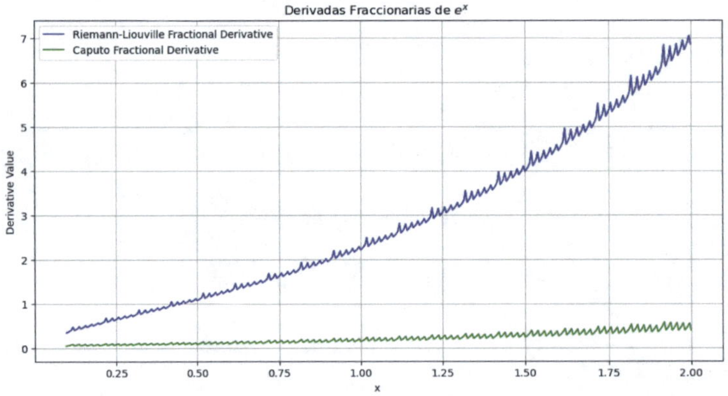

Un ejemplo para hallar las derivadas fraccionarias con diferencia de 0.1 hasta la primera derivada para la función $f(x) = x^2$. Utilizando la fórmula con la función gamma:

$$D^\alpha x^n = \frac{\Gamma(n+1)}{\Gamma(n-\alpha+1)} x^{n-\alpha}$$

Tendríamos que para:

$$f(x) = x^2$$

$$D^{0,1}x^2 = 1{,}094478\, x^{1,9}$$

$$D^{0,2}x^2 = 1{,}192968\, x^{1,8}$$

$$D^{0,3}x^2 = 1{,}29476165\, x^{1,7}$$

$$D^{0,4}x^2 = 1{,}39896869\, x^{1,6}$$

$$D^{0,5}x^2 = 1{,}504505556\, x^{1,5}$$

$$D^{0,6}x^2 = 1{,}610086425\, x^{1,4}$$

$$D^{0,7}x^2 = 1{,}714291244\, x^{1,3}$$

$$D^{0,8}x^2 = 1{,}8152\, x^{1,2}$$

$$D^{0,9}x^2 = 1{,}9111582\, x^{1,1}$$

$$f'(x) = 2x$$

Ahora en código:

In [7]:

```
# Ejercicio 7
import numpy as np
import matplotlib.pyplot as plt

# Definimos la función y las derivadas fraccionarias según los coeficientes y potencias obtenidas
def f(x):
    return x**2
def df(x, coefficient, power):
    return coefficient * x**power

# Generar valores de x
x_values = np.linspace(0, 2, 400)
y_values = f(x_values)
first_derivative = 2 * x_values # f'(x) = 2x

# Calculando y guardando todas las derivadas fraccionarias
fractional_derivatives = {
    "D^0.1 x^2": df(x_values, 1.094478, 1.9),
    "D^0.2 x^2": df(x_values, 1.192968, 1.8),
    "D^0.3 x^2": df(x_values, 1.29476165, 1.7),
    "D^0.4 x^2": df(x_values, 1.39896869, 1.6),
    "D^0.5 x^2": df(x_values, 1.504505556, 1.5),
    "D^0.6 x^2": df(x_values, 1.610086425, 1.4),
    "D^0.7 x^2": df(x_values, 1.714219243, 1.3),
```

```
    "D^0.8 x^2": df(x_values, 1.8152, 1.2),
    "D^0.9 x^2": df(x_values, 1.9111582, 1.1)
}

# Crear gráfica
plt.figure(figsize=(12, 8))
plt.plot(x_values, y_values, label='f(x) = $x^2$', color='black',
     linewidth=2)

# Añadir la primera derivada
plt.plot(x_values, first_derivative, label="f'(x) = $2x$", color='red'
     , linestyle='--', linewidth=2)

# Añadir las derivadas fraccionarias
for label, values in fractional_derivatives.items():
    plt.plot(x_values, values, label=label, linestyle='-.')
plt.title("Function $f(x) = x^2$, Its Derivative, and Fractional
     Derivatives")
plt.xlabel('x')
plt.ylabel('y')
plt.legend(loc='upper left')
plt.grid(True)
plt.show()
```

Out [7]:

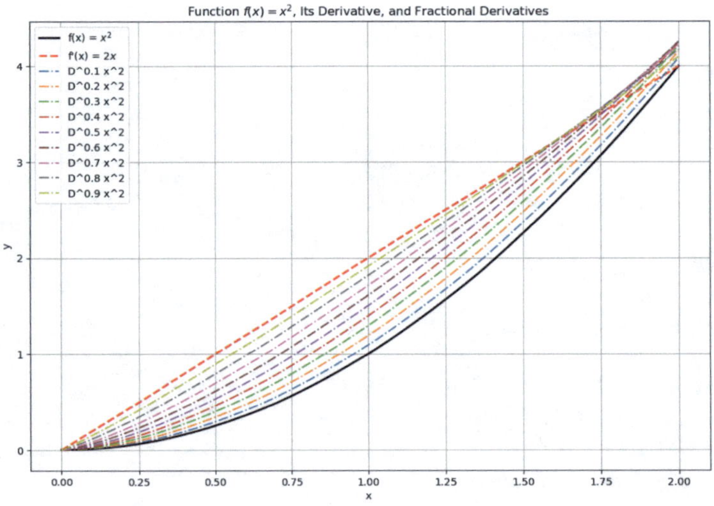

Procederemos al análisis de uno de los conceptos más significativos asociados a las derivadas: la derivabilidad.

5.2 Derivabilidad

La derivabilidad constituye el área de estudio del cálculo diferencial que examina la existencia de la derivada de una función. En el contexto de la definición de derivada, se requiere evaluarla en un punto específico, por ejemplo $x = a$, mediante un procedimiento analítico estructurado. En términos rigurosos, la derivabilidad de una función en un punto implica la existencia de la derivada en dicha localización. La función debe exhibir regularidad y continuidad en el punto de análisis. La verificación de derivabilidad puede ejecutarse mediante la definición formal y el cálculo de la derivada en el punto correspondiente. Para que exista derivabilidad, deben satisfacerse las siguientes tres condiciones:

1) La función debe estar definida en x_0.
2) Debe existir el límite de la función $f(x)$ en el punto x_0, lo cual implica la igualdad de los límites laterales.
3) Se debe verificar la continuidad en el punto x_0.

En consecuencia, si la función analizada es derivable en el punto x_0, se puede establecer que la función es continua. Sin embargo, la proposición recíproca no es válida; es decir, si la función es continua, esto no necesariamente implica su derivabilidad. Por consiguiente, la derivabilidad constituye una condición suficiente para la continuidad, pero no viceversa.

Empleando como caso ilustrativo la función $f(x) = x^2$:

1) La función $f(x) = x^2$ se encuentra definida para todos los valores de x, incluyendo $x_0 = 2$.
2) Se requiere calcular el límite de $f(x)$ cuando x tiende a 2 desde ambas direcciones. Si los límites laterales coinciden, el límite existe y equivale al valor de la función en dicho punto:

$$\lim_{x \to 2^-} x^2 = \lim_{x \to 2^+} x^2 = 4$$

3) Finalmente, se verifica la derivabilidad mediante la definición formal de derivada:

$$f'(x) = \lim_{h \to 0} \frac{f(x+h) - f(x)}{h}$$

$$f'(2) = \lim_{h \to 0} \frac{(2+h)^2 - 2^2}{h}$$

$$f'(2) = \lim_{h \to 0} (4 + h)$$

$$f'(2) = 4$$

Ahora en código:

In [8]:

```
# Ejercicio 8
import sympy as sp

def check_derivability(func, x0):
    x = sp.symbols('x')

    # Verificar la definición de la función en x0
    if func.subs(x, x0) is sp.nan:
        return False, "La función no está definida en x0."

    # Verificar el límite cuando x tiende a x0
    limit_left = sp.limit(func, x, x0, dir='-')
    limit_right = sp.limit(func, x, x0, dir='+')
    if limit_left != limit_right:
        return False, "El límite de la función cuando x tiende a x0 no existe."

    # Verificar continuidad en x0
    if func.subs(x, x0) != limit_left:
        return False, "La función no es continua en x0."

    # Verificar existencia de la derivada en x0
    derivative = sp.diff(func, x)
    derivative_at_x0 = sp.limit(derivative, x, x0)
    if derivative_at_x0 is sp.nan or derivative_at_x0.has(sp.oo, -sp.oo):
        return False, "La derivada no existe o no está definida en x0."
    return True, f"La función es derivable en x0 con una derivada de {derivative_at_x0}."

# Ejemplo de uso con una función cuadrática y un punto de interés x0 = 2
x = sp.symbols('x')
f = (x**3)+1
x0 = 2
result = check_derivability(f, x0)
result
```

Out [8]:

```
(True, 'La funcion es derivable en x0 con una derivada de 12.')
```

En consecuencia, es posible definir las derivadas laterales, las cuales pueden clasificarse como derivadas por la izquierda o por la derecha. Para la derivada lateral derecha, se establece:

$$f'(a)^+ = \lim_{h \to 0^+} \frac{f(a+h) - f(a)}{h}$$

Para la derivada lateral izquierda se define:

$$f'(a)^- = \lim_{h \to 0^-} \frac{f(a+h) - f(a)}{h}$$

En ambas expresiones, a representa un número real.

5.3 Diferenciabilidad

La diferenciabilidad y la derivabilidad constituyen conceptos relacionados, aunque no idénticos. La diferenciabilidad representa una propiedad más restrictiva que la derivabilidad. Una función $f(x)$ se considera diferenciable en un punto x_0 si existe la derivada de $f(x)$ en x_0. Esta condición implica que la función debe ser continua en x_0 y, adicionalmente, poseer una derivada en dicho punto. En contraste, la derivabilidad constituye una condición menos restrictiva. Una función $f(x)$ se clasifica como derivable en un punto x_0 si satisface los requisitos de existencia, límite y continuidad en ese punto. Se establece así una relación jerárquica: todas las funciones diferenciables son derivables, pero no todas las funciones derivables son necesariamente diferenciables.[11] Para ilustrar este concepto, consideremos la función $f(x) = \text{sen}(x)$ en $x_0 = \pi/2$:

Definición en $\mathbf{x_0}$: La función seno se encuentra definida para todos los valores reales, incluyendo $x_0 = \pi/2$.

Límite y continuidad en $\mathbf{x_0}$: El límite de $f(x)$ cuando x converge hacia $\pi/2$ equivale al valor de la función en dicho punto:

$$\lim_{x \to \pi/2} \text{sen}(x) = \text{sen}(\pi/2) = 1$$

Dado que el límite existe y coincide con el valor funcional en x_0, $f(x)$ es continua en $\pi/2$.

Existencia de la derivada en $\mathbf{x_0}$: Se calcula la derivada de $f(x)$:

$$f'(x) = \cos(x)$$

Se evalúa la derivada en x_0:

$$f'(\pi/2) = \cos(\pi/2) = 0$$

Dado que $f(x)$ posee una derivada definida y continua en x_0, y es continua en x_0, se establece que $f(x) = \text{sen}(x)$ es diferenciable en $x_0 = \pi/2$. Ahora en código:

In [9]:

```
# Ejercicio 9
import sympy as sp

def check_diferentiability(func, x0):
    x = sp.symbols('x')

    # Verificar la definición de la función en x0
    if func.subs(x, x0) is sp.nan:
        return False, "La función no está definida en x0."

    # Verificar el límite cuando x tiende a x0
    limit_at_x0 = sp.limit(func, x, x0)
    if limit_at_x0 is sp.nan or limit_at_x0.has(sp.oo, -sp.oo):
        return False, "El límite de la función en x0 no existe o no está definido."

    # Verificar continuidad en x0
    if func.subs(x, x0) != limit_at_x0:
        return False, "La función no es continua en x0."

    # Verificar la existencia de la derivada en x0
    derivative = sp.diff(func, x)
    derivative_at_x0 = derivative.subs(x, x0)
    if derivative_at_x0 is sp.nan or derivative_at_x0.has(sp.oo, -sp.oo):
        return False, "La derivada no existe o no está definida en x0."

    # La función es diferenciable si es continua y tiene una derivada definida en x0
    return True, f"La función es diferenciable en x0. La derivada en x0 es {derivative_at_x0}."

# Ejemplo de uso con la función seno y un punto de interés x0 = pi/2
x = sp.symbols('x')
f = sp.sin(x)
x0 = sp.pi/2

result = check_diferentiability(f, x0)
result
```

Out [9]:

```
(True, 'La funcion es diferenciable en x0. La derivada en x0
    es 0.')
```

5.4 Reglas y tablas sobre derivadas

Considerando que $f(x)$, u, v, w constituyen funciones reales de variable real, y que a representa una constante, se establecen las siguientes reglas de derivación para operaciones entre funciones:

1) La derivada de una constante es cero: $a' = 0$
2) La derivada de suma es la suma de las derivadas $(u+v)' = u' + v'$
3) La derivada de la constante por la función: $(au)' = a \cdot u'$
4) Derivada de un producto de funciones: $(uv)' = u' \cdot v + u \cdot v'$
5) Derivada de un cociente de funciones: $\left(\frac{u}{v}\right)' = \frac{u' \cdot v - u \cdot v'}{v^2}$
6) Derivada de un producto de tres funciones:

$$(uvw)' = u' \cdot v \cdot w + u \cdot v' \cdot w + u \cdot v \cdot w'$$

7) Derivada de una función elevada a otra función.

$$(u^v)' = u^v \left(v' \cdot Ln(u) + \frac{u'v}{u}\right)$$

8) Regla de la cadena: $[u(v(x))]' = u'(v) \cdot v'(x)$
9) Regla de Leibnitz para n derivaciones: $(uv)^{(n)} = \sum_{k=0}^{n} \begin{pmatrix} n \\ k \end{pmatrix} u^{(k)} v^{(n-k)}$
10) Derivada de una función inversa: $\left(f^{-1}\right)'(x) = \frac{1}{f'(f^{-1}(x))}$

A continuación se presenta un compendio de fórmulas de derivadas:

- $(x^m)' = m \cdot x^{m-1}$
- $(x^m)^{(n)} = \frac{m!}{(m-n)!} x^{m-n}$
- $(a^x)' = a^x \, Ln(a)$
- $(a^x)^{(n)} = a^x \, (Ln(a))^n$
- $(e^x)' = e^x$
- $(Ln(x))' = \frac{1}{x}$
- $(Ln(x))^{(n)} = (-1)^{n-1} \frac{(n-1)!}{x^n}$
- $(Log_a(x))' = \frac{1}{x \cdot Ln(a)}$
- $(x^x)' = x^x \, (Ln(x) + 1)$
- $(sen(x))' = cos(x)$
- $(\cos(x))' = -sen(x)$
- $(sen(x))^n = sen\left(x + \frac{n\pi}{2}\right)$
- $(cos(x))^n = cos\left(x + \frac{n\pi}{2}\right)$
- $(tg(x))' = \sec^2(x)$
- $(ctg(x))' = -csc^2(x)$
- $(\sec(x))' = sec(x) \cdot tg(x)$
- $(\csc(x))' = -csc(x) \cdot ctg(x)$
- $(senh(x))' = cosh(x)$
- $(\cosh(x))' = senh(x)$
- $(tgh(x))' = sech^2(x)$
- $(ctgh(x))' = -csch^2(x)$
- $(sech(x))' = -sech(x) \cdot tgh(x)$
- $(csch(x))' = -csch(x) \cdot ctgh(x)$

La implementación computacional correspondiente es. No obstante, Python genera aproximaciones alternativas igualmente válidas.

In [10]:

```
# Ejercicio 10
```

```
import sympy as sp

def display_derivative_rules():
    x, a, m, n = sp.symbols('x a m n')
    u = sp.Function('u')(x)
    v = sp.Function('v')(x)
    w = sp.Function('w')(x)

    # Reglas de derivación
    derivatives = {
        "Derivada de una constante": sp.diff(a, x),
        "Derivada de suma (u+v)": sp.diff(u + v, x),
        "Derivada de constante por función (au)": sp.diff(a * u, x),
        "Derivada de un producto (uv)": sp.diff(u * v, x),
        "Derivada de un cociente (u/v)": sp.diff(u / v, x),
        "Derivada de producto de tres funciones (uvw)": sp.diff(u * v *
            w, x),
        "Derivada de función elevada a función (u^v)": sp.diff(u**v, x)
            ,
        "Regla de la cadena (u(v(x)))": sp.diff(u.subs(u.args[0], v), x
            ),
        "Derivada de función inversa": 1 / sp.diff(u, x),
        "Derivada de (x^m)": sp.diff(x**m, x),
        "Derivada de (a^x)": sp.diff(a**x, x),
        "Derivada de (e^x)": sp.diff(sp.exp(x), x),
        "Derivada de (Ln(x))": sp.diff(sp.log(x), x),
        "Derivada de (Log_a(x))": sp.diff(sp.log(x, a), x),
        "Derivada de (x^x)": sp.diff(x**x, x),
        "Derivada de (sen(x))": sp.diff(sp.sin(x), x),
        "Derivada de (cos(x))": sp.diff(sp.cos(x), x),
        "Derivada de (tg(x))": sp.diff(sp.tan(x), x),
        "Derivada de (ctg(x))": sp.diff(1/sp.tan(x), x),
        "Derivada de (sec(x))": sp.diff(1/sp.cos(x), x),
        "Derivada de (csc(x))": sp.diff(1/sp.sin(x), x),
        "Derivada de (senh(x))": sp.diff(sp.sinh(x), x),
        "Derivada de (cosh(x))": sp.diff(sp.cosh(x), x),
        "Derivada de (tgh(x))": sp.diff(sp.tanh(x), x),
        "Derivada de (ctgh(x))": sp.diff(1/sp.tanh(x), x),
        "Derivada de (sech(x))": sp.diff(1/sp.cosh(x), x),
        "Derivada de (csch(x))": sp.diff(1/sp.sinh(x), x)
    }

    # Imprimir las derivadas calculadas
    for rule, derivative in derivatives.items():
        print(f"{rule}: {derivative}")

display_derivative_rules()
```

Out [10]:

```
Derivada de una constante: 0
Derivada de suma (u+v): Derivative(u(x), x) + Derivative(v(x),
     x)
Derivada de constante por funcion (au): a*Derivative(u(x), x)
Derivada de un producto (uv): u(x)*Derivative(v(x), x) + v(x)*
    Derivative(u(x), x)
Derivada de un cociente (u/v): -u(x)*Derivative(v(x), x)/v(x)
    **2 + Derivative(u(x), x)/v(x)
Derivada de producto de tres funciones (uvw): u(x)*v(x)*
    Derivative(w(x), x) + u(x)*w(x)*Derivative(v(x), x) + v(x)*
    w(x)*Derivative(u(x), x)
Derivada de funcion elevada a funcion (u^v): (log(u(x))*
    Derivative(v(x), x) + v(x)*Derivative(u(x), x)/u(x))*u(x)**
    v(x)
Regla de la cadena (u(v(x))): Derivative(u(v(x)), v(x))*
    Derivative(v(x), x)
Derivada de funcion inversa: 1/Derivative(u(x), x)
Derivada de (x^m): m*x**m/x
Derivada de (a^x): a**x*log(a)
Derivada de (e^x): exp(x)
Derivada de (Ln(x)): 1/x
Derivada de (Log_a(x)): 1/(x*log(a))
Derivada de (x^x): x**x*(log(x) + 1)
Derivada de (sen(x)): cos(x)
Derivada de (cos(x)): -sin(x)
Derivada de (tg(x)): tan(x)**2 + 1
Derivada de (ctg(x)): (-tan(x)**2 - 1)/tan(x)**2
Derivada de (sec(x)): sin(x)/cos(x)**2
Derivada de (csc(x)): -cos(x)/sin(x)**2
Derivada de (senh(x)): cosh(x)
Derivada de (cosh(x)): sinh(x)
Derivada de (tgh(x)): 1 - tanh(x)**2
Derivada de (ctgh(x)): (tanh(x)**2 - 1)/tanh(x)**2
Derivada de (sech(x)): -sinh(x)/cosh(x)**2
Derivada de (csch(x)): -cosh(x)/sinh(x)**2
```

5.5 Derivación paramétrica

La derivación paramétrica constituye un concepto de particular relevancia en el análisis de curvas definidas paramétricamente y en la física para caracterizar el movimiento de partículas en el espacio. Esta metodología posibilita la determinación de las tasas de variación de una variable respecto a otra mediante un parámetro que describe el sistema o fenómeno bajo análisis.[3]

[3]Edwards, C.H. Jr & Penney David. (1994). “Cálculo con Geometría Analítica”. México DF, México. Prentice Hall Hispanoamericana S.A.

Se denomina derivación paramétrica al conjunto de derivadas obtenidas a partir de ecuaciones paramétricas. Una curva paramétrica en el plano o en el espacio se caracteriza mediante uno o más parámetros. En la configuración más elemental, una curva en el plano *XY* puede describirse mediante dos funciones, $x(t)$ e $y(t)$, donde t constituye el parámetro que, típicamente, representa el tiempo. Las funciones deben ser diferenciables respecto a t para que la derivación paramétrica sea aplicable. El parámetro t posibilita una descripción más flexible y comprehensiva de la curva, no restringida a la relación funcional directa entre x e y. Esta característica resulta particularmente valiosa para describir movimientos dependientes del tiempo o cualquier otra variable que experimente variación continua. Se establece entonces que:

$$\frac{dy}{dx} = \frac{\frac{dy}{dt}}{\frac{dx}{dt}}$$

Consideremos la curva definida por las ecuaciones $x(t) = t^2$ y $y(t) = t^3$. La derivada de y respecto a x es:

$$dy/dx = \frac{3t^2}{2t} = \frac{3t}{2}$$

La derivación paramétrica no se limita a tres dimensiones. En espacios de dimensiones superiores, el procedimiento es análogo, aunque computacionalmente más demandante. Es pertinente destacar que las derivaciones paramétricas dependen intrínsecamente de las ecuaciones paramétricas. La implementación computacional correspondiente es:

In [11]:

```
# Ejercicio 11
import sympy as sp

# Definir la variable paramétrica t
t = sp.symbols('t')

# Definir las funciones paramétricas para x(t) y y(t)
x_t = t**2
y_t = t**3

# Calcular las derivadas de x(t) y y(t) con respecto a t
dx_dt = sp.diff(x_t, t)
dy_dt = sp.diff(y_t, t)

# Calcular la derivada de y respecto a x usando la derivación paramé
    trica
dy_dx = dy_dt / dx_dt

# Mostrar los resultados
```

```
x_t, y_t, dx_dt, dy_dt, dy_dx
```

Out [11]:

```
(t**2, t**3, 2*t, 3*t**2, 3*t/2)
```

5.6 Derivación implícita

En contraste con las funciones explícitas donde y se expresa directamente en términos de x, una relación implícita vincula x e y mediante una ecuación sin resolver explícitamente una variable en función de la otra. Esta metodología resulta esencial para determinar derivadas en situaciones donde el despeje de una variable resultaría complejo o impracticable. Una función implícita se presenta cuando existe una relación de la forma $F(x, y) = 0$. Este tipo de relación no expresa y directamente como función de x, sino que ambas variables se encuentran interrelacionadas mediante una ecuación común. Ejemplos característicos incluyen círculos, elipses y otras curvas complejas que no pueden expresarse convenientemente como función única $y = f(x)$.[17]

La derivación implícita posibilita la determinación de la tasa de variación de una variable respecto a otra en contextos donde la relación directa entre variables no resulta evidente. Esta característica resulta particularmente valiosa en disciplinas como la geometría analítica, la física y la ingeniería, donde numerosas relaciones entre variables son intrínsecas y no explícitas. El procedimiento se inicia diferenciando ambos lados de la ecuación $F(x, y) = 0$ respecto a x. Dado que y constituye una función de x, se emplea la regla de la cadena para la componente de la ecuación que involucra a y. Este proceso genera:

$$\frac{d}{dx}[F(x,y)] = \frac{\partial F}{\partial x} + \frac{\partial F}{\partial y} \cdot \frac{dy}{dx} = 0$$

A partir de aquí, podemos despejar dy/dx, la derivada de y respecto a x, como sigue:

$$\frac{dy}{dx} = -\frac{\partial F/\partial x}{\partial F/\partial y}$$

Por ejemplo, la ecuación de un círculo $x^4 + y^4 = 9$. Diferenciando implícitamente respecto a x, obtenemos:

$$4x^3 + 4y^3\frac{dy}{dx} = 0$$

Lo que nos lleva a:

$$\frac{dy}{dx} = -\frac{x^3}{y^3}$$

Este resultado muestra cómo cambia y en relación con x en cualquier punto del círculo, sin necesidad de resolver explícitamente y en términos de x.

In [12]:

```
# Ejercicio 12
import sympy as sp

# Definir las variables x y y
x, y = sp.symbols('x y')

# Definir la ecuación implícita del círculo x^4 + y^4 = 9
equation = x**4 + y**4 - 9

# Diferenciar implícitamente la ecuación con respecto a x
d_equation_dx = sp.diff(equation, x) + sp.diff(equation, y) * sp.
    Derivative(y, x)

# Resolver la ecuación diferenciada para dy/dx
dy_dx = sp.solve(d_equation_dx, sp.Derivative(y, x))

# Mostrar el resultado de dy/dx
dy_dx
```

Out [12]:

```
[-x**3/y**3]
```

5.7 Aplicaciones de derivadas de funciones de una variable

Las derivadas poseen un extenso espectro de aplicaciones en diversas disciplinas, desde la física hasta la economía. Examinaremos algunas de estas aplicaciones en las subsecciones siguientes.

5.7.1 Puntos críticos

Un punto crítico de una función $f(x)$ se presenta en un valor $x = c$ perteneciente al dominio de f donde la primera derivada $f'(c)$ se anula $f'(c) = 0$ o donde $f'(c)$ no se encuentra definida. Estos puntos revisten interés analítico dado que la función puede experimentar cambios de comportamiento en dichos valores, indicando posibles extremos locales o variaciones en la concavidad funcional. La identificación de puntos críticos resulta esencial en procesos de optimización y en la determinación de resultados analíticos para el estudio matemático de funciones, donde se persigue la localización de valores máximos y mínimos funcionales. Asimismo, constituyen elementos clave en el análisis de curvas para comprender la geometría de las funciones y en aplicaciones prácticas como la economía, para determinar puntos de equilibrio o costos y beneficios óptimos. Para determinar puntos críticos, se calcula la primera derivada de la función y se identifican aquellos valores de x donde esta derivada se anula o no se encuentra definida. Este método resulta eficaz para funciones diferenciables en sus dominios respectivos. Para ilustrar el concepto de puntos críticos, consideremos la función $f(x) = x^2 - 6x + 12$.

Se calcula la primera derivada de la función: $f'(x) = 2x - 6$

Estableciendo la condición: $f'(x) = 0 = 2x - 6$

$$2x = 6$$

$$x = 3$$

Para $x = 3$, se obtiene $f(3) = (3)^2 - 6 \cdot 3 + 12 = 9 - 18 + 12 = 3$.

El punto crítico corresponde a $P(3, 3)$.

La implementación computacional correspondiente es:

In [13]:

```
# Ejercicio 13
import matplotlib.pyplot as plt
import numpy as np

# Definir valores de x para la gráfica
x_values = np.linspace(0, 6, 400)

# Evaluar la función en los valores de x
f_values = x_values**2 - 6*x_values + 12

# Crear la gráfica
plt.figure(figsize=(8, 5))
plt.plot(x_values, f_values, label='f(x) = $x^2 - 6x + 12$', color='
    blue')
plt.scatter([3], [3], color='red', zorder=5) # Punto crítico
plt.text(3, 3, 'P(3, 3)', fontsize=12, verticalalignment='bottom',
    horizontalalignment='right')

# Añadir título y etiquetas
```

```
plt.title('Gráfica de la función y su punto crítico')
plt.xlabel('x')
plt.ylabel('f(x)')
plt.legend()

# Mostrar la gráfica
plt.grid(True)
plt.show()
```

Out [13]:

5.7.2 Puntos de inflexión

Un punto de inflexión se presenta en un valor $x = c$ perteneciente al dominio de una función $f(x)$, donde la concavidad de la función experimenta una variación. En términos del cálculo diferencial, esta situación típicamente ocurre cuando la segunda derivada $f''(x)$ cambia de signo en c. Los puntos de inflexión resultan relevantes para el análisis morfológico y comportamental de las gráficas funcionales. Facilitan la identificación de transiciones en las tendencias de datos y constituyen elementos críticos en procesos de optimización y en el análisis de sistemas dinámicos. Una metodología habitual para identificar puntos de inflexión consiste en emplear la segunda derivada de la función:

Una variación de signo en $f''(x)$ en las proximidades de $x = c$ sugiere la existencia de un punto de inflexión en c.

Si $f''(c) = 0$ y $f''(x)$ cambia de signo alrededor de c, entonces c es un punto de inflexión.

Sin embargo, no todos los casos donde $f''(c) = 0$ indican necesariamente un punto de inflexión. Si $f''(x)$ no experimenta cambio de signo en las proximidades de c, entonces c no constituye un punto de inflexión, a pesar de que $f''(c) = 0$.

Como ejemplo ilustrativo, consideremos la función $f(x) = x^3 - 4x^2 + 2x - 6$ para determinar la existencia de puntos de inflexión. Calculamos la primera y segunda derivadas: $f'(x) = 3x^2 - 8x + 2$

$f''(x) = 6x - 8$

Primero puntos críticos: $f''(x) = 6x - 8 = 0$

$6x = 8$

$x = \frac{4}{3}$

Ahora verificamos si $x = 4/3$ es un punto de inflexión, mediante la evaluación en la segunda derivada.

- Para valores $x < 4/3$, por ejemplo, $x = 1$ => $f''(1) = -2$
- Para valores $x > 4/3$, por ejemplo, $x = 2$ => $f''(2) = 4$

Se observa una variación de signo entre -2 y 4, transitando de negativo a positivo, lo cual confirma la existencia de un punto de inflexión en $x = \frac{4}{3} = 1{,}333$. La implementación computacional correspondiente es:

In [14]:

```
# Ejercicio 14
import numpy as np
import matplotlib.pyplot as plt

# Definir una función para evaluar f(x)
def eval_f(x):
    return x**3 - 4*x**2 + 2*x - 6

# Definir los valores de x para la gráfica
x_values_inflexion = np.linspace(-1, 3, 400)
f_values_inflexion = eval_f(x_values_inflexion)

# Crear la gráfica de la función
plt.figure(figsize=(8, 5))
plt.plot(x_values_inflexion, f_values_inflexion, label='f(x) = $x^3 - 4x^2 + 2x - 6$', color='blue')

# Calcular y marcar el posible punto de inflexión
inflexion_x = 4/3
inflexion_y = eval_f(inflexion_x)
plt.scatter([inflexion_x], [inflexion_y], color='green', zorder=5) # Posible punto de inflexión
plt.text(inflexion_x, inflexion_y, f'P({inflexion_x}, {inflexion_y:.2f})', fontsize=12, verticalalignment='bottom', horizontalalignment='right')

# Añadir título y etiquetas a la gráfica
plt.title('Gráfica de la función y posible punto de inflexión')
plt.xlabel('x')
plt.ylabel('f(x)')
```

```
plt.legend()
plt.grid(True)
plt.show()
```

Out [14]:

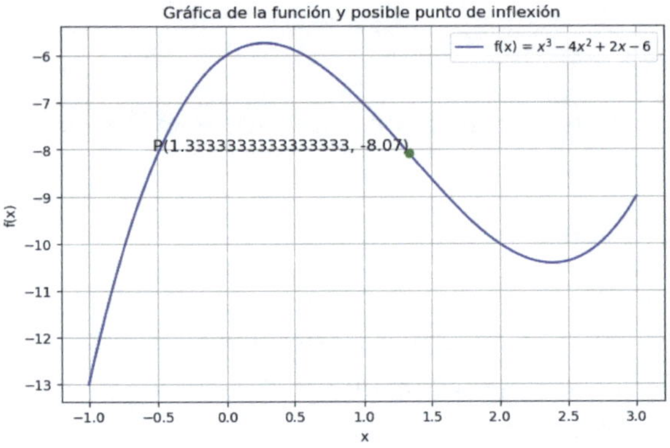

5.7.3 Máximos y mínimos locales (o relativos)

Un máximo o mínimo relativo constituye un punto donde la función alcanza un valor localmente superior o inferior en comparación con los puntos circundantes. Un máximo relativo representa un punto en el dominio funcional donde el valor de la función excede a los de los puntos inmediatamente adyacentes. Análogamente, un mínimo relativo corresponde a un punto donde el valor funcional resulta inferior al de puntos próximos. Estos puntos se denominan también extremos locales. La determinación de máximos y mínimos funcionales resulta esencial en problemas de optimización, donde se persigue maximizar o minimizar determinadas magnitudes, tales como costos, producción, distancias, entre otras. Los extremos locales posibilitan que científicos y matemáticos identifiquen puntos críticos en fenómenos modelados matemáticamente.[4] Una metodología habitual para identificar máximos y mínimos relativos consiste en emplear la primera derivada de una función. Un punto crítico se genera donde la primera derivada se anula $f'(x) = 0$ o no se encuentra definida, dado que la pendiente funcional alcanza valores extremos cuando su gradiente es nulo. Para este análisis se emplea el criterio de la segunda derivada donde:

Si $f''(x) > 0$ es un mínimo.

Si $f''(x) < 0$ es un máximo.

Ejemplo, consideremos la función $f(x) = x^3 - 2x^2 + 1$. Vamos a determinar los máximos y mínimos relativos de esta función.

[4] Chávez Reyes, Carmen & León Quintanar. (2007). "La Biblia de las Matemáticas". México D.F., México. Editorial Letrarte S.A.

Primero, encontramos la derivada de la función: $f'(x) = 3x^2 - 4x$

Igualamos la primera derivada a cero para encontrar puntos críticos: $f'(x) = 3x^2 - 4x = 0$.

$$3x^2 = 4x$$

$$3x = 4$$

$$x = \frac{4}{3} \; ; \; x = 0$$

Ahora la segunda derivada:

$$f''(x) = 6x - 4$$

Ahora, los puntos críticos en la segunda derivada:

$$f''\left(\frac{4}{3}\right) = 6(4/3\,) - 4$$

$$f''\left(\frac{4}{3}\right) = \frac{24}{3} - 4$$

$$f''\left(\frac{4}{3}\right) = \frac{24}{3} - \frac{12}{3}$$

$$f'^{\prime}(\tfrac{4}{3}) = \frac{12}{3} = 4$$

Dado que constituye un valor positivo, se establece que representa un mínimo relativo o local. Para el punto $x = 0$:

$$f''(0) = 6(0) - 4$$

$$f''(0) = -4$$

Siendo un valor negativo, se determina que corresponde a un máximo relativo o local. La implementación computacional correspondiente es:

In [15]:

```python
# Ejercicio 15
import numpy as np
import matplotlib.pyplot as plt
```

```
from sympy import symbols, diff, solve, Eq

# Definir la variable x para SymPy
x = symbols('x')

# Definir la función
f = x**3 - 2*x**2 + 1

# Calcular la primera y segunda derivadas
f_prime = diff(f, x)
f_double_prime = diff(f_prime, x)

# Resolver f'(x) = 0 para encontrar puntos críticos
critical_points = solve(Eq(f_prime, 0), x)

# Evaluación de la segunda derivada en los puntos críticos
second_derivatives = {cp: f_double_prime.subs(x, cp) for cp in
    critical_points}

# Definir los valores de x para la gráfica
x_values = np.linspace(-1, 2, 400)
f_values_numeric = [f.subs(x, val).evalf() for val in x_values] #
    Evaluación numérica de la función

# Crear la gráfica de la función
plt.figure(figsize=(8, 5))
plt.plot(x_values, f_values_numeric, label='f(x) = $x^3 - 2x^2 + 1$',
    color='blue')

# Marcar los puntos críticos con colores según si son máximos o mí
    nimos
for cp, sd in second_derivatives.items():
    cp_y = f.subs(x, cp).evalf() # Valor de f en el punto crítico
    color = 'red' if sd < 0 else 'green' # Rojo para máximos, verde
        para mínimos
    plt.scatter([cp], [cp_y], color=color, zorder=5)
    plt.text(cp, cp_y, f'P({cp}, {cp_y:.2f})', fontsize=12,
        verticalalignment='bottom', horizontalalignment='right')

# Añadir título y etiquetas a la gráfica
plt.title('Gráfica de la función y extremos locales')
plt.xlabel('x')
plt.ylabel('f(x)')
plt.legend()
plt.grid(True)
plt.show()

# Resultados de los puntos críticos y sus valores de segunda derivada
print("Puntos críticos y valores de la segunda derivada:")
for cp, sd in second_derivatives.items():
    print(f'Punto: x = {cp}, f\'\'(x) = {sd}, {"mínimo" if sd > 0 else
```

```
"máximo"} local')
```

Out [15]:

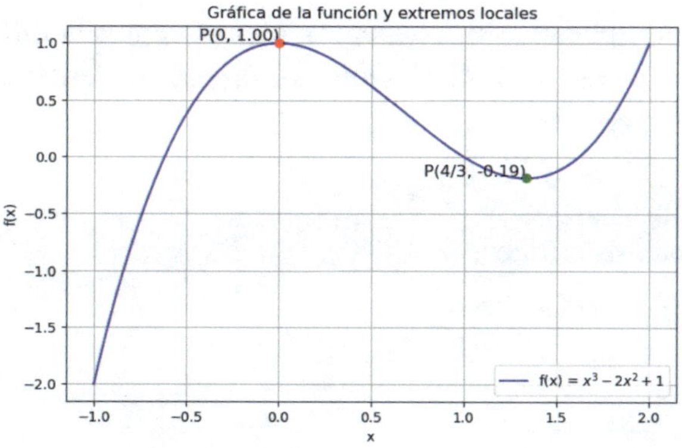


```
Puntos criticos y valores de la segunda derivada:
Punto: x = 0, f''(x) = -4, maximo local
Punto: x = 4/3, f''(x) = 4, minimo local
```

5.7.4 Máximos y mínimos absolutos

El estudio de máximos y mínimos absolutos, sirve para la toma de decisiones en negocios y ciencias. Por ejemplo, pueden determinar los puntos de máxima eficiencia en procesos de manufactura o el punto de menor costo en estrategias de reducción de gastos. Dice el Teorema del valor extremo, si una función es continua en el intervalo cerrado $[a, b]$, entonces necesariamente alcanza un máximo y un mínimo absoluto en ese intervalo. El procedimiento estándar para encontrar estos extremos implica varios pasos claves que se describen ahora.[5]

Paso 1: Identificación de puntos críticos: Se determinan los puntos críticos dentro del intervalo, es decir, puntos donde la derivada primera de la función es cero o no está definida. Estos puntos son candidatos para ser extremos locales y potencialmente absolutos.

Paso 2: Evaluación en los bordes del intervalo: La función también debe evaluarse en los extremos del intervalo, a y b, ya que los máximos y mínimos absolutos también pueden ocurrir aquí, especialmente si la función es no derivable en estos puntos o si los puntos críticos no proporcionan valores mayores o menores.

Paso 3: Comparación de valores

[5]Baldor J.A. (1998). "Geometría Plana del Espacio: Con una Introducción a la Trigonometría". México DF, México. Publicaciones Cultural. Decima Quinta Reimpresión.

Finalmente, se compara el valor de la función en los puntos críticos y en los extremos del intervalo. El mayor de estos valores será el máximo absoluto, y el menor será el mínimo absoluto.

Ejemplo: Para ilustrar cómo se aplican estos conceptos, consideremos la función $f(x) = x^3 - 4{,}5\ x^2 + 1$ en el intervalo $[-1, 4]$. Calculamos la primera derivada de la función para identificar puntos críticos:

$$f'(x) = 3x^2 - 9x$$

Igualando a cero, para hallar los puntos críticos:

$$f'^{(x)} = 3x^2 - 9x = 0$$

$$3x^2 = 9x$$

$$3x = 9$$

$$x = 3;\ x = 0$$

Evaluación de la función en puntos críticos y extremos:

$$f(-1) = (-1)^3 - 4{,}5\ (-1)^2 + 1 = -1 - 4{,}5 + 1 = -4{,}5$$

$$f(0) = (0)^3 - 4{,}5\ (0)^2 + 1 = 0 - 0 + 1 = 1$$

$$f(3) = (3)^3 - 4{,}5\ (3)^2 + 1 = 27 - 40{,}5 + 1 = -12{,}5$$

$$f(4) = (4)^3 - 4{,}5\ (4)^2 + 1 = 64 - 72 + 1 = -7$$

Por tanto, el punto $P(0, 1)$ es un máximo absoluto y el punto $P(3, -12{,}5)$ es un máximo absoluto. Ahora en código:

In [16]:

```
# Ejercicio 16
import numpy as np
import matplotlib.pyplot as plt
from sympy import symbols, diff, solve, Eq, N

# Definir la variable x
x = symbols('x')
```

```

# Definir la función
f = x**3 - 4.5*x**2 + 1

# Calcular la primera derivada
f_prime = diff(f, x)

# Resolver f'(x) = 0 para encontrar puntos críticos
critical_points = solve(Eq(f_prime, 0), x)

# Añadir los extremos del intervalo a los puntos a evaluar
evaluation_points = critical_points + [-1, 4]

# Evaluar la función en los puntos críticos y extremos
evaluations = [(p, f.subs(x, p)) for p in evaluation_points]

# Identificar el máximo y mínimo absoluto
max_value = max(evaluations, key=lambda x: x[1])
min_value = min(evaluations, key=lambda x: x[1])

# Gráfica de la función
x_values = np.linspace(-1, 4, 400)
f_values_numeric = [f.subs(x, val).evalf() for val in x_values]
plt.figure(figsize=(8, 5))
plt.plot(x_values, f_values_numeric, label='f(x) = $x^3 - 4.5x^2 + 1$'
    , color='blue')

# Marcar los máximos y mínimos absolutos
max_x, max_y = float(N(max_value[0])), float(N(max_value[1]))
min_x, min_y = float(N(min_value[0])), float(N(min_value[1]))
plt.scatter([max_x], [max_y], color='green', zorder=5)
plt.scatter([min_x], [min_y], color='red', zorder=5)
plt.text(max_x, max_y, f'Max ({max_x:.2f}, {max_y:.2f})', fontsize=12,
    verticalalignment='bottom', horizontalalignment='right')
plt.text(min_x, min_y, f'Min ({min_x:.2f}, {min_y:.2f})', fontsize=12,
    verticalalignment='top', horizontalalignment='right')

# Añadir título y etiquetas a la gráfica
plt.title('Gráfica de la función y extremos absolutos')
plt.xlabel('x')
plt.ylabel('f(x)')
plt.legend()
plt.grid(True)
plt.show()
```

Out [16]:

5.7.5 Optimización

La optimización constituye un campo fundamental del cálculo aplicado que se dedica a la identificación de puntos donde una función alcanza sus valores extremos. En términos prácticos, esta disciplina comprende la maximización de beneficios, minimización de costos o ajuste de variables para conseguir el rendimiento óptimo de un sistema bajo determinadas restricciones. Consecuentemente, la optimización puede involucrar el diseño de componentes que satisfagan restricciones matemáticas mientras se optimizan simultáneamente las geometrías correspondientes. La optimización se estructura en dos categorías principales: sin restricciones y con restricciones. Cada categoría emplea técnicas y métodos diferenciados, dependiendo de la naturaleza específica del problema.

- En la optimización sin restricciones, el objetivo se centra en la determinación de los puntos máximos o mínimos de una función. Los métodos habituales comprenden:

  Métodos de derivadas: Mediante la utilización de la primera y segunda derivada de una función, se identifican los puntos críticos y se clasifican como máximos o mínimos empleando el criterio de la segunda derivada.
  Métodos numéricos (que no se desarrollarán en el presente trabajo): Para funciones de mayor complejidad o cuando las derivadas no se encuentran disponibles, se implementan técnicas numéricas como el método de Newton-Raphson o algoritmos de gradiente descendente.

- La optimización con restricciones conlleva la determinación de extremos de funciones sujetas a limitaciones que deben satisfacerse. Los métodos comprenden:

  Método de los multiplicadores de Lagrange: Esta metodología introduce variables adicionales, denominadas multiplicadores de Lagrange, para incorporar las restricciones dentro de la función objetivo.
  Programación lineal y no lineal (que no se abordará en el presente estudio): Estas técnicas implementan algoritmos específicos como el

método simplex para resolver problemas que pueden modelarse mediante funciones lineales o no lineales.

Ejemplo, consideremos el problema de diseñar una caja sin tapa con un volumen máximo, utilizando una hoja de metal cuadrada de lado L. Se deben cortar cuadrados de igual tamaño en cada esquina de la hoja y doblar los lados hacia arriba para formar la caja. El objetivo es maximizar el volumen V de la caja, que es función del tamaño x de los cuadrados cortados en cada esquina.[13]La función objetivo y las restricciones son:

Función objetivo: $V(x) = x(L - 2x)^2$.

Restricciones: $0 \leq x \leq L/2$.

Calculamos la primera derivada de V respecto a x y la igualamos a cero para encontrar los puntos críticos.

$$V'(x) = (L - 2x)^2 - 4x(L - 2x)$$

Desarrollando:

$$V'(x) = L^2 - 8xL + 12x^2$$

Simplificando y resolviendo la ecuación $V'(x) = 0$, obtenemos valores potenciales para x. Que se pueden comprobar que dan $x = L/6$ y $x = L/2$. Ahora verificamos cada solución dentro del intervalo permitido y evaluamos el volumen para determinar cuál proporciona el máximo. Entonces para:

$$V'(0) = 0 \cdot (L - 2(0))^2 = 0$$

$$V'(L/6) = 2L^3/27$$

$$V'(L/2) = 0$$

Por lo que el resultado correcto que optimiza el problema de optimización es: $x = 0$, $x = L/2$, y $x = L/6$. Y Calculando la solución que maximiza sería de $x = L/6$. Ahora en código:

In [17]:

```
# Ejercicio 17
import numpy as np
```

```
import matplotlib.pyplot as plt
from sympy import symbols, diff, solve, Eq, N

# Definir la variable x y el parámetro L
x, L = symbols('x L')

# Valor específico para L
L_value = 12

# Función objetivo del volumen de la caja
V = x * ((L - 2*x)**2)

# Reemplazar L en V y su derivada antes de resolver y evaluar
V_L = V.subs(L, L_value)
V_prime_L = diff(V_L, x)

# Resolver V'(x) = 0 para encontrar puntos críticos
critical_points = solve(Eq(V_prime_L, 0), x)

# Evaluación del volumen en los puntos críticos y en los extremos del
    intervalo permitido
volumes = [(float(cp), float(V_L.subs(x, cp).evalf())) for cp in
    critical_points + [0, L_value/2]]

# Identificar el máximo volumen dentro del rango permitido
max_volume = max(volumes, key=lambda x: x[1])

# Gráfica de la función
x_values = np.linspace(0, L_value/2, 400)
v_values = [V_L.subs(x, val).evalf() for val in x_values]
plt.figure(figsize=(8, 5))
plt.plot(x_values, v_values, label='V(x) = $x(L-2x)^2$', color='blue')

# Marcar el máximo volumen
plt.scatter([max_volume[0]], [max_volume[1]], color='red', zorder=5)
plt.text(max_volume[0], max_volume[1], f'Max Volume at x={max_volume
    [0]:.2f}, V={max_volume[1]:.2f}', fontsize=12, verticalalignment='
    bottom', horizontalalignment='right')

# Añadir título y etiquetas a la gráfica
plt.title('Optimización del Volumen de una Caja sin Tapa')
plt.xlabel('x (tamaño de los cortes)')
plt.ylabel('Volumen V(x)')
plt.legend()
plt.grid(True)
plt.show()
```

Out [17]:

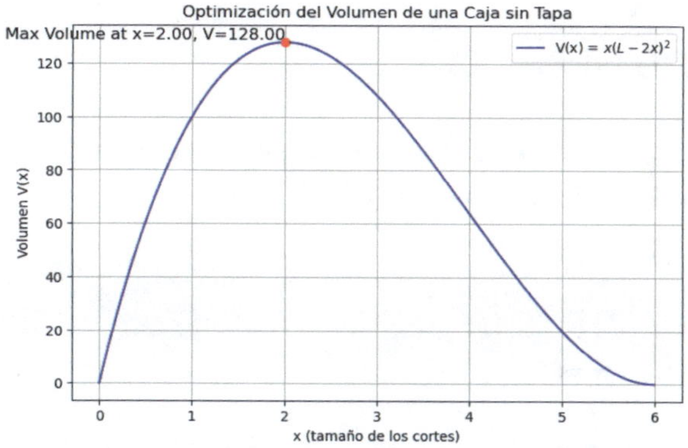

5.7.6 Concavidad y convexidad

Una función se define como cóncava (o convexa hacia abajo) en un intervalo cuando la línea que conecta cualquier par de puntos en la gráfica de la función permanece invariablemente por encima de la gráfica entre dichos puntos. Análogamente, una función constituye una función convexa (o cóncava hacia arriba) cuando dicha línea se mantiene constantemente por debajo de la gráfica entre los puntos correspondientes. Estas definiciones pueden comprenderse asimismo desde la perspectiva de la derivada segunda de una función:

- Una función es cóncava, en un intervalo determinado, si su segunda derivada es negativa en el intervalo.
- Una función es convexa, en un intervalo dado, si su segunda derivada es positiva en el intervalo.

La concavidad y convexidad proporcionan información fundamental sobre el comportamiento de las funciones. Por ejemplo, en el ámbito económico, la convexidad de una función de utilidad puede indicar aversión al riesgo por parte de un consumidor. La metodología más directa para determinar la concavidad o convexidad de una función se realiza mediante la segunda derivada. En este contexto, se establece que:

- Si $f''(x) > 0$ para todo x, la función es convexa en ese intervalo.
- Si $f''(x) < 0$ para todo x, la función es cóncava en ese intervalo.
- Si $f''(x) = 0$ en puntos específicos, estos pueden ser puntos de inflexión, donde la función cambia de concavidad.

Ejemplo ilustrativo: consideremos la función $f(x) = x^3 - 6x^2 + 8x + 2$. El objetivo consiste en determinar los intervalos de concavidad y convexidad de esta función, así como localizar los puntos de inflexión en caso de existir. Inicialmente, se procede a calcular la primera y segunda derivadas:

$$f'(x) = 3x^2 - 12x + 8$$

$$f''(x) = 6x - 12$$

Para establecer dónde la función resulta cóncava o convexa, se examina el signo de la segunda derivada. Resolviendo la ecuación $f''(x) = 0$:

$$6x - 12 = 0$$

$$x = 2$$

Este valor $x = 2$ es un punto de inflexión. Analizaremos el signo de $f''(x)$ alrededor de este punto para confirmar los cambios en la concavidad: Para $x < 2$, elegimos $x = 1$: por lo que $f''(1) = 6(1) - 12 = -6$ (Negativo, la función es cóncava aquí). Para $x > 2$, elegimos $x = 3$: por lo que $f''(3) = 6(3) - 12 = 6$ (Positivo, la función es convexa aquí).

Tiene un punto de inflexión en $x = 2$. A la izquierda de este punto (en regiones donde $x < 2$), la función es cóncava. A la derecha de este punto (en regiones donde $x > 2$), la función es convexa. Ahora en código Python:

In [18]:

```
# Ejercicio 18
import numpy as np
import matplotlib.pyplot as plt
from sympy import symbols, diff, solve, Eq

# Definir la variable x
x = symbols('x')

# Definir la función
f = x**3 - 6*x**2 + 8*x + 2

# Calcular la primera y segunda derivadas
f_prime = diff(f, x)
f_double_prime = diff(f_prime, x)

# Resolver f''(x) = 0 para encontrar puntos de inflexión
inflexion_points = solve(Eq(f_double_prime, 0), x)

# Gráfica de la función con anotaciones y colores para indicar
    concavidad y convexidad
x_values = np.linspace(-1, 5, 400)
f_values_numeric = [float(f.subs(x, val).evalf()) for val in x_values]
plt.figure(figsize=(8, 5))
plt.plot(x_values, f_values_numeric, label='f(x) = $x^3 - 6x^2 + 8x +
    2$', color='blue')

```

```
# Marcar el punto de inflexión y zonas de concavidad y convexidad
plt.scatter([2], [float(f.subs(x, 2).evalf())], color='red', zorder=5)
plt.text(2, float(f.subs(x, 2).evalf()) + 10, 'Inflexión x=2',
    fontsize=12, verticalalignment='bottom', horizontalalignment='
    center')
plt.fill_between(x_values, f_values_numeric, min(f_values_numeric)-20,
     where=(x_values < 2), color='orange', alpha=0.5, label='Cóncava')
plt.fill_between(x_values, f_values_numeric, min(f_values_numeric)-20,
     where=(x_values > 2), color='lightgreen', alpha=0.5, label='
    Convexa')

# Añadir título y etiquetas a la gráfica
plt.title('Concavidad y Convexidad de la Función')
plt.xlabel('x')
plt.ylabel('f(x)')
plt.legend()
plt.grid(True)
plt.show()
```

Out [18]:

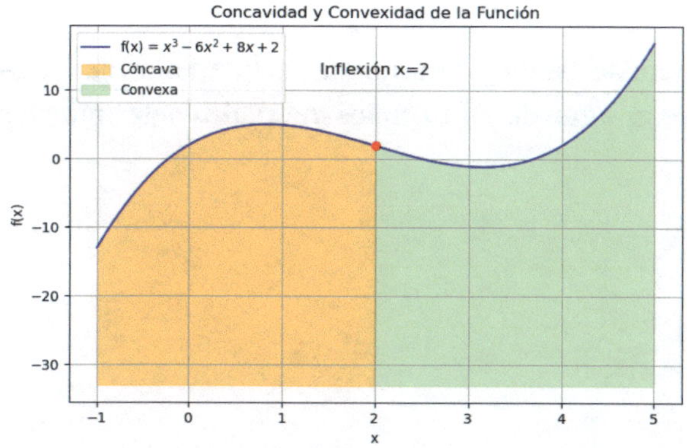

5.7.7 Crecimientos y decrecimientos

Una función es creciente en un intervalo I si para cualquier par de puntos a y b en I, donde $a < b$, se tiene que $f(a) \leq f(b)$. De manera similar, una función es decreciente en un intervalo si para cualquier a y b en ese intervalo, donde $a < b$, resulta que $f(a) \geq f(b)$. Entonces, para determinar si una función es creciente o decreciente en un intervalo, se evalúa el signo de su derivada en ese intervalo:

- Creciente: $f'(x) > 0$.
- Decreciente: $f'(x) < 0$.

Estos criterios son parte del llamado Test de la primera derivada. Un paso adicional en este análisis incluye la identificación de puntos críticos donde $f'(x) = 0$ o donde $f'(x)$ no está definida. Estos puntos pueden ser máximos, mínimos o puntos de inflexión y son esenciales para entender completamente el comportamiento de la función.

Ejemplo, consideremos la función $f(x) = x^3 - 3x^2 + 2x$ y analicemos su crecimiento y decrecimiento. La derivada de $f(x)$ es:

$$f'(x) = 3x^2 - 6x + 2$$

Para encontrar los puntos críticos, resolvemos $f'(x) = 0$:

$$f'(x) = 3x^2 - 6x + 2 = 0$$

Resolviendo esta ecuación cuadrática, tenemos que:

$$\begin{aligned} x_{1,2} &= \frac{-b \pm \sqrt{b^2 - 4ac}}{2a} = \frac{6 \pm \sqrt{36 - 4 \cdot 3 \cdot 2}}{2 \cdot 6} \\ &= \frac{6 \pm \sqrt{36 - 24}}{2 \cdot 3} = \frac{6 \pm \sqrt{12}}{6} = 1 \pm \frac{\sqrt{3}}{3} \end{aligned}$$

Entonces:

$$x_{1,2} = 1 \pm \frac{\sqrt{3}}{3}$$

Para aplicar el test de la primera derivada y determinar los intervalos de crecimiento y decrecimiento, evaluamos el signo de $f'(x)$ en los intervalos determinados por los puntos críticos:

Intervalo $(-\infty, 1 - \frac{\sqrt{3}}{3})$.

Intervalo $(1 - \frac{\sqrt{3}}{3}, 1 + \frac{\sqrt{3}}{3})$.

Intervalo $(1 + \frac{\sqrt{3}}{3}, \infty)$.

Al evaluar $f'(x)$ en puntos dentro de estos intervalos, determinamos que:

- En $(-\infty, 1 - \frac{\sqrt{3}}{3})$y $(1 + \frac{\sqrt{3}}{3}, \infty)$, por lo tanto, la función crece en estos intervalos.
- En $(1 - \frac{\sqrt{3}}{3}, 1 + \frac{\sqrt{3}}{3})$, por lo tanto, la función decrece en estos intervalos.

Ahora en código:

In [19]:

```python
# Ejercicio 19
import numpy as np
import matplotlib.pyplot as plt
from sympy import symbols, diff, solve, Eq, sqrt


# Convertir los puntos críticos y valores para graficar
```

```
x_values = np.linspace(-1, 4, 400)
f_values = [f.subs(x, val).evalf() for val in x_values]

# Convertir puntos críticos a valores numéricos para marcar en la grá
    fica
x1_num, x2_num = [float(cp.evalf()) for cp in critical_points]
plt.figure(figsize=(8, 5))
plt.plot(x_values, f_values, label='$f(x) = x^3 - 3x^2 + 2x$', color='
    blue')

# Marcar los puntos críticos en la gráfica
plt.scatter([x1_num, x2_num], [f.subs(x, x1_num), f.subs(x, x2_num)],
    color='red', zorder=5)
plt.text(x1_num, f.subs(x, x1_num), f'x1={x1_num:.2f}', fontsize=12,
    verticalalignment='bottom', horizontalalignment='right')
plt.text(x2_num, f.subs(x, x2_num), f'x2={x2_num:.2f}', fontsize=12,
    verticalalignment='bottom', horizontalalignment='left')

# Añadir título y etiquetas a la gráfica
plt.title('Gráfica de la función y puntos críticos')
plt.xlabel('x')
plt.ylabel('f(x)')
plt.legend()
plt.grid(True)

# Mostrar la gráfica
plt.show()

# Definir la variable x
x = symbols('x')

# Definir la función
f = x**3 - 3*x**2 + 2*x

# Calcular la primera derivada
f_prime = diff(f, x)

# Resolver f'(x) = 0 para encontrar puntos críticos
critical_points = solve(Eq(f_prime, 0), x)

# Evaluar los cálculos proporcionados para los puntos críticos
solutions = [(-6 + sqrt(36 - 4 * 3 * 1)) / (2 * 3), (-6 - sqrt(36 - 4
    * 3 * 1)) / (2 * 3)]
simplified_solutions = [1 + sqrt(6)/3, 1 - sqrt(6)/3]

# Comprobación
critical_points, solutions, simplified_solutions
```

Out [19]:

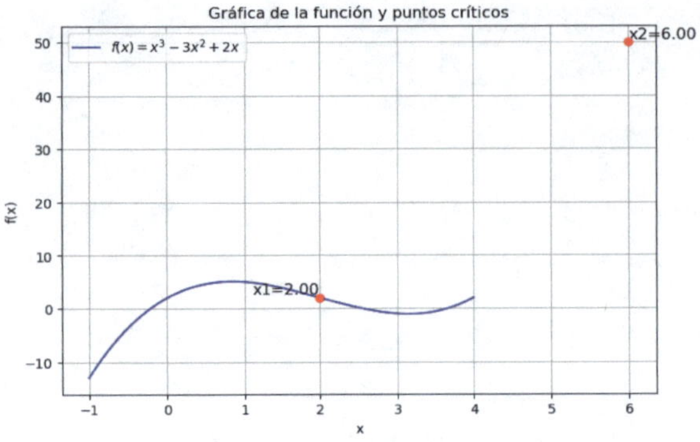


```
([1 - sqrt(3)/3, sqrt(3)/3 + 1],
 [-1 + sqrt(6)/3, -1 - sqrt(6)/3],
 [sqrt(6)/3 + 1, 1 - sqrt(6)/3])
```

5.7.8 Velocidad y aceleración

La posición de un objeto se describe habitualmente mediante una función $s(t)$, donde t representa el tiempo. El desplazamiento constituye la variación en la posición durante un intervalo temporal determinado.[16] Por consiguiente, la velocidad $v(t)$ representa la tasa de cambio de la posición respecto al tiempo. Se calcula como la primera derivada de la función de posición y se define mediante la expresión:

$$v(t) = s'(t) = \frac{ds}{dt}$$

La velocidad indica no solamente la rapidez con la que se desplaza un objeto, sino también la dirección de su movimiento. Una velocidad positiva denota un incremento en la posición (movimiento hacia adelante), mientras que una velocidad negativa señala una disminución en la posición (movimiento hacia atrás). Consecuentemente, la aceleración $a(t)$ constituye la tasa de cambio de la velocidad respecto al tiempo y se define como la segunda derivada de la función de posición:

$$a(t) = v'(t) = s''(t) = \frac{d^2s}{dt^2}$$

La aceleración describe la variación de la velocidad de un objeto a lo largo del tiempo, proporcionando una medida de la rapidez con la que se está desplazando de manera más rápida o más lenta. La relación entre la velocidad y la aceleración resulta directa: la aceleración constituye simplemente la derivada de la velocidad. Esto implica que cualquier variación en la velocidad durante un período temporal se describe mediante la aceleración. Por ejemplo, un objeto que incrementa su velocidad presenta una aceleración positiva, mientras que un objeto que disminuye su velocidad exhibe una aceleración negativa. Las derivadas de las funciones de posición son críticas en muchas aplicaciones prácticas, incluyendo el diseño de vehículos, la planificación de trayectorias en robótica, la simulación de movimientos en entornos virtuales y el análisis de fuerzas en estructuras dinámicas. En todos estos campos, entender cómo cambiar las velocidades y aceleraciones permite a ingenieros y diseñadores prever y optimizar comportamientos y resultados.

Ejemplo, consideremos una función de posición que describe el movimiento de un objeto a lo largo de una línea recta: $s(t) = t^3 - 6t^2 + 9t$, donde t se mide en segundos y $s(t)$ en metros.

La velocidad es la primera derivada de:

$$v(t) = \frac{ds}{dt} = 3t^2 - 12t + 9$$

La aceleración es la derivada de la velocidad:

$$a(t) = \frac{dv}{dt} = 6t - 12$$

Podemos analizar la velocidad y la aceleración para entender el movimiento:

Velocidad: $v(t) : \; 3t^2 - 12t + 9 = 0$

Resolviendo la ecuación cuadrática, encontramos:

$$t_{1,2} = \frac{12 \pm \sqrt{144 - 108}}{6} = \frac{12 \pm \sqrt{36}}{6} = \frac{12 \pm 6}{6}$$

$$t_1 = 3$$

$$t_2 = 1$$

Esto implica que la velocidad se hace cero en $t = 1$ y $t = 3$ segundos, lo que puede indicar un cambio de dirección.

Aceleración: $a(t) : \; 6t - 12 = 0$

$$t = 2 \text{ segundos}$$

Esto significa que la aceleración se hace cero en $t = 2$ segundos, indicando que la velocidad alcanza un extremo (máximo o mínimo) en este punto. Ahora en código:

In [20]:

```
# Ejercicio 20
import numpy as np
import matplotlib.pyplot as plt
from sympy import symbols, diff

```

```
# Definir la variable t (tiempo)
t = symbols('t')

# Definir la función de posición
s = t**3 - 6*t**2 + 9*t

# Calcular la primera derivada (velocidad)
v = diff(s, t)

# Calcular la segunda derivada (aceleración)
a = diff(v, t)

# Resolver para cuando la velocidad y la aceleración son cero
v_zero = solve(v, t)
a_zero = solve(a, t)

# Evaluar la posición, velocidad y aceleración para graficar
t_values = np.linspace(0, 5, 400)
s_values = [s.subs(t, val).evalf() for val in t_values]
v_values = [v.subs(t, val).evalf() for val in t_values]
a_values = [a.subs(t, val).evalf() for val in t_values]
plt.figure(figsize=(12, 8))

# Gráfico de posición
plt.subplot(3, 1, 1)
plt.plot(t_values, s_values, label='Posición s(t)', color='blue')
plt.scatter(v_zero, [s.subs(t, tv) for tv in v_zero], color='red') #
    Puntos donde la velocidad es cero
plt.title('Posición vs. Tiempo')
plt.xlabel('Tiempo (s)')
plt.ylabel('Posición (m)')
plt.grid(True)
plt.legend()

# Gráfico de velocidad
plt.subplot(3, 1, 2)
plt.plot(t_values, v_values, label='Velocidad v(t)', color='green')
plt.scatter(v_zero, [0]*len(v_zero), color='red') # Puntos donde la
    velocidad es cero
plt.title('Velocidad vs. Tiempo')
plt.xlabel('Tiempo (s)')
plt.ylabel('Velocidad (m/s)')
plt.grid(True)
plt.legend()

# Gráfico de aceleración
plt.subplot(3, 1, 3)
plt.plot(t_values, a_values, label='Aceleración a(t)', color='orange')
plt.scatter(a_zero, [0]*len(a_zero), color='red') # Punto donde la
    aceleración es cero
plt.title('Aceleración vs. Tiempo')
```

```
plt.xlabel('Tiempo (s)')
plt.ylabel('Aceleración (m/s^2)')
plt.grid(True)
plt.legend()
plt.tight_layout()
plt.show()

# Puntos críticos para la velocidad y aceleración
v_zero, a_zero
```

Out [20]:

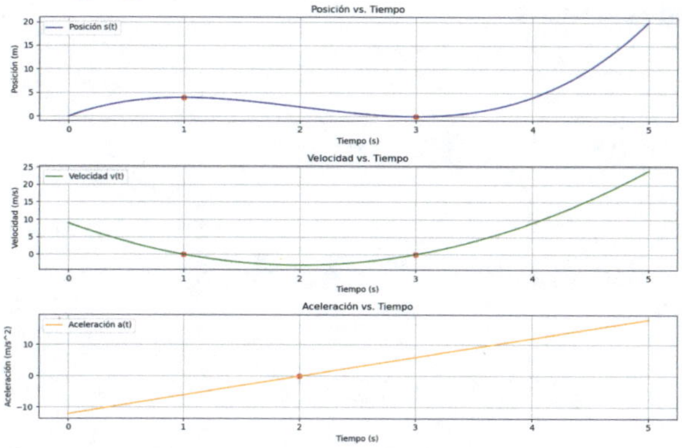


```
([1, 3], [2])
```

5.7.9 Distancia mínima

La distancia entre dos puntos en un plano o espacio se calcula habitualmente mediante la fórmula de distancia euclidiana. Por ejemplo, la distancia entre dos puntos (x_1, y_1) y (x_2, y_2) en un plano se establece mediante la expresión:

$$d = \sqrt{(x_2 - x_1)^2 + (y_2 - y_1)^2}$$

Cuando se considera la distancia entre un punto y una curva, o entre dos curvas, el problema se transforma en la determinación de los puntos en las curvas donde esta distancia resulta mínima. El cálculo diferencial permite determinar los valores mínimos (o máximos) de funciones mediante derivadas. Si se considera una función $f(x)$, los valores críticos de f donde puede presentarse un mínimo o máximo local se localizan donde la derivada primera satisface $f'(x) = 0$ o donde $f'(x)$ no se encuentra definida. Adicionalmente, para confirmar si estos valores críticos corresponden a un mínimo o un máximo, se puede implementar el criterio de la segunda derivada.[7]

Ejemplo, sobre la distancia mínima desde un punto a una parábola. Supongamos que queremos encontrar la distancia mínima entre el punto $P(1, 3)$ y la parábola definida por $y = x^2$.

Primero: La distancia d desde el punto $P(1,3)$ a un punto genérico $Q(x,x^2)$ en la parábola es:

$$d = \sqrt{(x-1)^2 + (x^2-3)^2}$$

Para simplificar el cálculo y evitar trabajar con la raíz cuadrada, minimizamos el cuadrado de la distancia, d^2:

$$d^2 = (x-1)^2 + (x^2-3)^2$$

Segundo: Derivar y encontrar puntos críticos.

Derivamos d^2 respecto a x:

$$\frac{d}{dx}(d^2) = \frac{d}{dx}[(x-1)^2 + (x^2-3)^2]$$

Expandimos y derivamos:

$$= 2(x-1) + 2(x^2-3)(2x) = 2(x-1) + 4x(x^2-3)$$

$$= 2x - 2 + 4x^3 - 12x = 4x^3 - 10x - 2$$

Igualamos a cero para encontrar los puntos críticos:

$$4x^3 - 10x - 2 = 0$$

Tercero: Verificar mínimos usando la segunda derivada.

Una vez encontrados los valores de x que satisfacen $4x^3 - 10x - 2 = 0$, calculamos la segunda derivada de d^2 para confirmar si son mínimos:

$$\frac{d^2}{dx^2}(d^2) = 12x^2 - 10$$

Evaluamos esta expresión en los puntos críticos encontrados para asegurarnos de que la segunda derivada es positiva, lo que confirmaría que son mínimos locales. Las evaluaciones de la segunda derivada en los puntos $x \approx -1{,}46962$, $x \approx -0{,}20336$, y $x \approx 1{,}67298$ son aproximadamente 15,92, −9,50, y 23,59, respectivamente.

> Para $x \approx -1{,}46962$ y $x \approx 1{,}67298$, la segunda derivada es positiva, lo que indica que estos puntos son mínimos locales.
>
> Para $x \approx -0{,}20336$, la segunda derivada es negativa, que es un máximo local. No utilizamos este valor.

Para calcular la distancia mínima en los puntos donde la segunda derivada es positiva (mínimos locales), evaluaremos la función de distancia original en

$x \approx -1{,}46962$ y $x \approx 1{,}67298$, en la función principal:

$$d = \sqrt{(x-1)^2 + (x^2-3)^2}$$

Las distancias calculadas en los puntos de mínimos locales son aproximadamente 2,609 metros para $x \approx -1{,}46962$ y $0{,}702$ metros para $x \approx 1{,}67298$. Por lo tanto, la distancia mínima entre el punto $P(1,3)$ y la parábola definida por $y = x^2$ es aproximadamente $0{,}702$ metros, que ocurre en $x \approx 1{,}67298$. Ahora en código, pero ahora para la función $y = x^2 - 2x$.

In [21]:

```
# Ejercicio 21
import numpy as np
import matplotlib.pyplot as plt
from sympy import symbols, diff, solve, Eq, sqrt, N, re, im

# Definir la variable x
x = symbols('x')

# Punto P y la parábola y = x^2 - 2x
P = (1, 3)
y = x**2 - 2*x

# Función de la distancia al cuadrado para simplificar la minimización
d_squared = (x - P[0])**2 + (y - P[1])**2

# Derivar la función de distancia al cuadrado
d_squared_prime = diff(d_squared, x)

# Encontrar puntos críticos resolviendo la derivada igual a cero
critical_points = solve(d_squared_prime, x)

# Segunda derivada para el test de concavidad
d_squared_double_prime = diff(d_squared_prime, x)

# Evaluar la segunda derivada en los puntos críticos, filtrando
    valores no reales
second_derivative_evals = {}
for cp in critical_points:
    second_deriv_val = N(d_squared_double_prime.subs(x, cp))

    # Asegurar que sólo tomamos valores reales y no complejos
    if im(second_deriv_val) == 0:
        second_derivative_evals[cp] = re(second_deriv_val)

# Filtrar solo los puntos donde la segunda derivada es positiva,
    indicando mínimos locales
min_points = {cp: val for cp, val in second_derivative_evals.items()
    if val > 0}
```

```

# Evaluar la distancia en esos puntos para determinar la distancia mínima
min_distances = {}
for cp in min_points:
    dist_val = sqrt(d_squared.subs(x, cp))

    # Convertir a un valor real si es necesario
    if im(dist_val) == 0:
        min_distances[cp] = N(dist_val)

# Puntos para graficar la parábola
x_vals = np.linspace(-2, 3, 400)
y_vals = [y.subs(x, val) for val in x_vals]

# Preparar la gráfica
plt.figure(figsize=(6, 6))
plt.plot(x_vals, y_vals, label='Parábola y = x^2 - 2x', color='blue')

# Marcar el punto P y los puntos críticos mínimos en la parábola
plt.scatter([P[0]], [P[1]], color='red', label='Punto P(1,3)', zorder=5)
for cp, dist in min_distances.items():
    cp_f   = float(cp)                      # x numérico
    y_cp_f = float(y.subs(x, cp))           # y numérico en la parábola
    dist_f = float(dist)                    # distancia numérica

    plt.scatter([cp_f], [y_cp_f], color='green', zorder=5)
    plt.text(cp_f, y_cp_f, f'x={cp_f:.2f}, d={dist_f:.2f} m',
             fontsize=12, va='bottom', ha='right')

# Configuración de la gráfica
plt.title('Distancia Mínima desde P(1,3) a la Parábola y = x^2 - 2x')
plt.xlabel('x')
plt.ylabel('y')
plt.legend()
plt.grid(True)
plt.show()

# Resultados de los puntos críticos y sus evaluaciones
print("Puntos críticos:", critical_points)
print("Evaluaciones de la segunda derivada:", second_derivative_evals)
print("Distancias mínimas:", min_distances)
```

Out [21]:

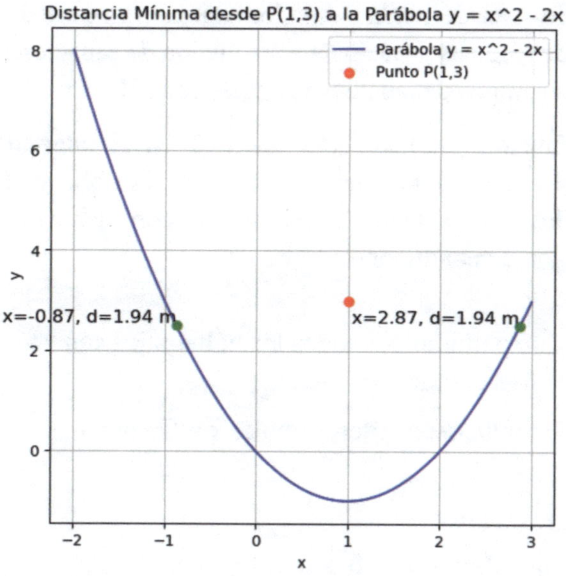


```
Puntos criticos: [1, 1 - sqrt(14)/2, 1 + sqrt(14)/2]
Evaluaciones de la segunda derivada: {1: -14.0000000000000, 1
    - sqrt(14)/2: 28.0000000000000, 1 + sqrt(14)/2:
    28.0000000000000}
Distancias minimas: {1 - sqrt(14)/2: 1.93649167310371, 1 +
    sqrt(14)/2: 1.93649167310371}
```

5.7.10 Teorema de Rolle o Teorema del valor promedio

El Teorema de Rolle establece que, si una función $f : [a, b] \to \mathbb{R}$ satisface todas las condiciones siguientes:

- Continuidad en $[a, b]$: f es continua en el intervalo cerrado $[a, b]$.
- Diferenciabilidad en (a, b) : f es diferenciable en el intervalo abierto (a, b).
- Igualdad de valores en los extremos: $f(a) = f(b)$.

Así, existe al menos un punto c en (a, b) tal que $f'(c) = 0$. Dado que el teorema de Rolle constituye un caso particular del teorema del valor medio, el cual establece que en un intervalo determinado existe al menos un punto donde la derivada de una función equivale a la pendiente promedio de la función en dicho intervalo, se podría considerar denominar al teorema de Rolle como un "Teorema del valor promedio", puesto que la derivada adopta un valor específico que corresponde a la pendiente promedio de la función en ese intervalo.[6] El Teorema de Rolle no solamente constituye un resultado relevante per se, sino que representa también un paso intermedio en la demostración de otros teoremas fundamentales en cálculo,

[6]Bowers, N. Jr. Gerber, H. Hickman, J. Jones, D. & Nesbitt, C. (1997). "Actuarial Mathematics". United States of America. The Society of Actuaries.

como el Teorema del Valor Medio para derivadas. Adicionalmente, proporciona una base sólida para el desarrollo de técnicas de análisis y resolución de ecuaciones diferenciales, optimización y otros campos del análisis matemático.[17]

Ejemplo, consideremos la función $f(x) = x^3 - 3x + 1$ en el intervalo $[-2, 2]$. Verifiquemos si se cumplen las condiciones del Teorema de Rolle y, de ser así, usemos el teorema para determinar dónde la derivada es cero dentro del intervalo.[15] Primero la verificación de condiciones:

Continuidad: La función es un polinomio, y todos los polinomios son continuos en $\mathbb{R}$, por lo tanto, f es continua en $[-2, 2]$.

Diferenciabilidad: Los polinomios son diferenciables en $\mathbb{R}$, por lo tanto, f es diferenciable en $(-2, 2)$.

Igualdad de valores en los extremos:

$$f(-2) = (-2)^3 - 3(-2) + 1 = -8 + 6 + 1 = -1$$

$$f(2) = (2)^3 - 3(2) + 2 = 8 - 6 + 1 = 3$$

Aquí, $f(-2) \neq f(2)$, lo que significa que no se cumple la tercera condición del teorema. Esto indica que no podemos aplicar directamente el Teorema de Rolle en este caso para garantizar la existencia de un punto c en $(-2, 2)$ donde $f'(c) = 0$. Ahora un ejemplo donde si se cumple las condiciones. Vamos a trabajar con la función $f(x) = sen(x)$ en el intervalo $[0, \pi]$.

Primero: Verificación de condiciones.

Continuidad: la función $sen(x)$ es continua en todo $\mathbb{R}$, y por tanto, es continua en el intervalo cerrado $[0, \pi]$.

Diferenciabilidad: la función $sen(x)$ es diferenciable en todo $\mathbb{R}$, y por tanto, es diferenciable en el intervalo abierto $(0, \pi)$.

Igualdad de valores en los extremos:

$$f(0) = sen(0) = 0$$
$$f(\pi) = sen(\pi) = 0$$

Aquí, $f(0) = f(\pi)$, cumpliendo la tercera condición del Teorema de Rolle.[7]

Segundo: Dado que $f(x)$ cumple todas las condiciones, el Teorema de Rolle asegura que existe al menos un c en $(0, \pi)$ tal que $f'(c) = 0$. La derivada de $f(x) =$

[7] Edwards, C.H. Jr & Penney David. (1994). "Cálculo con Geometría Analítica". México DF, México. Prentice Hall Hispanoamericana S.A.

$sin(x)$ es: $f'(x) = cos(x)$. Debemos encontrar c en $(0, \pi)$ donde $f'(c) = 0$, es decir:

$$cos(c) = 0$$

Y donde el coseno de un ángulo es cero en el intervalo $(0, \pi)$ es $c = \pi/2$. Este valor de c satisface $f'(c) = cos(\pi/2) = 0$, cumpliendo así con lo predicho por el Teorema de Rolle. Ahora en código:

In [22]:

```
# Ejercicio 22
import numpy as np
import matplotlib.pyplot as plt
from sympy import symbols, diff, sin, cos, pi

# Definir la variable x
x = symbols('x')

# Definir la función
f = sin(x)

# Calcular la derivada
f_prime = diff(f, x)

# Puntos para graficar la función y su derivada
x_vals = np.linspace(0, np.pi, 400)
f_vals = [f.subs(x, val).evalf() for val in x_vals]
f_prime_vals = [f_prime.subs(x, val).evalf() for val in x_vals]

# Punto c donde f'(c) = 0 según el Teorema de Rolle
c = pi/2

# Preparar la gráfica
plt.figure(figsize=(10, 6))

# Gráfico de la función
plt.subplot(2, 1, 1)
plt.plot(x_vals, f_vals, label='f(x) = sin(x)', color='blue')
plt.scatter([c], [f.subs(x, c)], color='red') # Marcar el punto c
plt.title('Función f(x) = sin(x)')
plt.xlabel('x')
plt.ylabel('f(x)')
plt.legend()
plt.grid(True)

# Gráfico de la derivada
plt.subplot(2, 1, 2)
plt.plot(x_vals, f_prime_vals, label="f'(x) = cos(x)", color='green')
plt.scatter([c], [f_prime.subs(x, c)], color='red') # Marcar donde f'(
    c) = 0
```

```
plt.title("Derivada f'(x) = cos(x)")
plt.xlabel('x')
plt.ylabel("f'(x)")
plt.legend()
plt.grid(True)

# Ajustar layout y mostrar la gráfica
plt.tight_layout()
plt.show()

# Confirmar valores en los extremos y el punto c
f_0 = f.subs(x, 0)
f_pi = f.subs(x, pi)
f_prime_c = f_prime.subs(x, c)
(f_0, f_pi, f_prime_c) # Deberían ser 0, 0 y 0, respectivamente.
```

Out [22]:

```
(0, 0, 0)
```

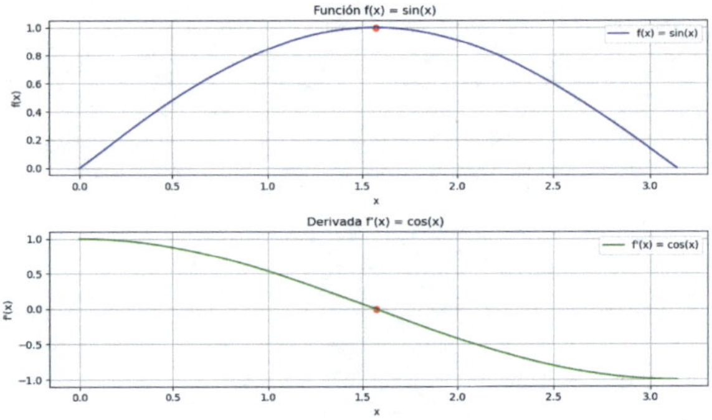

5.7.11 Teorema de Lagrange o teorema del valor medio

El teorema del valor medio establece que si una función f resulta continua en un intervalo cerrado $[a, b]$ y diferenciable en el intervalo abierto (a, b), entonces existe al menos un punto c en (a, b) donde la derivada de f equivale a la pendiente promedio de f entre a y b. Matemáticamente, el teorema se expresa mediante la relación[8]:

$$f'(c) = \frac{f(b) - f(a)}{b - a}$$

Este resultado resulta notable dado que proporciona un puente conceptual entre la geometría de la función y su comportamiento analítico local. La importancia del TVM radica en su universalidad y utilidad. Constituye un elemento fundamental en

[8] Edwards, C.H. Jr & Penney David. (1994). "Cálculo con Geometría Analítica". México DF, México. Prentice Hall Hispanoamericana S.A.

la demostración de otros teoremas en análisis, el TVM permite establecer resultados en optimización, tales como condiciones para la existencia de máximos y mínimos, así como en el análisis de la convergencia de algoritmos.[9]

Ejemplo, consideremos la función $f(x) = x^2 - 4x + 6$ en el intervalo $[0, 5]$. Vamos a aplicar el Teorema del Valor Medio para encontrar un punto c en $(0, 5)$ donde la derivada de f sea igual a la pendiente promedio de f en ese intervalo. Primero, la verificación de condiciones.

> **Continuidad:** La función $f(x) = x^2 - 4x + 6$ es un polinomio, por lo tanto, es continuo en todo $\mathbb{R}$ y en particular en $\mathbb{R}$.
>
> **Diferenciabilidad:** Como polinomio, f también es diferenciable en todo $\mathbb{R}$ y en $(0, 5)$.

Segundo cálculo de la pendiente promedio:

$$f(0) = 0 - 4 \cdot 0 + 6 = 6$$

$$f(5) = 5^2 - 4 \cdot 5 + 6 = 11$$

$$Pendiente = \frac{11 - 6}{5 - 0} = \frac{5}{5} = 1$$

Ahora, el teorema del valor medio.

La derivada de f es:

$$f'(x) = 2x - 4$$

Buscamos c tal que: $f'(c) = 4/5$.

$$2c - 4 = 1$$

$$2c = 4 + 1$$

$$2c = 5$$

$$c = \frac{5}{2} = 2{,}5$$

[9] Chávez Reyes, Carmen & León Quintanar. (2007). “La Biblia de las Matemáticas”. México D.F., México. Editorial Letrarte S.A.

Este valor de $c = 2{,}5$ está dentro del intervalo $[0, 5]$, y por lo tanto, satisface las condiciones del teorema. Ahora en código:

In [23]:

```
# Ejercicio 23
import numpy as np
import matplotlib.pyplot as plt
from sympy import symbols, diff, sin, cos, pi, N

# Definir la variable x
x = symbols('x')

# Definir la función f(x) = x^2 - 4x + 6 en el intervalo [0, 5]
f = x**2 - 4*x + 6

# Calcular la derivada
f_prime = diff(f, x)

# Valores de la función en los extremos del intervalo [0, 5]
f_a = f.subs(x, 0) # f(0)
f_b = f.subs(x, 5) # f(5)

# Calcular la pendiente promedio entre los puntos [0, 5]
pendiente_promedio = (f_b - f_a) / (5 - 0)

# Resolver f'(c) = pendiente promedio para encontrar c
c_value = solve(Eq(f_prime, pendiente_promedio), x)

# Convertir c_value a un número flotante
c = float(N(c_value[0]))

# Puntos para graficar la función y la línea secante
x_vals = np.linspace(0, 5, 400)
f_vals = [f.subs(x, val).evalf() for val in x_vals]

# Valor de f en el punto c
f_c = f.subs(x, c)

# Preparar la gráfica
plt.figure(figsize=(10, 6))
plt.plot(x_vals, f_vals, label='f(x) = $x^2 - 4x + 6$', color='blue')

# Marcar el punto c y la línea secante
plt.scatter([0, 5, c], [f_a, f_b, f_c], color='red') # Marcar los puntos a, b, y c
plt.title('Teorema del Valor Medio para f(x)')

# Dibujar la línea secante desde (0, f(0)) hasta (5, f(5))
line_x = np.array([0, 5])
line_y = np.array([f_a, f_b])
```

```
plt.plot(line_x, line_y, 'g--', label='Línea secante')

# Añadir la línea tangente en el punto c
tangent_line_y = f_prime.subs(x, c) * (x_vals - c) + f_c
plt.plot(x_vals, tangent_line_y, 'r--', label='Línea tangente en c')

# Añadir título, etiquetas y leyenda
plt.xlabel('x')
plt.ylabel('f(x)')
plt.legend()
plt.grid(True)
plt.show()

# Imprimir los valores importantes
f"El punto c encontrado es {c}, donde la derivada f'(c) = {f_prime.
    subs(x, c)} es igual a la pendiente promedio {pendiente_promedio}"
```

Out [23]:

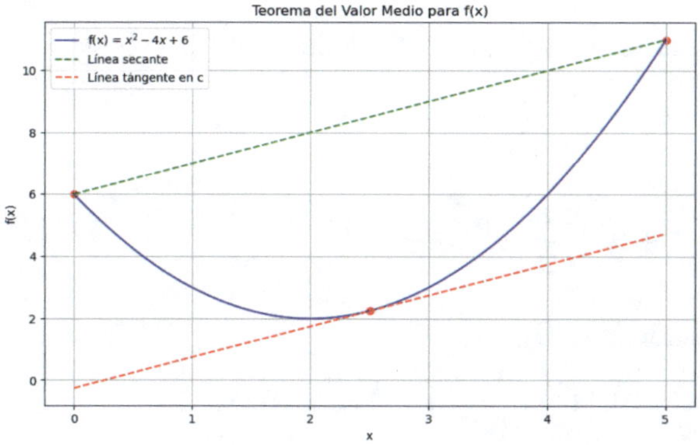


```
"El punto c encontrado es 2.5, donde la derivada f'(c) =
    1.00000000000000 es igual a la pendiente promedio 1"
```

5.7.12 Teorema de Taylor

El teorema de Taylor establece que una función derivable puede aproximarse mediante su polinomio de Taylor en un entorno de un punto, resultando útil para realizar *aproximaciones*. La aproximación adquiere mayor precisión cuando se consideran términos de orden superior. La elegancia de este teorema radica en su capacidad para proporcionar una estimación precisa de funciones en las proximidades de un punto mediante la utilización de derivadas de diferentes órdenes. En esencia, el teorema extiende el concepto del polinomio de Taylor, que constituye una generalización del polinomio de Maclaurin.[9] Así, sea f una función que tiene n derivadas continuas en un intervalo abierto I que contiene a a, y una $(n+1)-$ésima derivada en I. Entonces, para cada x en el intervalo, existe un c entre a y x tal que:

$$f(x) = f(a) + f'(a)(x-a) + \frac{f''(a)}{2!}(x-a)^2 + \dots$$
$$+\frac{f^{(n)}(a)}{n!}(x-a)^n + \frac{f^{(n+1)}(c)}{(n+1)!}(x-a)^{n+1}$$

Este polinomio es conocido como el polinomio de Taylor de grado n de f alrededor de a, y el último término es el término del error de Taylor.[10]

Ejemplo, consideremos la función $f(x) = e^x$ y queremos aproximar f cerca de $a = 0$ usando un polinomio de Taylor de tercer grado.

Las derivadas de $f(x) = e^x$ en $a = 0$ son: $f(x) = e^x$ => $f(0) = e^0 = 1$

$f'(x) = e^x$ => $f'(0) = e^0 = 1$

$f''(x) = e^x$ => $f''(0) = e^0 = 1$

$f'''(x) = e^x$ => $f'''(0) = e^0 = 1$

El polinomio de Taylor de tercer grado para $f(x) = e^x$alrededor de $a = 0$ es:

$$P_3(x) = 1 + 1\cdot(x-0) + \frac{1}{2!}\cdot(x-0)^2 + \frac{1}{3!}\cdot(x-0)^3$$

$$P_3(x) = 1 + x + \frac{1}{2}\cdot x^2 + \frac{1}{6}\cdot x^3$$

Evaluemos $P_3(x)$ y $f(x)$ para cuando $x = 0{,}1$:

$$P_3(0{,}1) = 1 + 0{,}1 + \frac{1}{2}\cdot(0{,}1)^2 + \frac{1}{6}\cdot(0{,}1)^3 = 1{,}10516\dots$$

y

$$e^{0{,}1} = 1{,}10517\dots$$

La aproximación es evidente, y si a medida que aumentamos el polinomio de Taylor en órdenes superiores, y más nos acercaremos a la función real aproximada y a los valores reales que se obtienen. Ahora en código:

In [24]:

```
# Ejercicio 24
import numpy as np
import matplotlib.pyplot as plt
from sympy import symbols, exp, factorial

# Definir la variable x
x = symbols('x')
```

[10] Venero B. (1999). “Análisis Matemático 2”. Lima, Perú. Ediciones Gemar.

```python

# Definir la función f(x) = e^x
f = exp(x)

# Coordenada en torno a la cual se desarrolla el polinomio de Taylor
a = 0

# Derivadas de f(x) = e^x en a = 0
f_0 = f.subs(x, a) # f(0) = e^0 = 1
f_prime_0 = f.diff(x).subs(x, a) # f'(0) = e^0 = 1
f_double_prime_0 = f.diff(x, 2).subs(x, a) # f''(0) = e^0 = 1
f_triple_prime_0 = f.diff(x, 3).subs(x, a) # f'''(0) = e^0 = 1

# Polinomio de Taylor de tercer grado para f(x) = e^x alrededor de a = 0
P_3 = (f_0 +
       f_prime_0 * (x - a) +
       f_double_prime_0 / factorial(2) * (x - a)**2 +
       f_triple_prime_0 / factorial(3) * (x - a)**3)

# Valores de x para graficar
x_vals = np.linspace(-2, 2, 400)
f_vals = [f.subs(x, val).evalf() for val in x_vals]
P_3_vals = [P_3.subs(x, val).evalf() for val in x_vals]

# Preparar la gráfica
plt.figure(figsize=(10, 6))
plt.plot(x_vals, f_vals, label='f(x) = e^x', color='blue', linewidth=2)
plt.plot(x_vals, P_3_vals, label='Polinomio de Taylor P_3(x)', color='green', linestyle='--', linewidth=2)

# Añadir título, etiquetas y leyenda
plt.title('Aproximación de f(x) = e^x usando Polinomio de Taylor de grado 3')
plt.xlabel('x')
plt.ylabel('f(x)')
plt.legend()
plt.grid(True)
plt.show()
```

Out [24]:

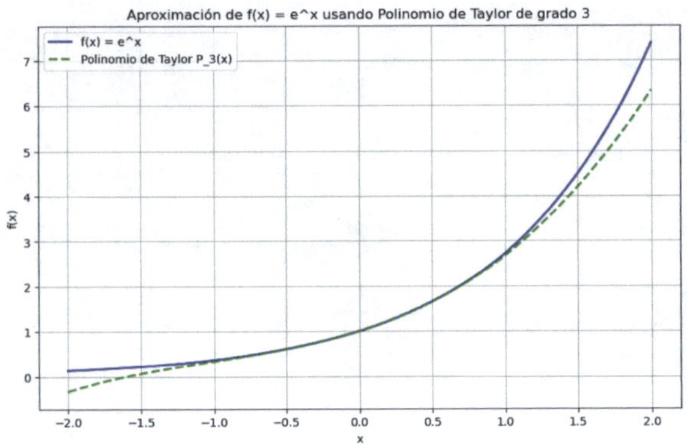

Ahora para el caso de la función seno:

In [25]:

```python
# Ejercicio 25
import numpy as np
import matplotlib.pyplot as plt
from sympy import symbols, sin, factorial, pi

# Definir la variable x
x = symbols('x')

# Definir la función f(x) = sin(x)
f = sin(x)

# Coordenada en torno a la cual se desarrolla el polinomio de Taylor
a = 0 # Expansión alrededor de x = 0

# Calculando las derivadas de f(x) = sin(x) en a = 0 hasta la décima
    derivada
derivadas_10_final = [f.diff(x, n).subs(x, a) for n in range(11)]

# Construir el polinomio de Taylor de décimo grado para f(x) = sin(x)
    alrededor de a = 0
P_10_final = sum([derivadas_10_final[n] / factorial(n) * (x - a)**n
    for n in range(11)])

# Valores de x para graficar
x_vals_10_final = np.linspace(-4 * float(pi), 4 * float(pi), 800)
f_vals_10_final = [f.subs(x, val).evalf() for val in x_vals_10_final]
P_10_vals_final = [P_10_final.subs(x, val).evalf() for val in
    x_vals_10_final]

# Preparar la gráfica
plt.figure(figsize=(12, 7))
plt.plot(x_vals_10_final, f_vals_10_final, label='f(x) = sin(x)',
    color='blue', linewidth=2)
plt.plot(x_vals_10_final, P_10_vals_final, label='Polinomio de Taylor
```

```
        P_10(x)', color='green', linestyle='--', linewidth=2)

# Configuración de los límites del eje y
plt.ylim(-2, 2)

# Añadir título, etiquetas y leyenda
plt.title('Aproximación de f(x) = sin(x) usando Polinomio de Taylor de
     grado 10')
plt.xlabel('x')
plt.ylabel('f(x)')
plt.legend()
plt.grid(True)
plt.show()
```

Out [25]:

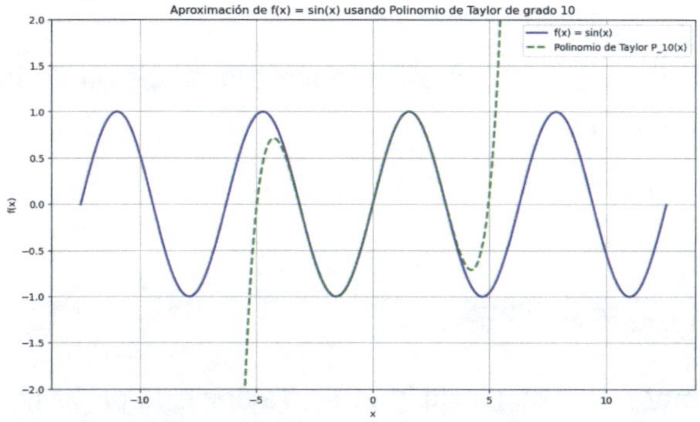

A medida que aumenta los grados de las derivadas, aumenta la precisión del polinomio de Taylor para aproximarse a la función.

5.7.13 Teorema de Maclaurin

El teorema de Maclaurin constituye un caso particular del teorema de Taylor, donde la aproximación se desarrolla alrededor de $a = 0$. El teorema de Maclaurin permite expresar cualquier función suficientemente suave mediante un polinomio cuyos coeficientes dependen de las derivadas de la función evaluadas en el punto cero. Por consiguiente, si una función f resulta n-veces diferenciable en el punto $x = 0$ y posee una $(n + 1)$-ésima derivada en un intervalo que contiene al cero, entonces la función puede aproximarse mediante la expresión:

$$f(x) = f(0) + f'(0)x + \frac{f''(0)}{2!}x^2 + \ldots + \frac{f^{(n)}(0)}{n!}x^n + R_n(x)$$

Donde $R_n(x)$ es el término de error de Maclaurin, que tiende a cero más rápido que x^n cuando x tiende a cero.

Ejemplo, consideremos la función $f(x) = cos(x)$. Usando el teorema de Maclaurin, podemos aproximar f cerca de $x = 0$ utilizando un polinomio de cuarto grado. Las derivadas necesarias de $f(x) = cos(x)$ evaluadas en $x = 0$ son:

$$f(0) = cos(0) = 1$$

$$f'(0) = -sin(0) = 0$$

$$f''(0) = -cos(0) = -1$$

$$f'''(0) = sin(0) = 0$$

$$f^{(4)}(0) = cos(0) = 1$$

El polinomio de Maclaurin de cuarto grado es:

$$P_4(x) = 1 - \frac{1}{2!} \cdot x^2 + \frac{1}{4!} \cdot x^4$$

$$P_4(x) = 1 - \frac{1}{2} \cdot x^2 + \frac{1}{24} \cdot x^4$$

Podemos evaluar $P_4(x)$ y $f(x)$ en $x = 0{,}1$ para comparar la precisión de la aproximación, donde los resultados serian:

$$P_4(0{,}1) = 1 - \frac{1}{2} \cdot (0{,}1)^2 + \frac{1}{24} \cdot (0{,}1)^2 = 0{,}995\ldots$$

$$cos(0{,}1) = 0{,}99998\ldots$$

La diferencia entre el polinomio de Maclaurin y el de Taylor está en la generalización de uno sobre el otro, y en que el polinomio de Taylor se utiliza para cualquier valor real que tome a. Ahora en código:

In [26]:

```
# Ejercicio 26
import numpy as np
import matplotlib.pyplot as plt
from sympy import symbols, cos, factorial, pi, N

# Definir la variable x
x = symbols('x')

# Definir la función f(x) = cos(x)
f = cos(x)

# Calculando las derivadas de f(x) = cos(x) en a = 0 hasta la cuarta
    derivada
derivadas_maclaurin = [f.diff(x, n).subs(x, a) for n in range(5)]

# Construir el polinomio de Maclaurin de cuarto grado para f(x) = cos(
    x) alrededor de a = 0
```

```
P_4 = sum([derivadas_maclaurin[n] / factorial(n) * (x - a)**n for n in
    range(5)])

# Valores de x para graficar
x_vals_maclaurin = np.linspace(-2 * float(pi), 2 * float(pi), 800)
f_vals_maclaurin = [f.subs(x, val).evalf() for val in x_vals_maclaurin
    ]
P_4_vals = [P_4.subs(x, val).evalf() for val in x_vals_maclaurin]

# Preparar la gráfica
plt.figure(figsize=(12, 7))
plt.plot(x_vals_maclaurin, f_vals_maclaurin, label='f(x) = cos(x)',
    color='blue', linewidth=2)
plt.plot(x_vals_maclaurin, P_4_vals, label='Polinomio de Maclaurin P_4
    (x)', color='green', linestyle='--', linewidth=2)

# Añadir título, etiquetas y leyenda
plt.title('Aproximación de f(x) = cos(x) usando Polinomio de Maclaurin
    de grado 4')
plt.xlabel('x')
plt.ylabel('f(x)')
plt.legend()
plt.grid(True)
plt.show()
```

Out [26]:

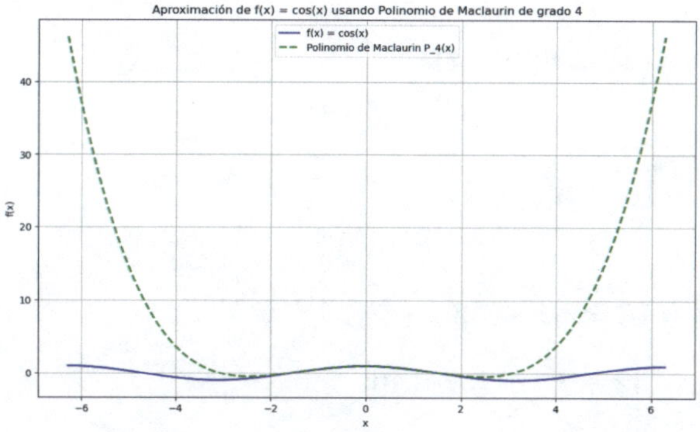

5.7.14 La recta tangente a la curva

La recta tangente proporciona una aproximación lineal de la curva en las proximidades de un punto determinado, lo cual resulta fundamental para el análisis del comportamiento local de funciones. Por consiguiente, una recta tangente a una curva en un punto constituye una línea que contacta la curva en dicho punto y posee la misma dirección en ese punto. Matemáticamente, la pendiente de esta recta equivale a la derivada de la función de la curva en el punto de tangencia. Esta definición resulta esencial para comprender cómo las funciones varían y cómo se pueden aproximar dichas funciones en las proximidades de puntos específicos. Geométricamente, la recta tangente constituye la óptima aproximación lineal de la curva en las proximidades del punto de tangencia. Si se representa la curva y la recta tangente en un sistema de coordenadas, la recta tangente contactará la curva únicamente en el punto de tangencia y se alejará progresivamente conforme se desplace distante de dicho punto. La ecuación de la recta tangente a la curva $y = f(x)$ en el punto $x = a$ puede ser expresada por la ecuación:

$$y - f(a) = f'(a)(x - a)$$

Donde $f'(a)$ es la derivada de f en $x = a$, $f(a)$ es el valor de la función en $x = a$, y $(x - a)$ es la diferencia entre cualquier valor de x y a. Para determinar la ecuación de la recta tangente, se requiere obtener la derivada de la función $f(x)$. Posteriormente, se sustituye el valor de x en el cual se desea encontrar la tangente en la derivada para obtener la pendiente en dicho punto. Finalmente, se emplea la fórmula establecida para determinar la ecuación de la recta tangente. Por ejemplo, consideremos la función $f(x) = x^2$. Queremos encontrar la ecuación de la recta tangente a esta curva en el punto donde $x = 4$. La derivada de la función es:

$$f'(x) = 2x$$

Evaluamos esta derivada en $x = 4$:

$$f'(4) = 2 \cdot 4 = 8$$

La pendiente de la recta tangente es 8. Ahora, la ecuación de la recta tangente se obtiene sustituyendo en la fórmula:

$$y - f(4) = 8(x - 4)$$

Dado que $f(4) = 4^2 = 16$.

$$y - 16 = 8(x - 4)$$

Simplificando, obtenemos:

$$y - 16 = 8x - 32$$

$$y = 8x - 32 + 16 = 8x - 16$$

Entonces la recta tangente será la expresión señala en función de y. El concepto de la recta tangente es necesario en muchas áreas del conocimiento, especialmente en aquellas que requieren el análisis del comportamiento local de funciones. Ahora en código:

In [27]:

```
# Ejercicio 27
import numpy as np
import matplotlib.pyplot as plt
from sympy import symbols, diff
```

```

# Definir la variable x
x = symbols('x')

# Definir la función f(x) = x^2
f = x**2

# Derivar f para obtener la pendiente de la recta tangente
f_prime = diff(f, x)

# Punto de tangencia
a = 4
f_a = f.subs(x, a) # f(4) = 16
f_prime_a = f_prime.subs(x, a) # f'(4) = 8

# Ecuación de la recta tangente
# y = f(a) + f'(a) * (x - a)
tangent_line = f_a + f_prime_a * (x - a)

# Valores de x para graficar
x_vals = np.linspace(0, 8, 400)
f_vals = [f.subs(x, val).evalf() for val in x_vals]
tangent_vals = [tangent_line.subs(x, val).evalf() for val in x_vals]

# Preparar la gráfica
plt.figure(figsize=(10, 6))
plt.plot(x_vals, f_vals, label='f(x) = x^2', color='blue', linewidth=2)
plt.plot(x_vals, tangent_vals, label=f'Recta Tangente en x={a}', color='red', linestyle='--', linewidth=2)

# Marcar el punto de tangencia
plt.scatter([a], [f_a], color='green', zorder=5) # Punto (4, 16)
plt.text(a, f_a, f'({a}, {f_a})', fontsize=12, verticalalignment='bottom', horizontalalignment='right')

# Añadir título, etiquetas y leyenda
plt.title('Recta Tangente a la Curva f(x) = x^2 en x=4')
plt.xlabel('x')
plt.ylabel('f(x) / Recta Tangente')
plt.legend()
plt.grid(True)
plt.show()
```

Out [27]:

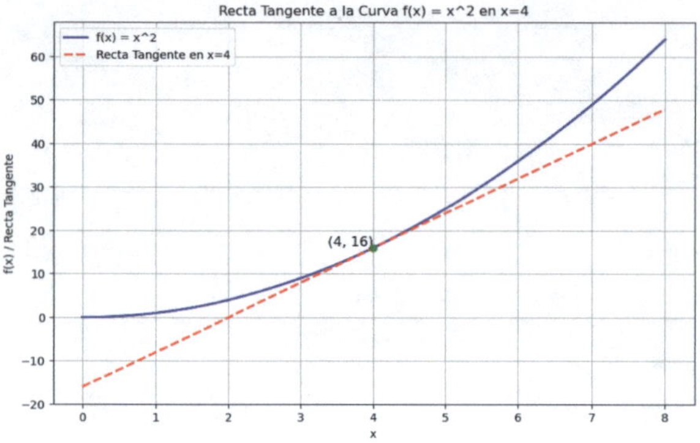

5.7.15 La recta normal

La recta normal a una curva en un punto particular se establece mediante la línea que se extiende perpendicularmente desde la recta tangente en dicho punto. En términos matemáticos, si la pendiente de la tangente en un punto constituye m, entonces la pendiente de la recta normal será $-1/m$ (asumiendo que $m \neq 0$). La recta normal puede emplearse para determinar el punto más próximo en una curva desde un punto externo establecido, lo cual resulta fundamental en problemas de optimización. Asimismo, se utiliza en física, especialmente en el estudio de la refracción y reflexión de la luz.[13] La ecuación de la recta normal en un punto $x = a$ de la curva $y = f(x)$ se puede expresar como:

$$y - f(a) = -\frac{1}{f'(a)}(x - a)$$

Donde $f'(a)$ es la derivada de la función en $x = a$ y la expresión $-\frac{1}{f'(a)}$ es la pendiente de la recta normal. Ahora consideremos la misma función del ejemplo anterior, donde ya calculamos la derivada de función $f(x) = x^2$, que es $f'(x) = 2x$ y dijimos que $f'(4) = 2 \cdot 4 = 8$. Ahora, la ecuación de la recta normal se obtiene sustituyendo en la fórmula:

$$y - f(4) = -\frac{1}{8}(x - 4)$$

Ahora $f(4) = 16$ y tenemos:

$$y - 16 = -\frac{1}{8}(x - 4)$$

Simplificando:

$$y - 16 = -\frac{1}{8}x + \frac{4}{8}$$

$$y = -\frac{1}{8}x + \frac{4}{8} + 16 = -\frac{1}{8}x + \frac{4}{8} + \frac{128}{8}$$

$$y = -\frac{1}{8}x + \frac{132}{8} = -\frac{1}{8}x + 16{,}5$$

Lo que significa que la recta normal a la curva $f(x) = x^2$ evaluada en el punto $x = 4$ es la función $y = -\frac{1}{8}x + 16{,}5$. Ahora en código:

In [28]:

```
# Ejercicio 28
import numpy as np
import matplotlib.pyplot as plt

# Definir la función f(x) = x^2
def f(x):
    return x**2

# Definir la ecuación de la recta normal y = -1/8x + 16.5
def normal_line(x):
    return -1/8 * x + 16.5

# Definir la ecuación de la recta tangente y = 8x - 16
def tangent_line(x):
    return 8 * x - 16

# Punto donde se encuentra la tangente
x0 = 4
y0 = f(x0)

# Rango de valores de x
x_values = np.linspace(-20, 20, 400)

# Calcular los valores de y para la función f(x)
y_values = f(x_values)

# Calcular los valores de y para la recta normal y la recta tangente
normal_values = normal_line(x_values)
tangent_values = tangent_line(x_values)

# Configurar el tamaño del gráfico
plt.figure(figsize=(5, 6))

# Graficar la función f(x)
plt.plot(x_values, y_values, label='f(x) = x^2')

# Graficar la recta normal
plt.plot(x_values, normal_values, label='Recta Normal')

# Graficar la recta tangente
plt.plot(x_values, tangent_values, label='Recta Tangente')

# Marcar el punto donde se encuentra la tangente
plt.scatter(x0, y0, color='red', label=f'Punto (4, {y0})')

# Configuración de la gráfica
```

```python
plt.xlabel('x')
plt.ylabel('y')
plt.title('Curvas y = x^2, Recta Normal y Recta Tangente')
plt.legend()
plt.grid(True)

# Limitar los ejes al rango de -20 a 20 en ambos ejes
plt.axis([-10, 10, -5, 30])

# Mostrar la gráfica
plt.show()
```

Out [28]:

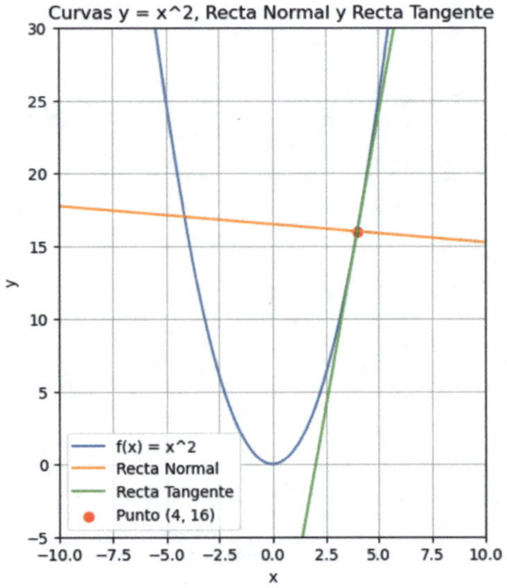

5.7.16 Los ángulos de curvas

El ángulo que forma una curva con la horizontal en cualquier punto puede calcularse mediante la pendiente de la tangente en dicho punto, empleando la función arcotangente. El ángulo de una curva en un punto determinado constituye el ángulo formado entre la línea tangente a la curva en ese punto y el eje horizontal (el eje x). Este ángulo representa una medida de la inclinación de la curva en el punto y se establece a partir de la pendiente de la tangente.[9] La pendiente m de la recta tangente a una curva en un punto es la derivada $f'(x)$ de la función $f(x)$ que describe la curva en ese punto. El ángulo θ que la tangente forma con el eje horizontal es dada por la relación:

$$\theta = arctg(m)$$

Donde se tiene a la función arcotangente, que devuelve el ángulo cuyo tangente es m. Para calcular el ángulo que la tangente a la curva forma con el eje horizontal, se implementa un procedimiento de dos etapas: primero se determina la derivada de la función en el punto de interés para obtener la pendiente, y posteriormente se emplea dicha pendiente para calcular el ángulo mediante la función arcotangente. Ejemplo, consideremos nuevamente la función $f(x) = x^2$. Supongamos que queremos calcular el ángulo que la tangente a la curva forma con el eje horizontal en el punto donde $x = 2$. Como ya sabemos, la derivada es $f'(x) = 2x$. Evaluamos esta derivada en $x = 2$:

$$f'(2) = 2 \times 2 = 4$$

La pendiente de la tangente en $x = 2$ es 4. Utilizamos la pendiente encontrada para calcular el ángulo:

$$\theta = arctg(4)$$

El valor de $arctan(4)$ puede ser calculado usando una calculadora científica o por el computador, y el resultado es aproximadamente 75.96° (esto dependerá del modo de la calculadora, radianes o grados). Ahora en código:

In [29]:

```
# Ejercicio 29
import numpy as np
import matplotlib.pyplot as plt

# Definir la función f(x) = x^2
def f(x):
    return x**2

# Definir el punto de interés
x0 = 2

# Calcular la derivada de la función en el punto de interés
def f_prime(x):
    return 2 * x

# Calcular la pendiente de la tangente en el punto de interés
m = f_prime(x0)

# Calcular el ángulo que la tangente forma con el eje horizontal
theta = np.arctan(m)

# Convertir el ángulo de radianes a grados
theta_degrees = np.degrees(theta)

# Imprimir el resultado
print(f"El ángulo que la tangente forma con el eje horizontal en x={x0
    } es aproximadamente {theta_degrees:.2f} grados.")

# Configurar el tamaño del gráfico
```

```
plt.figure(figsize=(8, 6))

# Graficar la función f(x)
x_values = np.linspace(-15, 15, 200)
y_values = f(x_values)
plt.plot(x_values, y_values, label='f(x) = x^2')

# Graficar la tangente en el punto de interés
tangent_values = f(x0) + m * (x_values - x0)
plt.plot(x_values, tangent_values, linestyle='--', label='Tangente en
    x=2')

# Marcar el punto de interés
plt.scatter(x0, f(x0), color='red', label=f'Punto de interés (x={x0})'
    )

# Configuración de la gráfica
plt.xlabel('x')
plt.ylabel('y')
plt.title('Ángulo de la tangente con el eje horizontal')
plt.legend()
plt.grid(True)

# Ajustar los ejes a la misma escala
plt.axis('equal')

# Mostrar la gráfica
plt.show()
```

Out [29]:

```
El angulo que la tangente forma con el eje horizontal en x=2
    es aproximadamente 75.96 grados.
```

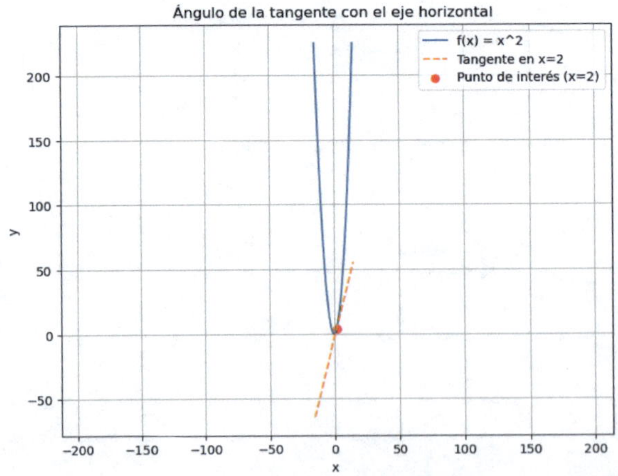

Otras variantes de estos ejemplos son los ángulos de intersección.

5.7.17 Iteraciones (Newton-Raphson)

Este método constituye un algoritmo iterativo que se emplea para determinar las raíces de una función diferenciable. La idea central consiste en iniciar con una suposición inicial y perfeccionar esta estimación repetidamente mediante la utilización de la derivada de la función. La eficiencia del método radica en su enfoque de aproximaciones sucesivas, que idealmente convergen rápidamente hacia la raíz buscada. En determinados problemas, la iteración resulta esencial para encontrar soluciones numéricas. Por ejemplo, el método de Newton-Raphson constituye una técnica iterativa para determinar raíces de una función. El método de Newton-Raphson presenta características iterativas y se emplea para determinar las raíces de una función diferenciable. La idea fundamental consiste en iniciar con una suposición inicial y perfeccionar esta estimación repetidamente mediante la utilización de la derivada de la función. La eficiencia del método radica en su enfoque de aproximaciones sucesivas, que idealmente convergen rápidamente hacia la raíz buscada. El método se deriva de la ecuación de la tangente a la curva de la función en un punto determinado. Para una función $f(x)$ y un valor inicial x_0, la ecuación de la tangente en ese punto es:

$$y = f(x_0) + f'(x_0)(x - x_0)$$

Donde $f'(x_0)$ es la derivada de f en x_0. La siguiente aproximación, x_1, se obtiene donde esta línea tangente cruza el eje x, es decir, cuando $y = 0$:

$$0 = f(x_0) + f'(x_0)(x_1 - x_0)$$

Resolviendo para x_1 se obtiene:

$$x_1 = x_0 - \frac{f(x_0)}{f'(x_0)}$$

Este proceso se repite iterativamente para obtener $x_2, x_3, \ldots$ hasta que la diferencia entre dos iteraciones sucesivas resulte menor que un umbral establecido, indicando la convergencia hacia una raíz. La convergencia del método de Newton-Raphson depende de diversos factores, incluyendo la naturaleza de la función y la selección del valor inicial. En general, si la función presenta un comportamiento adecuado y el valor inicial se encuentra suficientemente próximo a la raíz real, el método converge rápidamente. No obstante, si la derivada en el punto de aproximación resulta muy pequeña o equivale a cero, el método puede fallar o divergir. Ejemplo, supongamos que queremos encontrar la raíz de la función $f(x) = x^2 - 2$. La derivada de f es $f'(x) = 2x$. Supongamos que el valor inicial es $x_0 = 1$.

Primera iteración:

$$x_1 = 1 - \frac{1^2 - 2}{2 \cdot 1} = 1 - \frac{-1}{2} = 1{,}5$$

Segunda iteración:

$$x_1 = 1{,}5 - \frac{1{,}5^2 - 2}{2 \cdot 1{,}5} = 1{,}5 - \frac{0{,}25}{3} = 1{,}416\ldots$$

Tercera iteración:

$$x_1 = 1{,}4167 - \frac{1{,}4167^2 - 2}{2 \cdot 1{,}4167} = 1{,}4142\ldots$$

Con solo unas pocas iteraciones, obtenemos una aproximación bastante precisa de $\sqrt{2}$, demostrando la eficacia del método. Ahora el código:

In [30]:

```
# Ejercicio 30
import numpy as np
import matplotlib.pyplot as plt

# Definir la función f(x) = x^2 - 2
def f(x):
    return x**2 - 2

# Definir la derivada de la función f(x) = x^2 - 2
def f_prime(x):
    return 2 * x

# Definir el valor inicial
x0 = 1

# Definir el número máximo de iteraciones
max_iterations = 20

# Definir la tolerancia para la convergencia
tolerance = 1e-6

# Listas para almacenar las iteraciones y los valores de x
iterations = []
x_values = []

# Iterar para encontrar la raíz utilizando el Método de Newton-Raphson
x = x0
for i in range(max_iterations):
    x_values.append(x)
    iterations.append(i)
    if abs(f(x)) < tolerance:
        break
    x = x - f(x) / f_prime(x)

# Imprimir la raíz aproximada y el número de iteraciones
print(f"Raíz aproximada: {x}")
print(f"Número de iteraciones: {i+1}")
```

```

# Graficar la función f(x)
x_range = np.linspace(-2, 2, 400)
plt.plot(x_range, f(x_range), label='f(x) = x^2 - 2')

# Graficar los puntos de cada iteración con su número de iteración
for i in range(len(x_values)):
    plt.scatter(x_values[i], f(x_values[i]), color='red')
    plt.text(x_values[i], f(x_values[i]), str(i+1), fontsize=9,
        verticalalignment='bottom', horizontalalignment='right')

# Configuración de la gráfica
plt.xlabel('x')
plt.ylabel('f(x)')
plt.title('Iteraciones del Método de Newton-Raphson')
plt.legend()
plt.grid(True)

# Mostrar la gráfica
plt.show()
```

Out [30]:

```
Raiz aproximada: 1.4142135623746899
Numero de iteraciones: 5
```

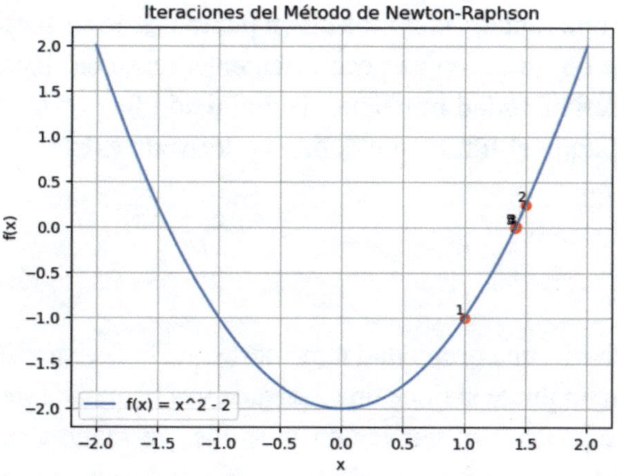

5.8 Resumen

En resumen, se tienen los siguientes puntos relevantes del capítulo:

5.1. Fundamentos de las derivadas.

La derivada de una función, denotada como $f'(x)$, es uno de los conceptos más fundamentales en cálculo diferencial. Define la tasa de cambio inmediato de la función con respecto a sus variables independientes y es esencial para estudios en física, ingeniería y economía donde estas tasas de cambio se usan para el modelado y el análisis. La derivada se define matemáticamente como el límite del cociente de diferencias cuando el incremento tiende a cero. Esta definición encapsula el concepto de la pendiente de la tangente a la curva en el punto x. La existencia de esta derivada en un punto implica ciertas condiciones de suavidad y continuidad de la función en ese punto, aspectos que son explorados en detalle en secciones posteriores.

5.2. Derivabilidad.

La derivabilidad de una función en un punto específico se evalúa para determinar si es posible calcular su derivada en ese punto. Para que una función sea derivable en un punto, debe ser continua en ese punto; es decir, no debe haber saltos, discontinuidades, ni puntos angulosos en ese lugar. La derivabilidad es más restrictiva que la continuidad: mientras que una función continua en un punto puede no ser derivable allí, una función derivable en un punto es necesariamente continua. Esta sección detalla cómo verificar la derivabilidad utilizando la definición formal de derivada, incluyendo la necesidad de que el límite que define la derivada exista y sea único en ese punto.

5.3. Diferenciabilidad.

La diferenciabilidad se refiere a una propiedad más fuerte que la derivabilidad. Una función es diferenciable en un punto si tiene una derivada y si pequeñas variaciones en la entrada producen pequeñas variaciones en la salida, de manera predecible y suave. La diferenciabilidad garantiza la existencia de una mejor aproximación lineal de la función cerca del punto de interés, lo que sirve para el análisis matemático avanzado y para aplicaciones prácticas que requieren modelados precisos de comportamiento local.

5.4. Reglas y tablas sobre derivadas.

Esta sección del capítulo proporciona una guía comprensiva sobre cómo aplicar reglas de diferenciación en diversas situaciones. Estas reglas incluyen la derivada de una constante, productos y cocientes de funciones, así como funciones compuestas—conocida como la regla de la cadena. Se ofrecen ejemplos detallados para ilustrar cada regla, junto con tablas de derivadas comunes que sirven como referencia rápida para facilitar la diferenciación sin necesidad de derivar desde principios básicos cada vez.

5.5. Derivación paramétrica.

La derivación paramétrica es una técnica poderosa usada para analizar curvas definidas paramétricamente. Este método es esencial en la física y otras ciencias para describir cómo cambian las propiedades de un sistema en función de un parámetro, típicamente el tiempo. La sección explica cómo derivar funciones $x(t)$ e $y(t)$ con respecto a t y luego usar estas derivadas para encontrar la tasa de cambio de y con respecto a x, proporcionando un método para entender movimientos y trayectorias en un plano paramétrico.

5.6. Derivación implícita.

Muchas funciones en ciencia e ingeniería no se pueden resolver explícitamente para una variable en términos de otras; sin embargo, es posible encontrar relaciones entre las tasas de cambio de estas variables a través de la derivación implícita. Este método involucra diferenciar ambos lados de una ecuación que define implícitamente una o más funciones, lo que permite encontrar derivadas de variables interdependientes sin necesidad de resolver la función explícitamente.

5.7. Aplicaciones de derivadas.

Las derivadas son herramientas indispensables en prácticamente todas las ramas de la ciencia y la tecnología. Esta sección explora cómo se utilizan las derivadas para encontrar puntos críticos de funciones, que son esenciales para la optimización y análisis de comportamientos de funciones. Además, se discuten puntos de inflexión y su importancia en el análisis de la concavidad de las gráficas de funciones y en la identificación de cambios en las tendencias de comportamiento de diversos fenómenos. Cada uno de estos temas se desarrolla con ejemplos y aplicaciones que ilustran la utilidad práctica de las derivadas, demostrando su valor no solo en la teoría matemática sino también en aplicaciones reales que abarcan desde la física hasta la economía.

5.9 Problemas y sus Soluciones

Se tienen los siguientes problemas y soluciones:

1. ¿Cuál de las siguientes afirmaciones describe mejor la interpretación geométrica de la derivada de una función en un punto?

A) La derivada indica el área total bajo la curva de la función hasta ese punto.
B) La derivada representa la pendiente de la línea tangente a la curva de la función en ese punto.
C) La derivada determina el volumen generado por la rotación de la curva alrededor del eje x.
D) La derivada es la longitud del arco de la curva entre el origen y ese punto.
E) La derivada proporciona el perímetro de la curva de la función.
F) La derivada es igual a la altura de la función desde el eje x en ese punto.

2. En el cálculo de derivadas, ¿qué representa el símbolo '*h* ' en la definición de la derivada?

A) Un valor máximo.
B) Un incremento infinitesimal.
C) Una constante matemática.
D) Una variable dependiente.
E) Una función auxiliar.
F) Un límite superior.

3. ¿Cuál es el resultado de la derivada $\mathbf{f'(x)}$ para la función $\mathbf{f(x) = 2x^2 + 10x + 1}$ utilizando la definición de límite?

A) $4x + 1$.
B) $4x + 10$.
C) $2x + 10$.
D) $8x + 10$.
E) $4x + 10x$.
F) $10x + 4$.

4. ¿Qué propiedad fundamental debe cumplir una función para que su derivada exista en un punto?

A) Ser no lineal.
B) Tener un máximo o mínimo.
C) Ser continua en ese punto.

D) Tener un punto de inflexión.
E) Ser periódica.
F) Tener una raíz en ese punto.

5. ¿Qué indica la segunda derivada de una función en un punto específico?

A) La pendiente de la tangente.
B) La aceleración o la concavidad de la curva.
C) El volumen bajo la curva.
D) El perímetro de la curva.
E) La longitud del arco de la curva.
F) El área de la superficie bajo la curva.

6. ¿Qué significa cuando una función es "derivable" en un punto?

A) Que la función alcanza su valor máximo en ese punto.
B) La función es discontinua en ese punto.
C) Que la función tiene una derivada definida en ese punto.
D) Que la función tiene un punto de inflexión en ese punto.
E) Que la función es lineal en ese punto.
F) Que la función tiene una raíz en ese punto.

7. ¿Qué es una derivada de orden superior?

A) Una derivada calculada en un punto de orden superior.
B) Una derivada que resulta de aplicar el proceso de derivación varias veces.
C) Una derivada que se aplica solo a funciones polinómicas.
D) Una derivada que utiliza altos grados de precisión en cálculo.
E) Una derivada que se calcula únicamente en puntos críticos.
F) Una derivada de una función trigonométrica.

8. Si una función es derivable en un punto, ¿qué implica esto sobre su continuidad?

A) Nada, la derivabilidad no implica continuidad.
B) La función puede o no ser continua.
C) La función definitivamente no es continua.
D) La función es discontinua justamente en ese punto.
E) La función es necesariamente continua en ese punto.
F) La función solo es continua a la derecha del punto.

9. ¿Qué aplicaciones prácticas tienen las derivadas en ingeniería y ciencias aplicadas?

A) Calcular el área de superficies complejas.
B) Determinar la mejor ruta en redes de transporte.
C) Modelar comportamientos que dependen de las tasas de cambio.
D) Estimar la población futura en estudios demográficos.
E) Calcular volúmenes de líquidos en contenedores irregulares.
F) Medir distancias en mapas topográficos.

10. ¿Qué debe verificar para confirmar que una función es derivable en un punto según el documento?

A) Que la función es máxima o mínima en ese punto.
B) Que la función tiene un límite que es finito en ese punto.
C) Que la función es continua y tiene un límite definido en ese punto.
D) Que la función es lineal cerca de ese punto.
E) Que la función no tiene discontinuidades en ese punto.
F) Que la función tiene una tangente definida en ese punto.

11. Encuentra la derivada de la función $f(x) = 6x^3 - 4x^2 + 7x - 5$. Desarrolla.

12. Calcula $f'(2)$ **para la función** $f(x) = 3x^2 - 2x + 1$. Desarrolla.

13. Encuentra la derivada de $f(x) = \operatorname{sen}(x) \cdot \cos(x)$. Desarrolla.

14. Determina la derivada de $f(x) = e^{3x}$. Desarrolla.

15. Calcula la derivada de $f(x) = \ln(x^2+1)$. Desarrolla.

16. Encuentra los puntos críticos de la función $f(x) = x^3 - 3x^2 + 2$. Desarrolla.

17. Determina si existe algún punto de inflexión en la función $f(x) = x^4 - 4x^3 + 6x^2$. Desarrolla.

18. Encuentra la tasa de cambio de la función $f(x) = \ln(x)$ **en** $x = e$. Desarrolla.

19. Calcula la derivada de $f(x) = \cos(e^{x^2})$. Desarrolla.

20. Encuentra dy/dx **si** $x^2 + y^2 = 25$. Desarrolla.

5.10 Problemas

Se tienen los siguientes problemas:

1. ¿Qué representa la derivada $f'(x)$ de una función $f(x$?

A) El máximo valor de $f(x)$.
B) El incremento de la función.
C) La pendiente de la tangente evaluada en el punto x.
D) El área bajo la curva de $f(x)$.
E) El perímetro de la curva de $f(x)$.
F) El mínimo valor de $f(x)$.

2. ¿Cómo se calcula la derivada *f'(x)* a través de la definición de límite?

A) $f'(x) = \lim_{h \to 0} \frac{f(x) + h - f(x)}{h}$

B) $f'(x) = \lim_{h \to 0} \frac{f(x+h) - f(x)}{h}$

C) $f'(x) = \lim_{h \to 0} \frac{f(x+h) + f(x)}{h}$

D) $f'(x) = \lim_{h \to \infty} \frac{f(x+h) - f(x)}{h}$

E) $f'(x) = \lim_{h \to \infty} \frac{f(x+h) + f(x)}{h}$

F) $f'(x) = \lim_{h \to 0} \frac{f(x-h) - f(x)}{h}$

3. ¿Qué es necesario para que la derivada de una función en un punto sea definida?

A) Que la función tenga un máximo en ese punto.
B) Que la función esté bien definida y sea continua en ese punto.
C) Que la función sea diferenciable en todo su dominio.
D) Que la función tenga un mínimo en ese punto.
E) Que la función tenga un punto de inflexión en ese punto.
F) Que la función tenga una asíntota en ese punto.

4. ¿Qué información proporciona la derivada de una función en un punto dado?

A) El volumen bajo la curva en ese punto.
B) La pendiente de la curva en ese punto.
C) El perímetro de la curva en ese punto.
D) La aceleración de la curva en ese punto.
E) La extensión de la curva en ese punto.
F) La concavidad de la curva en ese punto.

5. ¿Cuál es la derivada de la función $\mathbf{f(x) = 4\,x^2 + 10x + 1}$?

A) $f'(x) = 8x^2 + 10$.
B) $f'(x) = 4x + 10$.
C) $f'(x) = 8x + 10$.
D) $f'(x) = 4x + 1$.
E) $f'(x) = 8x + 1$.
F) $f'(x) = 10x + 4$.

6. ¿Qué representa la segunda derivada $\mathbf{f''(x)}$ de una función?

A) La pendiente de la función en x.
B) La curvatura de la función en x.
C) El área bajo la curva de la función en x.
D) El volumen bajo la curva de la función en x.
E) La aceleración de la función en x.
F) La velocidad de la función en x.

7. ¿Cómo se define una función derivable en un punto específico?

A) La función debe ser máxima en ese punto.
B) La función debe ser mínima en ese punto.
C) La función debe ser continua y su derivada debe existir en ese punto.
D) La función debe tener un punto de inflexión en ese punto.
E) La función debe tener una discontinuidad en ese punto.
F) La función debe tener una asíntota en ese punto.

8. ¿Qué caracteriza a una función que tiene derivadas de orden superior?

A) Puede ser derivada múltiples veces.
B) Tiene un máximo en cada derivada.
C) Tiene un mínimo en cada derivada.

D) Es discontinua.
E) Es constante.
F) Tiene puntos de inflexión múltiples.

9. ¿Qué implica la existencia de una derivada en un punto sobre la continuidad de la función?

A) Si una función tiene derivada en un punto, necesariamente es continua allí.
B) Si una función es continua en un punto, necesariamente tiene derivada allí.
C) La continuidad no implica derivabilidad.
D) La derivabilidad no implica continuidad.
E) La función es discontinua si tiene derivada.
F) La función es constante si tiene derivada.

10. ¿Cuál es el propósito principal de utilizar derivadas en ciencias aplicadas e ingeniería?

A) Determinar el volumen de objetos.
B) Calcular áreas bajo curvas.
C) Modelar comportamientos y tendencias basados en tasas de cambio.
D) Calcular perímetros de curvas.
E) Determinar la altura de objetos.
F) Estudiar propiedades estéticas de curvas.

11. Calcula la derivada de la función $\mathbf{f(x) = (x^2+1)(x-3)}$.

12. Determina la derivada de $\mathbf{f(x) = \frac{x^2-4}{x+2}}$

13. Encuentra la tercera derivada de la función $\mathbf{f(x) = x^4}$.

14. Calcula la derivada de $\mathbf{f(x) = sen(x^2+2x)}$.

15. Determina la derivada de $\mathbf{f(x) = e^{x\ sen(x)}}$.

16. Encuentra $\mathbf{f'(\pi)}$ **para la función** $\mathbf{f(x) = cos(x)}$.

17. Identifica los puntos críticos de la función $\mathbf{f(x) = x^3 - 9x}$ **y determina si son máximos o mínimos.**

18. Encuentra *dy/dx* para la curva implícita $\mathbf{x^3+y^3-3xy=0}$

19. Calcula la aceleración de un objeto en movimiento con una posición dada por $\mathbf{s(t)=t^3-5t^2+t}$ **en** $\mathbf{t=2}$.

20. Determina la derivada de $\mathbf{f(x)=tgh(x)}$.

Capítulo 6 Integrales sobre funciones de una variable

Objetivos

- ❑ Analizar el concepto de integral como la operación inversa de la derivada y su interpretación geométrica.
- ❑ Distinguir entre integrales definidas e indefinidas, reconociendo sus aplicaciones prácticas.
- ❑ Implementar las propiedades y teoremas fundamentales de las integrales en el cálculo de áreas y volúmenes.
- ❑ Emplear métodos básicos y avanzados de integración para resolver funciones de una variable.
- ❑ Aplicar tablas de integrales y técnicas de sustitución para simplificar expresiones complejas.
- ❑ Interpretar las integrales definidas como sumas acumulativas y su relación con la suma de Riemann.
- ❑ Resolver problemas aplicados en física, geometría y economía mediante la implementación de integrales.

Buena Práctica

¿Por qué estudiar integrales sobre funciones de una variable con Python? Estudiarlas con Python permite visualizar el área bajo la curva, aproximar integrales con sumas de Riemann y métodos numéricos, y comparar resultados con integrales simbólicas. Facilita aplicar el Teorema Fundamental del Cálculo, modelar acumulación (distancia, trabajo, probabilidad) y reducir errores con cálculos automatizados y gráficos.

6.1 Fundamentos de las integrales

6.1.1 Conceptos fundamentales de las integrales

En el ámbito matemático, las integrales constituyen uno de los conceptos centrales en el cálculo. La notación general para una integral se establece mediante la expresión:

$$\int f(x)\, dx$$

Donde el símbolo $\int$ representa la operación integral. La función $f(x)$, denominada integrando, constituye la función que se desea integrar. El término dx denota el diferencial de x e indica que x representa la variable de integración. [2] El proceso de integración puede resultar en una nueva función, denotada como

$F(x)$, que corresponde a la integral indefinida de $f(x)$. Esta nueva función $F(x)$ se caracteriza porque su derivada equivale al integrando original, $f(x)$. En otros términos, si se deriva $F(x)$, el resultado constituye $f(x)$. Esto establece una relación directa entre la derivada y la integral, siendo la integral la operación inversa de la derivación. En terminología académica, la integral actúa como la antiderivada. La integral indefinida incorpora habitualmente una constante de integración, denotada como c, al final de la expresión. Esto se debe a que la derivada de una constante equivale a cero, lo que implica que cualquier constante añadida a $F(x)$ no modificará el resultado de su derivación. Por consiguiente, todas las funciones de la forma $F(x) + c$ satisfacen la definición de una integral indefinida de $f(x)$. Por otro lado, una integral puede ser asimismo definida. A diferencia de la integral indefinida, una integral definida posee límites superior e inferior de integración y su resultado constituye un valor numérico específico, en lugar de una función. Este valor representa el área acumulada bajo la curva de $f(x)$ entre los dos límites establecidos.

Aunque el concepto de integral resulta matemáticamente riguroso, su cálculo práctico requiere frecuentemente el empleo de técnicas específicas o tablas de integrales, especialmente para funciones de mayor complejidad. Esto contrasta con la derivación, donde las reglas para derivar funciones se encuentran claramente definidas y son relativamente sencillas de implementar. Las integrales se clasifican fundamentalmente en integrales definidas e integrales indefinidas.[13]

6.2 Integrales definidas e indefinidas

6.2.0.1 Integrales indefinidas

La integral indefinida de una función $f(x)$, también denominada función primitiva, consiste en el proceso de determinar una función $F(x)$ cuya derivada corresponda a $f(x)$. En términos matemáticos, esto se expresa mediante la relación:

$$\int f(x)dx = F(x) + c$$

Donde:

$$F'(x) = f(x)$$

Y donde c constituye una constante de integración. Esta constante se destaca porque la derivación de cualquier constante equivale a cero, lo que implica que existen infinitas funciones primitivas para cualquier función $f(x)$, diferenciándose únicamente por el valor de c. Esta modalidad de integral resulta fundamental en el estudio del cálculo dado que proporciona la base para comprender cómo se acumulan cantidades infinitesimales y cómo estas acumulaciones pueden revertirse mediante la derivación.[1]

6.2.0.2 Integrales definidas

A diferencia de las integrales indefinidas, las integrales definidas se evalúan sobre un intervalo específico y su resultado constituye un valor numérico. Se implementan especialmente para calcular áreas bajo curvas, volúmenes de sólidos de revolución, entre otras aplicaciones. Si $f(x)$ resulta continua en el intervalo $[a, b]$, la integral definida se representa mediante:

$$\int_a^b f(x)\, dx$$

Para comprender el concepto de la integral definida, consideremos la partición del intervalo $[a, b]$ en n subintervalos, donde cada subintervalo se representa mediante $[k_i, k_{i+1}]$ con $a = k_0 < k_1 < \cdots < k_n = b$. En cada subintervalo, se selecciona un punto x_i y se multiplica el valor de la función en dicho punto, $f(x_i)$, por el ancho del subintervalo, Δx_i. La suma de todos estos productos, denominada suma de Riemann, se aproxima a la integral definida cuando el número de subintervalos aumenta y el ancho de cada subintervalo tiende a cero:

$$S_n = f\left(x_1\right)\Delta x_1 + f\left(x_2\right)\Delta x_2 + \ldots + f\left(x_n\right)\Delta x_n$$

Conforme n tiende al infinito y Δx_i tiende a cero, S_n converge al valor de la integral definida de $f(x)$ en el intervalo $[a, b]$. Esta aproximación evidencia cómo la integral definida acumula y suma efectivamente infinitesimales para determinar áreas y otros valores que dependen de la acumulación continua de cantidades infinitesimales. Esta herramienta resulta esencial en campos como la física, la ingeniería y la economía, donde se modelan situaciones que involucran cambios y tasas continuas.

6.3 Teorema de las integrales

Conforme a la definición de las integrales indefinidas, se satisfacen los siguientes teoremas:

1) Idempotencia, la derivada de una integral es la función:

$$\left[\int f(x)dx\right]' = f(x)$$

2) El diferencial anula la integral:

$$d\left[\int f(x)dx\right] = f(x)\, dx$$

3) Integrales y diferenciales:

$$\int d\, F(x) = F(x) + c$$

4) Fusión y constante:

$$\int a \cdot f(x)\, dx = a \int f(x)\, dx$$

5) Suma de integrales:

$$\int [f(x) + g(x)]\; dx = \int f(x)\, dx + \int g(x)\, dx$$

Se presentan ejemplos ilustrativos con integrales indefinidas. Los siguientes teoremas sobre integrales indefinidas se aplicarán a las funciones $f(x) = \sin(x)$ y $g(x) = \cos(x)$:

Función y su integral indefinida: La gráfica presenta $f(x) = \sin(x)$ junto con su integral indefinida $F(x) = -\cos(x) + C$, ilustrando la relación existente entre una función y su antiderivada.

Idempotencia de la integral: Se compara la derivada aproximada de $F(x)$ (que debería equivaler a $f(x)$) con la función original $f(x)$, validando el teorema que establece que la derivada de la integral retorna la función original.

Factorización y constante en la integral: Se presenta $2 \cdot \sin(x)$ y su integral, $-2 \cdot \cos(x) + C$. Esta representación gráfica verifica que multiplicar la función integrando por una constante antes de integrar resulta equivalente a multiplicar la integral de la función por dicha constante.

Suma de integrales: Se representan gráficamente la suma de las funciones $\sin(x) + \cos(x)$ y su integral correspondiente, demostrando que la integral de una suma de funciones equivale a la suma de sus integrales individuales.

Ahora en código:

In [1]:

```python
# Ejercicio 1
import numpy as np
import matplotlib.pyplot as plt
import warnings
warnings.filterwarnings("ignore")

# Definimos las funciones f(x) = sin(x) y g(x) = cos(x)
def f(x):
    return np.sin(x)
def g(x):
    return np.cos(x)

```

```python
# Antiderivadas de las funciones
def F(x):
    """Antiderivada de sin(x): integral de sin es -cos"""
    return -np.cos(x)
def G(x):
    """Antiderivada de cos(x): integral de cos es sin"""
    return np.sin(x)

# Dominio para la visualización
x = np.linspace(0, 2 * np.pi, 400)

# Idempotencia y diferencial que anula la integral
f_x = f(x)
F_x = F(x)
dF_x = np.diff(F(x)) / np.diff(x) # Derivada numérica de F para
    aproximar f

# Integración de la función constante con f(x)
a = 2 # Constante
af_x = a * f(x)
aF_x = a * F(x) # Antiderivada de a*f(x)

# Suma de integrales
sum_f_g = f(x) + g(x)
int_sum_f_g = -np.cos(x) + np.sin(x) # Integral de f(x) + g(x)

# Gráficos
fig, axes = plt.subplots(nrows=2, ncols=2, figsize=(14, 10))

# Gráfico de f(x) y su antiderivada F(x)
axes[0, 0].plot(x, f_x, label='f(x) = sin(x)')
axes[0, 0].plot(x, F_x, label='Integral de f(x) = -cos(x) + C')
axes[0, 0].set_title('Función y su Integral Indefinida')
axes[0, 0].legend()

# Gráfico de la derivada de la antiderivada (debe ser f(x))
axes[0, 1].plot(x[:-1], dF_x, label="Derivada de F(x) (aprox.)")
axes[0, 1].plot(x, f_x, label="f(x) = sin(x)", linestyle='dashed')
axes[0, 1].set_title('Idempotencia de la Integral')
axes[0, 1].legend()

# Gráfico de a * f(x) y su integral
axes[1, 0].plot(x, af_x, label='a * f(x) = 2 * sin(x)')
axes[1, 0].plot(x, aF_x, label='Integral de 2*sin(x) = -2*cos(x) + C')
axes[1, 0].set_title('Fusión y Constante en la Integral')
axes[1, 0].legend()

# Gráfico de la suma de integrales
axes[1, 1].plot(x, int_sum_f_g, label='Integral de sin(x) + cos(x)')
axes[1, 1].plot(x, sum_f_g, label='sin(x) + cos(x)', linestyle='dashed
    ')
```

```
axes[1, 1].set_title('Suma de Integrales')
axes[1, 1].legend()
plt.tight_layout()
plt.show()
```

Out [1]:

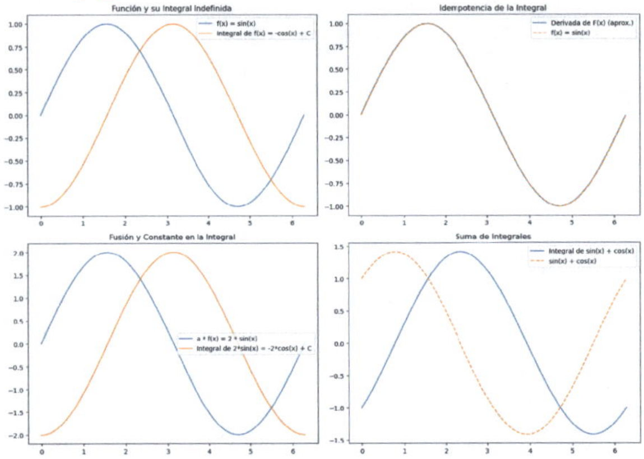

Se desarrollan ejemplos ilustrativos con integrales definidas. En las representaciones gráficas subsiguientes, se han calculado y visualizado las integrales definidas para las funciones $f(x) = \sin(x)$ y $g(x) = \cos(x)$ sobre el intervalo de 0 a 2π:

La primera curva (azul) representa $f(x) = \sin(x)$ con su integral definida en el intervalo establecido. Esto se debe a que la función seno oscila simétricamente alrededor del eje x, cancelándose las áreas positivas y negativas sobre un ciclo completo. La segunda curva (roja) presenta $g(x) = \cos(x)$ con su integral definida, también aproximadamente 0.000 por razones análogas a las de la función seno. Finalmente, la tercera curva (verde) representa la suma de las funciones $\sin(x) + \cos(x)$, con su área asimismo muy próxima a 0.000 en el intervalo completo de 0 a 2π. Ahora en código:

In [2]:

```
# Ejercicio 2
import numpy as np
import matplotlib.pyplot as plt
from scipy.integrate import quad

# Definimos las funciones f(x) = sin(x) y g(x) = cos(x)
def f(x):
    return np.sin(x)
def g(x):
    return np.cos(x)

# Dominio para la visualización
x = np.linspace(0, 2 * np.pi, 400)
```

```

# Integral definida de f(x) = sin(x) de 0 a 2*pi
integral_f, _ = quad(f, 0, 2*np.pi)

# Integral definida de g(x) = cos(x) de 0 a 2*pi
integral_g, _ = quad(g, 0, 2*np.pi)

# Integral definida de la suma f(x) + g(x) de 0 a 2*pi
integral_sum, _ = quad(lambda x: f(x) + g(x), 0, 2*np.pi)

# Preparar datos para gráficos
y_f = f(x)
y_g = g(x)
y_sum = f(x) + g(x)

# Área bajo la curva para visualizar las integrales definidas
fig, ax = plt.subplots(figsize=(10, 6))
ax.plot(x, y_f, label='f(x) = sin(x)', color='blue')
ax.fill_between(x, y_f, color='blue', alpha=0.3, label=f'Área = {
    integral_f:.2f}')
ax.plot(x, y_g, label='g(x) = cos(x)', color='red')
ax.fill_between(x, y_g, color='red', alpha=0.3, label=f'Área = {
    integral_g:.2f}')
ax.plot(x, y_sum, label='f(x) + g(x) = sin(x) + cos(x)', color='green'
    )
ax.fill_between(x, y_sum, color='green', alpha=0.3, label=f'Área = {
    integral_sum:.2f}')
ax.set_title('Integrales Definidas y Áreas Bajo las Curvas')
ax.legend()
plt.show()
```

Out [2]:

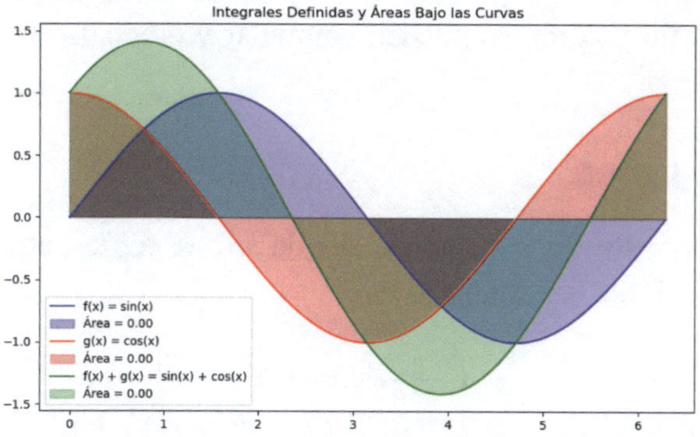

En el estudio de las integrales definidas en el cálculo, existen diversos teoremas fundamentales que facilitan su evaluación y comprensión. Estos teoremas se aplican bajo la condición de que las funciones involucradas, tales como $f(x)$ y $g(x)$, resulten continuas en el intervalo considerado. Se detallan algunos de estos teoremas:

1) Teorema de la integral de un intervalo nulo:

$$\int_a^a f(x)\,dx = 0$$

2) Teorema de la constante multiplicativa:

$$\int_a^b c\,f(x)\,dx = c\int_a^b f(x)dx$$

3) Teorema de la inversión de límites:

$$\int_a^b f(x)\,dx = -\int_b^a f(x)dx$$

4) Teorema de la suma de integrales:

$$\int_a^b [f(x)+g(x)]\ \ dx = \int_a^b f(x)\ \ dx + \int_a^b g(x)\ \ dx$$

5) Teorema del intervalo aditivo (para $\forall\ a < c < b$):

$$\int_a^b f(x)\,dx = \int_a^c f(x)dx + \int_c^b f(x)dx$$

Además de estos teoremas, el teorema fundamental del cálculo, también conocido como la regla de Barrow, juega un papel central en la conexión entre las integrales definidas e indefinidas:

$$\int_a^b f(x)\,dx = F(x)\Big|_a^b = F(b) - F(a)$$

Donde: $F'(x) = f(x)$. Aquí F es una antiderivada de f tal que $F'(x) = f(x)$. Este teorema proporciona un método directo para calcular integrales definidas utilizando antiderivadas. Según la regla de Barrow, se evalúa la función antiderivada en los límites superior e inferior del intervalo de integración y luego se restan estos valores. Estos teoremas no solo simplifican el cálculo de las integrales definidas, sino que también proporcionan una comprensión más profunda de cómo las funciones se comportan a lo largo de un intervalo y cómo se pueden acumular y comparar sus efectos totales.[6]

6.3.1 Tablas de las integrales

Para cualesquiera $a,\ b,\ c$ que constituyen constantes, donde $m,\ n$ representan números naturales y v denota la variable, se establece que:

- $\int v^m dv = \frac{v^{m+1}}{m+1} + C;\quad m \neq -1$
- $\int a^v dv = \frac{a^v}{Ln(a)} + C; a > 0,\ a \neq 0$
- $\int e^v dv = e^v + C$
- $\int \frac{1}{v} dv = Ln|v| + C$
- $\int e^{av} dv = \frac{e^{av}}{a} + C;\ a \neq 0$
- $\int \frac{1}{v+a} dv = Ln|v+a| + C$
- $\int sen(v)\,dv = -\cos(v) + C$
- $\int \cos(v)\,dv = sen(v) + C$
- $\int tg(v)\,dv = -Ln\ |\cos(v)| + C$
- $\int ctg(v)\,dv = Ln\,|sen(v)| + C$
- $\int \sec(v)\,dv = Ln\,|\sec(v) + tg(v)| +$

C

- $\int \csc(v)\, dv = Ln\,|\csc(v) - ctg(v)| + C$
- $\int Ln(v)\, dv = \ v\ Ln|v| - v + C$
- $\int \sec^2(v)\, dv = tg(v) + C$
- $\int \csc^2(v)\, dv = -ctg(v) + C$
- $\int \sec(v)\, tg(v)\, dv = \sec(v) + C$
- $\int \csc(v)\, ctg(v)\, dv = -\csc(v) + C$
- $\int sen^2(v)\, dv = \frac{1}{2}\left(v - \frac{sen(2v)}{2}\right) + C$
- $\int \cos^2(v)\, dv = \frac{1}{2}\left(v + \frac{sen(v)}{2}\right) + C$
- $\int senh(v)\, dv = \cosh(v) + C$
- $\int \cosh(v)\, dv = senh(v) + C$
- $\int tgh(v)\, dv = \ Ln\,|cosh(v)| + C$
- $\int ctgh(v)\, dv = \ Ln\,|senh(v)| + C$
- $\int sech(v)\, dv = \ Arctg\,|senh(v)| + C$
- $\int csch(v)\, dv = \ Ln\left|tgh\left(\frac{v}{2}\right)\right| + C$

Existe una gran variedad de tablas de integración; en el presente documento se presentan únicamente las integraciones más frecuentemente empleadas. A continuación, se examinan algunas de ellas de manera práctica. Se presentan algunos ejemplos ilustrativos:

1. v^m con $m = 2$: se presenta v^2 y su integral $\frac{v^3}{3} + C$.
2. a^v con $a = e$: se presenta e^v y su integral, que constituye asimismo $e^v + C$, destacando la propiedad singular de la base e.
3. e^{av} con $a = 0{,}5$: la función $e^{0{,}5v}$ y su integral $2e^{0{,}5v} + C$ evidencian cómo las constantes modifican la antiderivada.
4. $\frac{1}{v}$: esta función y su integral logarítmica, $\ln|v| + C$, ilustran la integración de funciones racionales elementales.
5. Funciones trigonométricas y sus antiderivadas, tales como $\sin(v)$ y $-\cos(v) + C$, $\cos(v)$ y $\sin(v) + C$, entre otras.

Ahora en código:

In [3]:

```
# Ejercicio 3
import numpy as np
import matplotlib.pyplot as plt

# Dominio para las funciones
v = np.linspace(0.1, 10, 400) # Start at 0.1 to avoid division by zero
    in log and 1/v

# Funciones y sus integrales
functions = {
    'v^m (m!=-1)': (v**2, v**3 / 3), # m=2 for example
    'a^v (a=e)': (np.exp(v), np.exp(v)),
    'e^v': (np.exp(v), np.exp(v)),
    '1/v': (1/v, np.log(np.abs(v))),
    'e^(a*v) (a=0.5)': (np.exp(0.5 * v), 2 * np.exp(0.5 * v)),
```

```
    '1/(v+2)': (1/(v+2), np.log(np.abs(v+2))),
    'sin(v)': (np.sin(v), -np.cos(v)),
    'cos(v)': (np.cos(v), np.sin(v)),
    'tan(v)': (np.tan(v), -np.log(np.abs(np.cos(v)))),
    'cot(v)': (1/np.tan(v), -np.log(np.abs(np.sin(v)))),
    'sec(v)': (1/np.cos(v), np.log(np.abs(1/np.cos(v) + np.tan(v)))),
    'csc(v)': (1/np.sin(v), np.log(np.abs(1/np.sin(v) - 1/np.tan(v))))
}

fig, axes = plt.subplots(nrows=4, ncols=3, figsize=(15, 20))

for (func, (original, integral)), ax in zip(functions.items(), axes.
        flatten()):
    ax.plot(v, original, label=f'Original: {func}')
    ax.plot(v, integral, label=f'Integral: Integral of {func}',
            linestyle='--')
    ax.legend()
    ax.set_title(f'Function and its Integral: {func}')

plt.tight_layout()
plt.show()
```

Out [3]:

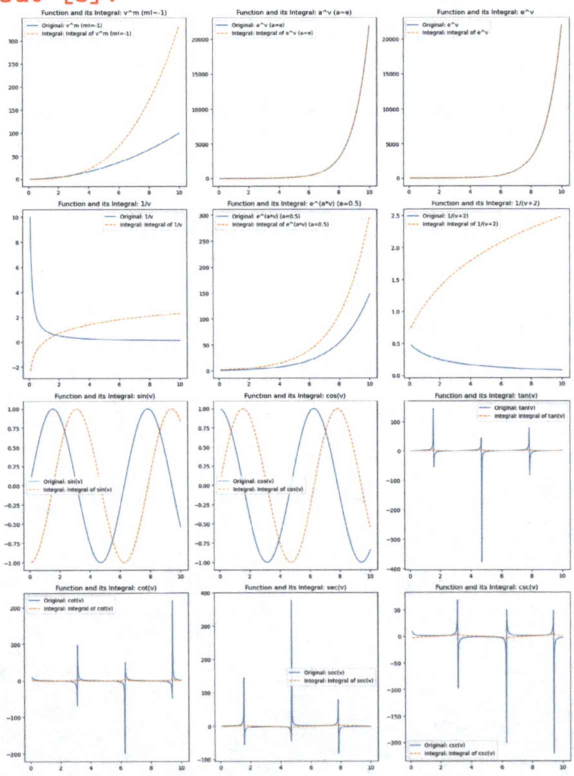

6.4 Integrales de funciones y sus métodos

La integración de funciones matemáticas constituye un componente esencial del cálculo que permite determinar, entre otras aplicaciones, áreas bajo curvas, volúmenes de sólidos de revolución y soluciones a ecuaciones diferenciales. El proceso de integración puede abordarse mediante dos enfoques fundamentales: a través de integrales inmediatas o mediante métodos de integración más elaborados.

6.4.1 Integración de constantes

Uno de los principios fundamentales de la integración concierne la manipulación de constantes dentro de una integral. La regla resulta considerablemente directa:

$$\int a\, f(x)\, dx = a \int f(x)\, dx$$

Y qué:

$$\int a\, dx = a \cdot x + C$$

Donde C representa la constante de integración. Esta fórmula establece que la integral de una constante a respecto a la variable x constituye simplemente el producto de a y x, más una constante arbitraria C. Este resultado se deriva del hecho de que la derivada de ax respecto a x equivale a a, lo que satisface la definición de una integral como la operación inversa de la derivación. Esta propiedad resulta especialmente útil cuando se opera con funciones. A continuación se presentan ejemplos ilustrativos con integrales indefinidas:

1) Integral de una constante multiplicando una función: Supongamos que se desea integrar $5\sin(x)$. Aplicando la regla establecida, se obtiene:

$$\int 5\; sen(x)dx = 5 \int sen(x)dx = -5\cos(x) + c$$

2) Integral de una constante: Para integrar la constante 3 respecto a x, aplicamos:

$$\int 3\, dx = 3x + C$$

Este ejemplo muestra la integración directa de una constante como un término lineal en x.Ahora en código:

In [4]:

```
# Ejercicio 4
import numpy as np
import matplotlib.pyplot as plt

# Definimos el dominio
x = np.linspace(0, 2*np.pi, 100)
```

```

# Funciones a integrar
f_x = np.sin(x) # f(x) = sin(x)
constant = 3    # Constante

# Resultados de las integrales
integral_f_x = -np.cos(x) # Integral de sin(x) es -cos(x)
integral_constant = constant * x # Integral de 3 es 3x

# Multiplicar la función por una constante y su integral
a = 5
integral_a_f_x = -5 * np.cos(x) # 5 * Integral de sin(x)

# Gráficos
plt.figure(figsize=(12, 8))
plt.subplot(2, 1, 1)
plt.plot(x, f_x, label='f(x) = sin(x)', color='blue')
plt.plot(x, integral_f_x, label='Integral of sin(x) = -cos(x)', color='green')
plt.plot(x, integral_a_f_x, label='5 * Integral of sin(x) = -5cos(x)', color='red')
plt.title('Integral of a Function Multiplied by a Constant')
plt.legend()
plt.subplot(2, 1, 2)
plt.plot(x, constant * np.ones_like(x), label='Constant Function: 3', color='purple')
plt.plot(x, integral_constant, label='Integral of 3 = 3x', color='orange')
plt.title('Integral of a Constant')
plt.legend()
plt.tight_layout()
plt.show()
```

Out [4]:

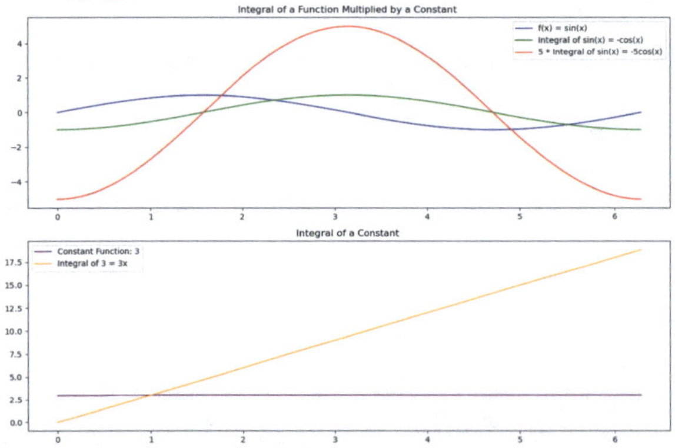

Ahora ejemplos con integrales definidas; cuando una función es multiplicada por una constante en una integral definida, la constante puede ser factorizada fuera del signo integral. Esto es válido debido a la linealidad de la integral. La regla general es:

$$\int_a^b a\, f(x)dx \;=\; a\int_a^b \; f(x)dx$$

Esta propiedad permite simplificar la integración multiplicando la constante por el resultado de la integral de la función sin la constante. Unos ejemplos:

1) Integral de una función escalada por una constante: Supongamos que necesitamos integrar 3 $sen(x)$ desde 0 hasta π. Aplicando la regla, tenemos:
$$\int_0^\pi 3\; sen(x)\; dx \;= 3\int_0^\pi \; sen(x)\; dx \;= 3\;[-\,cos(x)]_0^\pi = 3\;[1-(-1)] = 6$$
Este ejemplo muestra cómo la constante se extrae y se multiplica por el resultado de la integral de $sen(x)$ sobre el intervalo dado.
2) Integral de una constante: Para integrar la constante 4 desde 1 hasta 5, aplicamos:
$$\int_1^5 4\,dx = 4\,x\Big|_1^5 = 4\,(5-1) = 16$$
Aquí, el resultado es simplemente el producto de la constante por la diferencia entre los límites superior e inferior.

Ahora en código:

In [5]:

```
# Ejercicio 5
import numpy as np
import matplotlib.pyplot as plt
from scipy.integrate import quad

# Definimos el dominio
x = np.linspace(0, np.pi, 100)

# Funciones a integrar
f_x = np.sin(x) # f(x) = sin(x)
a = 3 # Constante para multiplicar f(x)
b = 4 # Constante para la integral de una constante

# Integral definida de 3*sin(x) de 0 a pi
integral_a_f_x, _ = quad(lambda x: a * np.sin(x), 0, np.pi)

# Integral definida de la constante 4 de 1 a 5
integral_constant, _ = quad(lambda x: b, 1, 5)

# Gráficos
plt.figure(figsize=(12, 6))
plt.subplot(1, 2, 1)
plt.plot(x, a * f_x, label=f'{a} * sin(x)', color='blue')
plt.fill_between(x, a * f_x, color='blue', alpha=0.3, label=f'Area = {
```

```
    integral_a_f_x:.2f}')
plt.title(f'Integral of {a} * sin(x) from 0 to pi')
plt.legend()

# Representación de la constante 4 y su integral
x_const = np.linspace(1, 5, 100)
y_const = b * np.ones_like(x_const)
plt.subplot(1, 2, 2)
plt.plot(x_const, y_const, label='Constant: 4', color='red')
plt.fill_between(x_const, 0, y_const, color='red', alpha=0.3, label=f'
    Area = {integral_constant:.2f}')
plt.title('Integral of Constant 4 from 1 to 5')
plt.legend()
plt.tight_layout()
plt.show()
```

Out [5]:

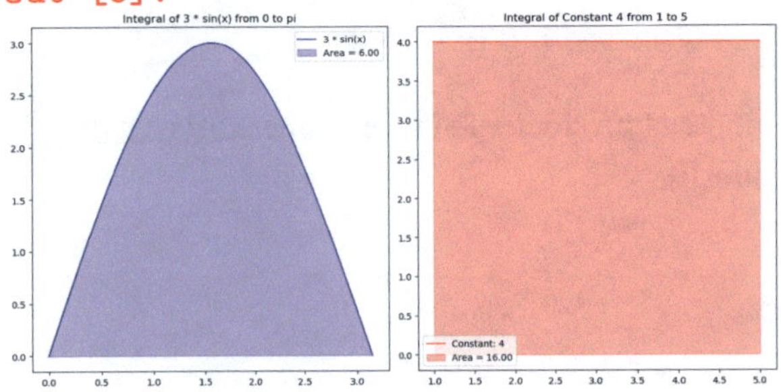

6.4.2 Integración de sumas

La propiedad distributiva de la integral establece que la integral de una suma de funciones equivale a la suma de las integrales de cada función individualmente. Matemáticamente, se establece mediante las tablas de integrales que:[1]

$$\int [f(x) + g(x)]\ dx = \int f(x)\ dx + \int g(x)\ dx$$

Este principio se fundamenta en la linealidad de la operación de integración, lo que implica que la integral opera de manera lineal respecto a la adición de funciones. Constituye una herramienta valiosa dado que permite descomponer integrales complejas en componentes más manejables. A continuación se presentan ejemplos ilustrativos con integrales indefinidas:[17]

1) Integral de una suma de funciones trigonométricas. Supongamos que queremos integrar la suma $sen(x)\ +\ cos(x)$:

$$\int \big[\operatorname{sen}(x) + \cos(x)\big]\, dx = \int \operatorname{sen}(x)\, dx + \int \cos(x)\, dx$$

[1] Haaser, N. La Salle, J. & Sullivan, J. (2000). "Análisis Matemático: Curso de Introducción Volumen 1". México DF., México. Octava Edición.

$$= -\cos(x) + \operatorname{sen}(x) + C$$

Aquí, cada función trigonométrica se integra individualmente y los resultados se suman para obtener la integral de la suma.

2) Integral de una combinación lineal de funciones: Si consideramos integrar $3x^2 + 5x$:

$$\int 3x^2 + 5x \, dx = \int 3x^2 \, dx + \int 5x \, dx = x^3 + \frac{5}{2}\,x^2 + c$$

En este caso, los coeficientes se mantienen con sus respectivos términos y cada término se integra por separado, simplificando significativamente el proceso. Ahora en código:

In [6]:

```
# Ejercicio 6
import numpy as np
import matplotlib.pyplot as plt
import sympy as sp

# Definir la variable simbólica
x = sp.symbols('x')

# Definir las funciones
f = sp.sin(x)
g = sp.cos(x)
h = 3*x**2 + 5*x

# Calcular las integrales indefinidas
integral_f = sp.integrate(f, x)
integral_g = sp.integrate(g, x)
integral_h = sp.integrate(h, x)

# Calcular la integral de la suma de funciones trigonométricas
integral_sum_trig = sp.integrate(f + g, x)

# Calcular la integral de la combinación lineal de funciones polinó
    micas
integral_sum_poly = sp.integrate(h, x)

# Configurar el rango para la visualización de gráficos
x_vals = np.linspace(-2*np.pi, 2*np.pi, 400)
f_vals = sp.lambdify(x, f)(x_vals)
g_vals = sp.lambdify(x, g)(x_vals)
h_vals = sp.lambdify(x, h)(x_vals)
integral_f_vals = sp.lambdify(x, integral_f)(x_vals)
integral_g_vals = sp.lambdify(x, integral_g)(x_vals)
integral_h_vals = sp.lambdify(x, integral_h)(x_vals)

# Gráficos
```

```
plt.figure(figsize=(12, 10))

# Gráfico para las funciones trigonométricas y sus integrales
plt.subplot(2, 1, 1)
plt.plot(x_vals, f_vals, label='sin(x)', color='blue')
plt.plot(x_vals, g_vals, label='cos(x)', color='green')
plt.plot(x_vals, integral_f_vals, label='Integral of sin(x)', color='
    blue', linestyle='dashed')
plt.plot(x_vals, integral_g_vals, label='Integral of cos(x)', color='
    green', linestyle='dashed')
plt.title('Integration of Trigonometric Functions')
plt.legend()

# Gráfico para la combinación lineal de funciones polinómicas y su
    integral
plt.subplot(2, 1, 2)
plt.plot(x_vals, h_vals, label='3x^2 + 5x', color='red')
plt.plot(x_vals, integral_h_vals, label='Integral of 3x^2 + 5x', color
    ='red', linestyle='dashed')
plt.title('Integration of a Polynomial Function')
plt.legend()
plt.tight_layout()
plt.show()
```

Out [6]:

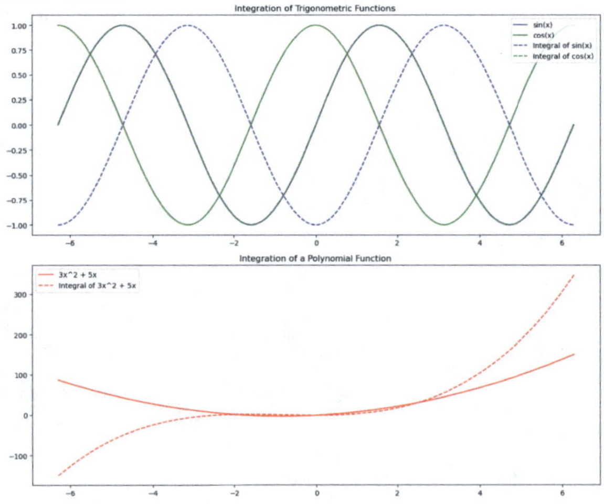

Ahora ejemplos con integrales definidas:

1) Integral de una suma de funciones trigonométricas: Para la suma $sen(x) + cos(x)$ integrada desde 0 hasta π, la integral definida es 2.
La integral definida de $sen(x)$ desde 0 hasta π es 2 y para $cos(x)$, es 0. La suma de estas integrales individuales también da 2. Esto verifica que:
$$\int_0^{\pi} [sen(x) + \cos(x)] \; dx = \int_0^{\pi} [sen(x)] \; dx + \int_0^{\pi} [\cos(x)] \; dx = 2$$

2) Integral de una combinación lineal de funciones polinómicas: Para la función $3x^2 + 5x$ integrada desde 0 hasta 1, la integral definida es $7/2$. Esto confirma que:

$$\int_0^1 3x^2 + 5x\, dx = \int_0^1 3x^2\, dx + \int_0^1 5x\, dx = \left[x^3 + \frac{5}{2}\,x^2\right]_0^1$$
$$= 1^3 + \frac{5}{2}\,1^2 - 0^3 - \frac{5}{2}\,0^2 = \frac{7}{2}$$

Estos ejemplos demuestran cómo la integral de una suma de funciones es igual a la suma de las integrales de cada función individual, lo cual es una herramienta poderosa para descomponer y simplificar el cálculo de integrales complejas en componentes más manejables.[13]Ahora en código:

In [7]:

```python
# Ejercicio 7
import numpy as np
import matplotlib.pyplot as plt

# Define the domain
x_vals = np.linspace(0, np.pi, 100)

# Functions and their integrals calculated from 0 to pi
sin_x = np.sin(x_vals)
cos_x = np.cos(x_vals)
sin_integral = np.trapz(sin_x, x_vals) # Numerical integration of sin(x) from 0 to pi
cos_integral = np.trapz(cos_x, x_vals) # Numerical integration of cos(x) from 0 to pi
sum_sin_cos = sin_x + cos_x
sum_integral = np.trapz(sum_sin_cos, x_vals) # Numerical integration of sin(x) + cos(x) from 0 to pi

# Define the domain for the polynomial function
x_poly = np.linspace(0, 1, 100)
poly_func = 3*x_poly**2 + 5*x_poly
poly_integral = np.trapz(poly_func, x_poly) # Numerical integration of 3x^2 + 5x from 0 to 1

# Plotting
plt.figure(figsize=(14, 7))

# Plot for trigonometric functions
plt.subplot(1, 2, 1)
plt.plot(x_vals, sin_x, label='sin(x)', color='blue')
plt.plot(x_vals, cos_x, label='cos(x)', color='green')
plt.plot(x_vals, sum_sin_cos, label='sin(x) + cos(x)', color='red', linestyle='dashed')
plt.fill_between(x_vals, 0, sum_sin_cos, color='red', alpha=0.2, label
```

```
        =f'Area = {sum_integral:.2f}')
plt.title('Integration of Trigonometric Functions')
plt.legend()

# Plot for polynomial function
plt.subplot(1, 2, 2)
plt.plot(x_poly, poly_func, label='3x^2 + 5x', color='purple')
plt.fill_between(x_poly, 0, poly_func, color='purple', alpha=0.3,
        label=f'Area = {poly_integral:.2f}')
plt.title('Integration of a Polynomial Function')
plt.legend()
plt.tight_layout()
plt.show()
```

Out [7]:

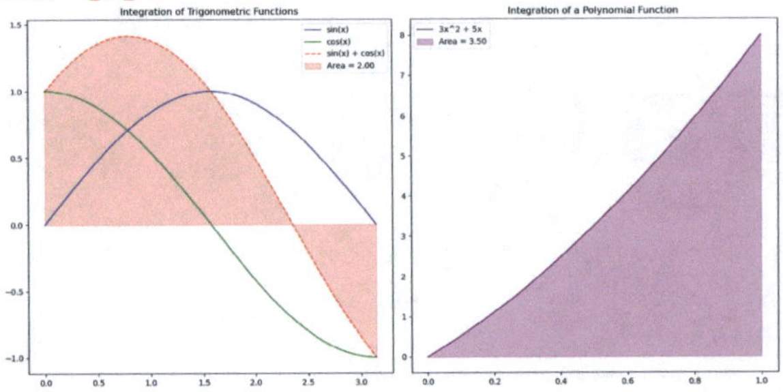

6.4.3 Integración de potenciales

Sabemos que por tablas de integrales que:

$$\int x^m \, dx = \frac{x^{m+1}}{m+1} + c$$

Donde $m \neq -1$. Ahora ejemplos con integrales indefinidas, donde pasamos a calcula la integral indefinida de $f(x) = x^3$. Sabemos que la fórmula para integrar x^m es $\int x^m \, dx = \frac{x^{m+1}}{m+1} + c$, donde $m \neq -1$. En este caso, $m = 3$. Sustituimos en la fórmula:

$$\int x^3 \, dx = \frac{x^{3+1}}{3+1} + c = \frac{x^4}{4} + c$$

Así, la integral indefinida de x^3 es $\frac{x^4}{4} + c$. Ahora en código:

In [8]:

```
# Ejercicio 8
import sympy as sp

# Definir la variable simbólica
x = sp.symbols('x')

```

```
# Definir la función a integrar
f = x**3

# Calcular la integral indefinida
integral = sp.integrate(f, x)

# Mostrar el resultado
print(integral)
```

Out [8]:

```
x**4/4
```

Ahora ejemplos con integrales definidas, donde calcula la integral definida de $f(x) = x^2$ en el intervalo de 0 a 5. Usando la regla general de integración para potencias, y sustituyendo los límites de la integración.

$$\int_0^5 x^2\,dx = \left[\frac{x^3}{3}\right]_0^5 = \frac{5^3}{3} - \frac{0^3}{3} = \frac{125}{3}$$

Ahora en código:

In [9]:

```
# Ejercicio 9
import sympy as sp

# Definir la variable simbólica
x = sp.symbols('x')

# Definir los límites de integración
a, b = 0, 5

# Definir la función a integrar
f = x**2

# Calcular la integral definida
integral_definida = sp.integrate(f, (x, a, b))

# Mostrar el resultado
print(integral_definida)
```

Out [9]:

```
125/3
```

6.4.4 Integración de exponenciales

Sabemos que por tablas de integrales que:[17]

$$\int a^x \, dx = \frac{a^x}{Ln(a)} + c$$

Ahora ejemplos con integrales indefinidas, donde vamos a calcular un ejemplo numérico de una integral indefinida utilizando la fórmula para la integración de funciones exponenciales. Tomaremos como función:

$$f(x) = 2^x$$

Donde $a = 2$. En este caso, sustituimos en la fórmula:

$$\int 2^x \; dx = \frac{2^x}{Ln(2)} + c$$

Ahora en código:

In [10]:

```
# Ejercicio 10
import sympy as sp

# Definir la variable simbólica
x = sp.symbols('x')

# Definir la base de la función exponencial
a = 2

# Calcular la integral indefinida utilizando la regla de integración
    para funciones exponenciales
integral_indefinida = sp.integrate(a**x, x)

# Mostrar el resultado
print(integral_indefinida)
```

Out [10]:

```
2**x/log(2)
```

Ahora ejemplos con integrales definidas, donde tomaremos la función $f(x) = 3^x$ y calcularemos la integral de $x = 1$ a $x = 4$.

$$\int_1^4 3^x \, dx = \left[\frac{3^x}{Ln(3)}\right]_1^4 = \frac{3^4}{Ln(3)} - \frac{3^1}{Ln(3)} = \frac{78}{Ln(3)}$$

Ahora en código:

In [11]:

```
# Ejercicio 11
import sympy as sp

# Definir la variable simbólica y los límites de integración
x = sp.symbols('x')
a, b = 1, 4

# Definir la base de la función exponencial
a_base = 3

# Calcular la integral definida utilizando la regla de integración
    para funciones exponenciales
integral_definida = sp.integrate(a_base**x, (x, a, b))

# Mostrar el resultado
print(integral_definida)
```

Out [11]:

```
78/log(3)
```

6.4.5 Integración de inversa

Sabemos que por tablas de integrales que:

$$\int \frac{1}{x}\, dx = Ln|x| + c$$

Ahora ejemplos con integrales indefinidas, pero ahora en código:

In [12]:

```
# Ejercicio 12
import sympy as sp

# Definir la variable simbólica
x = sp.symbols('x')

# Definir la función a integrar
f = 1/x

# Calcular la integral indefinida
integral_indefinida = sp.integrate(f, x)

# Mostrar el resultado
print(integral_indefinida)
```

Out [12]:

```
log(x)
```

Ahora ejemplos con integrales definidas, vamos a calcular la integral definida de $f(x) = 1/x$ desde $x = 1$ hasta $x = e$. La integral definida de $1/x$ desde $x = 1$ hasta $x = e$ se calcula utilizando la fórmula:

$$\int_1^e \frac{1}{x}\,dx = \ln|x|\Big|_1^e$$

Al evaluar esta integral en los límites de integración:

$$= Ln|e| - Ln|1|$$

$$= Ln(e) - Ln(1) = 1 - 0 = 1$$

Ahora en código:

In [13]:

```python
# Ejercicio 13
import sympy as sp

# Definir la variable simbólica y los límites de integración
x = sp.symbols('x')
a, b = 1, sp.exp(1) # sp.exp(1) es el valor de e en SymPy

# Definir la función a integrar
f = 1/x

# Calcular la integral definida
integral_definida = sp.integrate(f, (x, a, b))

# Mostrar el resultado
print(integral_definida)
```

Out [13]:

```
1
```

6.4.6 Integración de trigonométricas

Sabemos que por tablas de integrales que:[2]

$$\int sen(x)dx = -cos(x) + c$$

$$\int \cos(x)dx = sen(x) + c$$

$$\int tg(x)\; dx = -Ln(\cos(x)) + c$$

Ahora ejemplos con integrales indefinidas, pero en código:

In [14]:

```
# Ejercicio 14
import sympy as sp

# Definir la variable simbólica
x = sp.symbols('x')

# Definir la función a integrar
f = sp.sin(x)

# Calcular la integral indefinida
integral_indefinida_sin = sp.integrate(f, x)

# Mostrar el resultado
print(integral_indefinida_sin)
```

Out [14]:

```
-cos(x)
```

Ahora para el caso de la función coseno:

In [15]:

```
# Ejercicio 15
import sympy as sp

# Definir la variable simbólica
x = sp.symbols('x')

# Definir la función a integrar
f = sp.cos(x)

# Calcular la integral indefinida
integral_indefinida_cos = sp.integrate(f, x)

# Mostrar el resultado
print(integral_indefinida_cos)
```

Out [15]:

```
sin(x)
```

Ahora para el caso de la función tangente:

In [16]:

```
# Ejercicio 16
import sympy as sp

try:
    display
except NameError:
    def display(obj):
        print(obj)

# Definir la variable simbólica
x = sp.symbols('x')

# Definir la función a integrar
f = sp.tan(x)

# Calcular la integral indefinida
integral_indefinida_tan = sp.integrate(f, x)

# Mostrar el resultado
display(integral_indefinida_tan)
```

Out [16]:

```
-log(cos(x))
```

Ahora ejemplos con integrales definidas, utilizando la función $f(x) = sin(x)$, con un intervalo de integración desde $x = 0$ hasta $x = \pi$. Se tiene que:

$$\int_0^{\pi} \operatorname{sen}(x)\, dx = -\cos(x)\Big|_0^{\pi}$$

Haciendo la evaluación:

$$= [-\cos(\pi) + cos(0)]$$

$$= [-(-1) + 1] = 2$$

Ahora en código:

In [17]:

```
# Ejercicio 17
import sympy as sp
```

```

x = sp.symbols('x')
f = sp.sin(x)
a, b = 0, sp.pi # Límites de integración

integral_definida_sin = sp.integrate(f, (x, a, b))
print(integral_definida_sin)
```

Out [17]:

```
2
```

6.5 Métodos avanzados de integración

Los métodos de integración constituyen herramientas fundamentales en el cálculo que se adaptan a las características específicas de cada función que se desea integrar. Estos métodos no solamente facilitan el proceso de integración, sino que también permiten descubrir las funciones primitivas mediante formas que podrían no resultar inmediatamente evidentes. Cuando se enfrenta una función $f(x)$, se busca su función primitiva $F(x)$. No obstante, si $F(x)$ no puede determinarse directamente a partir de $f(x)$, resulta habitual transformar $f(x)$ en otra función $g(x)$ que sea más manejable. Una vez que se determina la función primitiva $G(x)$ de $g(x)$, puede emplearse para establecer $F(x)$ y así obtener el resultado deseado. El proceso de integración conlleva seleccionar el método más apropiado fundamentado en la forma de la función. Algunos de los principales métodos de integración comprenden:

Sustitución: Implementado para simplificar la integración mediante el cambio de variables.

Integración por partes: Fundamentado en la fórmula del producto de derivadas, útil para integrar productos de funciones.

Integración cuadrática: Especialmente eficaz para funciones que incorporan expresiones cuadráticas.

Fracciones parciales: Descompone funciones fraccionales complejas en sumas de fracciones más elementales.

Integración trigonométrica: Implementa identidades trigonométricas para simplificar integrales que involucran funciones trigonométricas.

Sustituciones trigonométricas: Emplea sustituciones basadas en funciones trigonométricas para resolver integrales con raíces cuadradas y otras expresiones complejas.

Sustituciones especiales: Incluye cambios de variables específicos diseñados para funciones particulares.

Cada uno de estos métodos posee reglas específicas que deben observarse para su correcta aplicación. A diferencia de la derivación, que puede concebirse como una técnica directa con reglas claras, la integración se considera más bien un arte. Esto se debe a la creatividad y el ingenio que frecuentemente se requieren para seleccionar y aplicar el método de integración más eficaz y elegante para una función determinada. Esta variedad de técnicas no solamente evidencia la complejidad y la elegancia de la integración, sino que también subraya su importancia fundamental en el cálculo y otras áreas del análisis matemático.

6.5.1 Métodos de sustitución

El método de integración por sustitución constituye una técnica valiosa en cálculo integral, especialmente útil para simplificar funciones complicadas. Este método se fundamenta en realizar un cambio de variable apropiado que transforme la integral inicial en una forma más sencilla y directamente integrable. El proceso de sustitución no solamente facilita la integración, sino que también permite reestructurar la integral de una manera más accesible matemáticamente. El primer paso en la integración por sustitución es elegir una nueva variable, generalmente denotada como u, que es una función de x, es decir, $u = g(x)$. Este cambio de variable debe ser seleccionado de tal manera que $g(x)$ y su diferencial $dg(x)$ o du aparezcan en la expresión original de la integral. El objetivo es reemplazar todas las instancias de x y dx en la integral original con u y du, respectivamente. Una vez que se ha hecho el cambio de variable, se pasa a calcular el diferencial de u, que se denota como du. Este diferencial se obtiene a través de la derivación de $u = g(x)$, y se expresa típicamente como $du = g'(x)dx$. Este paso es esencial porque transforma la integral en términos de *u*, eliminando completamente la variable *x* original de la integral. Tras reemplazar dx con $du/g'(x)$ en la integral, la función bajo el signo integral debería estar ahora en términos de *u* solamente, haciendo que la integración sea más directa. En este punto, se procede a integrar respecto a u. Una vez completada la integral en términos de u, el último paso es sustituir u de nuevo por la función original $g(x)$, reconduciendo la solución de vuelta a la variable original x. Este método no solo simplifica el proceso de integración, sino que también proporciona un enfoque sistemático y metódico para abordar integrales que de otra manera serían difíciles de resolver. La elección del cambio de variable puede requerir cierta intuición y práctica, y es aquí donde la integración se ve como un arte tanto como una ciencia, destacando la importancia de la experiencia y la comprensión conceptual profunda en el cálculo integral. Supongamos que, en un ejemplo:

$$\int (x-2)^6 \, dx$$

Si:

$$u = x - 2$$

$$\frac{du}{dx} = 1$$

Entonces: $du = dx$

Ahora:

$$\int u^6 \, du = \frac{u^7}{7} + c$$

$$\int (x-2)^6 \, du = \frac{(x-2)^7}{7} + c$$

En un principio, la integral presentaba como variable una ecuación en función de x, y esta fue sustituida por una variable u, y al final nuevamente se realizado el Cálculo para obtener el resultado, pero para volver a la misma variable x. Algunas de funciones que puede tener cambio de variable son las lineales, polinómicas, exponenciales, por ejemplo:

- $u = x - 1$
- $u = x^3 - 2x^2 - 1$
- $u = e^x + Ln(x)$
- $u^4 = 4x^2 + 4$

En este caso, el reto es encontrar la variable que ha de ser la sustituta de x, para convertirse en u y posteriormente utilizar las tablas de integrales conocidas. Ahora ejemplos con integrales indefinidas. Ahora en código:

In [18]:

```
# Ejercicio 18
import sympy as sp

# Definir la variable simbólica y la función
x = sp.symbols('x')
f = (x - 2)**6

# Verificar la simplificación de la integral con el cambio de variable
u = sp.symbols('u')
f_u = u**6
integral_u = sp.integrate(f_u, u)
integral_u_substituted = integral_u.subs(u, x-2)

integral_u_substituted
```

Out [18]:

```
(x - 2)**7/7
```

Ahora ejemplos con integrales definidas, en código:

In [19]:

```python
# Ejercicio 19
import numpy as np
import matplotlib.pyplot as plt
import sympy as sp

# Definir las variables
x, u = sp.symbols('x u')

# Límites para x
a_x = 3
b_x = 5

# Límites en términos de u
a_u = a_x - 2
b_u = b_x - 2

# Integral definida en términos de u
integral_value = sp.integrate(u**6, (u, a_u, b_u))

# Crear valores para la gráfica
x_values = np.linspace(1, 5.5, 400)
function_values = (x_values - 2)**6

# Configuración de la gráfica
plt.figure(figsize=(8, 5))
plt.plot(x_values, function_values, label='$(x-2)^6$', color='blue')
plt.fill_between(x_values, function_values, where=((x_values >= 3) & (
    x_values <= 5)), color='gray', alpha=0.5)
plt.title('Graph of $(x-2)^6$ and Area from $x=3$ to $x=5$')
plt.xlabel('x')
plt.ylabel('f(x)')
plt.legend()
plt.grid(True)

# Mostrar la gráfica
plt.show()

# Imprimir el resultado de la integral definida
integral_value.evalf()
```

Out [19]:

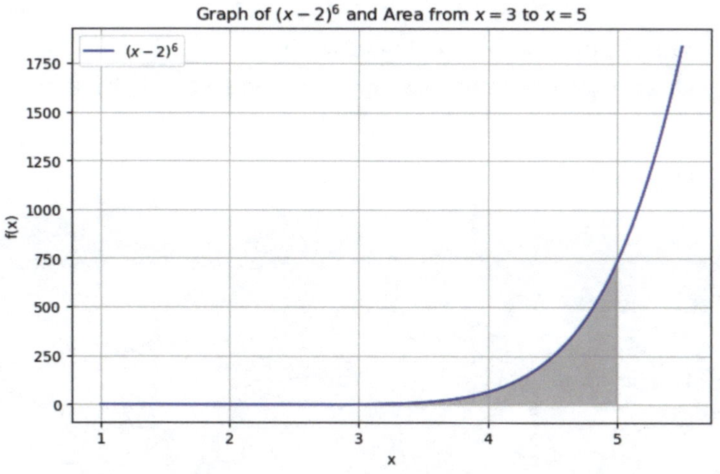


```
312.285714285714
```

6.5.2 Métodos de "por partes"

El método de integración por partes, consiste en el uso de la fórmula:

$$\int u\,dv = uv - \int v\,du$$

La fórmula de integración por partes proviene directamente del producto de la diferenciación, expresado como $d(uv) = v\,du + u\,dv$. Al reorganizar esta ecuación diferencial, obtenemos $d(uv) - v\,du = u\,dv$. Integrando ambos lados de esta ecuación, llegamos a:

$$d(u\,v) = v\,du + u\,dv$$

Se tiene:

$$d(u\,v) - \ v\,du = u\,dv$$

Integrando: $\int d(u\,v) - \int\ v\,du = \int u\,dv$

Anulando diferencial e integral: $uv\ - \int\ v\,du = \int u\,dv$

El método de integración por partes es particularmente útil para resolver integrales de productos de funciones de distintas naturalezas, especialmente cuando una de las funciones tiene una integral más simple después de ser diferenciada. Esto lo hace ideal para situaciones en las que las funciones involucradas no tienen integrales inmediatas.

- $\int x\ cos(x)\ dx$ - Un producto de una función polinómicay una trigonométrica.
- $\int x^4\ e^{3x}\ dx$ - Aquí se combina un polinomio conuna función exponencial.
- $\int x^6\ Log_4(x)\ dx$ Involucra un polinomio y unafunción logarítmica.
- $\int e^{2x}\ csc(x)\ dx$ Combina una función exponencial yuna trigonométrica in-

versa.

- $\int Ln(x)\ dx$ Integración de una función logarítmica.
- $\int arcctg(x)\ dx$ Una integral que involucra una funcióntrigonométrica inversa.

Ahora ejemplos con integrales indefinidas:

In [20]:

```
# Ejercicio 20
import numpy as np
import matplotlib.pyplot as plt
import sympy as sp

# Definir la variable simbólica
x = sp.symbols('x')

# Definir funciones trigonométricas inversas que no están en numpy
def acot(x):
    return np.arctan(1/x)

# Preparar las funciones para el cálculo y la graficación
functions = [
    (x * sp.cos(x), "x * cos(x)", np.linspace(0, 10, 400)),
    (x**4 * sp.exp(3 * x), "x^4 * e^(3x)", np.linspace(0, 1, 400)),
    (sp.log(x), "ln(x)", np.linspace(0.1, 5, 400)),
    (sp.acot(x), "arcctg(x)", np.linspace(-5, 5, 400))
]

# Configurar la figura para la graficación
plt.figure(figsize=(12, 8))

# Calcular las integrales y graficar cada función
for func, label, x_vals in functions:

    # Evaluar y graficar usando la configuración apropiada para cada
        función
    if label == "arcctg(x)":
        func_np = sp.lambdify(x, func, {"acot": acot})
    else:
        func_np = sp.lambdify(x, func, "numpy")
    y_values = func_np(x_vals)

    # Graficar
    plt.plot(x_vals, y_values, label=f'{label}')

    # Integración por partes (simbólicamente, mostrando sólo el
        resultado para demostración)
    u = func.args[0] if len(func.args) > 0 else func
    dv = func.args[1] if len(func.args) > 1 else 1
    v = sp.integrate(dv, x)
```

```
        integral = sp.integrate(u * dv, x)
        integral_simplified = sp.simplify(integral)

    # Añadir títulos y configuración a la gráfica
    plt.title('Graphs of Various Functions with Their Integrals')
    plt.xlabel('x')
    plt.ylabel('f(x)')
    plt.legend()
    plt.grid(True)
    plt.show()

    # Corrección de las integrales específicas
    integral_ln_x = sp.integrate(sp.log(x), x)
    integral_acot_x = sp.integrate(sp.acot(x), x)

    # Imprimir las integrales corregidas
    print("Integral of ln(x):", integral_ln_x)
    print("Integral of arcctg(x):", integral_acot_x)
```

Out [20]:

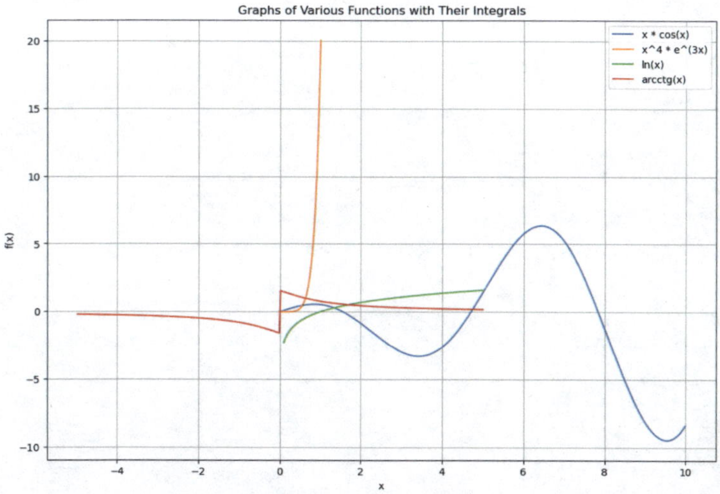


```
Integral of ln(x): x*log(x) - x
Integral of arcctg(x): x*acot(x) + log(x**2 + 1)/2
```

6.5.3 Métodos de expresiones cuadráticas

El método de expresiones cuadráticas, consiste en la aplicación de unas fórmulas generalizadas que se utilizan para resolver cuadráticas. El método de cuadráticas, se aplica sobre funciones algebraicas, que poseen valores cuadráticos en su denominador, y son transformadas a otras formas de expresión:[2]

[2]Baldor. A. (2003). "Aritmética: Teoría Practica". México DF, México. Publicaciones Cultural Decima Octava Impresión.

$\int \frac{g'(x)}{g(x)} dx = Ln\,|g(x)| + C \quad ; \quad \int \frac{1}{x^2+a^2} dx = \frac{1}{a}\, arctg\left(\frac{x}{a}\right)\; + C$

Por ejemplo, se tiene, ahora ejemplos con integrales indefinidas: Consideramos $g(x) = x^2 + 1$, donde $g'(x) = 2x$.

Y que la pregunta consiste en hallar $\int \frac{g'(x)}{g(x)}\, dx$, donde se tendría:

$$\int \frac{2x}{x^2+1}\, dx = 2 \cdot \int \frac{x}{x^2+1}\, dx$$

Ahora aplicando la fórmula se tendría:

$$\int \frac{2x}{x^2+1}\, dx = Ln\, \left|x^2+1\right| + C$$

Ahora en código:

In [21]:

```
# Ejercicio 21
import sympy as sp

# Definir la variable simbólica x y una constante a
x, a = sp.symbols('x a')

# Integral de (g'(x) / g(x))
g = x**2 + 1 # Definir la función g(x)
g_prime = sp.diff(g, x) # Derivar g(x) para obtener g'(x)
integral_1 = sp.integrate(g_prime / g, x) # Calcular la integral

# Ejemplo 2: Integral de 1 / (x^2 + a^2)
integral_2 = sp.integrate(1 / (x**2 + a**2), x) # Calcular la integral

# Imprimir resultados
print("Integral de (g'(x) / g(x)):")
print(sp.simplify(integral_1))
print("\nIntegral de 1 / (x^2 + a^2):")
print(sp.simplify(integral_2))
```

Out [21]:

```
Integral de (g'(x) / g(x)):
log(x**2 + 1)

Integral de 1 / (x^2 + a^2):
I*(-log(-I*a + x) + log(I*a + x))/(2*a)
```

6.5.4 Métodos de fracciones parciales

El método de fracciones parciales, especialmente útil para integrar fracciones algebraicas complejas. Este método se aplica a fracciones algebraicas racionales propias, las cuales tienen la forma general:

$$f(x) = \frac{Num(x)}{Den(x)}$$

Donde, $Num(x)$ y el $Den(x)$ son necesariamente polinomios. La esencia del método reside en descomponer un polinomio en un producto de factores más simples, que pueden ser lineales o cuadráticos, y todos con coeficientes reales. A partir de esta descomposición, cualquier fracción racional propia puede expresarse como una suma de fracciones más simples, denominadas fracciones parciales. Existen los siguientes casos de descomposición de fracciones parciales:

1) $\frac{Num(x)}{Den(x)} = \frac{Num(x)}{(x-a_1)(x-a_2)...(x-a_n)} = \frac{A}{x-a_1} + \frac{B}{x-a_2} + \ldots + \frac{N}{x-a_n}$

Aquí, cada coeficiente $A, B, \ldots, N$ se determina de modo que al sumar las fracciones individuales y simplificar, se recupera el numerador original $Num(x)$.

2) $\frac{Num(x)}{Den(x)} = \frac{Num(x)}{(x-a_1)^m\,(x-a_2)^n...} = \frac{A}{(x-a_1)} + \frac{B}{(x-a_1)^2} + \frac{C}{(x-a_1)^3} + \ldots + \frac{P}{(x-a_1)^m} + \frac{Q}{(x-a_2)} + \ldots$

Cada término del numerador corresponde a un coeficiente para cada potencia de los factores repetidos.

3) $\frac{Num(x)}{Den(x)} = \frac{Num(x)}{(x^2+bx+c)(x^2+dx+e)...} = \frac{A}{x^2+bx+c} + \frac{B}{x^2+dx+e} + \ldots$

En estos casos, los coeficientes $A, B, \ldots$ se ajustan para factores cuadráticos que no se pueden factorizar más en términos reales. Entonces, consiste en asignar valores arbitrarios a la variable, de manera tal que se obtenga directamente el valor de las constantes.

Sustitución directa: Este método implica asignar valores específicos a x que simplifiquen la expresión y permitan calcular directamente los coeficientes de las fracciones.

Igualación de coeficientes: Consiste en expandir la suma de fracciones parciales y luego igualar los coeficientes de las mismas potencias de x en ambos lados de la ecuación. Esto resulta en un sistema de ecuaciones lineales cuya solución determina los valores de los coeficientes.

Por ejemplo, usando para la fracción $\frac{x^2+2x+3}{(x+1)(x^2+1)}$. Ahora en código:

In [22]:

```python
# Ejercicio 22
import sympy as sp
import numpy as np
import matplotlib.pyplot as plt

# Definir la variable simbólica y constantes
x = sp.symbols('x')
A, B, C = sp.symbols('A B C')

# Definir la función original
f = (x**2 + 2*x + 3)/((x+1)*(x**2 + 1))

# Realizar la descomposición en fracciones parciales
decomposition = sp.apart(f)

# Calcular las integrales de cada término
integral_decomposed = sp.integrate(decomposition, x)

# Mostrar la descomposición y las integrales
print("Descomposición en fracciones parciales:", decomposition)
print("Integral de la descomposición:", integral_decomposed)

# Función para evaluar expresiones de sympy
def eval_expr(expr, values):
    return np.array([float(expr.subs(x, v)) for v in values])

# Generar valores para x
x_vals = np.linspace(-10, 10, 400)
original_vals = eval_expr(f, x_vals)
decomposed_vals = eval_expr(decomposition, x_vals)

# Graficar la función original y la descomposición
plt.figure(figsize=(10, 6))
plt.plot(x_vals, original_vals, label='Función original $\\frac{x^2 +
    2x + 3}{(x+1)(x^2 + 1)}$', color='blue')
plt.plot(x_vals, decomposed_vals, label='Descomposición en fracciones
    parciales', color='red', linestyle='--')
plt.title('Gráfico de la función y su descomposición en fracciones
    parciales')
plt.xlabel('x')
plt.ylabel('y')
plt.legend()
plt.grid(True)
plt.show()
```

Out [22]:

```
Descomposicion en fracciones parciales: 2/(x**2 + 1) + 1/(x +
    1)
Integral de la descomposicion: log(x + 1) + 2*atan(x)
```

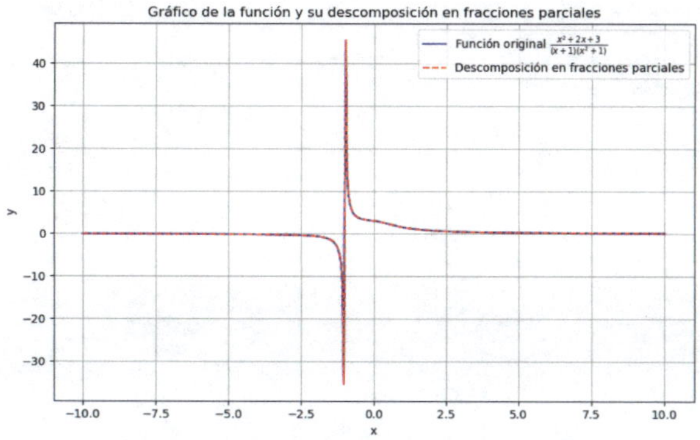

Ahora ejemplo con integrales definidas, con la misma función, pero queva desde $x = -2$ hasta $x = 2$. Ahora en código:

In [23]:

```
# Ejercicio 23
import sympy as sp
import numpy as np
import matplotlib.pyplot as plt

# Definir la variable simbólica
x = sp.symbols('x')

# Definir la función original
f = (x**2 + 2*x + 3)/((x+1)*(x**2 + 1))

# Realizar la descomposición en fracciones parciales
decomposition = sp.apart(f)

# Calcular la integral definida de la descomposición
a, b = -2, 2 # Límites de integración
integral_definida = sp.integrate(decomposition, (x, a, b))

# Mostrar la integral definida
print("Integral definida desde x = -2 hasta x = 2:", integral_definida
    )

# Función para evaluar expresiones de sympy
def eval_expr(expr, values):
    return np.array([float(expr.subs(x, v)) for v in values])

# Generar valores para x y evaluar la función
x_vals = np.linspace(-4, 4, 400)
y_vals = eval_expr(f, x_vals)

# Generar valores para el área bajo la curva
x_fill = np.linspace(a, b, 100)
y_fill = eval_expr(f, x_fill)
```

```

# Graficar la función y el área bajo la curva
plt.figure(figsize=(10, 6))
plt.plot(x_vals, y_vals, label='Función $\\frac{x^2 + 2x + 3}{(x+1)(x^2 + 1)}$', color='blue')
plt.fill_between(x_fill, y_fill, color='skyblue', alpha=0.4, label='Área bajo la curva')
plt.title('Gráfico de la función y área bajo la curva')
plt.xlabel('x')
plt.ylabel('y')
plt.axvline(x=a, color='grey', linestyle='--')
plt.axvline(x=b, color='grey', linestyle='--')
plt.legend()
plt.grid(True)
plt.show()
```

Out [23]:

```
Integral definida desde x = -2 hasta x = 2: nan
```

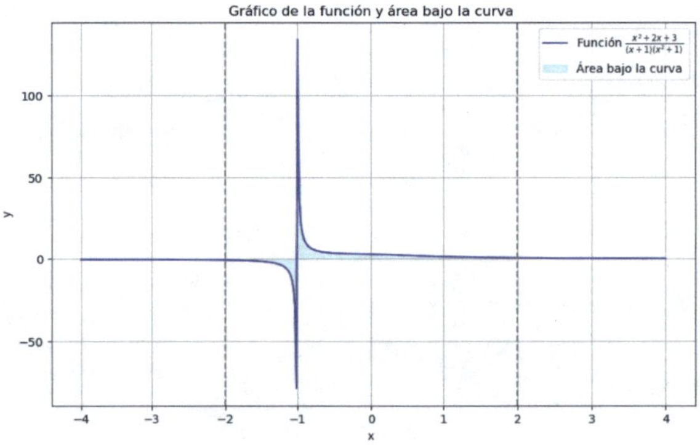

6.5.5 Métodos de trigonométricas

Son integrales trigonométricas, aquellas que contienen funciones trigonométricas. Se presentan los siguientes tres tipos principales:

A) $\int sen^m(x)\cos^n(x)\,dx$. Donde m y n son potencias que pueden ser números naturales y en algunos contextos, se generalizan a números reales.

B) $\int tg^m(x)\sec^n(x)\,dx$.

C) $\int ctg^m(x)\csc^n(x)\,dx$.

Donde, para cada tipo de integral trigonométrica, existen cuatro casos característicos basados en si las potencias m y n son pares o impares. La estrategia de integración varía significativamente en cada caso:

A) Si, m es par; n es impar.

En este caso, se utiliza la identidad trigonométrica para convertir todas las potencias impares de una función en términos de la otra función, facilitando su integración. Por ejemplo, sen^{2k+1} (x) se puede expresar en términos de $cos(x)$ utilizando la identidad $sen^2(x) = 1 - \cos^2(x)$.

B) Si, m es impar; n es par.

Aquí, se emplea una estrategia similar, pero en la dirección opuesta, donde las potencias impares se convierten utilizando la función complementaria.

C) Si, m es impar; n es impar.

Cuando ambas potencias son impares, a menudo se realiza una sustitución trigonométrica, como $u = sen(x)$ o $u = cos(x)$, seguida de la reducción de la integral resultante a una forma más simple.

D) Si, m es par; n es par.

En este escenario, se pueden aplicar identidades trigonométricas para reducir las potencias pares, transformando la integral en términos de funciones trigonométricas de potencias más bajas o en funciones trigonométricas inversas.

Para dos ejemplos:

Ejemplo 1: Integral de $sen^3(x)\ \cos^2(x)$.

Ejemplo 2: Integral de $tg^2(x)\ \sec^3(x)$.

Ahora en código:

In [24]:

```
# Ejercicio 24
import sympy as sp
import numpy as np
import matplotlib.pyplot as plt

# Definir la variable simbólica
x = sp.symbols('x')

# Ejemplo 1: Integral de sin^3(x) * cos^2(x)
# Función a integrar
```

```
f1 = sp.sin(x)**3 * sp.cos(x)**2

# Calcular la integral indefinida
integral1 = sp.integrate(f1, x)

# Ejemplo 2: Integral de tan^2(x) * sec^3(x)
# Función a integrar
f2 = sp.tan(x)**2 * sp.sec(x)**3

# Calcular la integral indefinida
integral2 = sp.integrate(f2, x)

# Función para evaluar expresiones de sympy
def eval_expr(expr, values):
    return np.array([float(expr.subs(x, v)) for v in values])

# Rango de valores para x
x_vals = np.linspace(-np.pi, np.pi, 400)
y_vals1 = eval_expr(f1, x_vals)
y_vals2 = eval_expr(f2, x_vals)

# Crear gráficos
plt.figure(figsize=(14, 6))

# Gráfico para sin^3(x) * cos^2(x)
plt.subplot(1, 2, 1)
plt.plot(x_vals, y_vals1, label=f'Integral = {sp.latex(integral1)}')
plt.title('Gráfico de $\sin^3(x) \cdot \cos^2(x)$')
plt.xlabel('x')
plt.ylabel('y')
plt.grid(True)
plt.legend()

# Gráfico para tan^2(x) * sec^3(x)
plt.subplot(1, 2, 2)
plt.plot(x_vals, y_vals2, label=f'Integral = {sp.latex(integral2)}')
plt.title('Gráfico de $\ tan^2(x) \cdot \sec^3(x)$')
plt.xlabel('x')
plt.ylabel('y')
plt.grid(True)
plt.tight_layout()
plt.show()
```

Out [24]:

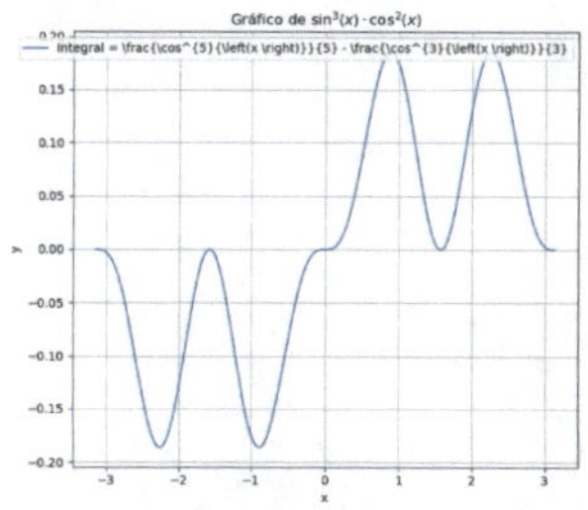

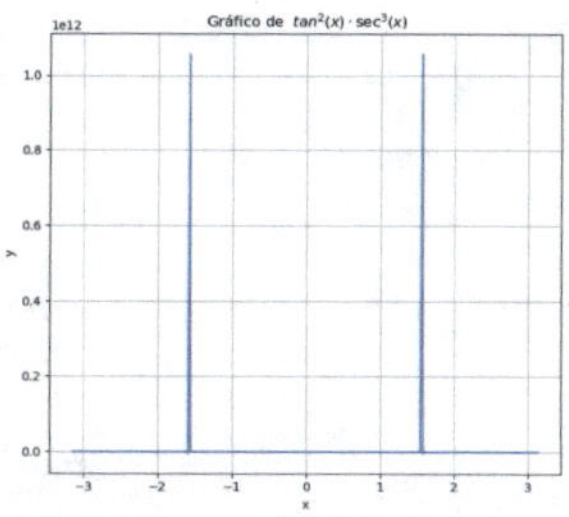

6.5.6 Métodos de sustituciones trigonométricas

Las sustituciones trigonométricas se aplican generalmente a integrales que incluyen las siguientes formas generales de radicales:

a) $\sqrt{a^2 - x^2} \rightarrow \quad x = a\ sen(\theta).$

Esta sustitución es útil porque transforma el radical en una expresión trigonométrica simple gracias a la identidad $1 - sen^2(\theta) = \cos^2(\theta)$, resultando en $\sqrt{a^2 - x^2} = a\ cos(\theta)$.

b) $\sqrt{a^2 + x^2} \rightarrow \quad x = a\ tg(\theta).$

Esta elección se basa en la identidad trigonométrica $1 + tg^2(\theta) = \sec^2(\theta)$ lo que simplifica el radical a $a\ sec(\theta)$.

c) $\sqrt{x^2 - a^2} \rightarrow \quad x = a\ sec(\theta).$

Con esta sustitución, el radical se convierte en $a\ tg(\theta)$, utilizando la identidad $\sec^2(\theta) - 1 = tg^2(\theta)$.

Las indicadas sustituciones trigonométricas, producen la eliminación de los radicales, llevando la expresión a integra a una forma trigonométrica. Ahora ejemplos con integrales indefinidas. Para ilustrar cómo estas sustituciones facilitan la integración de funciones con radicales, consideremos ejemplos específicos:

Ejemplo 1: Integral de $\int \sqrt{a^2 - x^2}\, dx$.

Usando $x = a\ sen(\theta)$, $dx = a\ cos(\theta)\ d\theta$, la integral se trasforma en:

$$\int a\ cos(\theta) \cdot a \cos(\theta) d\theta = a^2 \int \cos^2(\theta)\ d\theta$$

Ejemplo 2: Integral de $\int \sqrt{a^2 + x^2}\, dx$.

Usando $x = a\ tg(\theta)$, $dx = a\ sec(\theta)\ d\theta$, la integral se trasforma en:

$$\int a\ sec(\theta) \cdot a \sec^2(\theta) d\theta = a^2 \int \sec^3(\theta)\ d\theta$$

Ahora en código:

In [25]:

```
# Ejercicio 25
import sympy as sp
import numpy as np
import matplotlib.pyplot as plt

# Definir la variable simbólica y parámetros
x, a, theta = sp.symbols('x a theta')

# Ejemplo 1: Sustitución para sqrt(a^2 - x^2)
# Sustitución y diferencial
x1 = a * sp.sin(theta)
dx1 = sp.diff(x1, theta)

# Función original y transformada
f1_original = sp.sqrt(a**2 - x**2)
f1_transformed = sp.sqrt(a**2 - x1**2).subs(x, x1) * dx1

# Integral transformada
integral1 = sp.integrate(f1_transformed, (theta, -sp.pi/2, sp.pi/2))

# Ejemplo 2: Sustitución para sqrt(a^2 + x^2)
# Sustitución y diferencial
x2 = a * sp.tan(theta)
dx2 = sp.diff(x2, theta)

# Función original y transformada
f2_original = sp.sqrt(a**2 + x**2)
f2_transformed = sp.sqrt(a**2 + x2**2).subs(x, x2) * dx2

# Integral transformada
integral2 = sp.integrate(f2_transformed, (theta, -sp.pi/2, sp.pi/2))

# Evaluar funciones para graficar
def eval_expr(expr, values, param=a):
    return np.array([float(expr.subs([(x, v), (a, 1)])) for v in
        values])

# Valores de x para gráficos
x_vals = np.linspace(-1, 1, 400)
y_vals1 = eval_expr(f1_original, x_vals)
y_vals2 = eval_expr(f2_original, x_vals)

# Crear gráficos
plt.figure(figsize=(12, 6))

# Gráfico para sqrt(a^2 - x^2)
plt.subplot(1, 2, 1)
```

```
plt.plot(x_vals, y_vals1, label='$\sqrt{{1 - x^2}}$')
plt.fill_between(x_vals, y_vals1, color='skyblue', alpha=0.4)
plt.title('Gráfico de $\sqrt{1 - x^2}$')
plt.xlabel('x')
plt.ylabel('y')
plt.legend()

# Gráfico para sqrt(a^2 + x^2)
plt.subplot(1, 2, 2)
plt.plot(x_vals, y_vals2, label='$\sqrt{{1 + x^2}}$')
plt.fill_between(x_vals, y_vals2, color='skyblue', alpha=0.4)
plt.title('Gráfico de $\sqrt{1 + x^2}$')
plt.xlabel('x')
plt.ylabel('y')
plt.legend()
plt.tight_layout()
plt.show()
```

Out [25]:

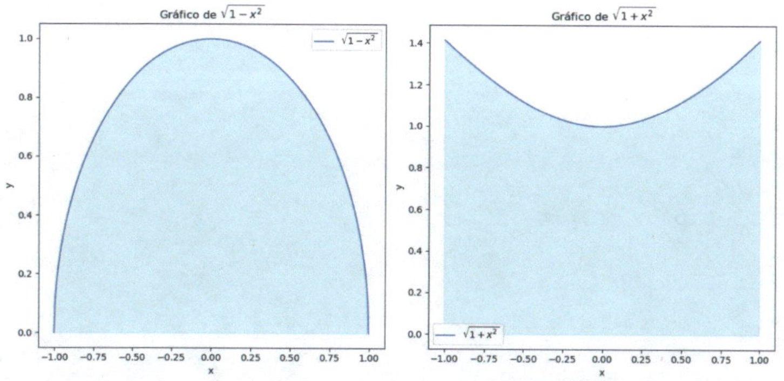

6.5.7 Métodos de sustituciones inversas

Algunos tipos de integrales para su evaluación requieren de sustituciones inversas a cada caso, este enfoque implica el uso de sustituciones que transforman la integral dada en una forma más manejable, generalmente recurriendo a la inversión de algunas sustituciones trigonométricas comunes o a la aplicación de identidades.

1) $\int \frac{q}{\sqrt{q}}\, du = 2\sqrt{q}$. Esta fórmula es útil cuando el integrando se puede expresar en términos de una variable q tal que q es una función de u.

2) $\int \frac{1}{\sqrt{a^2+u^2}} du = Ln\left|u + \sqrt{u^2 + a^2}\right|$. Esta expresión sirve para integrales donde aparece una suma de cuadrados bajo la raíz, y puede derivarse usando sustituciones trigonométricas inversas o hiperbólicas.

3) $\int \frac{1}{\sqrt{a^2-u^2}} du = Ln\left|u + \sqrt{a^2 - u^2}\right|$. Similar a la anterior, esta integral se maneja efectivamente mediante el uso de sustituciones que simplifican la diferencia de cuadrados bajo la raíz cuadrada.

Ahora ejemplos con integrales indefinidas.

Ejemplo 1: Supongamos que queremos integrar $\int \frac{x}{\sqrt{x}}\, dx$, si aplicamos la primera relación encontrada nos daría:

$$\int \frac{x}{\sqrt{x}}\, dx = 2\sqrt{x}$$

Ejemplo 2: Ahora supongamos que queremos integrar la relación $\int \frac{1}{\sqrt{4+x^2}} dx$, si aplicamos la segunda relación tendríamos:

$$\int \frac{1}{\sqrt{4+x^2}} dx = Ln\left|x + \sqrt{x^2+4}\right|$$

Ejemplo 3: Ahora supongamos que queremos integrar la relación $\int \frac{1}{\sqrt{4-x^2}} dx$, si aplicamos la tercera relación tendríamos:

$$\int \frac{1}{\sqrt{4-x^2}} dx = Ln\left|x + \sqrt{4-x^2}\right|$$

Ahora en código:

In [26]:

```
# Ejercicio 26
import sympy as sp
import numpy as np
import matplotlib.pyplot as plt

# Definir la variable simbólica
x = sp.symbols('x')

# Ejemplo 1: Integral de x/sqrt(x)
f1 = x / sp.sqrt(x)
integral1 = sp.integrate(f1, x)

# Ejemplo 2: Integral de 1/sqrt(4 + x^2)
f2 = 1 / sp.sqrt(4 + x**2)
integral2 = sp.integrate(f2, x)

# Ejemplo 3: Integral de 1/sqrt(4 - x^2)
f3 = 1 / sp.sqrt(4 - x**2)
integral3 = sp.integrate(f3, x)

# Función para evaluar expresiones de sympy
def eval_expr(expr, values):
    return np.array([float(expr.subs(x, v)) for v in values])

# Rango de valores para x
x_vals = np.linspace(0.1, 4, 400) # Ajustado para evitar divisiones
    por cero
y_vals1 = eval_expr(f1, x_vals)
y_vals2 = eval_expr(f2, x_vals)
```

```
x_vals3 = np.linspace(-1.9, 1.9, 400) # Limitado para evitar valores fuera del dominio
y_vals3 = eval_expr(f3, x_vals3)

# Crear gráficos
plt.figure(figsize=(12, 8))

# Gráfico para x/sqrt(x)
plt.subplot(2, 2, 1)
plt.plot(x_vals, y_vals1, label=f'Integral = {sp.latex(integral1)}')
plt.title('Gráfico de $x/\\sqrt{x}$')
plt.xlabel('x')
plt.ylabel('y')
plt.legend()

# Gráfico para 1/sqrt(4 + x^2)
plt.subplot(2, 2, 2)
plt.plot(x_vals, y_vals2, label=f'Integral = {sp.latex(integral2)}')
plt.title('Gráfico de $1/\\sqrt{4 + x^2}$')
plt.xlabel('x')
plt.ylabel('y')
plt.legend()

# Gráfico para 1/sqrt(4 - x^2)
plt.subplot(2, 2, 3)
plt.plot(x_vals3, y_vals3, label=f'Integral = {sp.latex(integral3)}')
plt.title('Gráfico de $1/\\sqrt{4 - x^2}$')
plt.xlabel('x')
plt.ylabel('y')
plt.legend()
plt.tight_layout()
plt.show()
```

Out [26]:

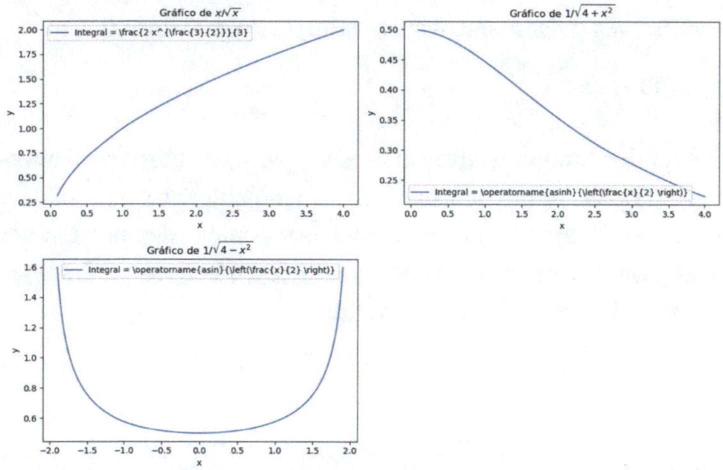

6.5.8 Métodos de integrales binomias

Una integral binomia se caracteriza por tener un integrando que incluye una combinación de términos monomiales y binomiales elevados a potencias, se llaman integrales binomias a las que presentan la forma general:

$$\int x^q\ (a + b\,x^r)^p\ dx$$

p, q, r son racionales, y a, b son constantes. La integración de estas funciones requiere que se cumplan ciertas condiciones específicas para aplicar métodos analíticos estándar. Estas condiciones sirven porque determinan si el integrando puede ser simplificado o transformado de manera que la integral resultante sea manejable mediante técnicas de integración avanzadas.[15] Las condiciones:

1) Cuando p es un entero. Cuando el exponente p del binomio es un número entero, el binomio puede expandirse (si p es positivo y suficientemente pequeño) o puede representarse como una serie de términos fraccionarios simples (si p es negativo).

2) Cuando: $\frac{q+1}{r}$ es un entero. Esta condición sugiere que el cambio de variable $u = x^r$ convertirá x^q en un polinomio o una expresión más simple en términos de u, facilitando la integración.

3) Cuando $\frac{q+1}{r} + p$ es un entero. Esta condición es una combinación de las dos anteriores y es particularmente útil cuando tanto el monomio como el binomio pueden ser transformados de manera que la integración se convierte en un procedimiento estándar tras un cambio de variable adecuado. Ahora ejemplos con integrales indefinidas, diremos que:

$$\int x^2(1 + 2x^3)^{-1/2}\ dx$$

Aquí, $q = 2,\ r = 3,\ p\ =\ -1/2,\ a\ =1,\ b = 2$. La única condición viable aquí es que $(q + 1/r)$ es un entero, lo que sugiere un cambio de variable. Podemos poner $u\ = x^3$, entonces $du = 3x^2\ dx$ o $dx = du/3x^2$. Sustituyendo, se simplifica a:

$$\int x^2(1 + 2x^3)^{-1/2}\ dx = \frac{1}{3}\int \frac{du}{\sqrt{1 + 2u}}$$

Los métodos de integrales binomias ofrecen un enfoque sistemático para abordar integrales que, a primera vista, pueden parecer inmanejables. Comprender y aplicar correctamente las condiciones bajo las cuales estas integrales pueden ser simplificadas es esencial para utilizar técnicas de integración efectivas y eficientes en el ámbito académico y profesional. Ahora en código:

In [27]:

```
# Ejercicio 27
```

```
import sympy as sp
import numpy as np
import matplotlib.pyplot as plt

# Definir la variable simbólica y parámetros adicionales
x, u = sp.symbols('x u')

# Definir la función original
f = x**2 * (1 + 2*x**3)**(-sp.Rational(1, 2))

# Cambio de variable sugerido: u = x**3
# Sustituir x = u**(1/3) en la función y calcular dx
x_sub = u**(sp.Rational(1, 3))
dx = sp.diff(x_sub, u)

# Sustituir en la función original
f_sub = f.subs(x, x_sub) * dx

# Calcular la integral en términos de u
integral_u = sp.integrate(f_sub.simplify(), u)

# Simplificar la integral (opcional, dependiendo de la complejidad)
simplified_integral = sp.simplify(integral_u)

# Evaluar la integral resultante en términos de x
integral_result = simplified_integral.subs(u, x**3)

# Función para evaluar expresiones de sympy
def eval_expr(expr, values):
    return np.array([float(expr.subs(x, v)) for v in values])

# Rango de valores para x
x_vals = np.linspace(0, 1.5, 400) # Ajustado para evitar problemas en
    el dominio
y_vals = eval_expr(f, x_vals)

# Crear gráfico
plt.figure(figsize=(8, 5))
plt.plot(x_vals, y_vals, label='Función: $x^2 (1 + 2x^3)^{-1/2}$')
plt.fill_between(x_vals, y_vals, color='skyblue', alpha=0.4, label='Á
    rea bajo la curva')
plt.title('Gráfico de $x^2 (1 + 2x^3)^{-1/2}$')
plt.xlabel('x')
plt.ylabel('y')
plt.legend()
plt.grid(True)
plt.show()
```

Out [27]:

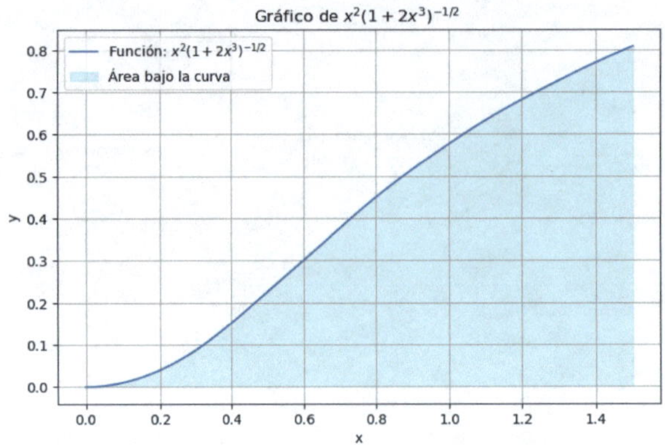

6.6 Aplicaciones de integrales de una variable

6.6.1 Cálculo de áreas (positivas y negativas)

Las integrales indefinidas y definidas son herramientas fundamentales para calcular áreas bajo curvas, entre curvas, y alrededor de ejes. Estas áreas pueden ser positivas o negativas, dependiendo de la posición de la curva respecto al eje x.[13]

6.6.1.1 Cálculo de áreas bajo curvas

Para calcular el área bajo una curva representada por la función $f(x)$ desde $x = a$ hasta $x = b$, utilizamos la integral definida:

$$A = \int_a^b f(x)\, dx$$

Si $f(x)$ está por encima del eje x, el área es positiva. Si $f(x)$ está por debajo, el área es negativa. Este cálculo sirve en muchos campos, como la física para determinar distancias recorridas a partir de velocidades, o la economía para calcular ingresos o costos acumulados sobre un período.[17]

6.6.1.2 Áreas entre curvas

Para determinar el área entre dos curvas $f(x)$ y $g(x)$, donde $f(x)$ está por encima de $g(x)$ en el intervalo $[a, b]$, la integral se modifica para:

$$A = \int_a^b [f(x) - g(x)]\, dx$$

Este método es útil en ingeniería y diseño, donde puede ser necesario calcular el material necesario para crear un objeto con un espacio específico entre sus partes. Calcula el área entre las curvas $y = x^2$ y $y = x$ desde $x = 0$ hasta $x = 1$.

```
In [28]:
```

```python
# Ejercicio 28
import sympy as sp
import numpy as np
import matplotlib.pyplot as plt

# Definir la variable simbólica
x = sp.symbols('x')

# Definir las funciones
f = x**2
g = x

# Calcula la integral de la diferencia entre las funciones
area = sp.integrate(g - f, (x, 0, 1))

# Evaluar las funciones para el gráfico
x_vals = np.linspace(0, 1, 100)
f_vals = np.array([f.subs(x, val) for val in x_vals], dtype=float)
g_vals = np.array([g.subs(x, val) for val in x_vals], dtype=float)

# Crear el gráfico
plt.figure(figsize=(6, 4))
plt.plot(x_vals, f_vals, label='$y=x^2$')
plt.plot(x_vals, g_vals, label='$y=x$')
plt.fill_between(x_vals, f_vals, g_vals, where=(g_vals > f_vals),
    color='gray', alpha=0.5, label='Área entre curvas')
plt.title('Área entre $y=x^2$ y $y=x$')
plt.xlabel('x')
plt.ylabel('y')
plt.legend()
plt.grid(True)
plt.show()

print(f"El área entre las curvas es: {area.evalf()}")
```

Out [28]:

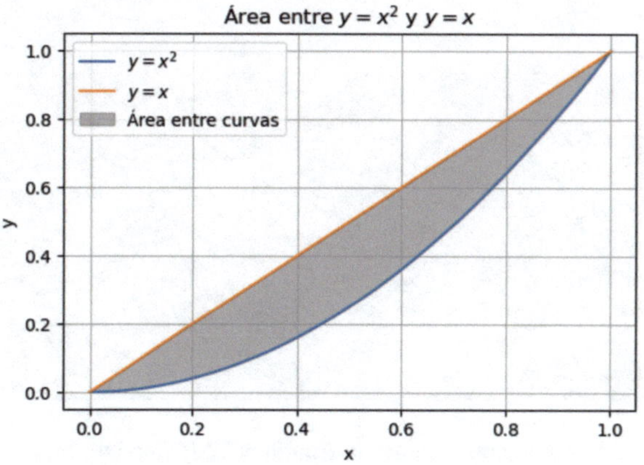

```
El area entre las curvas es: 0.16666666666667
```

6.6.2 Aplicaciones de integrales en volúmenes de revolución

El cálculo de volúmenes de revolución es una aplicación fascinante de las integrales, que permite determinar el volumen de un sólido generado al rotar una región del plano alrededor de un eje.[3]

Método del disco

Cuando la región entre la curva $y = f(x)$ y el eje x es revolucionada alrededor del eje x, el volumen V del sólido de revolución se puede calcular usando:

$$V = \pi \int_a^b [f(x)]^2 dx$$

Este método es útil, por ejemplo, en el diseño de componentes industriales como tanques, donde es esencial conocer el volumen interior.

Método del cascarón cilíndrico

Si en lugar de rotar alrededor del eje x, la región es rotada alrededor del eje y, podemos usar el método del cascarón cilíndrico, que es particularmente útil cuando la función es más fácil de integrar con respecto a y:

$$V = 2\pi \int_a^b x\ [f(x)]\ dx$$

Este método es ampliamente utilizado en la fabricación de piezas simétricas rotacionales en ingeniería mecánica y diseño de productos. Ahora, calculamos el volumen del sólido obtenido al rotar la región entre $y = x^2$ y $y = x$ alrededor del eje x desde $x = 0$ hasta $x = 1$.

In [29]:

```python
# Ejercicio 29
import sympy as sp
import numpy as np
import matplotlib.pyplot as plt

# Definir la variable simbólica
x = sp.symbols('x')

# Definir las funciones
```

[3] Edwards, C.H. Jr & Penney David. (1994). "Cálculo con Geometría Analítica". México DF, México. Prentice Hall Hispanoamericana S.A.

```
f = x**2 # y = x^2
g = x    # y = x

# Definir las funciones para el volumen (método del disco)
volume = sp.pi * sp.integrate((g**2 - f**2), (x, 0, 1))

# Preparar datos para el gráfico del sólido de revolución
x_vals = np.linspace(0, 1, 100) # Valores de x entre 0 y 1
theta_vals = np.linspace(0, 2 * np.pi, 100) # Valores de theta para
    una revolución completa
X, T = np.meshgrid(x_vals, theta_vals) # Crear malla de valores
Y = np.sqrt(X) * np.cos(T) # Calcular Y en coordenadas cilíndricas
Z = np.sqrt(X) * np.sin(T) # Calcular Z en coordenadas cilíndricas

# Configuración del gráfico 3D
fig = plt.figure()
ax = fig.add_subplot(111, projection='3d')
ax.plot_surface(Y, X, Z, color='b', alpha=0.6)
ax.set_title('Sólido de revolución alrededor del eje X')
ax.set_xlabel('Y')
ax.set_ylabel('X')
ax.set_zlabel('Z')
plt.show()

# Imprimir el volumen calculado del sólido de revolución
print(f"El volumen del sólido de revolución es: {volume.evalf()}")
```

Out [29]:

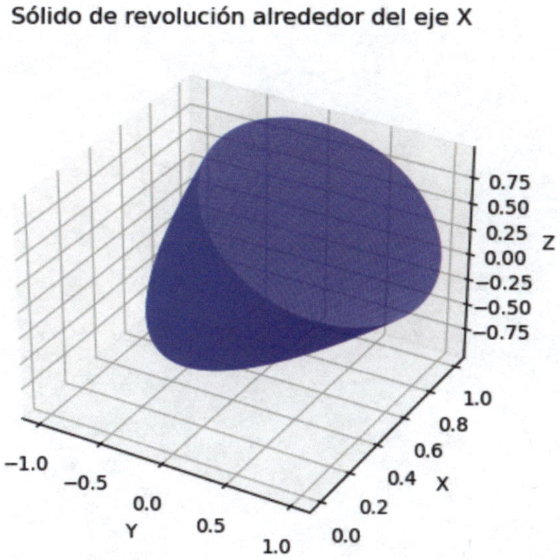


```
El volumen del solido de revolucion es: 0.418879020478639
```

6.6.3 Aplicaciones de integrales en longitudes de curva

Para calcular la longitud de una curva definida por una función parabólica de grado 2, como por ejemplo $f(x) = ax^2 + bx + c$, entre dos puntos (en este caso, entre $x = 0$ y $x = 1$), puedes usar la fórmula de la longitud de arco de una curva en el plano. La fórmula es la siguiente:[2]

$$L = \int_a^b \sqrt{1 + (f'(x))^2}\, dx$$

Donde $f'(x)$ es la derivada de$f(x)$. Si tienes una función específica $f(x) = ax^2 + bx + c$, primero necesitas calcular la derivada, $f'(x)$:

$$f'(x) = 2ax + b$$

Luego, sustituyes esta derivada en la fórmula de longitud de arco y resuelves la integral desde $x = 0$ hasta $x = 1$:

$$L = \int_0^1 \sqrt{1 + (2ax + b)^2}\, dx$$

Si se proporcionan los valores específicos de a, b, y c, es posible ayudar a hallar la integral para encontrar la longitud de la curva. La longitud de la curva de la función parabólica $f(x) = x^2$ (donde $a = 1$ y $b = 0$), entre $x = 0$ y $x = 1$, es aproximadamente 1,478942857. Ahora en código:

In [30]:

```
# Ejercicio 30
import sympy as sp

# Definir variables simbólicas
x, a, b = sp.symbols('x a b')

# Suponer una función f(x) que dependa de 'a' y 'b'
f = a * x**2 + b

# Calcular el diferencial de la función
df = sp.diff(f, x)

# Expresión para la longitud de arco desde x=0 a x=1 (modificar según sea necesario)
arc_length = sp.integrate(sp.sqrt(1 + df**2), (x, 0, 1))

# Suponemos valores para a y b por defecto
a_value = 1
b_value = 0

# Sustituimos a y b en la expresión y evaluamos numéricamente
numerical_length = sp.N(arc_length.subs({a: a_value, b: b_value}))

```

```
# Imprimir el resultado de la longitud de arco evaluada numéricamente
print("Longitud de arco numérica:", numerical_length)
```

Out [30]:

```
Longitud de arco numerica: 1.47894285754460
```

6.6.4 Aplicaciones de integrales en la obtención del centro geométrico

El centro geométrico de un objeto es el punto en el que el objeto se puede balancear perfectamente en cualquier dirección, es decir, es el promedio ponderado de todas las posiciones en el objeto. En el contexto de figuras planas, este punto representa la posición promedio de todos los puntos del área bajo consideración. Para una región plana limitada por curvas, el centroide ($\overline{x}$,$\overline{y}$) se define como las coordenadas medias ponderadas por el área de la región. Matemáticamente, las coordenadas del centroide se expresan como:[4]

Coordenada x del centroide: $\overline{x} = \frac{1}{A} \int_A x\, dA.$

Coordenada y del centroide: $\overline{y} = \frac{1}{A} \int_A y\, dA.$

Donde A es el área de la región. Y ahora el cálculo del centroide para regiones simples. Para regiones simples, como triángulos, rectángulos o círculos, las fórmulas para los centroides son bien conocidas y se pueden calcular directamente. Por ejemplo, el centroide de un triángulo con vértices en (x_1, y_1), (x_2, y_2) y (x_3, y_3) es:

$$\overline{x} = \frac{x_1 + x_2 + x_3}{3} \quad , \quad \overline{y} = \frac{y_1 + y_2 + y_3}{3}$$

Para formas más complejas o regiones definidas por funciones, el cálculo del centroide implica integrar sobre la región. Por ejemplo, para una región plana definida entre dos funciones $y = f(x)$ y $y = g(x)$, desde $x = a$ hasta $x = b$, el área A y las coordenadas del centroide se calculan como sigue:

Área de la región: $A = \int_a^b (f(x) - g(x))\, dx$

Coordenada x del centroide: $\overline{x} = \frac{1}{A} \int_a^b x\ (f(x) - g(x))\, dx$

Coordenada y del centroide: $\overline{y} = \frac{1}{2A} \int_a^b x\ \left((f(x))^2 - (g(x))^2\right)\, dx$

A continuación se presenta la implementación computacional, donde supongamos que se desea calcular el centroide de la región entre las curvas $y = x^2$ y la

[4] Venero B. (1999). "Análisis Matemático 2". Lima, Perú. Ediciones Gemar.

línea $y = x$, desde $x = 0$ hasta $x = 1$. Se desarrolla el siguiente algoritmo:

In [31]:

```
# Ejercicio 31
import sympy as sp
import numpy as np
import matplotlib.pyplot as plt

# Definir la variable simbólica y las funciones
x = sp.symbols('x')
f = x**2 # Curva superior
g = x    # Curva inferior

# Calcular el área entre las curvas
area = sp.integrate(f - g, (x, 0, 1))

# Calcular las coordenadas del centroide
x_bar = 1 / area * sp.integrate(x * (f - g), (x, 0, 1))
y_bar = 1 / (2 * area) * sp.integrate((f**2 - g**2), (x, 0, 1))

# Evaluar las expresiones
area = area.evalf()
x_bar = x_bar.evalf()
y_bar = y_bar.evalf()

# Función para evaluar las curvas para graficar
x_vals = np.linspace(0, 1, 100)
f_vals = np.array([f.subs(x, val) for val in x_vals], dtype=float)
g_vals = np.array([g.subs(x, val) for val in x_vals], dtype=float)

# Crear gráfico
plt.figure(figsize=(8, 6))
plt.plot(x_vals, f_vals, label='$y=x^2$', color='blue')
plt.plot(x_vals, g_vals, label='$y=x$', color='green')
plt.fill_between(x_vals, f_vals, g_vals, color='gray', alpha=0.5,
    label='Área entre curvas')
plt.scatter([x_bar], [y_bar], color='red', zorder=5, label=f'Centroide
    ({x_bar:.2f}, {y_bar:.2f})')
plt.title('Centroide de la región entre $y=x^2$ y $y=x$')
plt.xlabel('x')
plt.ylabel('y')
plt.legend()
plt.grid(True)
plt.show()

# Imprimir los resultados del cálculo
print(f"Área de la región: {area}")
print(f"Coordenada x del centroide: {x_bar}")
print(f"Coordenada y del centroide: {y_bar}")
```

Out [31]:

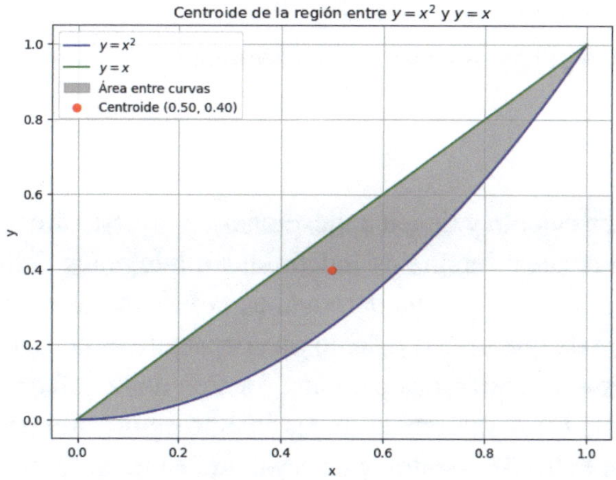


```
Area de la region: -0.166666666666667
Coordenada x del centroide: 0.500000000000000
Coordenada y del centroide: 0.400000000000000
```

Como se ha evidenciado en el presente capítulo, las integrales, más que constituir procedimientos algorítmicos como en el caso de funciones, límites o derivadas, consisten fundamentalmente en la aplicación de tablas basadas en las derivadas conocidas y la implementación de técnicas de transformación apropiadas.

6.7 Resumen

En resumen, se tienen los siguientes puntos relevantes del capítulo:

6.1. Fundamentos de las integrales.

Las integrales son fundamentales en cálculo y tienen aplicaciones en diversas áreas. Se dividen en dos categorías principales: integrales indefinidas e integrales definidas. Una integral indefinida es una función cuya derivada es la función original $f(x)$. La constante refleja el hecho de que la derivada de una constante es cero, lo que implica la existencia de infinitas antiderivadas para una función dada, diferenciándose únicamente en el valor de C. A diferencia de las integrales indefinidas, las integrales definidas se evalúan entre dos puntos y su resultado es un valor numérico. Representan el área bajo la curva de $f(x)$ entre dos límites, a y b, y se calculan utilizando el límite de sumas de Riemann. Este valor numérico sirve para calcular áreas, volúmenes y otros valores que dependen de la acumulación continua de cantidades infinitesimales.

6.2. Teoremas de las integrales.

El estudio de las integrales está reforzado por varios teoremas que facilitan su cálculo y comprensión:

Idempotencia: La derivada de una integral indefinida regresa a la función original.

Diferencial que anula la integral: Directamente relacionado con el cálculo diferencial, estableciendo que la integral y la derivada son operaciones inversas.

Además, se utiliza el Teorema Fundamental del Cálculo para conectar las integrales definidas e indefinidas, permitiendo calcular áreas y otros valores acumulativos directamente a través de las antiderivadas.

6.3. Integrales de funciones y sus métodos.

Integración de constantes: Este método simplifica la integración cuando una función está multiplicada por una constante. Esta propiedad refleja la linealidad de la integral y es utilizada frecuentemente para simplificar las integrales antes de calcularlas.

Integración de sumas: Basado en la propiedad distributiva, este método afirma que la integral de una suma de funciones es igual a la suma de las integrales de estas funciones. Este método es útil para descomponer integrales complejas en componentes más simples y manejables.

Integración de potenciales: Se refiere a integrar funciones de la forma x^m. Esto es útil para integrar polinomios y otras funciones similares.

Integración de exponenciales: Aplica cuando se integran funciones exponenciales. Este método es especialmente util en el estudio de procesos que involucran crecimiento exponencial o decaimiento.

6.4. Métodos avanzados de integración.

Métodos de sustitución: Esta técnica es fundamental cuando se encuentran funciones complicadas. Consiste en cambiar la variable de integración para transformar la integral en una forma más simple y manejable. Se muestra cómo sustituir variables en integrales definidas y cómo afecta el cambio de variables a los límites de integración.

Integración por partes: Basado en la fórmula, este método es esencial para integrar productos de funciones, donde se facilita la integración diferenciando una función e integrando la otra. Los ejemplos incluyen la integración de funciones polinómicas multiplicadas por logarítmicas, también por exponenciales, o por trigonométricas.

Métodos de fracciones parciales: Utilizado para integrar funciones racionales descomponiendo una fracción compleja en una suma de fracciones más simples cuyas integrales son más fáciles de calcular. Este método es especialmente útil cuando el denominador es un polinomio que se puede factorizar en términos lineales o cuadráticos.

Métodos de integración trigonométrica: Este método involucra usar identidades trigonométricas para simplificar integrales que contienen funciones trigonométricas. Es útil para integrales que, por ejemplo, incluyen seno y coseno elevados a diferentes potencias.

Sustituciones trigonométricas: Aplicadas generalmente a integrales que incluyen radicales con formas específicas, donde se transforma la expresión en una más simple usando identidades trigonométricas.

Métodos de sustituciones inversas: Involucra revertir una sustitución anterior o aplicar una nueva que simplifica aún más la integral. Este método es útil para resolver integrales que son el resultado de una sustitución previa y necesitan simplificación adicional.

Métodos de integrales binomias: Trata integrales que contienen una combinación de términos elevados a potencias, donde los integrandos son productos de binomios y monomios. Estas integrales se resuelven usando cambios de variable específicos que simplifican el integrando a una forma estándar fácilmente integrable.

6.5. Aplicaciones de integrales.

Las integrales tienen diversas aplicaciones prácticas en varios campos, desde la física hasta la economía y las ciencias sociales. Aquí se detallan varias aplicaciones clave:

Cálculo de áreas: Las integrales son esenciales para calcular áreas bajo curvas, lo que es fundamental en numerosas aplicaciones científicas y técnicas. Por ejemplo, en física, el área bajo una curva de velocidad contra tiempo puede representar la distancia total recorrida. En economía, las integrales ayudan a calcular el costo total acumulado sobre un período o el ingreso total generado por ventas hasta una cierta fecha.

Volúmenes de revolución: El cálculo de volúmenes de revolución es una aplicación fascinante de las integrales, que permite determinar el volumen de un sólido generado al rotar una región del plano alrededor de un eje. Este método es útil en el diseño de componentes industriales como tanques, donde es esencial conocer el volumen interior.

Longitudes de curva: Las integrales también se utilizan para calcular la longitud de una curva, lo que es útil en campos como la construcción de carreteras y puentes, donde se necesitan mediciones exactas de curvas y arcos.

Centro geométrico: Determinar el centro geométrico, o centroide, de un objeto es vital en la ingeniería y el diseño de productos, ya que el centroide es el punto en el que se puede balancear un objeto de manera uniforme. Las integrales permiten calcular las coordenadas del centroide para regiones planas definidas por curvas.

6.8 Problemas y sus Soluciones

Se tienen los siguientes problemas y soluciones:

1. ¿Qué tipo de integral se usa comúnmente para calcular el área bajo la curva de una función entre dos puntos específicos?

A) Integral múltiple.
B) Integral definida.
C) Integral indefinida.
D) Integral compleja.
E) Integral parcial.
F) Integral numérica.

2. ¿Cuál es la técnica de integración que se aplica al cambiar la variable de integración para simplificar la integral?

A) Integración por partes.
B) Integración directa.
C) Sustitución.
D) Fracciones parciales.
E) Método de Euler.
F) Descomposición en serie.

3. ¿Qué técnica de integración es útil para integrar el producto de dos funciones donde una se simplifica al derivarla?

A) Integración por partes.
B) Sustitución trigonométrica.
C) Fracciones parciales.
D) Integración directa.
E) Método de Euler.
F) Sustitución.

4. ¿Qué representa el diferencial dx en una integral?

A) Un pequeño cambio en la variable x.
B) La derivada de x.
C) Una constante de proporcionalidad.
D) El límite superior de la integral.
E) El límite inferior de la integral.
F) La función bajo la integral.

5. ¿Qué método de integración se utiliza para descomponer una función racional en sumas de fracciones más simples?

A) Método de Euler.
B) Integración directa.
C) Sustitución trigonométrica.
D) Fracciones parciales.
E) Integración por partes.
F) Integración numérica.

6. ¿Cuál es un uso común de las integrales definidas en física?

A) Solucionar ecuaciones diferenciales.
B) Calcular la densidad de un objeto.
C) Determinar el centro de masa.
D) Encontrar el período de una función.
E) Medir la cantidad de fuerza aplicada sobre un objeto.
F) Calcular la velocidad promedio.

7. ¿Qué es una integral indefinida?

A) Una función que, al derivarse, se obtiene a sí misma.
B) Una función que no tiene límites de integración.
C) Una integral con un resultado numérico definido.
D) Una integral que no tiene aplicación práctica.
E) Una integral que solo se puede resolver numéricamente.
F) Una función que tiene un máximo local.

8. ¿Qué teorema conecta las integrales definidas e indefinidas?

A) Teorema Fundamental del Cálculo.
B) Teorema del Valor Medio para Integrales.
C) Teorema de Green.
D) Teorema de Stokes.
E) Ley de los Grandes Números.
F) Teorema de Taylor.

9. ¿Cuál de las siguientes opciones no es una aplicación directa de las integrales?

A) Calcular el área bajo una curva.
B) Determinar el volumen de un sólido.
C) Estimar el crecimiento de la población.

D) Resolver ecuaciones lineales.
E) Medir la longitud de una curva.
F) Encontrar el centro geométrico de una figura plana.

10. ¿Qué técnica de integración utiliza identidades trigonométricas para simplificar integrales que contienen funciones trigonométricas?

A) Sustitución.
B) Integración por partes.
C) Fracciones parciales.
D) Integración trigonométrica.
E) Integración cuadrática.
F) Integración directa.

11. En Python. Integral indefinida de x^2.

12. En Python. Integral definida de $3x^3$ de 0 a 1.

13. En Python. Integral indefinida de e^x.

14. En Python. Integral definida de $2x + 1$ de -1 a 1.

15. En Python. Integral indefinida de $\cos(x)$.

16. En Python. Área bajo la curva de $x^2 - 4x + 4$ de 0 a 2.

17. En Python. Integral indefinida de $1/x$.

18. En Python. Integral definida de $1/x$ de 1 a e.

19. En Python. Integral indefinida de $\text{sen}\,(x)$.

20. En Python. Integral definida de $\text{sen}(x)$ de 0 a π.

6.9 Problemas

Se tienen los siguientes problemas:

1. ¿Qué representa una integral definida matemáticamente?

A) El gradiente de una curva.
B) La pendiente de una recta.
C) El área bajo una curva entre dos puntos.
D) El volumen de un sólido de revolución.
E) La longitud de un arco.
F) El máximo valor de una función.

2. ¿Cuál de los siguientes métodos no es un método de integración mencionado en el documento?

A) Sustitución.
B) Integración por partes.
C) Integración cuadrática.
D) Método de Euler.
E) Fracciones parciales.
F) Integración trigonométrica.

3. ¿Qué teorema establece que la integral y la derivada son operaciones inversas?

A) Teorema del Valor Medio.
B) Teorema Fundamental del Cálculo.
C) Teorema de Taylor.
D) Teorema de Stokes.
E) Teorema de Green.
F) Ley de los Grandes Números.

4. ¿Qué técnica de integración se utiliza principalmente para integrar productos de funciones?

A) Sustitución.
B) Integración cuadrática.
C) Integración por partes.
D) Fracciones parciales.
E) Integración trigonométrica.
F) Integración binomial.

5. ¿Cuál de las siguientes aplicaciones de las integrales no fue mencionada en el documento?

A) Cálculo de áreas bajo curvas.
B) Determinación de volúmenes de sólidos de revolución.
C) Cálculo de longitudes de curva.
D) Optimización de recursos en ingeniería.
E) Determinación del centro geométrico.
F) Estimación de poblaciones en biología.

6. ¿Cuál es el resultado de la integral definida de la función $f(x) = x^2$ desde $x = 0$ hasta $x = 2$?

A) 2.
B) 4.
C) 6.
D) 8.
E) $\frac{8}{3}$.
F) $\frac{2}{3}$.

7. ¿Qué método de integración se utilizaría eficazmente para resolver integrales que incluyen expresiones como $\sqrt{a^2-x^2}$?

A) Sustitución trigonométrica.
B) Integración por partes.
C) Método de Euler.
D) Fracciones parciales.
E) Integración directa.
F) Método de descomposición.

8. ¿Cuál de las siguientes afirmaciones sobre las integrales indefinidas es verdadera según el documento?

A) No incluyen una constante de integración.
B) Son el área bajo la curva de una función.
C) Son usadas principalmente para calcular volúmenes.
D) Pueden tener infinitas soluciones, diferenciándose por una constante.
E) Siempre resultan en una función polinómica.
F) No tienen aplicación práctica.

9. En el contexto de las integrales, ¿qué implica el 'Teorema Fundamental del Cálculo'?

A) La derivada de una integral es igual a la función original.
B) La integral de una derivada regresa a la función original más una constante.
C) La suma de las integrales es igual a la integral de las sumas.
D) El área bajo la curva puede ser calculada utilizando antiderivadas.
E) Cada función continua tiene una integral definida.
F) La integral de una función constante es cero.

10. ¿Qué técnica de integración descompone una función racional en una suma de fracciones más simples?

A) Integración directa.
B) Método de Euler.
C) Fracciones parciales.
D) Integración por partes.
E) Sustitución trigonométrica.
F) Sustitución de variables.

11. Calcula la integral indefinida de la función $f(x) = x^2$.

12. Encuentra el valor de la integral definida $\int_0^1 3x^3$.

13. Determina la integral indefinida de $f(x) = e^x$.

14. Calcula la integral definida $\int_{-1}^1 (2x+1)\ dx$.

15. Encuentra el valor de la integral indefinida $\int \cos(x)\ dx$.

16. Determina el área bajo la curva de $x^2 - 4x + 4$ desde $x = 0$ hasta $x = 2$.

17.Calcula la integral indefinida de la función $f\ (x) = 1/x$.

18. Encuentra el valor de la integral definida $\int_1^e 1/x\ dx$.

19. Determina el valor funcional de la integral indefinida de $f(x) = \text{sen}(x)$.

20. Calcula la integral definida $\int_0^\pi \text{sen}\ (x)\ dx$.

Bibliografía

[1] Tom M Apostol. *One-variable calculus, with an introduction to linear algebra*. Vol. 1. Blaisdell Waltham, Toronto, London, 1967.

[2] Tom M. Apostol. *Introduction to Analytic Number Theory*. United States of America: Springer, 1961.

[3] Aurelio Baldor. *Aritmética: Teoría Práctica*. Décima octava impresión. México: Publicaciones Cultural, 2003.

[4] J. A. Baldor. *Geometría Plana del Espacio: Con una Introducción a la Trigonometría*. 15.ª ed. México D.F., México: Publicaciones Cultural, 1998.

[5] Newton L. Jr. Bowers et al. *Actuarial Mathematics*. 2nd edition. United States of America: The Society of Actuaries, 1997.

[6] Richard Courant y David Hilbert. *Methods of Mathematical Physics*. Vol. 1. United States of America: Wiley, 1989.

[7] Richard Courant y Fritz John. *Introduction to Calculus and Analysis*. Vol. 1. United States of America: Springer, 1988.

[8] Stanley I. Grossman. *Álgebra Lineal*. 5.ª ed. México D.F., México: McGraw Hill Interamericana de México, 1996.

[9] Erwin Kreyszig. *Advanced Engineering Mathematics*. 9.ª ed. United States of America: Wiley, 2005.

[10] Erwin Kreyszig. *Introductory Functional Analysis with Applications*. United States of America: Wiley, 1979.

[11] Ron Larson y Bruce H. Edwards. *Calculus of a Single Variable*. 9.ª ed. United States of America: Brooks/Cole, 2009.

[12] David Poole. *Álgebra Lineal*. São Paulo, Brasil: Thomson, 2004.

[13] Anton RORRES y V ANTON. «Álgebra linear com aplicações». En: *Tradução técnica: Claus Ivo Doering* (2001).

[14] Walter Rudin. «Principles of mathematical analysis». En: *3rd ed.* (1976).

[15] George F. Simmons. *Differential Equations with Applications and Historical Notes*. 2.ª ed. United States of America: McGraw-Hill, 1995.

[16] George Finlay Simmons. «Calculus with analytic geometry». En: *(No Title)* (1996).

[17] Michael Spivak. *Calculus*. 2.ª ed. United States of America: Publish or Perish, 1967.

[18] James Stewart. *Calculus: Early Transcendentals*. 6.ª ed. United States of America: Brooks/Cole, 2007.

[19] Gilbert Strang. «Gilbert Strang Calculus Wellesley Cambridge Press (1991) ISBN 0961408820. pdf». En: (1991).

Apéndice

Apéndice A Introducción a Python

Objetivos

- Características principales como lenguaje de programación.
- Aplicaciones de Python en la industrias.
- Conceptos de programación: variables, tipos de datos y operaciones básicas
- Estructuras de control y funciones.

A.1 ¿Qué es Python?

Python es un lenguaje de programación de alto nivel, interpretado y de propósito general, hecho por Guido van Rossum y emitido al público por primera vez en 1991. Su diseño se centra en la legibilidad del código haciendo que los programadores expresen scripts en menos líneas de código en comparación con otros lenguajes como C++ o Java. Python es un lenguaje de programación multiparadigma que soporta programación orientada a objetos, imperativa, funcional y procedimental.

A.1.1 Características

Uno de los atractivos de Python es su sintaxis simple y fácil de aprender, lo que lo hace ideal para principiantes en programación, a la vez que es lo suficientemente robusto para el desarrollo profesional de aplicaciones complejas. Python tiene una comunidad muy activa y una amplia variedad de bibliotecas y frameworks que se pueden utilizar en casi cualquier campo, desde desarrollo web hasta ciencia de datos, inteligencia artificial y cálculo matemático.

Ejemplo básico en Python:

In [1]:

```
# Ejercicio 1
def saludo(nombre):
    """Esta función saluda a la persona cuyo nombre es pasado como parámetro"""
    return f"Hola, {nombre}! Bienvenido a Python."

# Llamamos a la función y pasamos un nombre
print(saludo("Rio"))
```

Out [1]:

```
Hola, Rio! Bienvenido a Python.
```

Jupyter Notebook: Es una aplicación que permite crear y compartir documentación que contienen código en vivo, ecuaciones, visualizaciones y texto explicativo. Es muy popular entre los científicos de datos para la exploración y presentación de datos.

A.1.2 Filosofía de Python

Python no es solo un lenguaje de programación, sino que también representa una filosofía que influye en su diseño y en la manera en que los programadores lo utilizan. La "Filosofía de Python" se encuentra resumida en el documento conocido como "The Zen of Python", escrito por Tim Peters. Estos principios describen las mejores prácticas y el enfoque que se debe adoptar al escribir código en Python.

Para ver estos principios en cualquier intérprete de Python, se puede ejecutar el siguiente comando:

In [2]:

```python
# Ejercicio 2
import this
```

Out [2]:

```
The Zen of Python, by Tim Peters

Beautiful is better than ugly.
Explicit is better than implicit.
Simple is better than complex.
Complex is better than complicated.
Flat is better than nested.
Sparse is better than dense.
Readability counts.
Special cases aren't special enough to break the rules.
Although practicality beats purity.
Errors should never pass silently.
Unless explicitly silenced.
In the face of ambiguity, refuse the temptation to guess.
There should be one-- and preferably only one --obvious way to
     do it.
Although that way may not be obvious at first unless you're
    Dutch.
Now is better than never.
Although never is often better than *right* now.
```

```
If the implementation is hard to explain, it's a bad idea.
If the implementation is easy to explain, it may be a good
    idea.
Namespaces are one honking great idea -- let's do more of
    those!
```

El resultado será de 19 aforismos que reflejan los valores del uso de Python:

- Hermoso es mejor que feo.
- Explícito es mejor que implícito.
- Simple es mejor que complejo.
- Complejo es mejor que complicado.
- Plano es mejor que anidado.
- Espaciado es mejor que denso.
- La legibilidad cuenta.
- Los casos especiales no son lo suficientemente especiales como para romper las reglas.
- Ser practico le gana a ser puro.
- Los errores nunca deben pasar silenciosamente.
- A menos que se silencien explícitamente.
- Ante la incertidumbre, rechaza la adivinación.
- Debería haber, preferiblemente, solo una manera obvia de hacerlo.
- Aunque esa manera no sea obvia al principio a menos que seas holandés.
- Ahora es mejor que nunca.
- Mejor ahora que después.
- Si implementar es difícil de explicar, es mala idea.
- Si es fácil de implementar, probablemente sea una buena idea.
- Los espacios de nombres son una gran idea; hagamos más de ellos.

Cada uno de estos principios influye en la forma en que Python es diseñado y cómo los programadores deben escribir código. Ahora, exploraremos algunos de estos principios con ejemplos prácticos en Python.

A.1.2.1 Hermoso es mejor que feo

Python promueve una sintaxis clara y limpia. Un código bien estructurado es más fácil de entender y mantener. Veamos un ejemplo:

Ejemplo 1: Buen estilo de codificación

In [3]:

```
# Ejercicio 3
# Buen estilo: código limpio y legible
def calcular_area_circulo(radio):
    """Calcula el área de un círculo dado su radio."""
```

```
    import math

    return math.pi * radio**2


radio = 5
print(f"El área del círculo es: {calcular_area_circulo(radio):.2f}")
```

Out [3]:

```
El area del circulo es: 78.54
```

Este código es claro, usa nombres de variables y funciones significativos y sigue las mejores prácticas de programación. En contraste, un código feo podría no usar nombres descriptivos y carecer de estructura.

A.1.2.2 Explícito es mejor que implícito

El código debe ser comprensible sin necesidad de adivinanzas. La claridad sirve para evitar errores.

Ejemplo 2: Uso explícito de estructuras de control

In [4]:

```
# Ejercicio 4
# Método explícito para verificar si un número es par
def es_par(numero):
    """Devuelve True si el número es par, False en caso contrario."""
    return numero % 2 == 0


print(es_par(8)) # True
print(es_par(7)) # False
```

Out [4]:

```
True
False
```

Este método es claro y explícito. Un ejemplo de mala práctica sería usar una expresión confusa o poco intuitiva para hacer la misma verificación.

A.1.2.3 Simple es mejor que complejo

Python promueve soluciones simples en lugar de soluciones innecesariamente complicadas. La simplicidad mejora la mantenibilidad del código.

Ejemplo 3: Evitando la complejidad innecesaria

In [5]:

```
# Ejercicio 5
# Método simple para invertir una cadena
def invertir_cadena(cadena):
    """Devuelve la cadena invertida."""
    return cadena[::-1]


print(invertir_cadena("Python version 3")) # "3 noisrev nohtyP"
```

Out [5]:

```
3 noisrev nohtyP
```

Alternativamente, podríamos usar un bucle for para recorrer la cadena y construir una nueva, pero el uso de [::-1] es más simple y más pythonico. Así, la Filosofía de Python está diseñada para fomentar la claridad, la simplicidad y la eficiencia en la programación. A través de principios como la legibilidad, la explícita sobre la implícita y la simplicidad sobre la complejidad, Python permite a los desarrolladores escribir código comprensible y mantenible. El "Zen de Python" no es solo un conjunto de directrices, sino una filosofía que permite a los programadores escribir mejor código, facilitando la colaboración y el desarrollo eficiente de software. Al seguir estos principios, los desarrolladores pueden aprovechar al máximo las ventajas que ofrece Python y escribir código más efectivo y elegante.

A.1.3 Aplicaciones de Python en la Industria

Desde el desarrollo web hasta la inteligencia artificial, Python ha demostrado ser una herramienta de software muy util. Ahora, exploraremos algunas de sus aplicaciones más destacadas con ejemplos prácticos en código.

1. **Desarrollo web y automatización:** Python es muy popular en el desarrollo web debido a frameworks como Django y Flask. Además, su uso lo hace ideal para la automatización de tareas repetitivas, como el web scraping o la gestión de archivos.
2. **Ciencia de Datos y Machine Learning:** Python es el lenguaje predominante en ciencia de datos y Machine Learning gracias a bibliotecas como Pandas, NumPy, Scikit-learn y TensorFlow. Su facilidad para el manejo de datos y el aprendizaje automático lo hace ideal para la industria financiera, de salud y tecnología..
3. **Inteligencia Artificial y procesamiento de imágenes:** Python es amplia-

mente utilizado en inteligencia artificial (IA) y procesamiento de imágenes con bibliotecas como OpenCV. Estas aplicaciones incluyen reconocimiento facial, detección de objetos y mejoras en la visión computacional.

Python es un lenguaje con aplicaciones en múltiples sectores, desde la automatización hasta la inteligencia artificial. Gracias a su sintaxis sencilla y una amplia gama de bibliotecas, se ha convertido en una herramienta popular para desarrolladores y científicos de datos. Su versatilidad permite a empresas y profesionales optimizar procesos, mejorar la toma de decisiones y desarrollar tecnologías innovadoras.

A.2 Variables y tipos de datos

A.2.1 Declaración e inicialización de variables

En esta sección, exploraremos la declaración e inicialización de variables, así como los diferentes tipos de datos en Python. En Python, una variable se declara asignándole un valor. No es necesario especificar su tipo, ya que Python lo infiere automáticamente. Veamos algunos ejemplos:

In [6]:

```
# Ejercicio 6
# Declaración e inicialización de variables
nombre = "Aneliz" # Cadena de texto (str)
edad = 27 # Entero (int)
altura = 1.58 # Flotante (float)
es_estudiante = True # Booleano (bool)

print(f"Nombre: {nombre}, Edad: {edad}, Altura: {altura}, Estudiante: {es_estudiante}")
```

Out [6]:

```
Nombre: Aneliz, Edad: 27, Altura: 1.58, Estudiante: True
```

A.2.1.1 Reglas para nombrar variables en Python

- Comienzan con una letra o un guion bajo.
- No pueden comenzar con un número.
- Pueden contener letras, números y guiones bajos.
- Python distingue entre mayúsculas y minúsculas (edad y Edad son diferentes variables).
- Palabras reservadas de Python como if, for, while, def, return, etc.

Comprender cómo declarar datos, inicializarlos y manipularlos es clave para escribir programas eficientes y estructurados. Con estas bases, se pueden construir aplicaciones más complejas utilizando estructuras de control y funciones.

A.2.2 Tipos de Datos

Python es un lenguaje dinámico, lo que significa que no necesitas declarar el tipo de una variable. Esto hace que el código sea fácil de escribir y leer, pero es útil comprender los tipos de datos básicos para manejar los datos de manera efectiva. Tipos de datos básicos en Python:

Enteros (int): Números sin punto decimal.

Flotantes (float): Números con punto decimal.

Cadenas de caracteres (str): Texto encerrado en comillas simples o dobles.

Booleanos (bool): True o False.

Listas: Colecciones ordenadas de valores.

Diccionarios: Pares de clave-valor.

Ejemplo de declaración de variables:

In [7]:

```python
# Ejercicio 7
# Ejemplo de variables en Python
entero = 10
flotante = 10.5
cadena = "Hola Python"
booleano = True

lista = [1, 2, 3, 4]
diccionario = {"nombre": "Guido", "creador_de": "Python"}

entero, flotante, cadena, booleano, lista, diccionario
```

Out [7]:

```
(10,
 10.5,
 'Hola Python',
 True,
 [1, 2, 3, 4],
 {'nombre': 'Guido', 'creador_de': 'Python'})
```

A.2.3 Conversión entre Tipos de Datos

En Python, es común necesitar convertir datos de un tipo a otro. Esto se conoce como "casting" y se puede hacer de manera implícita o explícita.

A.2.3.1 Conversión implícita

Python realiza conversiones automáticas cuando no hay pérdida de información.

In [8]:

```
# Ejercicio 8
entero = 11
flotante = entero + 2.5 # Python convierte automáticamente el entero a
    flotante

print(flotante) # Salida: 13.5
print(type(flotante)) # Salida: <class 'float'>
```

Out [8]:

```
13.5
<class 'float'>
```

A.2.3.2 Conversión explícita

Se usa cuando es necesario cambiar el tipo de datos manualmente.

In [9]:

```
# Ejercicio 9
num_str = "123"
num_int = int(num_str) # Convertir cadena a entero
num_float = float(num_int) # Convertir entero a flotante

print(type(num_int)) # <class 'int'>
print(type(num_float)) # <class 'float'>
```

Out [9]:

```
<class 'int'>
<class 'float'>
```

A.2.3.3 Conversión de otros tipos

Python permite la conversión entre colecciones de datos:

In [10]:

```python
# Ejercicio 10
lista = [1, 2, 3]
tupla = tuple(lista) # Convertir lista a tupla
conjunto = set(lista) # Convertir lista a conjunto
diccionario = dict(enumerate(lista)) # Convertir lista a diccionario

print(tupla) # (1, 2, 3)
print(conjunto) # {1, 2, 3}
print(diccionario) # {0: 1, 1: 2, 2: 3}
```

Out [10]:

```
(1, 2, 3)
{1, 2, 3}
{0: 1, 1: 2, 2: 3}
```

Ejercicio: Conversión de tipos en operaciones matemáticas

Escribe un programa que pida dos números al usuario y los convierta a enteros antes de sumarlos.

In [11]:

```python
# Ejercicio 11
num1 = input("Ingrese el primer número: ")
num2 = input("Ingrese el segundo número: ")

suma = int(num1) + int(num2)

print(f"La suma es: {suma}")
```

Out [11]:

```
Ingrese el primer numero: 12
Ingrese el segundo numero: 14
```

```
La suma es: 26
```

Ejercicio: Transformación de colecciones

Convierte una lista ingresada en una tupla y un conjunto.

In [12]:

```
# Ejercicio 12
palabras = input("Ingrese palabras separadas por comas: ").split(",")
tupla_palabras = tuple(palabras)
set_palabras = set(palabras)

print(f"Tupla: {tupla_palabras}")
print(f"Conjunto: {set_palabras}")
```

Out [12]:

```
Ingrese palabras separadas por comas: Esta, es una frase,
    separada por, comas
```

```
Tupla: ('Esta', ' es una frase', ' separada por', ' comas')
Conjunto: {' comas', ' separada por', 'Esta', ' es una frase'}
```

Ejercicio: Conversión de tipos en una aplicación práctica

Pide al usuario un número flotante y muestra su parte entera y su representación en cadena.

In [13]:

```
# Ejercicio 13
numero = float(input("Ingrese un número decimal: "))
parte_entera = int(numero)
cadena_numero = str(numero)

print(f"Parte entera: {parte_entera}")
print(f"Representación como cadena: {cadena_numero}")
```

Out [13]:

```
Ingrese un numero decimal: 12.4
```

```
Parte entera: 12
Representacion como cadena: 12.4
```

Comprender la conversión de tipos de datos en Python permite manejar correctamente los datos y evitar errores en programas más complejos. Python ofrece conversiones implícitas para facilitar el trabajo, pero también permite conversiones explícitas para garantizar precisión en el tratamiento de datos.

A.2.4 Entradas y Salidas de Datos

En esta sección, exploraremos las diferentes formas de entrada y salida de datos, con ejemplos prácticos para ilustrar su uso.

A.2.4.1 Entrada de datos con input()

La función input() se usa para recibir datos del usuario en forma de cadena de texto.

In [14]:

```
# Ejercicio 14
nombre = input("Ingrese su nombre: ")

print(f"Hola, {nombre}!")
```

Out [14]:

```
Ingrese su nombre: Juan
```

```
Hola, Juan!
```

A.2.4.2 Salida de datos con print()

La función print() se usa para mostrar información en la pantalla.

In [15]:

```
# Ejercicio 15
mensaje = "Python es un lenguaje de programación"

print(mensaje)
```

Out [15]:

```
Python es un lenguaje de programacion
```

A.2.4.3 Formato de salida

Python ofrece varias formas de formatear la salida de datos.

1. Concatenación de Cadenas

In [16]:

```python
# Ejercicio 16
nombre = "María"
edad = 32

print("Nombre: " + nombre + ", Edad: " + str(edad))
```

Out [16]:

```
Nombre: Maria, Edad: 32
```

2. Uso de format()

In [17]:

```python
# Ejercicio 17
print("Nombre: {}, Edad: {}".format(nombre, edad))
```

Out [17]:

```
Nombre: Maria, Edad: 32
```

3. F-strings (Recomendado)

In [18]:

```python
# Ejercicio 18
print(f"Nombre: {nombre}, Edad: {edad}")
```

Out [18]:

```
Nombre: Maria, Edad: 32
```

A.2.4.4 Salida de datos en múltiples líneas

Se puede imprimir texto en varias líneas utilizando \n.

In [19]:

```python
# Ejercicio 19
print("Línea 1\nLínea 2\nLínea 3")
```

Out [19]:

```
Linea 1
Linea 2
Linea 3
```

También se pueden usar triples comillas:

In [20]:

```python
# Ejercicio 20
print("""Este es un texto en varias líneas""")
```

Out [20]:

```
Este es un texto en varias lineas
```

Ejercicio: Calculadora simple.

Escribe un programa que solicite dos números y muestre la suma, resta, multiplicación y división de los mismos.

In [21]:

```python
# Ejercicio 21
num1 = float(input("Ingrese el primer número: "))
num2 = float(input("Ingrese el segundo número: "))

print(f"Suma: {num1 + num2}")
print(f"Resta: {num1 - num2}")
print(f"Multiplicación: {num1 * num2}")
print(f"División: {num1 / num2}")
```

Out [21]:

```
Ingrese el primer numero: 13
Ingrese el segundo numero: 65
```

```
Suma: 78.0
Resta: -52.0
Multiplicacion: 845.0
Division: 0.2
```

Ejercicio: Conversor de temperatura.

Un programa que transforme grados Celsius a Fahrenheit.

In [22]:

```python
# Ejercicio 22
celsius = float(input("Ingrese la temperatura en grados Celsius: "))
fahrenheit = (celsius * 9 / 5) + 32

print(f"{celsius} C equivale a {fahrenheit} F")
```

Out [22]:

```
Ingrese la temperatura en grados Celsius: 27
```

```
27.0 C equivale a 80.6 F
```

Ejercicio: Encuesta de usuario.

Escribe un programa que haga preguntas al usuario y luego muestre un resumen de sus respuestas.

In [23]:

```python
# Ejercicio 23
nombre = input("Cual es su nombre? ")
edad = input("Cuantos años tiene? ")
color_favorito = input("Cual es su color favorito? ")

print("\nResumen de la encuesta:")
print(f"Nombre: {nombre}")
print(f"Edad: {edad} años")
print(f"Color favorito: {color_favorito}")
```

Out [23]:

```
Cual es su nombre? Raul
Cuantos anos tiene? 29
Cual es su color favorito? amarillo
```

```

Resumen de la encuesta:
Nombre: Raul
Edad: 29 anos
Color favorito: amarillo
```

El manejo adecuado de entradas y salidas de datos constituye un aspecto a tomarse en cuenta en la programación con buenas prácticas. Python proporciona herramientas flexibles para recibir información del usuario y presentar resultados de manera clara y organizada, así como la librería `rich` que permite crear salidas de texto más atractivas y organizadas, con colores, tablas, barras de progreso y formateo avanzado para mejorar la presentación de datos al usuario.

A.3 Operaciones Básicas

Python soporta las operaciones matemáticas y lógicas comunes, lo que permite realizar cálculos simples y control de flujo en el código. Operaciones matemáticas básicas:

- Suma (+), resta (-), multiplicación (*), división (/)
- División entera (//), módulo (%), exponenciación (**)

Operaciones lógicas y comparaciones:

- Igual (==), no igual (!=), mayor que (>), menor que (<)
- Y lógico (and), o lógico (or), no lógico (not)

A.3.1 Operaciones Aritméticas

Python ofrece varios operadores para realizar cálculos matemáticos. En las siguientes subsecciones, exploraremos las operaciones básicas, su uso y algunos ejemplos prácticos.

Tabla A.1: Operadores aritméticos en Python

Operador	Descripción	Ejemplo
+	Suma	5 + 3 = 8
-	Resta	10 - 4 = 6
*	Multiplicación	6 * 7 = 42
/	División	15 / 2 = 7.5
//	División Entera	15 // 2 = 7
%	Módulo (Residuo)	10 % 3 = 1
**	Potencia	2 ** 3 = 8

A.3.1.1 Suma y Resta

In [24]:

```
# Ejercicio 24
a = 10
b = 5

suma = a + b
resta = a - b

print(f"Suma: {suma}, Resta: {resta}")
```

Out [24]:

```
Suma: 15, Resta: 5
```

A.3.1.2 Multiplicación y División

In [25]:

```
# Ejercicio 25
a = 7
b = 3

multiplicacion = a * b
division = a / b
division_entera = a // b

print(f"Multiplicación: {multiplicacion}, División: {division}, División Entera: {division_entera}")
```

Out [25]:

```
Multiplicacion: 21, Division: 2.3333333333333335, Division
    Entera: 2
```

A.3.1.3 Módulo y Potencia

In [26]:

```
# Ejercicio 26
a = 12
b = 3

modulo = a % b
potencia = a**b

print(f"Módulo: {modulo}, Potencia: {potencia}")
```

Out [26]:

```
Modulo: 0, Potencia: 1728
```

Ejercicio: Calculadora básica

Escribe un programa que solicite dos números y realice todas las operaciones aritméticas.

In [27]:

```
# Ejercicio 27
num1 = float(input("Ingrese el primer número: "))
num2 = float(input("Ingrese el segundo número: "))

print(f"Suma: {num1 + num2}")
print(f"Resta: {num1 - num2}")
print(f"Multiplicación: {num1 * num2}")
print(f"División: {num1 / num2}")
print(f"División Entera: {num1 // num2}")
print(f"Módulo: {num1 % num2}")
print(f"Potencia: {num1 ** num2}")
```

Out [27]:

```
Ingrese el primer numero: 13
Ingrese el segundo numero: 24
```

```
Suma: 37.0
Resta: -11.0
Multiplicacion: 312.0
Division: 0.5416666666666666
Division Entera: 0.0
Modulo: 13.0
Potencia: 5.428007703743705e+26
```

Ejercicio: Área y perímetro de un rectángulo

Crea un código que calcule el área y el perímetro de un rectángulo.

In [28]:

```
# Ejercicio 28
base = float(input("Ingrese la base del rectángulo: "))
altura = float(input("Ingrese la altura del rectángulo: "))

```

```
area = base * altura
perimetro = 2 * (base + altura)

print(f"Área: {area}, Perímetro: {perimetro}")
```

Out [28]:

```
Ingrese la base del rectangulo: 7
Ingrese la altura del rectangulo: 3
```

```
Area: 21.0, Perimetro: 20.0
```

Ejercicio: Conversión de unidades

Escribe un programa que convierta una cantidad en metros a kilómetros y centímetros.

In [29]:

```
# Ejercicio 29
metros = float(input("Ingrese la cantidad en metros: "))
kilometros = metros / 1000
centimetros = metros * 100

print(f"{metros} metros equivalen a {kilometros} kilómetros y {
    centimetros} centímetros")
```

Out [29]:

```
Ingrese la cantidad en metros: 1987
```

```
1987.0 metros equivalen a 1.987 kilometros y 198700.0 centi
    metros
```

Las operaciones aritméticas son esenciales para la mayoría de las aplicaciones de programación. Python ofrece una forma sencilla y potente para realizar cálculos matemáticos, lo que facilita su uso en diversas áreas como análisis de datos, desarrollo web y simulaciones científicas.

A.3.2 Operaciones relacionales y lógicas

Python proporciona una sintaxis clara para trabajar con estas operaciones, facilitando la implementación de estructuras de control como condicionales y bucles.

A.3.2.1 Operadores Relacionales

Los operadores relacionales (también llamados operadores de comparación) se usan para comparar valores, y estos devuelven un resultado booleano (True o False).

Tabla A.2: Operadores relacionales en Python

Operador	Descripción	Ejemplo
==	Igualdad	5 == 5 → True
!=	Diferente	5 != 3 → True
>	Mayor que	7 > 3 → True
<	Menor que	2 < 5 → True
>=	Mayor o igual que	6 >= 6 → True
<=	Menor o igual que	4 <= 7 → True

Ejemplo de uso de operadores relacionales.

In [30]:

```python
# Ejercicio 30
a = 10
b = 5

print(a == b) # False
print(a != b) # True
print(a > b) # True
print(a < b) # False
print(a >= b) # True
print(a <= b) # False
```

Out [30]:

```
False
True
True
False
True
False
```

A.3.2.2 Operadores Lógicos

Los operadores lógicos se utilizan para combinar múltiples condiciones y obtener un resultado booleano.

Tabla A.3: Operadores lógicos en Python

Operador	Descripción	Ejemplo
and	True si ambas condiciones son verdaderas	(5 > 3) and (10 > 2) → True
or	True si al menos una condición es verdadera	(5 > 3) or (10 < 2) → True
not	Invierte el valor de una condición	not (5 > 3) → False

Ejemplo de uso de operadores lógicos.

In [31]:

```python
# Ejercicio 31
x = True
y = False

print(x and y) # False
print(x or y) # True
print(not x) # False
```

Out [31]:

```
False
True
False
```

Ejercicio: Comparación de números.

Escribe un programa que solicite dos números al usuario y compare cuál es mayor, menor o si son iguales.

In [32]:

```python
# Ejercicio 32
num1 = float(input("Ingrese el primer número: "))
num2 = float(input("Ingrese el segundo número: "))

if num1 > num2:
    print(f"{num1} es mayor que {num2}")
elif num1 < num2:
```

```
        print(f"{num1} es menor que {num2}")
else:
        print("Ambos números son iguales")
```

Out [32]:

```
Ingrese el primer numero: 20
Ingrese el segundo numero: -3
```

```
20.0 es mayor que -3.0
```

Ejercicio: Acceso a un sistema.

Crea un programa que verifique si un usuario puede acceder a un sistema. Debe solicitar un nombre de usuario y una contraseña predefinida.

In [33]:

```
# Ejercicio 33
usuario_correcto = "admin"
clave_correcta = "1234"

usuario = input("Ingrese su usuario: ")
clave = input("Ingrese su contraseña: ")

if usuario == usuario_correcto and clave == clave_correcta:
    print("Acceso concedido")
else:
    print("Acceso denegado")
```

Out [33]:

```
Ingrese su usuario: admin
Ingrese su contrasena: 1234
```

```
Acceso concedido
```

Ejercicio: Aprobación de un estudiante.

Escribe un programa que solicite tres notas de un estudiante y determine si aprueba (promedio $\geq$ 60).

In [34]:

```
# Ejercicio 34
```

```python
nota1 = float(input("Ingrese la primera nota: "))
nota2 = float(input("Ingrese la segunda nota: "))
nota3 = float(input("Ingrese la tercera nota: "))

promedio = (nota1 + nota2 + nota3) / 3

if promedio >= 60:
    print(f"Aprobado con {promedio:.2f}")
else:
    print(f"Reprobado con {promedio:.2f}")
```

Out [34]:

```
Ingrese la primera nota: 24
Ingrese la segunda nota: 65
Ingrese la tercera nota: 98
```

```
Aprobado con 62.33
```

Ejercicio: Cálculo de la edad.

Crea un programa que verifique la edad exacta de una persona.

In [35]:

```python
# Ejercicio 35
from datetime import date

# Pedir la fecha de nacimiento
anio_nacimiento = int(input("Ingrese su año de nacimiento: "))
mes_nacimiento = int(input("Ingrese su mes de nacimiento (1-12): "))
dia_nacimiento = int(input("Ingrese su día de nacimiento: "))

# Obtener la fecha actual
hoy = date.today()
fecha_nacimiento = date(anio_nacimiento, mes_nacimiento,
    dia_nacimiento)

# Calcular la diferencia en años, meses y días
edad_anios = hoy.year - fecha_nacimiento.year
edad_meses = hoy.month - fecha_nacimiento.month
edad_dias = hoy.day - fecha_nacimiento.day

# Ajustar si el mes aún no ha pasado
if edad_meses < 0 or (edad_meses == 0 and edad_dias < 0):
    edad_anios -= 1
    edad_meses += 12

# Ajustar si el día aún no ha pasado
```

```
if edad_dias < 0:
    from calendar import monthrange

    mes_anterior = hoy.month - 1 if hoy.month > 1 else 12
    anio_anterior = hoy.year if hoy.month > 1 else hoy.year - 1
    dias_mes_anterior = monthrange(anio_anterior, mes_anterior)[1]
    edad_meses -= 1
    edad_dias += dias_mes_anterior

print(f"Tienes {edad_anios} años, {edad_meses} meses y {edad_dias} dí
    as.")
```

Out [35]:

```
Ingrese su ano de nacimiento: 1876
Ingrese su mes de nacimiento (1-12): 9
Ingrese su dia de nacimiento: 18
```

```
Tienes 148 anos, 10 meses y 23 dias.
```

Los operadores relacionales y lógicos permiten evaluar condiciones y tomar decisiones en Python. Son esenciales para la programación estructurada y se aplican en control de flujo, validaciones y lógica de negocios.

A.3.3 Operaciones con cadenas de caracteres

Python ofrece una amplia variedad de métodos y operadores para trabajar con ellas de manera eficiente. Creación y Asignación de Cadenas:

En Python, las cadenas se pueden definir usando comillas simples ('), comillas dobles ("), o triples comillas (''' o ") para cadenas multilínea.

A.3.3.1 Operaciones básicas con cadenas

Las cadenas en Python son inmutables, lo que significa que no pueden modificarse directamente. Sin embargo, se pueden realizar muchas operaciones útiles sobre ellas.

- **Concatenación de cadenas:** Podemos unir dos o más cadenas con el operador +.
- **Repetición de cadenas:** Se puede repetir una cadena con el operador *.
- **Indexación y Slicing:** Las cadenas son estructuras indexadas, lo que significa que se accede a sus elementos usando índices.

A.3.3.2 Métodos de manipulación de cadenas

Python proporciona diversos métodos para modificar cadenas sin alterar el original.

- Conversión a mayúsculas y minúsculas.
- Eliminación de espacios en blanco.
- Reemplazo de subcadenas.
- División y unión de cadenas.

Ejercicio: Contador de vocales.

Escribe un programa que cuente cuántas vocales hay en una frase ingresada por el usuario.

In [36]:

```
# Ejercicio 36
frase = input("Ingrese una frase: ")
vocales = "aeiouAEIOU"
contador = sum(1 for letra in frase if letra in vocales)

print(f"La frase tiene {contador} vocales.")
```

Out [36]:

```
Ingrese una frase: Esta es UNA Frase con VOCAles
```

```
La frase tiene 11 vocales.
```

Ejercicio: Inversión de una cadena.

Escribe un programa que tome una cadena ingresada por el usuario e imprima su versión invertida.

In [37]:

```
# Ejercicio 37
texto = input("Ingrese un texto: ")
texto_invertido = texto[::-1]

print(f"Texto invertido: {texto_invertido}")
```

Out [37]:

```
Ingrese un texto: oruro
```

```
Texto invertido: oruro
```

Ejercicio: Validación de palíndromos.

Crea un programa que determine si una palabra ingresada es un palíndromo (se lee igual en ambos sentidos).

In [38]:

```
# Ejercicio 38
palabra = input("Ingrese una palabra: ").lower().replace(" ", "")
if palabra == palabra[::-1]:
    print("Es un palíndromo.")
else:
    print("No es un palíndromo.")
```

Out [38]:

```
Ingrese una palabra: oruro
```

```
Es un palindromo.
```

Las cadenas de caracteres en Python ofrecen una gran cantidad de operaciones y métodos que permiten su manipulación eficiente. Son muy utilizadas en las aplicaciones, desde sistemas basados en microservicios, procesamiento de datos, hasta la inteligencia artificial.

A.3.4 Operaciones con listas y diccionarios

En esta sección, exploraremos diversas operaciones acerca del uso de listas y diccionarios, junto con ejemplos prácticos en Python.

A.3.4.1 Operaciones con listas

Las listas son estructuras de datos que almacenan múltiples elementos en un orden específico. Sus elementos pueden ser de diferentes tipos y se pueden modificar después de la creación de la lista. Principales operaciones con listas:

Creación de listas

In [39]:

```
# Ejercicio 39
lista_vacia = []
lista_numeros = [1, 2, 3, 4, 5]
lista_mixta = [1, "Python", 3.14, True]

print(lista_vacia)
print(lista_numeros)
```

```
print(lista_mixta)
```

Out [39]:

```
[]
[1, 2, 3, 4, 5]
[1, 'Python', 3.14, True]
```

Acceso a elementos

In [40]:

```
# Ejercicio 40
lista_numeros = [1, 2, 3, 4, 5, 6, 7, 8, 9]
primer_elemento = lista_numeros[7] # Accede al primer elemento
ultimo_elemento = lista_numeros[-7] # Accede al último elemento

print(primer_elemento)
print(ultimo_elemento)
```

Out [40]:

```
8
3
```

Modificación de elementos

In [41]:

```
# Ejercicio 41
lista_numeros[2] = 10 # Modifica el tercer elemento
lista_numeros
```

Out [41]:

```
[1, 2, 10, 4, 5, 6, 7, 8, 9]
```

Agregar elementos

In [42]:

```
# Ejercicio 42
lista_numeros.append(6) # Agrega un elemento al final
lista_numeros.insert(2, 99) # Inserta el número 99 en la posición 2

lista_numeros
```

Out [42]:

```
[1, 2, 99, 10, 4, 5, 6, 7, 8, 9, 6]
```

Eliminar elementos

In [43]:

```
# Ejercicio 43
lista_numeros.pop() # Elimina el último elemento
lista_numeros.remove(99) # Elimina el primer elemento con valor 99

lista_numeros
```

Out [43]:

```
[1, 2, 10, 4, 5, 6, 7, 8, 9]
```

Ordenación y reversión

In [44]:

```
# Ejercicio 44
lista_numeros.sort() # Ordena la lista en orden ascendente
lista_numeros.reverse() # Invierte el orden de la lista

lista_numeros
```

Out [44]:

```
[10, 9, 8, 7, 6, 5, 4, 2, 1]
```

Recorrer listas

In [45]:

```python
# Ejercicio 45
for numero in lista_numeros:
    print(numero)
```

Out [45]:

```
10
9
8
7
6
5
4
2
1
```

A.3.4.2 Operaciones con diccionarios

Los diccionarios son estructuras de datos que almacenan pares clave-valor. Son útiles cuando necesitamos acceder a valores a través de claves únicas en lugar de posiciones numéricas. Principales operaciones con diccionarios:

Creación de diccionarios

In [46]:

```python
# Ejercicio 46
diccionario_vacio = {}
diccionario_ejemplo = {"nombre": "Juan", "edad": 25, "ciudad": "Madrid"}

print(diccionario_vacio)
print(diccionario_ejemplo)
```

Out [46]:

```
{}
{'nombre': 'Juan', 'edad': 25, 'ciudad': 'Madrid'}
```

Acceso a valores

In [47]:

```
# Ejercicio 47
nombre = diccionario_ejemplo["nombre"] # Accede al valor de la clave '
    nombre'
nombre
```

Out [47]:

```
'Juan'
```

Modificación de valores

In [48]:

```
# Ejercicio 48
diccionario_ejemplo["edad"] = 26 # Modifica el valor de la clave 'edad
    '
diccionario_ejemplo
```

Out [48]:

```
{'nombre': 'Juan', 'edad': 26, 'ciudad': 'Madrid'}
```

Agregar nuevas claves y valores

In [49]:

```
# Ejercicio 49
diccionario_ejemplo["profesion"] = "Ingeniero"
diccionario_ejemplo
```

Out [49]:

```
{'nombre': 'Juan', 'edad': 26, 'ciudad': 'Madrid', 'profesion
    ': 'Ingeniero'}
```

Eliminar elementos

In [50]:

```
# Ejercicio 50
diccionario_ejemplo.pop("ciudad") # Elimina la clave 'ciudad'
diccionario_ejemplo
```

Out [50]:

```
{'nombre': 'Juan', 'edad': 26, 'profesion': 'Ingeniero'}
```

Recorrer diccionarios

In [51]:

```
# Ejercicio 51
for clave, valor in diccionario_ejemplo.items():
    print(clave, ":", valor)
```

Out [51]:

```
nombre : Juan
edad : 26
profesion : Ingeniero
```

Ejercicio: Operaciones básicas con listas.

Escribe un programa en Python que realice las siguientes operaciones con una lista de números: Crear una lista con los números del 1 al 10. Luego, duplicar cada número en la lista. Después eliminar los números mayores a 15. Ahora ordenando la lista en orden descendente.

In [52]:

```
# Ejercicio 52
# Crear la lista del 1 al 10
numeros = list(range(1, 11))

# Duplicar los elementos
numeros = [num * 2 for num in numeros]

# Eliminar los números mayores a 15
numeros = [num for num in numeros if num <= 15]

# Ordenar en orden descendente
numeros.sort(reverse=True)

```

```
print("Lista final:", numeros)
```

Out [52]:

```
Lista final: [14, 12, 10, 8, 6, 4, 2]
```

Ejercicio: Diccionario de notas de estudiantes.

Escribe un programa en Python que permita: Crear un diccionario con nombres de estudiantes y sus respectivas calificaciones. Primero Agrega un nuevo estudiante con su calificación. Luego modifica la calificación de un estudiante existente. Después elimina a un estudiante del diccionario. Ahora se muestra la lista de estudiantes y sus calificaciones.

In [53]:

```
# Ejercicio 53
# Crear diccionario de estudiantes
notas = {"Ana": 8.5, "Luis": 7.2, "Pedro": 9.1}

# Agregar un nuevo estudiante
notas["Maria"] = 8.8

# Modificar la calificación de un estudiante
notas["Luis"] = 7.9

# Eliminar un estudiante
notas.pop("Pedro")

# Mostrar los estudiantes y sus calificaciones
for estudiante, nota in notas.items():
    print(estudiante, "tiene una nota de", nota)
```

Out [53]:

```
Ana tiene una nota de 8.5
Luis tiene una nota de 7.9
Maria tiene una nota de 8.8
```

Las listas y los diccionarios son estructuras de datos que permiten la manipulacion eficiente de datos en memoria principal con Python. Aprender a manipularlas de manera eficiente facilita la programación de soluciones más dinámicas y flexibles. Los ejercicios presentados refuerzan los conceptos clave y brindan experiencia práctica en el manejo de estas estructuras.

A.4 Estructuras de control de flujo

Las estructuras de control en Python permiten dirigir el flujo del programa. Python utiliza bloques de código indentados para definir estructuras como bucles y condicionales, lo que contribuye a su legibilidad.

Condicionales (if, elif, else):

In [54]:

```
# Ejercicio 54
# Ejemplo de condicional en Python
edad = 20

if edad >= 18:
    print("Eres mayor de edad.")
else:
    print("No eres mayor de edad.")
```

Out [54]:

```
Eres mayor de edad.
```

Bucles (for, while):

In [55]:

```
# Ejercicio 55
# Ejemplo de bucle for en Python
for i in range(5): # Itera de 0 a 4
    print(i)

# Ejemplo de bucle while en Python
contador = 5
while contador > 0:
    print(contador)
    contador -= 1
```

Out [55]:

```
0
1
2
3
4
5
```

```
4
3
2
1
```

A.4.1 Estructuras de Control Condicionales (if, elif, else)

Las estructuras de control condicional se implementan mediante las palabras clave if, elif y else. Estas permiten ejecutar bloques de código específicos según se cumpla o no una determinada condición.

A.4.1.1 Sentencia if

La sentencia if evalúa una condición. Si es verdadera (True), el bloque de código dentro del if se ejecuta. Si la condición es falsa (False), el bloque no se ejecuta.

A.4.1.2 Sentencia if-else

La sentencia if-else permite definir un bloque de código alternativo que se ejecutará si la condición evaluada en el if es falsa.

A.4.1.3 Sentencia if-elif-else

Cuando hay múltiples condiciones que deben evaluarse de manera secuencial, se utiliza elif (abreviatura de .[el]se if"). Esto permite evaluar varias condiciones sin necesidad de anidar múltiples if dentro de else.

Presentamos tres ejercicios que ayudan a comprender el uso de if, elif y else. Se recomienda ejecutarlos en un entorno como Jupyter Notebook.

Ejercicio: Clasificación de números.

Escribe un programa que solicite al usuario ingresar un número entero y determine si es positivo, negativo o cero.

In [56]:

```python
# Ejercicio 56
# Clasificación de números
numero = int(input("Ingresa un número entero: "))
if numero > 0:
    print("El número es positivo.")
elif numero < 0:
    print("El número es negativo.")
else:
    print("El número es cero.")
```

Out [56]:

```
Ingresa un numero entero: -6
```

```
El numero es negativo.
```

Ejercicio: Determinar si un año es bisiesto.

Crea un programa que pida al usuario ingresar un año y determine si es un año bisiesto o no. Un año es bisiesto si es divisible entre 4, pero no entre 100, excepto si también es divisible entre 400.

In [57]:

```
# Ejercicio 57
# Determinar si un año es bisiesto
año = int(input("Ingresa un año: "))
if (año % 4 == 0 and año % 100 != 0) or (año % 400 == 0):
    print("El año es bisiesto.")
else:
    print("El año no es bisiesto.")
```

Out [57]:

```
Ingresa un ano: 1984
```

```
El ano es bisiesto.
```

Ejercicio: Calculadora de tarifas de envío.

Escribe un programa que solicite al usuario el peso de un paquete en kilogramos y determine el costo del envío según la siguiente lista:

- Hasta 1 kg: $5
- Más de 1 kg y hasta 5 kg: $10
- Más de 5 kg y hasta 10 kg: $15
- Más de 10 kg: $25

In [58]:

```
# Ejercicio 58
# Calculadora de tarifas de envío
peso = float(input("Ingresa el peso del paquete en kg: "))
if peso <= 1:
    costo = 5
elif peso <= 5:
    costo = 10
```

```python
elif peso <= 10:
    costo = 15
else:
    costo = 25

print(f"El costo de envío es: ${costo}")
```

Out [58]:

```
Ingresa el peso del paquete en kg: 19876
```

```
El costo de envio es: $25
```

A.4.2 Estructuras de Control Repetitivas (for, while)

En Python, los principales tipos de bucles son for y while.

A.4.2.1 Bucle for

El bucle for se usa para iterar una secuencia (listas, tuplas, diccionarios, cadenas de texto o rangos de números). Se ejecuta por cada elemento en la secuencia.

A.4.2.2 Bucle while

El bucle while ejecuta un bloque de código mientras la condición sea verdadera.

Ejercicio: Suma de números del 1 al 100.

Escribe un programa que utilice un bucle for para calcular la suma de los números del 1 al 100 e imprima el resultado.

In [59]:

```python
# Ejercicio 59
# Suma de números del 1 al 100
suma = 0
for numero in range(1, 101):
    suma += numero
print(f"La suma de los números del 1 al 100 es: {suma}")
```

Out [59]:

```
La suma de los numeros del 1 al 100 es: 5050
```

Ejercicio: Adivinar un número.

Crea un programa en el que el usuario tenga que adivinar un número generado aleatoriamente entre 1 y 20. El programa debe utilizar un bucle while para seguir pidiendo intentos hasta que el usuario acierte.

In [60]:

```
# Ejercicio 60
# Adivinar un número
import random

numero_secreto = random.randint(1, 20)
intento = 0

while intento != numero_secreto:
    intento = int(input("Adivina el número (entre 1 y 20): "))
    if intento < numero_secreto:
        print("Demasiado bajo. Intenta de nuevo.")
    elif intento > numero_secreto:
        print("Demasiado alto. Intenta de nuevo.")
    else:
        print("Felicidades! Has adivinado el número.")
```

Out [60]:

```
Adivina el numero (entre 1 y 20): 10
```

```
Demasiado alto. Intenta de nuevo.
```

```
Adivina el numero (entre 1 y 20): 5
```

```
Demasiado alto. Intenta de nuevo.
```

```
Adivina el numero (entre 1 y 20): 3
```

```
Demasiado alto. Intenta de nuevo.
```

```
Adivina el numero (entre 1 y 20): 2
```

```
Demasiado alto. Intenta de nuevo.
```

```
Adivina el numero (entre 1 y 20): 1
```

```
Felicidades! Has adivinado el numero.
```

Ejercicio: Tablas de multiplicar.

Escribe un programa que solicite al usuario un número y muestre la tabla de multiplicar de ese número del 1 al 10 utilizando un bucle for.

In [61]:

```
# Ejercicio 61
# Tablas de multiplicar
numero = int(input("Ingresa un número para ver su tabla de multiplicar
    hasta el 10: "))
for i in range(1, 11):
    print(f"{numero} x {i} = {numero * i}")
```

Out [61]:

```
Ingresa un numero para ver su tabla de multiplicar hasta el
   10: 17
```

```
17 x 1 = 17
17 x 2 = 34
17 x 3 = 51
17 x 4 = 68
17 x 5 = 85
17 x 6 = 102
17 x 7 = 119
17 x 8 = 136
17 x 9 = 153
17 x 10 = 170
```

Estos ejercicios permitirán afianzar el conocimiento sobre los bucles en Python y su implementación en Jupyter Notebook.

A.4.3 Compresión de Listas y Diccionarios

Se utilizan expresiones compactas que generan listas o diccionarios a partir de iteraciones y condiciones.

A.4.3.1 Compresión de Listas

La compresión de listas (List Comprehension) permite generar listas de manera rápida y legible en una sola línea de código, evitando la necesidad de usar bucles for tradicionales. Sintaxis de compresión de Listas:

- **expresion:** La operación que se ejecuta en cada elemento.
- **elemento:** Cada valor tomado del iterable.

- **iterable:** Fuente de datos (lista, rango, etc.).
- **if condicion (opcional):** Filtro para incluir solo ciertos elementos.

A.4.3.2 Compresión de Diccionarios

La compresión de diccionarios (Dictionary Comprehension) permite crear diccionarios con una sintaxis compacta. Sintaxis de Compresión de Diccionarios:

- **clave:** La clave generada para cada elemento.
- **valor:** El valor asociado a la clave.
- **iterable:** Fuente de datos.
- **if condicion (opcional):** Filtro para incluir solo ciertos elementos.

Ejercicio: Lista de números impares.

Escribe un programa que genere una lista con los números impares del 1 al 50 utilizando compresión de listas.

In [62]:

```
# Ejercicio 62
# Lista de Números Impares
impares = [x for x in range(1, 51) if x % 2 != 0]

print(impares)
```

Out [62]:

```
[1, 3, 5, 7, 9, 11, 13, 15, 17, 19, 21, 23, 25, 27, 29, 31,
    33, 35, 37, 39, 41, 43, 45, 47, 49]
```

Ejercicio: Diccionario de longitudes de palabras.

De una lista de palabras, crea un diccionario de claves que sean las palabras y los valores sean sus respectivas longitudes.

In [63]:

```
# Ejercicio 63
# Diccionario de Longitudes de Palabras
palabras = ["Python", "Programación", "Compresión", "Listas", "
    Diccionarios"]
longitudes = {palabra: len(palabra) for palabra in palabras}

print(longitudes)
```

Out [63]:

```
{'Python': 6, 'Programacion': 12, 'Compresion': 10, 'Listas':
    6, 'Diccionarios': 12}
```

Ejercicio: Diccionario de números y raíces cuadradas.

Crea un diccionario que contenga los números del 1 al 10 como claves y sus raíces cuadradas como valores, usando compresión de diccionarios.

In [64]:

```python
# Ejercicio 64
# Diccionario de Números y Raíces Cuadradas
import math

raices = {x: math.sqrt(x) for x in range(1, 11)}

print(raices)
```

Out [64]:

```
{1: 1.0, 2: 1.4142135623730951, 3: 1.7320508075688772, 4: 2.0,
    5: 2.23606797749979, 6: 2.449489742783178, 7:
    2.6457513110645907, 8: 2.8284271247461903, 9: 3.0, 10:
    3.1622776601683795}
```

A.4.4 Manejo de interrupciones y excepciones (Break, Continue, Try-Except)

En esta sección, exploraremos los conceptos de break, continue y el manejo de excepciones con try-except.

A.4.4.1 Instrucción break

La instrucción break se usa dentro de un bucle para interrumpir su ejecución y salir de él antes de que se complete el ciclo normal.

In [65]:

```python
# Ejercicio 65
# Buscar el primer número divisible por 7 en un rango
for num in range(1, 20):
    if num % 7 == 0:
        print("Se encontró el número:", num)
        break
```

Out [65]:

```
Se encontro el numero: 7
```

En este caso, el bucle se detiene cuando encuentra el primer número divisible por 7.

A.4.4.2 Instrucción continue

La instrucción continue, emite la iteración actual y continuar con la siguiente, sin salir del bucle.

In [66]:

```
# Ejercicio 66
# Imprimir solo los números impares en un rango
for num in range(1, 10):
    if num % 2 == 0:
        continue # Salta los números pares
    print(num)
```

Out [66]:

```
1
3
5
7
9
```

Este código imprimirá solo los números impares, saltándose los pares con continue.

A.4.4.3 Manejo de excepciones con try-except

En Python, los errores en tiempo de ejecución pueden manejarse con try-except, evitando que el programa se detenga abruptamente.

In [67]:

```
# Ejercicio 67
# Manejo de división por cero
try:
    num = int(input("Ingrese un número: "))
    resultado = 10 / num
    print("El resultado es:", resultado)
except ZeroDivisionError:
```

```
        print("Error: No se puede dividir por cero.")
except ValueError:
        print("Error: Debe ingresar un número entero.")
```

Out [67]:

```
Ingrese un numero: 0
```

```
Error: No se puede dividir por cero.
```

Este código captura los errores al intentar dividir por cero o al ingresar un valor no numérico.

Ejercicio: Encuentra el primer número negativo

Escribe un programa que permita al usuario ingresar números enteros en un bucle. El programa debe detenerse cuando se ingrese un número negativo.

In [68]:

```
# Ejercicio 68
# Encuentra el Primer Número Negativo
while True:
    num = int(input("Ingrese un número: "))
    if num < 0:
        print("Número negativo detectado. Fin del programa.")
        break
```

Out [68]:

```
Ingrese un numero: 10
Ingrese un numero: 20
Ingrese un numero: 2
Ingrese un numero: -1
```

```
Numero negativo detectado. Fin del programa.
```

Ejercicio: Saltar múltiplos de 3

Escribe un programa que imprima los números del 1 al 20, pero omita los múltiplos de 3 utilizando continue.

In [69]:

```
# Ejercicio 69
```

```python
# Saltar Múltiplos de 3
for num in range(1, 21):
    if num % 3 == 0:
        continue
    print(num)
```

Out [69]:

```
1
2
4
5
7
8
10
11
13
14
16
17
19
20
```

Ejercicio: Manejo de entrada de usuario

Escribe un programa que solicite un número al usuario y maneje los errores si ingresa un valor no numérico.

In [70]:

```python
# Ejercicio 70
# Manejo de Entrada de Usuario
while True:
    try:
        num = int(input("Ingrese un número entero: "))
        print("Número ingresado correctamente:", num)
        break
    except ValueError:
        print("Error: Debe ingresar un número válido.")
```

Out [70]:

```
Ingrese un numero entero: -0.4
```

```
Error: Debe ingresar un numero valido.
```

```
Ingrese un numero entero: 2
```

```
Numero ingresado correctamente: 2
```

Estos problemas ayudarán a comprender mejor el control de flujo y el manejo de excepciones en Python.

A.5 Funciones y Programación Modular

Las funciones son códigos en grupo que se ejecutan solo cuando son llamadas. Ayudan a organizar el código en unidades manejables y reutilizables.

A.5.1 Uso de Funciones

Una función toma valores de entrada (parámetros), realiza una serie de operaciones y, devuelve un valor de salida.

A.5.1.1 Sintaxis de una función

Para definir una función en Python, se usa la palabra clave *def*, seguida del nombre de la función y paréntesis que pueden contener parámetros:

In [71]:

```python
# Ejercicio 71
# Definición de una función simple
def saludo():
    print("Hola, bienvenido a Python")


saludo()
```

Out [71]:

```
Hola, bienvenido a Python
```

Para ejecutar la función, simplemente se llama por su nombre.

A.5.1.2 Parámetros y Argumentos en Funciones (Scope)

Las funciones pueden recibir valores de entrada llamados parámetros y los valores que se pasan al llamarlas se llaman argumentos. Por ejemplo:

In [72]:

```
# Ejercicio 72
def suma(a, b):
    return a + b


resultado = suma(6, 3)
print(resultado)
```

Out [72]:

```
9
```

A.5.1.3 Tipos de parámetros en Python

- **Parámetros posicionales:** Se pasan en el orden en que están definidos.
- **Parámetros con valores por defecto:** Se asigna un valor por defecto si no se proporciona un argumento.
- **Parámetros arbitrarios:** Permiten recibir un número variable de argumentos con *args (tupla) o **kwargs (diccionario).

In [73]:

```
# Ejercicio 73
def saludar(nombre="Usuario"):
    print(f"Hola, {nombre}")


saludar() # Usa el valor por defecto
saludar("Carlos") # Pasa un argumento
```

Out [73]:

```
Hola, Usuario
Hola, Carlos
```

Ahora un ejemplo de *args:

In [74]:

```
# Ejercicio 74
def suma_numeros(*numeros):
    return sum(numeros)


print(suma_numeros(1, 2, 3, 4, 5, 6))
```

Out [74]:

```
21
```

A.5.1.4 Retorno de valores

Una función puede devolver un resultado con return. Si no se usa return, la función devuelve None por defecto.

In [75]:

```python
# Ejercicio 75
def cuadrado(n):
    return n**2


print(cuadrado(9))
```

Out [75]:

```
81
```

A.5.1.5 Alcance de variables en funciones

Las variables definidas dentro de una función son locales a la función y no pueden ser accedidas fuera de ella. Ejemplo:

In [76]:

```python
# Ejercicio 76
def prueba():
    x = 10
    print(x)


prueba()
print(x) # Esto generaría un error porque x es local
```

Out [76]:

```
10
True
```

Ejemplo: Invertir una cadena.

In [77]:

```
# Ejercicio 77
def invertir_cadena(cadena):
    return cadena[::-1]


print(invertir_cadena("Python, última versión"))
```

Out [77]:

```
noisrev amitlu ,nohtyP
```

Las funciones en Python son una herramienta poderosa para organizar y reutilizar código. Permiten mejorar la legibilidad, reducir errores y simplificar la depuración. Con los ejercicios presentados, se ha demostrado su aplicabilidad en distintos problemas.

A.5.2 Parámetros y valores de retorno

El uso adecuado de estos conceptos mejora la reutilización del código y la modularidad de los programas.

A.5.2.1 Parámetros en funciones

Los parámetros permiten que una función reciba valores de entrada y realice operaciones en base a ellos. En Python, existen varios tipos de parámetros:

Parámetros posicionales

Son aquellos que deben pasarse en el orden en que están definidos en la función.

In [78]:

```
# Ejercicio 78
def sumar(a, b):
    return a + b


resultado = sumar(3, 5)
print(resultado)
```

Out [78]:

```
8
```

Parámetros con valores por defecto

Python permite asignar valores por defecto a los parámetros para que la función pueda ser llamada sin necesidad de proporcionar todos los argumentos.

In [79]:

```python
# Ejercicio 79
def saludar(nombre="Usuario"):
    return f"Hola, {nombre}!"


print(saludar())
print(saludar("Carlos"))
```

Out [79]:

```
Hola, Usuario!
Hola, Carlos!
```

Parámetros arbitrarios (*args)

Cuando no se conoce de antemano cuántos argumentos se pasarán, se puede utilizar *args, que los agrupa en una tupla.

In [80]:

```python
# Ejercicio 80
def suma_numeros(*numeros):
    return sum(numeros)


print(suma_numeros(1, 2, 3, 4, 5, 6, 7, 8, 9))
```

Out [80]:

```
45
```

Parámetros de palabra clave (**kwargs)

Para recibir un número variable de argumentos con nombre, se usa **kwargs, que los almacena en un diccionario.

In [81]:

```
# Ejercicio 81
def mostrar_info(**datos):
    for clave, valor in datos.items():
        print(f"{clave}: {valor}")


mostrar_info(nombre="Juan", edad=25, ciudad="Madrid")
```

Out [81]:

```
nombre: Juan
edad: 25
ciudad: Madrid
```

A.5.2.2 Valores de retorno en funciones

La palabra clave return hace que la función devuelva el resultado. Sin "return", la función devuelve None por defecto.

In [82]:

```
# Ejercicio 82
def cuadrado(n):
    return n**2


print(cuadrado(10))
```

Out [82]:

```
100
```

Retorno de múltiples valores

Python permite retornar varios valores separándolos con comas. Se devuelven como una tupla.

In [83]:

```
# Ejercicio 83
def operaciones(a, b):
    suma = a + b
```

```
    resta = a - b
    return suma, resta


resultado = operaciones(8, 3)
print(resultado)

suma, resta = operaciones(8, 3)
print(f"Suma: {suma}, Resta: {resta}")
```

Out [83]:

```
(11, 5)
Suma: 11, Resta: 5
```

Funciones sin retorno explícito

Si una función no usa return, devuelve None.

In [84]:

```
# Ejercicio 84
def mensaje():
    print("Hola, mundo!")


resultado = mensaje()
print(resultado)
```

Out [84]:

```
Hola, mundo!
None
```

A.5.3 Funciones anónimas (Lambda)

Se conoce como función lambda, y se usa para definir funciones pequeñas y rápidas en una sola línea de código.

A.5.3.1 Definición de funciones lambda

La sintaxis de una función lambda es: lambda argumentos: expresión

Donde:

- **Argumentos:** Son los valores de entrada que recibe la función.

- **Expresión:** Es la operación que realiza y devuelve el resultado.

Ejemplo:

In [85]:

```
# Ejercicio 85
def suma(x, y):
    return x + y


print(suma(3, 5))
```

Out [85]:

```
8
```

A.5.3.2 Características de las funciones lambda

- **Son anónimas:** No tienen un nombre explícito como las funciones normales.
- **Son expresiones, no bloques:** Se escriben en una sola línea de código.
- **Pueden tener múltiples argumentos:** Pero solo una expresión.

Se usan en combinación con funciones como map(), filter() y reduce().

Uso de funciones lambda

Uso con map()

Aquí, map() aplica una función a cada elemento de una lista u otra estructura iterable.

In [86]:

```
# Ejercicio 86
numeros = [1, 2, 3, 4, 5]
cuadrados = list(map(lambda x: x**2, numeros))

print(cuadrados)
```

Out [86]:

```
[1, 4, 9, 16, 25]
```

A.5.3.3 Uso con filter()

filter() selecciona los elementos de una lista que cumplen con una condición.

In [87]:

```
# Ejercicio 87
numeros = [10, 15, 21, 30, 35]
pares = list(filter(lambda x: x % 2 == 0, numeros))

print(pares)
```

Out [87]:

```
[10, 30]
```

Uso con reduce()

Aquí. reduce() aplica una función acumulativa a los elementos de una lista. Necesita ser importada desde functools.

In [88]:

```
# Ejercicio 88
from functools import reduce

numeros = [1, 2, 3, 4, 5]
producto = reduce(lambda x, y: x * y, numeros)

print(producto)
```

Out [88]:

```
120
```

A.5.4 Importación de módulos estándar y personalizados

La importación de librerías permite reutilizar código, organizar proyectos de manera eficiente y acceder a una amplia variedad de funcionalidades preexistentes en la biblioteca estándar de Python.

A.5.4.1 Importación de módulos estándar

Python tiene bibliotecas estándar, listas para usar sin necesidad de instalación adicional. Algunos ejemplos comunes incluyen:

- math (funciones matemáticas)
- random (generación de números aleatorios)
- datetime (manejo de fechas y horas)
- os (interacción con el sistema operativo)

Ejemplo de importación y uso del módulo math:

In [89]:

```
# Ejercicio 89
import math

print(math.sqrt(25))
print(math.pi)
```

Out [89]:

```
5.0
3.141592653589793
```

A.5.4.2 Importación selectiva

Podemos importar solo funciones específicas de un módulo:

In [90]:

```
# Ejercicio 90
from math import sqrt, pi

print(sqrt(36))
print(pi)
```

Out [90]:

```
6.0
3.141592653589793
```

A.5.4.3 Importación con alias

Es posible renombrar un módulo al importarlo:

In [91]:

```
# Ejercicio 91
import datetime as dt
```

```

ahora = dt.datetime.now()
print(ahora)
```

Out [91]:

```
2025-08-10 14:07:37.990260
```

A.5.4.4 Importación de módulos personalizados

Un módulo personalizado es un archivo .py que contiene definiciones de funciones, clases y variables reutilizables.

Creación de un módulo personalizado

Creamos un archivo operaciones.py con el siguiente contenido:

In [92]:

```
# Ejercicio 92
# operaciones.py
def suma(a, b):
    return a + b


def resta(a, b):
    return a - b
```

Importación de un módulo personalizado

Podemos importar y usar nuestro módulo en otro archivo:

In [93]:

```
# Ejercicio 93
import operaciones

print(operaciones.suma(5, 3))
print(operaciones.resta(10, 4))
```

Out [93]:

```
8
6
```

Importación específica de funciones

In [94]:

```
# Ejercicio 94
from operaciones import suma

print(suma(7, 2))
```

Out [94]:

```
9
```

Ubicación de módulos

Si el módulo no está en el mismo directorio que el script, Python no lo encontrará por defecto. Se puede agregar la ruta manualmente:

In [95]:

```
# Ejercicio 95
import sys

sys.path.append(".") # ruta/del/modulo

import operaciones
```

A.6 Estructuras de datos en Python

A.6.1 Listas y tuplas: Diferencias y usos

Dos de las estructuras más utilizadas son las listas y las tuplas, que comparten algunas similitudes, pero también presentan diferencias clave en cuanto a mutabilidad, rendimiento y uso.

A.6.1.1 Listas en Python

Las listas en Python son estructuras de datos mutables, sus elementos pueden ser modificados después de su creación. Se definen utilizando corchetes [] y pueden contener elementos de diferentes tipos.

Creación de una lista

In [96]:

```
# Ejercicio 96
# Lista con diferentes tipos de datos
mi_lista = [1, "Hola", 3.14, True]

print(mi_lista)
```

Out [96]:

```
[1, 'Hola', 3.14, True]
```

Acceso a elementos:

In [97]:

```
# Ejercicio 97
print(mi_lista[1]) # Salida: Hola
```

Out [97]:

```
Hola
```

Modificar elementos:

In [98]:

```
# Ejercicio 98
mi_lista[0] = 100

print(mi_lista)
```

Out [98]:

```
[100, 'Hola', 3.14, True]
```

Agregar elementos:

In [99]:

```python
# Ejercicio 99
mi_lista.append("Python")

print(mi_lista)
```

Out [99]:

```
[100, 'Hola', 3.14, True, 'Python']
```

Eliminar elementos:

In [100]:

```python
# Ejercicio 100
mi_lista.remove(3.14)

print(mi_lista)
```

Out [100]:

```
[100, 'Hola', True, 'Python']
```

Longitud de la lista:

In [101]:

```python
# Ejercicio 101
print(len(mi_lista))
```

Out [101]:

```
4
```

A.6.1.2 Tuplas en Python

Las tuplas son estructuras de datos inmutables, donde una vez creadas no pueden ser modificadas. Se definen utilizando paréntesis ().

Creación de una Tupla:

In [102]:

```
# Ejercicio 102
mi_tupla = (10, 20, "Python", False)

print(mi_tupla)
```

Out [102]:

```
(10, 20, 'Python', False)
```

Acceso a elementos:

In [103]:

```
# Ejercicio 103
print(mi_tupla[2]) # Salida: Python
```

Out [103]:

```
Python
```

Intentar modificar elementos (esto genera un error):

In [104]:

```
# Ejercicio 104
try:
    mi_tupla[0] = 99 # TypeError: 'tuple' object does not support item
        assignment
except TypeError as te:
    print(te)
```

Out [104]: ERROR

```
'tuple' object does not support item assignment
```

Convertir una tupla en lista para modificarla:

In [105]:

```
# Ejercicio 105
lista_desde_tupla = list(mi_tupla)
lista_desde_tupla.append("Nuevo elemento")
mi_tupla_modificada = tuple(lista_desde_tupla)

print(mi_tupla_modificada)
```

Out [105]:

```
(10, 20, 'Python', False, 'Nuevo elemento')
```

Longitud de la tupla:

In [106]:

```
# Ejercicio 106
print(len(mi_tupla)) # Salida: 4
```

Out [106]:

```
4
```

Tabla A.4: Diferencias entre listas y tuplas

Característica	Listas	Tuplas
Mutabilidad	Mutable	Inmutable
Velocidad	Más lenta	Más rápida
Seguridad	Menos segura	Más segura
Uso	Para datos cambiantes	Para datos fijos

Cuando usar listas y cuándo usar tuplas

- Usar listas cuando los datos necesiten ser modificados, ordenados o filtrados.
- Usar tuplas cuando los datos sean constantes o cuando se busque mejor rendimiento.

A.6.2 Conjuntos (Sets) y diccionarios (Dicts)

Aunque ambos tienen características únicas, comparten la propiedad de ser implementaciones optimizadas para búsquedas y operaciones rápidas.

A.6.2.1 Conjuntos (Sets) en Python

Un set en Python es una colección no ordenada de elementos únicos. Se define utilizando llaves { } o la función set(). Su principal ventaja es la rapidez en la verificación de pertenencia (in), ya que utiliza una estructura de datos basada en tablas hash.

Creación de un conjunto

In [107]:

```
# Ejercicio 107
mi_set = {1, 2, 3, 4, 5, 6, 7, 8, 9, 10, 11, 12}
print(mi_set)
```

Out [107]:

```
{1, 2, 3, 4, 5, 6, 7, 8, 9, 10, 11, 12}
```

También se puede usar la función set() para convertir una lista en un conjunto y eliminar duplicados:

In [108]:

```
# Ejercicio 108
lista_numeros = [1, 2, 3, 4, 5, 6, 7, 8, 9, 10, 11, 12]
mi_set = set(lista_numeros)
print(mi_set)
```

Out [108]:

```
{1, 2, 3, 4, 5, 6, 7, 8, 9, 10, 11, 12}
```

Operaciones con conjuntos: Agregar elementos:

In [109]:

```
# Ejercicio 109
mi_set.add(15)
print(mi_set)
```

Out [109]:

```
{1, 2, 3, 4, 5, 6, 7, 8, 9, 10, 11, 12, 15}
```

Eliminar elementos:

In [110]:

```
# Ejercicio 110
mi_set.remove(3) # Elimina el 3 si existe
print(mi_set)
```

Out [110]:

```
{1, 2, 4, 5, 6, 7, 8, 9, 10, 11, 12, 15}
```

Verificación de pertenencia:

In [111]:

```
# Ejercicio 111
print(4 in mi_set)
print(10 in mi_set)
```

Out [111]:

```
True
True
```

Operaciones de conjuntos:

In [112]:

```
# Ejercicio 112
A = {1, 2, 3, 4}
```

```
B = {3, 4, 5, 6}

print(A | B) # Unión: {1, 2, 3, 4, 5, 6}
print(A & B) # Intersección: {3, 4}
print(A - B) # Diferencia: {1, 2}
print(A ^ B) # Diferencia simétrica: {1, 2, 5, 6}
```

Out [112]:

```
{1, 2, 3, 4, 5, 6}
{3, 4}
{1, 2}
{1, 2, 5, 6}
```

A.6.2.2 Diccionarios (Dicts) en Python

Un diccionario en Python es una colección de pares clave-valor. Se definen con llaves { } y permiten acceder a valores a través de una clave en lugar de una posición numérica.

Creación de un diccionario:

In [113]:

```
# Ejercicio 113
datos_persona = {"nombre": "Martha", "edad": 20, "ciudad": "Lisboa"}
print(datos_persona)
```

Out [113]:

```
{'nombre': 'Martha', 'edad': 20, 'ciudad': 'Lisboa'}
```

Operaciones con diccionarios: Acceder a valores:

In [114]:

```
# Ejercicio 114
print(datos_persona["nombre"])
```

Out [114]:

```
Martha
```

Modificar valores:

In [115]:

```
# Ejercicio 115
datos_persona["edad"] = 31
print(datos_persona)
```

Out [115]:

```
{'nombre': 'Martha', 'edad': 31, 'ciudad': 'Lisboa'}
```

Agregar nuevas claves y valores:

In [116]:

```
# Ejercicio 116
datos_persona["profesion"] = "Ingeniero"
print(datos_persona)
```

Out [116]:

```
{'nombre': 'Martha', 'edad': 31, 'ciudad': 'Lisboa', '
    profesion': 'Ingeniero'}
```

Eliminar de claves:

In [117]:

```
# Ejercicio 117
del datos_persona["ciudad"]
print(datos_persona)
```

Out [117]:

```
{'nombre': 'Martha', 'edad': 31, 'profesion': 'Ingeniero'}
```

Recorrer un diccionario:

In [118]:

```
# Ejercicio 118
for clave, valor in datos_persona.items():
    print(f"{clave}: {valor}")
```

Out [118]:

```
nombre: Martha
edad: 31
profesion: Ingeniero
```

Verificación de claves:

In [119]:

```
# Ejercicio 119
print("nombre" in datos_persona)
print("direccion" in datos_persona)
```

Out [119]:

```
True
False
```

Tabla A.5: Diferencias entre conjuntos y diccionarios

Característica	Conjuntos (Sets)	Diccionarios (Dicts)
Estructura	Colección de elementos únicos	Colección de pares clave-valor
Orden	No mantiene orden	Mantiene el orden (desde Python 3.7)
Acceso	Uso de operaciones matemáticas (unión, intersección)	Acceso mediante claves
Mutabilidad	Mutable (excepto frozenset)	Mutable

Ejercicio: Operaciones con conjuntos.

Dado un conjunto de números, eliminar los repetidos y realizar operaciones matemáticas.

In [120]:

```python
# Ejercicio 120
A = {1, 2, 3, 4}
B = {3, 4, 5, 6}

print("Unión:", A | B)
print("Intersección:", A & B)
print("Diferencia:", A - B)
```

Out [120]:

```
Union: {1, 2, 3, 4, 5, 6}
Interseccion: {3, 4}
Diferencia: {1, 2}
```

Apéndice B Sobre Respuestas a Preguntas

B.1 Capítulo 1:

Pregunta 1 - Respuesta correcta: C) El cambio.
Pregunta 2 - Respuesta correcta: B) Cálculo diferencial y cálculo integral.
Pregunta 3 - Respuesta correcta: D) Una tasa de cambio.
Pregunta 4 - Respuesta correcta: E) Literatura.
Pregunta 5 - Respuesta correcta: C) upyter Notebooks.
Pregunta 6 - Respuesta correcta: C) Numpy y Sympy
Pregunta 7 - Respuesta correcta: D) Acumulación.
Pregunta 8 - Respuesta correcta: E) 3.
Pregunta 9 - Respuesta correcta: E) Variable independiente.
Pregunta 10 - Respuesta correcta: E) Radicales.
Pregunta 11 - Respuesta correcta: B) Calcular acumulaciones de áreas y volúmenes.
Pregunta 12 - Respuesta correcta: E) Matplotlib.
Pregunta 13 - Respuesta correcta: D) Irracional.
Pregunta 14 - Respuesta correcta: C) SymPy.
Pregunta 15 - Respuesta correcta: C) Leyes de Kepler sobre el movimiento planetario.
Pregunta 16 - Respuesta correcta: F) De diseño.
Pregunta 17 - Respuesta correcta: C) Para modelar comportamientos teóricos y prácticos.

B.2 Capítulo 2:

Pregunta 1 - Respuesta Correcta: C) René Descartes.
Pregunta 2 - Respuesta Correcta: B) El origen.
Pregunta 3 - Respuesta Correcta: D) Geometría analítica.
Pregunta 4 - Respuesta Correcta: C) Interpretación geométrica de límites, derivadas e integrales.
Pregunta 5 - Respuesta Correcta: C) Coordenadas cartesianas.
Pregunta 6 - Respuesta Correcta: D) Recta.
Pregunta 7 - Respuesta Correcta: C) Pendiente de la tangente a la curva.
Pregunta 8 - Respuesta Correcta: E) Representaciones gráficas.
Pregunta 9 - Respuesta Correcta: D) Lugares geométricos.
Pregunta 10:

In [1]:

```
# Ejercicio 1
import numpy as np

p1 = np.array([1, 2])
p2 = np.array([4, 6])

distancia = np.linalg.norm(p2 - p1)
print("La distancia es:", distancia)
```

Out [1]:

```
La distancia es: 5.0
```

Pregunta 11:

In [2]:

```
# Ejercicio 2
p1 = (2, 3)
p2 = (5, 11)

pendiente = (p2[1] - p1[1]) / (p2[0] - p1[0])
print("La pendiente es:", pendiente)
```

Out [2]:

```
La pendiente es: 2.6666666666666665
```

Pregunta 12:

In [3]:

```
# Ejercicio 3
p1 = (1, 3)
p2 = (5, 12)
m = (p2[1] - p1[1]) / (p2[0] - p1[0])
b = p1[1] - m * p1[0]

print(f"La ecuación de la recta es: y = {m}x + {b}")
```

Out [3]:

```
La ecuacion de la recta es: y = 2.25x + 0.75
```

Pregunta 13:

In [4]:

```
# Ejercicio 4
p1 = np.array([0, 0])
p2 = np.array([8, 7])
punto_medio = (p1 + p2) / 2

print("El punto medio es:", punto_medio)
```

Out [4]:

```
El punto medio es: [4. 3.5]
```

Pregunta 14:

In [5]:

```
# Ejercicio 5
a = np.array([1, 2])
b = np.array([2, 4])
c = np.array([4, 6])

ab = b - a
ac = c - a
son_colineales = np.cross(ab, ac) == 0

print("Los puntos son colineales:", son_colineales)
```

Out [5]:

```
Los puntos son colineales: False
```

Pregunta 15:

In [6]:

```
# Ejercicio 6
from sympy import symbols, Eq, solve

# Definir las variables
x, y = symbols('x y')

# Definir las ecuaciones de las líneas
eq1 = Eq(2*x + 3, y)
eq2 = Eq(-x + 6, y)

# Resolver el sistema de ecuaciones
sol = solve((eq1, eq2), (x, y))

# Imprimir la solución
print("El punto de intersección es:", sol)
```

Out [6]:

```
El punto de interseccion es: {x: 1, y: 5}
```

Pregunta 16:

In [7]:

```
# Ejercicio 7
import math

# Definir las componentes del vector
x = 3
y = 4

# Calcular la longitud del vector
longitud = math.sqrt(x**2 + y**2)

# Imprimir el resultado
print("La longitud del vector es:", longitud)
```

Out [7]:

```
La longitud del vector es: 5.0
```

Pregunta 17:

In [8]:

```
# Ejercicio 8
punto = np.array([3, 4])
angulo = np.radians(90)
matriz_rotacion = np.array([[np.cos(angulo), -np.sin(angulo)], [
    np.sin(angulo), np.cos(angulo)]])
punto_rotado = matriz_rotacion.dot(punto)

print("El punto rotado es:", punto_rotado)
```

Out [8]:

```
El punto rotado es: [-4. 3.]
```

Pregunta 18:

In [9]:

```
# Ejercicio 9
import math

```

```
# Coordenadas del centro del círculo
h = 2
k = 2

# Coordenadas del punto en la circunferencia
x_p = 5
y_p = 5

# Calcular el radio del círculo
radio = math.sqrt((x_p - h)**2 + (y_p - k)**2)

# Imprimir el radio
print("El radio del círculo es:", radio)

# Escribir la ecuación del círculo
print("La ecuación del círculo es: (x -", h, ")^2 + (y -", k, ")
    ^2 =", radio**2)
```

Out [9]:

```
El radio del circulo es: 4.242640687119285
La ecuacion del circulo es: (x - 2 )^2 + (y - 2 )^2 =
    17.999999999999996
```

Pregunta 19:

In [10]:

```
# Ejercicio 10
import math

# Coordenadas de los focos
x1, y1 = 1, 1
x2, y2 = 4, 1

# Suma de las distancias a los focos
suma_distancias = 10

# Calcular el valor de 'a'
a = suma_distancias / 2

# Calcular la distancia entre los focos 'c'
c = math.sqrt((x2 - x1)**2 + (y2 - y1)**2)

# Calcular el valor de 'b'
b = math.sqrt(a**2 - c**2)

# Calcular las coordenadas del centro de la elipse
h = (x1 + x2) / 2
k = (y1 + y2) / 2

```

```
# Imprimir los valores de 'a', 'b', 'c' y las coordenadas del
    centro
print("a:", a)
print("b:", b)
print("c:", c)
print("Coordenadas del centro de la elipse: ({}, {})".format(h,
    k))

# Escribir la ecuación de la elipse
print("La ecuación de la elipse es: ((x - {})^2 / {}^2) + ((y -
    {})^2 / {}^2) = 1".format(h, a, k, b))
```

Out [10]:

```
a: 5.0
b: 4.0
c: 3.0
Coordenadas del centro de la elipse: (2.5, 1.0)
La ecuacion de la elipse es: ((x - 2.5)^2 / 5.0^2) + ((y
    - 1.0)^2 / 4.0^2) = 1
```

Pregunta 20:

In [11]:

```
# Ejercicio 11
# Coordenadas de los vectores
u = (1, 2)
v = (-4, 2)

# Calcular el producto punto
producto_punto = u[0] * v[0] + u[1] * v[1]

# Verificar si los vectores son perpendiculares
if producto_punto == 0:
    print("Los vectores son perpendiculares.")
else:
    print("Los vectores no son perpendiculares.")
```

Out [11]:

```
Los vectores son perpendiculares.
```

Pregunta 21:

In [12]:

```
# Ejercicio 12
import numpy as np
```

```

# Coordenadas de los puntos
P1 = np.array([1, 1, 1])
P2 = np.array([2, 3, 4])
P3 = np.array([0, -1, 2])

# Vectores en el plano
v1 = P2 - P1
v2 = P3 - P1

# Producto cruz para encontrar el vector normal al plano
vector_normal = np.cross(v1, v2)

# Coeficientes de la ecuación del plano
A, B, C = vector_normal

# Coeficiente D
D = np.dot(vector_normal, P1)

# Imprimir la ecuación del plano
print("La ecuación del plano es: {}x + {}y + {}z = {}".format(A,
    B, C, D))
```

Out [12]:

```
La ecuacion del plano es: 8x + -4y + 0z = 4
```

B.3 Capítulo 3:

Pregunta 1 - Respuesta Correcta: A) $x \geq -5$.
Pregunta 2 - Respuesta Correcta: C) 2.
Pregunta 3 - Respuesta Correcta: D) $x \in [0, 5) \cup (5, \infty)$.
Pregunta 4 - Respuesta Correcta: A) 1.
Pregunta 5 - Respuesta Correcta: E) $x \neq -2, -3$.
Pregunta 6 - Respuesta Correcta: A) $x > 100$.
Pregunta 7 - Respuesta Correcta: D) No está definida.
Pregunta 8 - Respuesta Correcta: B) 1.
Pregunta 9 - Respuesta Correcta: C) $y \geq -1/8$.
Pregunta 10:

In [13]:

```
# Ejercicio 1
import sympy as sp

x = sp.symbols('x')
domain_f = sp.solve_univariate_inequality(x + 6 >= 0, x)
```

```python

domain_f
```

Out [13]:

```
(-6 <= x) & (x < oo)
```

Pregunta 11:

In [14]:

```python
# Ejercicio 2
import sympy as sp

x = sp.symbols('x')
g_x = 1 / (x - 2)
domain_g = sp.sets.Complement(sp.S.Reals, sp.FiniteSet(2))

domain_g
```

Out [14]:

```
Union(Interval.open(-oo, 2), Interval.open(2, oo))
```

Pregunta 12:

In [15]:

```python
# Ejercicio 3
def f(x):
    return x + 1

def g(x):
    return x**2

(f(g(2)))
```

Out [15]:

```
5
```

Pregunta 13:

In [16]:

```python
# Ejercicio 4
def f(x):
    return x**2 + 2*x + 3

```

```
f(-2)
```

Out [16]:

```
3
```

Pregunta 14:

In [17]:

```
# Ejercicio 5
# Corregir el cálculo de la inversa utilizando sympy y evaluando
    en x = 7
y = sp.symbols('y')
f = 2*x + 4

# Resolver para x en términos de y
f_inv = sp.solve(y - f, x)

# La expresión de la función inversa
f_inv_expr = f_inv[0]

# Evaluar la inversa en y = 7
f_inv_at_7 = f_inv_expr.subs(y, 7)
f_inv_expr, f_inv_at_7
```

Out [17]:

```
(y/2 - 2, 3/2)
```

Pregunta 15:

In [18]:

```
# Ejercicio 6
import numpy as np
import matplotlib.pyplot as plt
import sympy as sp

# Definir la variable simbólica
x_sym = sp.symbols('x')

# Definir la función simbólica
f_sym = 10 / x_sym

# Encontrar asíntotas verticales resolviendo donde el
    denominador es cero
asintotas_verticales = sp.solveset(sp.denom(f_sym) == 0, x_sym)

# Calcular límites para encontrar asíntotas horizontales
```

```
limite_pos_inf = sp.limit(f_sym, x_sym, sp.oo)
limite_neg_inf = sp.limit(f_sym, x_sym, -sp.oo)
asintotas_horizontales = set([limite_pos_inf, limite_neg_inf]) #
    Usamos un set para evitar duplicados

# Definir el rango de x excluyendo el punto de indefinición
    cerca de x = 0 para evitar divisiones por cero
x_values = np.linspace(-10, 10, 400)
x_values = x_values[x_values != 0]

# Calcular y
y_values = 10 / x_values

# Crear el gráfico
plt.figure(figsize=(8, 6))
plt.plot(x_values, y_values, label='f(x) = 10/x')

# Asíntotas
for vertical in asintotas_verticales:
    plt.axvline(float(vertical), color='blue', linestyle='--',
        label=f'Asíntota Vertical x={vertical}')
plt.axhline(0, color='red', linestyle='--', label='Asíntota
    Horizontal y=0')

# Configurar límites y título
plt.ylim(-10, 10)
plt.title("Gráfico de f(x) = 10/x con Asíntotas")

# Añadir leyenda
plt.legend()

# Mostrar el gráfico
plt.show()

# Imprimir los valores de las asíntotas calculadas
print("Asíntotas verticales:", asintotas_verticales)
print("Asíntotas horizontales:", asintotas_horizontales)
```

Out [18]:

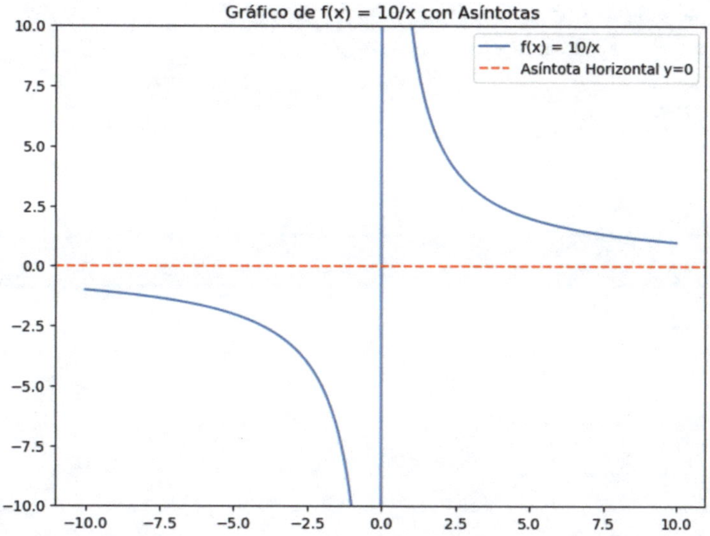


```
Asintotas verticales: EmptySet
Asintotas horizontales: {0}
```

NOTA: llama la atención que en la asíntota vertical devuelva EMPTYSET.

B.4 Capítulo 4:

Pregunta 1 - Respuesta Correcta: D) El valor al cual la función se aproxima mientras x se acerca a a.
Pregunta 2 - Respuesta Correcta: F) Tanto B como E son correctas.
Pregunta 3 - Respuesta Correcta: F) Tanto C como E son correctas.
Pregunta 4 - Respuesta Correcta: B) El comportamiento de la función justo antes de llegar a a.
Pregunta 5 - Respuesta Correcta: B) El límite de $f(x)$ cuando x se aproxima a a desde valores mayores que a.
Pregunta 6 - Respuesta Correcta: F) Tanto B como E son correctas.
Pregunta 7 - Respuesta Correcta: B) La función no tiene interrupciones o saltos en a.
Pregunta 8 - Respuesta Correcta: E) Indeterminado.
Pregunta 9 - Respuesta Correcta: F) Todas las anteriores excepto A.
Pregunta 10 - Respuesta Correcta: B) 1.
Pregunta 11:

In [19]:

```
# Ejercicio 1
import sympy as sp

x = sp.symbols('x')
```

```
expr = (x**2 - 4) / (x - 2)
limite = sp.limit(expr, x, 2)

limite
```

Out [19]:

```
4
```

Pregunta 12:

In [20]:

```
# Ejercicio 2
import sympy as sp

x = sp.symbols('x')
expr2 = sp.sin(x) / x
limite2 = sp.limit(expr2, x, 0)

limite2
```

Out [20]:

```
1
```

Pregunta 13:

In [21]:

```
# Ejercicio 3
import sympy as sp

x = sp.symbols('x')
expr3 = (2*(x**2) + 3) / (x - 5)
limite3 = sp.limit(expr3, x, sp.oo)

limite3
```

Out [21]:

```
oo
```

Pregunta 14:

In [22]:

```
# Ejercicio 4
import sympy as sp
```

```

x = sp.symbols('x')
expr4 = (sp.exp(x) - 1) / x
limite4 = sp.limit(expr4, x, 0)

limite4
```

Out [22]:

```
1
```

Pregunta 15:

In [23]:

```
# Ejercicio 5
import sympy as sp

x = sp.symbols('x')
expr10 = x * sp.sin(x)
limite10 = sp.limit(expr10, x, sp.pi/2)

limite10
```

Out [23]:

```
pi/2
```

B.5 Capítulo 5:

Pregunta 1 - Respuesta correcta: B) La derivada representa la pendiente de la línea tangente a la curva de la función en ese punto.
Pregunta 2 - Respuesta correcta: B) Un incremento infinitesimal.
Pregunta 3 - Respuesta correcta: B) $4x + 10$.
Pregunta 4 - Respuesta correcta: C) Ser continua en ese punto.
Pregunta 5 - Respuesta correcta: B) La aceleración o la concavidad de la curva.
Pregunta 6 - Respuesta correcta: C) Que la función tiene una derivada definida en ese punto.
Pregunta 7 - Respuesta correcta: B) Una derivada que resulta de aplicar el proceso de derivación varias veces.
Pregunta 8 - Respuesta correcta: E) La función es necesariamente continua en ese punto.
Pregunta 9 - Respuesta correcta: C) Modelar comportamientos que dependen de las tasas de cambio.

Pregunta 10 - Respuesta correcta: C) Que la función es continua y tiene un límite definido en ese punto.

Pregunta 11:

In [24]:

```
# Ejercicio 1
import sympy as sp

x = sp.symbols('x')
f = 6*x**3 - 4*x**2 + 7*x - 5
f_prime = sp.diff(f, x)

f_prime
```

Out [24]:

```
18*x**2 - 8*x + 7
```

Pregunta 12:

In [25]:

```
# Ejercicio 2
x = sp.symbols('x')
f = 3*x**2 - 2*x + 1
f_prime = sp.diff(f, x)

f_prime.subs(x, 2)
```

Out [25]:

```
10
```

Pregunta 13:

In [26]:

```
# Ejercicio 3
import sympy as sp

x = sp.symbols('x')
f = sp.sin(x) * sp.cos(x)
f_prime = sp.diff(f, x)

f_prime
```

Out [26]:

```
-sin(x)**2 + cos(x)**2
```

Pregunta 14:

In [27]:

```
# Ejercicio 4
import sympy as sp

x = sp.symbols('x')
f = sp.exp(3*x)
f_prime = sp.diff(f, x)

f_prime
```

Out [27]:

```
3*exp(3*x)
```

Pregunta 15:

In [28]:

```
# Ejercicio 5
import sympy as sp

x = sp.symbols('x')
f = sp.log(x**2 + 1)
f_prime = sp.diff(f, x)

f_prime
```

Out [28]:

```
2*x/(x**2 + 1)
```

Pregunta 16:

In [29]:

```
# Ejercicio 6
import sympy as sp

x = sp.symbols('x')
f = x**3 - 3*x**2 + 2
f_prime = sp.diff(f, x)
critical_points = sp.solve(f_prime, x)

critical_points
```

Out [29]:

```
[0, 2]
```

Pregunta 17:

In [30]:

```
# Ejercicio 7
import sympy as sp

x = sp.symbols('x')
f = x**4 - 4*x**3 + 6*x**2
f_second = sp.diff(f, x, 2)
inflection_points = sp.solve(f_second, x)

inflection_points
```

Out [30]:

```
[1]
```

Pregunta 18:

In [31]:

```
# Ejercicio 8
import sympy as sp

x = sp.symbols('x')
f = sp.log(x)
f_prime = sp.diff(f, x)
f_prime_at_e = f_prime.subs(x, sp.E)

f_prime_at_e
```

Out [31]:

```
exp(-1)
```

Pregunta 19:

In [32]:

```
# Ejercicio 9
import sympy as sp

x = sp.symbols('x')
f = sp.cos(sp.exp(x**2))
```

```
f_prime = sp.diff(f, x)

f_prime
```

Out [32]:

```
-2*x*exp(x**2)*sin(exp(x**2))
```

Pregunta 20:

In [33]:

```
# Ejercicio 10
import sympy as sp

x, y = sp.symbols('x y')
equation = x**2 + y**2 - 25
dy_dx = sp.idiff(equation, y, x)

dy_dx
```

Out [33]:

```
-x/y
```

B.6 Capítulo 6:

Pregunta 1 - Respuesta correcta: B) Integral definida.
Pregunta 2 - Respuesta correcta: C) Sustitución.
Pregunta 3 - Respuesta correcta: A) Integración por partes.
Pregunta 4 - Respuesta correcta: A) Un pequeño cambio en la variable x.
Pregunta 5 - Respuesta correcta: D) Fracciones parciales.
Pregunta 6 - Respuesta correcta: C) Determinar el centro de masa.
Pregunta 7 - Respuesta correcta: A) Una función cuya derivada es la función original.
Pregunta 8 - Respuesta correcta: A) Teorema Fundamental del Cálculo.
Pregunta 9 - Respuesta correcta: D) Resolver ecuaciones lineales.
Pregunta 10 - Respuesta correcta: D) Integración trigonométrica.
Pregunta 11:

In [34]:

```
# Ejercicio 1
from sympy import symbols, integrate

```

```
x = symbols('x')

integrate(x**2, x)
```

Out [34]:

```
x**3/3
```

Pregunta 12:

In [35]:

```
# Ejercicio 2
from sympy import symbols, integrate

x = symbols('x')

integrate(3*x**3, (x, 0, 1))
```

Out [35]:

```
3/4
```

Pregunta 13:

In [36]:

```
# Ejercicio 3
from sympy import symbols, integrate, exp

x = symbols('x')

integrate(exp(x), x)
```

Out [36]:

```
exp(x)
```

Pregunta 14:

In [37]:

```
# Ejercicio 4
from sympy import symbols, integrate

x = symbols('x')

integrate(2*x + 1, (x, -1, 1))
```

Out [37]:

```
2
```

Pregunta 15:

In [38]:

```python
# Ejercicio 5
from sympy import symbols, integrate, cos

x = symbols('x')

integrate(cos(x), x)
```

Out [38]:

```
sin(x)
```

Pregunta 16:

In [39]:

```python
# Ejercicio 6
from sympy import symbols, integrate

x = symbols('x')

integrate(x**2 - 4*x + 4, (x, 0, 2))
```

Out [39]:

```
8/3
```

Pregunta 17:

In [40]:

```python
# Ejercicio 7
from sympy import symbols, integrate

x = symbols('x')

integrate(1/x, x)
```

Out [40]:

```
log(x)
```

Pregunta 18:

In [41]:

```
# Ejercicio 8
from sympy import symbols, integrate, E

x = symbols('x')

integrate(1/x, (x, 1, E))
```

Out [41]:

```
1
```

Pregunta 19:

In [42]:

```
# Ejercicio 9
from sympy import symbols, integrate, sin, cos

x = symbols('x')

integrate(sin(x), x)
```

Out [42]:

```
-cos(x)
```

Pregunta 20:

In [43]:

```
# Ejercicio 10
from sympy import symbols, integrate, sin, pi

x = symbols('x')

integrate(sin(x), (x, 0, pi))
```

Out [43]:

```
2
```

Índice alfabético

Made in the USA
Monee, IL
05 November 2026

67814281R00302